高等学校计算机应用规划教材

计算机文化基础

(第二版)

侯殿有　编著

清華大學出版社

北　京

内容简介

本书讲解了不同数制数转换的简单算法；汉字和各种西文字符的存储和显示；计算机在工业控制中的应用，包括简明数控基础、嵌入式技术与应用、示教再现技术、机器人技术等。使本书具有与其他同类书不同的鲜明特点。

本书努力跟踪计算机技术的发展趋势，详细介绍了 Windows 7 的使用。网络知识方面，对互联网做必要介绍的同时，对目前最热门的物联网知识也做了深入浅出的叙述。办公自动化方面，对 Word 2010、Excel 2010、PowerPoint 2010 做详细说明的同时，增加了数据结构、软件工程和数据库基础等国家计算机等级考试的内容，有些章的习题包括了历年等级考试的试题，以满足学生计算机等级考试的需要。本书可作为高等院校教材，也可供从事科研工作的工程技术人员和采用办公自动化的公务人员参考。

本书配套的电子教案、试题库、实验指导和各章习题答案可以到 http://www.tupwk.com.cn/downpage 网站下载。

图书在版编目(CIP)数据

计算机文化基础 / 侯殿有　编著. —2 版. —北京：清华大学出版社，2012.2（2022.7 重印）
高等学校计算机应用规划教材
ISBN 978-7-302-27922-8

Ⅰ. 计…　Ⅱ. 侯…　Ⅲ. 电子计算机—高等学校—教材　Ⅳ. TP3

中国版本图书馆 CIP 数据核字(2012)第 008988 号

责任编辑：胡辰浩　袁建华
封面设计：牛艳敏
版式设计：康　博
责任校对：邱晓玉
责任印制：曹婉颖

出版发行：清华大学出版社
网　　址：http://www.tup.com.cn，http://www.wqbook.com
地　　址：北京清华大学学研大厦 A 座　　邮　　编：100084
社 总 机：010-83470000　　邮　　购：010-62786544
投稿与读者服务：010-62776969, c-service@tup.tsinghua.edu.cn
质量反馈：010-62772015, zhiliang@tup.tsinghua.edu.cn
课件下载：http://www.tup.com.cn，010-62796045
印 装 者：三河市龙大印装有限公司
经　　销：全国新华书店
开　　本：185mm×260mm　　印　　张：22　　字　　数：508 千字
版　　次：2012 年 2 月第 2 版　　印　　次：2022 年 7 月第 12 次印刷
定　　价：69.00 元

产品编号：043525-04

前　言

微软发布 Windows XP 大约在 2001 年 10 月，如今已过去整整十年了，Windows XP 是基于 Windows 2000 代码的产品，但拥有了新的用户图形界面。目前全球接近一半的电脑仍旧在使用这款操作系统。

虽然 Windows XP 取得了非凡成就，但也有专家称："将目前最主流的 PC 操作系统都考虑在内，这包括了 Windows XP/Vista/7、Linux 和 Mac OS X，Windows XP 目前为止安全性最差。"并预测称，Windows 7 市场份额将在不久后就会超越 Windows XP。

Microsoft Office 2003，包括 Word 2003、 Excel 2003、PowerPoint 2003 等主要产品从发布到现在也过去了近十年。

现在各校基本都在大学第一学期开设《计算机文化基础》课程，讲授的操作系统和办公自动化软件都是上述内容，待学生四年毕业后，这些知识就太陈旧了，《计算机文化基础》的相关内容的更新是迫在眉睫的事情。

基于以上原因，我们对第一版的内容进行了较大的改动，操作系统内容介绍用 Windows 7 代替 Windows XP；办公软件内容介绍用 Microsoft Office 2010(包括 Word 2010、Excel 2010、PowerPoint 2010)来代替 Microsoft Office 2003(包括 Word 2003、Excel 2003、PowerPoint 2003)。

随着新软件功能的增加，其体积也在不断膨胀，受学时和教材篇幅限制，上面的介绍只能是最基本和最重要的内容。

本版还由侯殿有教授主编，除策划、统稿、审稿外，还完成了第 1、2、3、4、15 章的重新校对和改写工作，完成了第二版各章习题答案的编写工作。

吕鑫老师完成了第 8 章的改写工作；李英玉老师完成了第 5 章的改写工作；孙颖馨老师完成了第 7 章的改写工作；王静老师完成了第 6 章的改写工作。

由扬老师完成了第二版的课件制作、李月军老师完成了第二版的试题库的收集和编写工作，孙海峰老师和孙秀铃老师对他们第一版的内容进行了重新校对，对他们的辛勤劳动表示感谢。

本版有配套实验指导、各章习题答案、电子教案和试题库。为使用方便，配套实验指导有单独发行版本。

所有资料可到 http://www.tupwk.com.cn/downpage 网站下载。

由于作者水平有限，本书难免有不足之处，欢迎广大读者批评指正。我们的信箱是：huchenhao@263.net，010-62796045。

作　者

2011 年 10 月

目　录

第1章 计算机系统结构

1.1 微型计算机的基本结构

目前流行的微型计算机的基本结构从外观上看都是由主机、显示器、键盘、鼠标等组成。主机是微型计算机的核心，主要由系统主板、CPU、内存、硬盘、光盘驱动器、显示器适配器(显卡)、总线与接口以及电源等构成，通常被封装在主机箱内如图 1-1 所示。

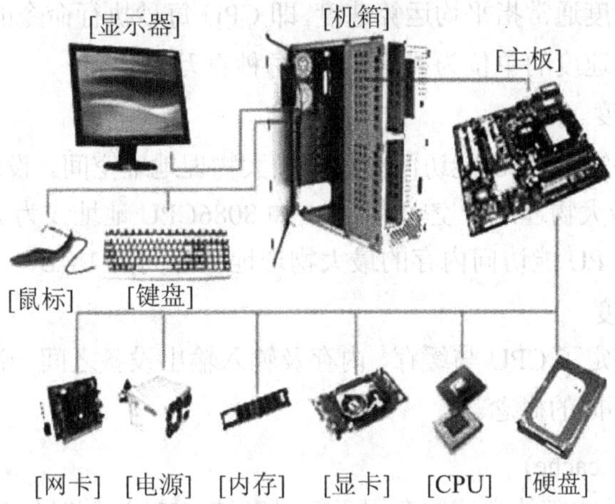

图 1-1 主机箱中的基本部件

1.1.1 微处理器

微处理器是 20 世纪最伟大的发明之一，也被称为中央处理器，简称 CPU，它是微型计算机的核心部件，它包含在一个单一芯片中。通常，微处理器封装在一个矩形盒子中，将其插在主板上的 CPU 插座中，通过引脚与主板相连。微处理器是微型计算机系统的“大脑”，它决定了微型计算机的档次和主要性能指标，通过它接收来自各种输入设备的数据、处理这些数据并输出结果到相应的输出设备。但不管是什么样的微处理器，其内部结构都是由控制单元、算术逻辑运算单元、寄存器组 3 个基本单元以及内部总线组成。

1. 衡量 CPU 的主要性能指标

(1) CPU 字长

在 CPU 中一般以字为单位进行处理，字长指 CPU 内部各寄存器之间通过数据总线一次能够完成二进制数传递的位数，该指标反映了 CPU 内部运算处理的速度和效率，字越长，运算速度越快，处理能力越强。Pentium 4 CPU 字长一般为 32 位。

(2) CPU 外频

外频是系统总线的工作频率，是 CPU 的基准频率，单位为 MHz，外频是 CPU 与主板之间同步运行的速度，而且目前绝大部分计算机系统中的外频也是内存与主板之间同步运行的速度。

(3) CPU 主频

主频也称为工作频率，指 CPU 的时钟频率，CPU 的主频表示在 CPU 内数字脉冲信号震荡的速度，与 CPU 实际的运算能力没有直接关系。所以在某些情况下，有可能出现主频较高的 CPU 而实际运算速度较低的现象。CPU 的主频=外频×倍频系数，倍频系数与 CPU 的型号有关。但在实际使用过程中，当允许用户为 CPU 设置的工作频率与 CPU 的标定频率不一致时，就是通常讲的 CPU 超频。

(4) 运算速度

计算机的运算速度通常指平均运算速度，即 CPU 每秒执行命令的条数，运算速度越快，处理能力越强。运算速度的单位为 MIPS，即每秒百万次。

(5) 地址总线宽度

地址总线宽度决定了 CPU 能访问内存的最大物理地址空间。设地址总线宽度为 n，则 CPU 能访问内存的最大物理地址空间为 2^{n}，如 8086CPU 地址线为 20 条，2^{20}＝1024KB，即 1MB，所以 8086CPU 能访问内存的最大物理地址空间为 1MB。

(6) 数据总线宽度

数据总线宽度决定了 CPU 与缓存、内存及输入输出设备之间一次传输的信息量，它与 CPU 的字长是两个不同的概念。

(7) 内部缓存(L1 cache)

封闭在 CPU 芯片内部的高速缓存用于暂时存储 CPU 运算时的部分指令和数据，存取速度与 CPU 主频一致，L1 缓存的容量单位一般为 KB。L1 缓存越大，CPU 工作时与存取速度较慢的 L2 缓存和内存间交换数据的次数越少，相对计算机的运算速度就可以提高。外部缓存(L2 cache)是 CPU 外部的高速缓存。

2. 微型计算机流行 CPU 简介

微处理器从最初发展至今已经有 30 多年的历史，这期间，按照其处理信息的字长，CPU 可以分为 4 位微处理器、8 位微处理器、16 位微处理器、32 位微处理器以及 64 位微处理器等，可以说微型计算机的发展是随着 CPU 的发展而前进的。按照 CPU 的用途可以分为通用 CPU 和工业控制 CPU。微型计算机一般采用通用 CPU，最具有代表性的产品当属美国 Intel 公司的微处理器系列，另外还有 AMD 公司、IBM 公司、Zilog 公司、摩托罗拉公司以及苹果公司等世界著名公司的微处理器产品。

(1) Intel CPU

早在 1971 年，设在美国加州硅谷的 Intel 公司就推出了世界上第一款微处理器—4004，这是第一个用于微型计算机的 4 位微处理器。该创举开始了人类将智能内嵌于计算机和无生命设备的历程。继 4004 芯片之后又相继推出 8008、4040、8080、8050、8086、8088 微处理器。1982 年，Intel 公司推出了 x86 体系 CPU，80286 是第一款基于 x86 体系结构的 16 位处理器，之后又相继推出 80386 和 80486。为了摆脱 486 时代微处理器名称的混乱状况，1993 年，Intel 公司推出自己的新一代 CPU 产品，并命名为 Pentium(奔腾)，Pentium 是 Intel 家族中最早采用超标量结构的 32 位微型处理器。接着 Intel 公司又推出 Pentium MMX(多能奔腾)、Pentium Pro(高能奔腾)、Pentium II、Pentium III、Pentium 4、64 位的 Intel Itlanium(安腾)等高端的 CPU。

① Pentium 4 CPU

2000 年 11 月 21 日，Intel 公司在全球同步发布了其最新一代的 32 位微处理器——Pentium 4(奔腾 4)。Pentium 4 没有沿用 Pentium III 的结构，而是采用全新的设计，技术更先进、功能最强大。性能足以应付不同的应用领域。这些应用领域包括网络广播、网络视频流、图片处理、视频剪辑、语音、3D、游戏、多媒体以及多任务处理等。Pentium 4 的主频为 2.4GHz 和 3.0GHz。

② Celeron CPU

Celeron(赛扬)是 Intel 公司针对中低端市场推出的 CPU 系列，为降低成本，去掉了芯片上的 L2 Cache(二级高速缓存)。Celeron 与 Pentium II 相比虽然大大降低了成本，但由于没有二级缓存，该微处理器在性能上大打折扣。面对竞争日益激烈的 CPU 市场，Intel 公司又发布了一款新 Celeron 微处理器，内有 32K L1 Cache、128K L2 Cache，与 CPU 相同的频率工作，从而显著提高了 L2 Cache 的工作效率。Celeron CPU 的核心技术与 Pentium 相同。新 Celeron 最大的优点是超频性能非常出色，新 Celeron D 主频已达 2.6GHz，并集成了 128KB 的全速二级 Cache。

(2) AMD CPU

AMD(美国超威)公司也是一个历史悠久的芯片生产公司。1996 年，第一个独立生产的 x86 体系 CPU 问世，命名为 AMD K5，在微型计算机 CPU 产品中与 Intel 公司形成了楚汉相争的局面，在低价位 CPU 产品中占主导地位，主要产品有 AMD K6、AMD K6-2、AMD K6-III、AMD Thunderbird(雷鸟)、AMD Duron(毒龙)、AMD Athlon(速龙)、AMD Sempron(闪龙)。AMD CPU 的优点是性价比高，兼容性好，可与市场上各种操作系统及其他软件兼容。

(3) 中国“芯”工程

2001 年 7 月，中芯微系统公司(现方舟科技公司)推出我国首例具有自主知识产权的 32 位嵌入式 CPU“方舟 1 号”，改写了我国“无芯”的历史。2002 年 9 月，中国科学院计算机技术研究所又推出了性能更为出色的“龙芯 1 号”通用 CPU，其性能与 Pentium II CPU 性能大致相当。“方舟 1 号”和“龙芯 1 号”的推出使中国终于拥有了有着自主知识产权的计算机芯片，结束了只能使用外国 CPU 的历史。尽管我国的 CPU 产业起步比较晚，但短短几年内便取得了长足的发展。

1.1.2　内存储器

内存储器(简称内存)也是微型计算机的主要组成部分，用于存放计算机工作时所必需的数据和程序代码，衡量内存的主要指标一般包括存储容量(存储容量越大，其处理数据的能力就越强，通常运算速度也越快)、存取速度及位存储价格等。

1. 内存储器介绍

内存从工作方式上分为随机存储器(RAM)和只读存储器(ROM)两大类。通常人们所说的微机内存为256MB或512MB都是指RAM存储器的容量。微型计算机的内存一般采用动态随机存储器(DRAM)，其特点是功耗小、集成度高、成本低(一般1MB的DRAM价格仅为静态随机存储器的1/8)。目前，高档奔腾系列微机的内存普遍采用DRAM中的SDRAM(同步动态随机存储器)、DDRRAM(Double date Rate RAM)。DDRRAM是双倍速的SDRAM，与SDRAM相比，使用了更多、更先进的同步电路，减少了数据存取时间，其存取速度是标准SDRAM的两倍。在微机内存中目前最新的DDR2(Double date 2)内存是由JEDEC(电子设备工程联合委员会)进行开发的新一代内存技术标准，DDR2速度和DDRRAM相同，但内存预读能力是DDRRAM的两倍，只有使用新主板才能搭配DDR2内存。

2. 内存条

早期的微机中，内存一般是直接使用内存芯片，将内存芯片直接插在主板的芯片插座上，或直接焊接在电路板上。而现代微机系统的内存模块中，一般是将若干个内存芯片集成在一块条状结构的集成电路板上，通常称为内存条，内存条需要插在主板的内存插槽上，内存条通过正反两面携带的金手指与主板相连。目前微机上主要使用SDRAM或DDRRAM内存条，SDRAM内存条金手指上的引脚为168针，金手指正反两面各有84针，即通常所说的168线(pin)内存条，同时金手指上有两个卡口，主要应用于Pentium III系列微机。DDRRAM内存条金手指上的引脚为184针，金手指正反两面各有92针，即通常所说的184线内存条，而金手指上有一个卡口，主要应用于Pentium 4系列微机。DDR2内存条为240线。现在内存条的容量较大，一般为256MB、512MB、1GB或2GB等。内存条的选用一定要和主板上内存插槽的形式相匹配。

3. 高速缓冲存储器Cache

高速缓冲存储器不在低档微机中使用，只有在现代高档微机中才使用高速缓冲存储器，它是面向CPU的，引入Cache的目的是为了减少以至消除CPU与内存之间存取速度的差异(CPU的速度要比内存的速度快几十倍)给系统性能带来的影响。Cache通常介于CPU和内存之间，是CPU和内存之间的桥梁，一般采用静态随机存储器SRAM构成，其访问速度大约为DDRRAM的10倍。

微机系统开机或复位时，Cache中并无任何内容，只有当CPU送去一组地址去访问内存储器时，被访问的内存储器中的内容才被同时复制到Cache中，即Cache中的内容是最近曾被CPU使用过的数据或程序代码，当CPU要再次访问内存数据时，首先在Cache中查找，当Cache中包含CPU所需的数据时，称为Cache命中，CPU直接以极快的速度对Cache进行读/写操作；如果Cache中没有CPU所需数据，则称为Cache未命中，这时就需要从内存中访问，并把与本次访问有关的一部分数据复制到 Cache 中，为下一次的访问做好准备。

CPU 内部的 Cache 称为一级 Cache(L1 Cache)，它是 CPU 内核的一部分，主要负责 CPU 内部的寄存器与外部 Cache 之间的缓冲，其速度极快，但容量较小。而 CPU 外部的 Cache 称为二级 Cache(L2 Cache)，主要用于弥补 CPU 内部 Cache 的容量过小，负责 CPU 与内存之间的缓冲。二级 Cache 在设计上分外置(直接设计在主板上)和内置(直接与 CPU 内核封装在同一块芯片上，但又不属于 CPU)两种。目前奔腾系列高档微机上的一级 Cache 容量一般为 32KB 到 128KB，二级 Cache 容量可达 512KB 到 2MB。目前制作工艺上多将二级 Cache 与 CPU 内核封装在同一芯片上，所以在新型主板上还可以再外置 1MB 到 2MB 的三级 Cache(L3 Cache)。Cache 的容量和速度被作为评价和选购微机的一个重要指标。

1.1.3 系统主板

系统主板也称为主板、主机板或母板。它是微型计算机最基本、最重要的部件之一，是其他各种设备的连接载体。PC99 技术规格规范了主板设计要求提出主板各接口必须采用有色识别标志，以方便用户识别。

主板是微型计算机主机箱内的一块平面集成电路板，一般安装在主机箱的底部(卧式机)或一侧(立式机)，板上集成了 CPU 插座、内存条插槽、控制芯片组、BIOS(Basic Input-output System，基本输入输出系统)芯片、电源插座、软盘接口插座、硬盘接口插座、光盘接口插座、扩展插槽、并行接口、串行接口、USB 接口、多媒体与通讯设备接口以及一些连接其他部件的接口等。主板几乎与主机内的所有设备都有连接关系，微型计算机通过主板上的总线及接口将 CPU 等器件与外部设备有机地连接起来，形成一个完整的系统。微型计算机在正常运行时的各种操作都离不开主板，因此微机的整体运行速度和稳定性在相当程度上取决于主板的性能。离开主板，微型计算机将无法工作。

主板从结构上可大体分为 AT 主板、ATX 主板和 NLX 主板 3 大类型。AT 主板是一种最基本的板型，其特点是结构简单、价格低廉，一般的低价位主板都采用该结构，目前已被淘汰；而 ATX 主板形状则像一块横置的大 AT 板，这样便于 ATX 机箱的风扇对 CPU 进行吹风散热，而且板上的很多端口都“竖立”起来直接与外界“沟通”，ATX 主板是 Intel 公司新型主板结构规范，目前大多数主板采用该结构。NLX 主板比较受品牌机厂商青睐，其外形像是插了一块显示卡的主板，由两部分构成，一部分是布有逻辑控制芯片和基本输入输出端口的基板，另一部分具有 AGP、PCI 以及 ISA 等插槽的附加板，像显示卡一样插在基板的特殊端口中。这样做可以使一些很“高大”的板卡能够平放在主板上，不仅使机箱变矮，而且抽取更加方便，那些超薄的原装机机箱一般都采用 NLX 主板。虽然主板的生产厂商及品牌较多，主板上各器件的布局方式、尺寸大小、形状以及所使用的电源规格等不同，但基本组成和使用是一致的。

下面以 ATX 主板为例介绍主板上的几个主要部件，如图 1-2 所示。

图 1-2　主板的主要组成部件

1. CPU 插座

主板上的 CPU 插座是安装 CPU 的基座。其结构与形状取决于 CPU 的封装形式。CPU 插座有 Slot 和 Socket 两大主流结构，目前的主流产品一般采用 Socket 结构。Socket 结构是一种方形多针的 ZIF(零插拔力)插座，该结构的设计便于 CPU 的安装与拆卸，只要抬起插座边上的拉杆，就可以方便地插拔 CPU，拉下拉杆，CPU 就被牢牢地固定在插座上。为了便于识别安装的方向，Socket 结构在插座上都标有 CPU 定位标记，在 CPU 的对角也有一个标记，安装时只要将两者的定位标记对准，即可顺利插接。

2. 芯片组

芯片组(chipset)是主板的控制中枢，它是随着集成电路工艺的发展以及微机结构的发展而发展起来的，人们将微机的大部分标准电路全部集成到几块大规模集成电路中，便产生了芯片组的概念。

芯片组作为主板的核心，起着协调和控制数据在 CPU、内存和各部件之间传输的作用，主板所采用的芯片型号决定了主板的主要性能和级别。根据芯片的功能，芯片组分为南桥芯片和北桥芯片。其中，南桥芯片一般位于 PCI 插槽的旁边，主要负责 I/O 接口控制以及硬盘等存储设备控制，其作用是使所用的数据都得到有效传输。北桥芯片一般位于 CPU 旁边，决定 CPU 的类型及主频、内存的类型及最大容量等，并负责 CPU、内存之间的数据传输。北桥芯片起着主导作用，也称为主桥。由于北桥芯片发热量较大，所以在芯片上装有散热片散热。但 Intel 公司在新型的芯片组中已不再区分南北桥芯片，而改用 ICH(接口控制中心)和 MCH(内存控制中心)来替代传统意义上的南北桥的概念，ICH 相当于南桥，而 MCH 相当于北桥。

3. BIOS 芯片

BIOS(Basic Input/Output System)芯片即基本输入输出系统，它实际是一组程序，该程序负责主板的一些最基本的输入和输出，在开机后对系统的各部件进行检测和初始化。

BIOS 一般固化在 EPROM(Erasable Programmable Read-Only Memory，称为：可修改只读存储器)或 EEPROM(Electrically Erasable Programmable Read-Only Memory，称为：电子式可修改只读存储器)芯片中，在新型主板中也有存储在 Flash(闪存，英文名称是 Flash Memory，简称为 Flash，属于内存器件的一种)ROM 芯片中的。如果将芯片组比作主板的心脏，则 BIOS 就是主板的大脑，BIOS 告诉主板应该如何工作，各个中断地址的使用状况，以及把一些特定的开关打开等。BIOS 的另外一个用途是支持即插即用(PNP)设备，它通知系统正在使用什么 CPU、显示卡、硬盘、光驱、声卡、网卡等设备，从开机的画面上就可以看出各个设备的型号以及连接是否正常。另外，在启动微机时 BIOS 还提供一个界面，可对微机系统有关参数如系统日期、时间等进行设置，这些设置的信息保存在一块 CMOS RAM 芯片中，CMOS RAM 通常由主板上的一块电池供电，即使关机，其中的信息也不会丢失。

4. 内存插槽

内存插槽是主板上用来安装内存条的一组长型插槽，内存条(将若干个内存芯片集中在一块条状结构的集成电路板上)通过正反两面带有的金手指与主板连接。主板所支持的内存种类和容量都是由内存插槽决定。早期主板上的内存插槽一般采用 SIMM(单列直插式内存模块)插槽，SIMM 插槽有 30 线接口和 72 线接口两种，已被淘汰。目前，主板上的内存插槽都采用 DIMM(双列直插式内存模块)插槽，DIMM 又分为 SDRAM DIMM 和 DDR SDRAM DIMM 两种，SDRAM DIMM 插槽用于安装 168 线的 SDRAM 内存条，内存条金手指每面为 84 线，金手指上有两个卡口，用来避免插入插槽时误将内存反向插入而导致烧毁；而 DDR SDRAM DIMM 插槽用于安装 184 线的 DDR SDRAM 内存条，金手指每面有 92 线，金手指上只有一个卡口。另外，在市场上出现了一种新的 DIMM 结构，是用于安装 DDR2 内存的 240 线 DIMM 插槽，金手指每面有 120 线，有一个卡口，但是卡口的位置与 DDR DIMM 略有不同，因此 DDR SDRAM 内存条是插不进 DDR2 DIMM 的。同理 DDR2 内存条也插不进 DDR SDRAM DIMM，因此在一些同时具有 DDR SDRAM DIMM 和 DDR2 DIMM 的主板上，不会出现将内存条插错的问题。

5. 驱动器插座

驱动器插座指硬盘、光盘以及软盘驱动器与主板连接的插座。硬盘、光盘驱动器一般通过 80 芯的专用扁平电缆与主板上的 IDE、EIDE 或 SCSI 接口连接；软盘驱动器一般也是通过一根扁平电缆与主板上提供的一个 34 针的软盘驱动器插座连接。

6. 扩展槽

主板上的扩展槽用于扩展微型计算机功能，扩展槽可用来安装各种扩展卡(也叫适配卡)，如显示卡、声卡、内置式 Modem 卡、网卡等(大部分微机已经将某些扩展卡集成在主板上)。扩展槽在现代计算机中得到广泛应用，其方法是将扩展卡插入到主板上的扩展槽上，然后通过扩展卡的端口和连接电缆连接扩展卡和新的外部设备。目前微机主板上较为常见的扩展槽有 PCI 扩展槽和 AGP 扩展槽(ISA 扩展槽在某些工控机上还保留)。主板上一般有 3 到 5 个白色的 PCI 扩展槽能接插 PCI 显卡、PCI 网卡等。AGP 扩展槽专门用于安装 AGP

显卡，速度比普通的 PCI 显卡快得多。AGP 扩展槽一般是棕色或黑色的插槽，长度比 PCI 插槽短。每块主板上一般只需要一个 AGP 扩展槽，集成了显卡的主板一般就不配 AGP 扩展槽。

7. 计算机与外部设备接口

外部总线通常以接口形式出现，是外部设备与计算机连接的端口，也叫 I/O 接口。在微机中，通常将 I/O 接口做成 I/O 接口卡插在主板的 I/O 扩展槽上(如显卡、网卡)、也有的直接做在主板上，如键盘接口、鼠标接口、串行接口、并行接口、USB 接口以及高档微机上的 IEEE 1394 口(俗称火线口)等。ATX 主板的外部接口一般集成在主机的后半部(即主机箱的后面)。外部设备和主机的连接通常是通过连接电缆将外部设备与主板上提供的外部接口连接起来实现的。

(1) 键盘和鼠标接口

现代微机上键盘和鼠标接口一般采用 PS/2 圆型接口，为了便于识别，键盘接口为蓝色，鼠标接口为绿色，目前键盘和鼠标也可采用 USB 接口。

(2) 串行接口

串行接口也叫 COM 口(如 COM1、COM2)、通常有 9 针和 25 针两种插座，通过 RS-232C(异步通信适配器接口)连接电缆将外设与主机连接起来，如将外置式调制解调器与计算机连接。为便于识别，微机上的串行接口一般为针式接口。目前以 9 针串行接口为主。

(3) 并行接口

并行接口也叫 LPT 口，并行接口插座上有 25 个导电的小孔，一般用于连接打印机，所以常被称为打印口或并行打印机适配器，并行接口可同时传输 8 路信号，因此能够一次并行传送完整的一个字节数据。

最初的并口设计是单向传输数据的，即数据在某一时刻只能实现输入或者输出。后来 IBM 开发出了一种被称为 SPP (Standard Parallel Port)的双向并口技术，可以实现数据的同时输入和输出，这样就将原来的半互动并口变成了真正的双方互动并口；Intel、Xircom 及 Zenith 于 1991 年共同推出了 EPP (Enhanced Parallel Port，称为：增强型并口)，允许更大容量数据的传输(500~1000byte/s)，其主要是针对要求较高数据传输速度的非打印机设备，例如存储设备等; 1992 年微软和惠普联合推出了被称为 ECP(Extended Capabilities Port)的新并口标准，和 EPP 不同，ECP 是专门针对打印机而制订的标准；目前所使用的并口都支持 EPP 和 ECP 这两个标准，用户可以在 CMOS 当中设置并口的工作模式。

(4) USB 口

USB 口称为通用串行总线接口，一般为扁平状，可连接各种具有 USB 接口的外设，目前普遍使用的是 USB 2.0 标准接口，其最大数据传输速率为 480Mb/s。USB 接口将会成为微机接口的主流，有可能将取代并行口和串行口，同时提供快速的即插即用和热插拔功能。

(5) IEEE 1394 接口

IEEE 1394 接口也称为“火线”口，是目前最新的一种连接技术，它可以方便地将各种外设(数码相机、数码摄像机)与微机连接，实现通信。可以实现即插即用式操作，其数据传输速率为 400Mb/s。

1.1.4　系统总线

微型计算机内部的连接方式均采用总线(bus)结构，即各个部件之间通过一组公共的信号线连接起来，这组信号线称为系统总线，即总线是计算机各模块间进行信息传输的通道。

1. 总线的分类

微型计算机中的总线一般分为内部总线、系统总线和外部总线 3 大类，内部总线从层次上又分为片内总线、片总线和存储总线。

(1) 片内总线，也称为 CPU 总线，位于 CPU 芯片内部，用于连接 CPU 内部的各功能单元。

(2) 片总线，是微机主板上以 CPU 为核心与各部件间的直接连线，是芯片一级的连接线，它是微机系统的重要总线。

(3) 存储总线，用于连接存储控制器和 DRAM。

(4) 系统总线，也称为板总线，用于连接微机扩展槽上的各扩展板与系统主板之间的总线，它是微机系统最重要的一种总线。微机总线通常指的就是系统总线。系统总线的标准很多(如 PCI、ISA、AGP)，可以插接各种扩展板卡。

(5) 外部总线，也称为通信总线，用于微机系统、微机系统之间、微机系统和外设之间的连接。常用的外部总线有 RS-232C 串行总线、USB 总线。

2. 系统总线

系统总线根据传输信息的类型可分为数据总线(Data Bus，简称 DB)、地址总线(Address Bus，简称 AB)和控制总线(Control Bus，简称 CB)3 大类。

(1) 数据总线是用于 CPU 与内存或 I/O 接口之间传输数据或指令代码的信号线，其位数取决于 CPU 的字长，数据总线是双向的，即数据可传送到 CPU，也可以从 CPU 传送到其他部件。

(2) 地址总线是传送 CPU 所要访问的存储单元或 I/O 接口地址的信号线，其位数决定了计算机内存空间的大小，地址总线是单向的，通常总是将地址从 CPU 传送给内存储器或 I/O 接口。

(3) 控制总线用于传送控制器的各种控制信息，保证计算机协调正确地工作。

3. 系统总线的性能指标

评价一种总线的性能指标主要有以下 3 个方面。

(1) 总线的宽度：指总线能同时传送的数据位数，其单位为位(bit)。

(2) 总线的工作频率：也称作总线的时钟频率，其单位为 MHz。它是影响总线传输速率的重要因素之一。

(3) 总线的传输速率：总线上每秒钟传输的最大字节数，其单位为 Mb/s。

4. 常用的总线标准

随着微处理器的快速发展，系统总线标准也随之发生变化，目前的系统总线主要有工业标准体系(ISA)、外围部件互连(PCI)以及图形图像加速端口(AGP)等标准。

(1) ISA 总线是 IBM 开发的用于个人计算机的总线标准，数据传输宽度为 16 位，传输速率较低，主要用在 286 到 486 的微机中。ISA 总线的扩展标准是 EISA 总线，它是一种 32 位总线，其数据传输速度比 ISA 更快。

(2) PCI 总线是为了满足现代操作系统对系统外部设备信息吞吐量“一大二快”的要求而设计的，“一大”指信息量大，“二快”指传输速度快。Intel 公司在 1999 年推出一个高速度的系统总线标准，其数据传输宽度 32 位或 64 位，数据传输速率较高，是目前被广泛采用的一种总线。

(3) AGP 总线是一种最新的总线类型，比 PCI 总线的速度快 2 倍以上，专门用于加速图像显示。

1.1.5 输入输出设备

中央处理器(CPU)和主存储器(RAM)构成微型计算机的主体，简称主机。主机以外的大部分硬件设备称为外部设备，简称外设，外设通过接口以及连接电缆与主机相连。外设通常包括输入输出设备和外部存储设备。外部存储设备既可以看作是输入设备，也可以看作是输出设备。输入输出设备是人与计算机交换信息所必需的，不同种类的设备可以满足不同场合的需求。

1. 常用的输入设备

输入设备是指一切能向计算机输入信息的设备，微机系统中常用的输入设备有键盘、鼠标、扫描仪、条形码阅读器、光笔、触摸屏、数码摄像机、数码照相机、摄像头以及麦克风等。其中键盘是微机中最常用和必备的标准输入设备。

(1) 扫描仪

扫描仪是继键盘、鼠标之后的又一个计算机输入设备，它是一种光、电、机一体化的高科技产品，是将各种格式的图像信息输入计算机的有效工具。

扫描仪的作用是将图片、照片、印刷的文字资料(如书本)以及实物的外观扫描输入到计算机中，如果配上相应的软件，则可以将印刷的文字资料转换为电子文档，无需使用键盘输入。

衡量扫描仪的主要性能指标有分辨率、色彩位数、扫描时间、扫描幅面(一般为 A4 纸张)和接口形式(目前多为 USB 接口)等。

(2) 条形码阅读器

条形码阅读器是一种阅读条形码的光电扫描仪，条形码是打印在产品外包装上的垂直斑纹标记。目前广泛应用于超市及大型书店的收银台。

(3) 触摸屏

触摸屏是一种覆盖了一层塑料的特殊显示屏，可通过手指触摸显示屏来选择菜单。由于触摸屏容易使用，目前已广泛应用于信息查询，如银行、电信以及数字化城市查询系统，车站、宾馆的服务信息系统等。触摸操作可以为不熟悉计算机操作的人提供非常方便的人机对话。

(4) 数码照相机

数码照相机也是一种图像输入设备，它与传统照相机的主要区别在于传统照相机所拍摄的图像以胶片的方式保存，而数码照相机所拍摄的图像以数字形式保存在存储卡中，并可通过微机上的 USB 接口输入到微机中。数码照相机一般自带一根 USB 口与 IEEE 1394“火线”口转接线。数码照相机还可以通过 LCD 屏随时查看所拍照片的效果，实现即拍即得。

(5) 数码摄像机

数码摄像机同样是一种图像输入设备。家用数码摄像机的格式一般为 DV 格式。在数码摄像中将拍摄到的场景以数字形式保存在 DV 带或存储卡中。数码摄像机可以与计算机连接，从而把 DV 带或存储卡中的内容读入到计算机中。

(6) 摄像头

摄像头也是一种图像输入设备，随着因特网的普及，人们已通过摄像头实现视频聊天。目前市场上的主流产品是带有 USB 接口的数字摄像头。

(7) 麦克风

麦克风又称话筒，是一种语音输入设备，计算机通过声卡将麦克风输入的模拟信号转换成数字信号，经过处理后以音频的形式保存在计算机的存储系统中。

(8) 录音笔

录音笔与麦克风一样是一种音乐输入设备，但录音笔是将声音录制好后，先存储在录音笔自带的存储卡中，再通过 USB 接口将内容读入计算机中。

2. 常用的输出设备

计算机通过输入设备将输入的数据经过一定处理后，必须将处理结果转换成可以理解的形式呈现给用户，这时需要输出设备才能完成。常用的输出设备主要有显示器、打印机、绘图仪以及音箱等。

(1) 显示器

显示器是微机中最常用的和必备的标准输出设备，也是人机对话的主要工具之一，用来显示计算机软件的操作界面、系统信息、处理结果等。显示器根据制造材料的不同，一般分为 CRT(阴极射线管)显示器、LCD(液晶)显示器和 PDP(等离子)显示器等。

① CRT 显示器

CRT 显示器也称阴极射线管显示器，是微机上使用最早、也是最常见的显示器，其工作原理与普通电视机相同，只是数据接收与控制方式不同。CRT 显示器的主要性能指标有屏幕尺寸、分辨率、显像管与屏幕形状、点距、扫描方式及刷新频率等。

显示器按显示效果可分为单色显示器和彩色显示器，按分辨率可分为低分辨率、中分辨率、高分辨率(分辨率越高，图像就越清晰)，按对角线的尺寸分为 15 英寸(1 英寸=0.245m)、

17 英寸不等；显示器的显像管和屏幕经历了从球面发展到柱面，又从柱面发展到纯平。市场上 CRT 显示器的主流产品是 17 英寸、彩色、纯平显示器。

② LCD 显示器

LCD 显示器也叫液晶显示器，使用液晶屏幕显示图像，从理论上说是一种数字显示器，视觉效果好，对人体伤害小，但价位要比 CRT 高。

LCD 显示器的主要性能指标有屏幕尺寸、分辨率、点距、亮度、可视角度、坏点和响应时间等。

(2) 显示卡

显示卡简称显卡，是显示器和主机之间的转换设备，显示卡的主要功能是用于主机与显示器之间数据格式的转换。显示卡有独立显卡和集成显卡之分，独立显卡通常安装在 PCI 扩展槽或 AGP 扩展槽中，集成显卡则直接集成在主板上，显卡中的 CPU(图像处理器)和显存是衡量显卡的一个主要指标，其容量的大小决定了显卡的最大分辨率。

(3) 打印机

打印机也是微机系统中常用的输出设备之一，通过打印机可以将建立的文稿、图像等信息以书面的形式打印出来。按打印机的工作机构可以分为击打式和非击打式两种，通常使用的针式打印机属于击打式打印机，而喷墨打印机和激光打印机则属于非击打式打印机。

打印机与微机的连接可以通过并行口或 USB 口，但连接后必须安装相应的打印驱动程序才可以使用。

1.2 工业 PC 机介绍

家庭和办公室、学校使用的 IBM-PC 机或兼容机叫通用计算机，在工业控制领域还经常使用一种叫工业控制计算机的 PC 机，简称工控机。它和后面介绍的单片机一样都是计算机大家庭中的重要成员。它们各有特点，使用场合也不同。通常人们把工业 PC 机控制系统俗称“大”系统，而把单片机控制系统叫“嵌入式”控制系统。

工控机和通用计算机的区别主要有以下两点。

1. 外形结构相同但内部芯片使用差别很大

计算机芯片可分为 3 个档次，即商业级、工业级和军品级。商业级集成芯片的工作温度为 0℃~70℃；工业级集成芯片的工作温度为-40℃~85℃；军品级集成芯片的工作温度为-55℃~125℃。由于工控机模板采用工业级集成芯片，其无故障工作时间是很长的，一般可保证 10 年以上。

2. 机箱采用特殊材料并密封，抗灰尘、抗震动、抗电磁干扰

工控机的操作系统和通用计算机一样，大多由用户选择，基本上是 Windows 98/2000/XP 等系统。但使用最多、最方便的是 Windows 98 操作系统。由于在 Windows 98 操作系统以后，微软对操作系统进行了限制，普通用户对底层设备不能进行访问，包括简单的输入输出。

如果要进行底层设备操作必须使用专门的底层设备驱动程序，Windows 98 及以下操作系统可以使用 VxD 驱动程序，Windows 98 和 Windows 2000 使用 WDM 驱动程序，这一改变为用户带来很大困难。

工控机的各种输入/输出模块比通用机要丰富得多，它们既有 ISA 总线的，也有 PCI 总线的，以适应不同场合使用。

以工控机厂家台湾研华公司(Advantech)为例，其工控机产品仅功能模块就有上百种，如工业通讯卡、数据采集控制卡、远端数据采集和控制、信号调理和数字量输入/输出、分布式数据采集和控制等。

为了便于用户编写底层设备驱动程序，每种板卡都给出了设备驱动程序，用户可以在 Windows 98、Windows 2000 和 Windows XP 等 32 位开发环境中使用这些驱动程序库，适应用户不同的编程语言，这些库分别用 VC++、VB、Inprise C++ Buider 和 Inprise Delphi 给出。

1.3　软件系统概述

1.3.1　软件系统的分类

软件系统大体上可分为系统软件和应用软件两大类。系统软件面向计算机硬件系统本身，可解决普遍性问题，是人们学习使用计算机的首要软件；而应用软件则指面向特定问题处理，可解决特殊性问题，应用软件是在系统软件的支持下运行的。在大多数情况下，人们是通过应用软件使用计算机的。

1. 系统软件

系统软件是管理、控制和维护计算机资源的软件。系统软件面向计算机硬件系统本身，是用来扩展计算机的功能、提高计算机的工作效率、方便人们使用计算机的软件。系统软件又分为两类：一类是操作系统本身，一类是实用软件。系统软件通常包括操作系统、程序设计语言及语言翻译系统、工作软件及系统服务程序、数据库管理系统等。

2. 应用软件

应用软件是在系统软件的基础上，人们利用计算机为解决某一应用领域中的特定问题而开发的软件。应用软件运行在系统软件之上，通过系统软件访问计算机硬件资源，即应用软件的运行受到系统软件的管理和控制。应用软件一般又分为通用应用软件和专用应用软件。通用应用软件是最基本的应用软件，通常为解决某一类问题并被广泛地应用于几乎所有的应用领域而设计的软件。如办公应用软件 Microsoft Office、WPS Office、商业应用软件中的财务软件包和项目管理软件等。专用应用软件是专门为某一行业领域或部门而设计的软件，如铁路售票系统、人事管理系统、工资管理系统以及收费系统等。通常应用软件与专用软件之间并没有严格的界限区分。

3. 系统中的几个重要概念

人类通过软件使用计算机，在长期应用计算机的过程中抽象并不断完善软件系统中的概念，通过这些概念在软件设计中的进一步使用，可使人们更为方便地使用计算机。

(1) 程序

在现实生活中，程序的概念非常普遍，如人们为了完成一项复杂的任务，需要进行一系列的具体工作，并按一定的先后顺序安排相应的工作，即操作顺序，称为程序。但随着计算机的诞生和发展，“程序”已成为计算机的专用名词。简单地说，程序就是计算机来完成某些特定任务所必须执行的指令序列的集合。

程序反映了人类用计算机解决问题的思维和方法。用计算机解决问题的基本过程是分析所要解决的问题、找出解决问题的基本方法、用计算机语言编写程序、输入到计算机的存储设备中、通过计算机语言翻译系统将编制的程序翻译成计算机可以识别的机器语言，最后在计算机上运行程序并输出结果。

程序的基本目标就是用计算机实现算法、并对原始数据进行一定的处理、在计算机上获得预期的结果。算法和数据结构是计算机程序的两个最基本和最重要的组成部分。

算法是解决问题的方法和步骤，是程序的核心。这些方法和步骤确定了一个操作的顺序，以便能在有限步骤内得到特定问题的解。算法具有目的性、确定性、有限性、通用性等性质(也称特点)。算法可以通过流程图、N-S 图等来表示。在计算机上算法的实现过程是由一系列操作组成，而操作之间的执行顺序则是由程序的基本控制结构来完成。程序的基本控制结构包括顺序结构、分支结构和循环结构。任何复杂的算法都可以用这 3 种基本结构组合而成。

数据结构是对程序要处理的数据的抽象和组成，这里所说的“数据”是指描述客观事物的数、字符以及所有能输入到计算机并且被计算机程序处理的符号。结构包括数据的逻辑结构(即数据元素之间的逻辑关系)和物理结构(即数据在计算机中是如何表示的)以及数据相互之间存在的关系。简单地说，数据结构就是将程序要处理的各种松散的数据按某种结构进行组织，以便程序能有效地处理。

在计算机中典型的数据结构有线性表、堆栈和队列。线性表是一种最简单且最常用的数据结构，在计算机中线性表通常使用一批地址连续(顺序存储)或不一定连续(链式存储)的存储单元来存放线性表中的数据元素；堆栈和队列则是一种受限的线性表，堆栈一般使用顺序存储结构(一个地址连续的存储单元)来存放数据元素，在堆栈中只能够在表的一端(表尾)进行插入和删除操作，该表尾称为栈顶(top)，堆栈的操作特点是“后进先出”；而队列则通常采用链式存储结构(地址不连续的存储单元)来储存数据元素，在队列中只能够在表的一端进行插入操作(该端称为队尾)，而在表的另一端进行删除操作(该端称为队首)。

(2) 程序设计语言

程序设计语言也称为计算机语言，是人和计算机交互的基础。人要把需要计算机完成的工作告诉计算机，就需要用程序设计语言编写程序，让计算机去执行。计算机程序设计语言大体可分为低级语言(如机器语言、汇编语言)和高级语言(如 C 语言、Java 语言)两种。

① 低级语言

低级语言是面向机器的语言，是早期的计算机语言，一般指机器语言和汇编语言。机器语言是由计算机硬件系统可以识别的二进制指令组成的语言。在计算机诞生初期，程序员只能用机器语言编写程序。由于机器语言是计算机直接使用的语言，因此，用机器语言编写的程序计算机可以直接识别、但程序编写难度大、功能简单。在 1952 年出现的一种新型低级语言称为汇编语言。汇编语言将机器语言的二进制指令用人们能够读懂的助记符号来表示。汇编语言也是一种面向机器的语言，但从机器语言到汇编语言已经是计算机语言的一大进步，计算机不能直接执行用汇编语言编写的程序。

② 高级语言

如果将机器语言称为第一代语言，汇编语言称为第二代语言，则高级语言就属于第三代语言。

目前流行的高级语言很多，其中第一种高级语言是 IBM 公司于 1957 年开发的 FORTRAN 语言，它是为科学计算而设计的，至今仍广泛用于科学和工程领域。高级语言的出现是计算机程序设计语言一大进步，它极大地方便了程序的编写。程序员只需使用简单的英文单词、熟悉的数学表达式以及规定的语句格式，就可以方便地编写所需要的程序，不必考虑计算机操作的具体细节。高级语言又分为面向过程的高级语言(如 FORTRAN、BASIC、C)和面向对象的高级语言(如 Visual Basic.net、Visual C#、Java)。但计算机不能直接执行用高级语言编写的程序。

(3) 语言翻译系统

语言翻译系统(程序)是一种系统软件。人们用汇编语言、高级语言编写的程序称为源程序，用机器语言编写的程序称为机器语言程序，也叫做目标程序。语言翻译系统一般分为汇编语言汇编系统、高级语言编译系统和高级语言解释系统 3 种。

① 汇编语言源程序汇编系统

汇编语言源程序汇编系统的主要作用是将人们用汇编语言编制的源程序翻译成等价的机器语言形式的目标程序。

② 高级语言源程序编译系统

高级语言源程序编译系统的主要作用是将用高级语言编制的源程序编译(翻译)成等价的机器语言或汇编语言目标程序，当目标程序用汇编语言表示时，还要再经过一次汇编程序的加工。该系统的最终任务是产生一个可在具体计算机上执行的程序(目标程序)。

③ 高级语言源程序解释系统

有些高级语言(如 BASIC 语言)编制的程序的翻译工作是由解释系统完成的。解释系统对源程序进行逐句分析，若没有错误，立即将该句翻译成机器语言指令，并执行这些指令；若在翻译时发现错误，会立即停止，报错并提醒用户更正代码。解释方式在翻译过程中并不把源程序翻译成一个完整的目标程序。其优点是实现比较简单，但源程序每次运行都需要重新进行解释，因此运行效率低。

1.3.2　常用工具软件

常用工具软件是在计算机操作系统环境中，为了扩展和补充系统功能而设计和开发的一些软件，如下载工具软件、压缩工具软件、媒体播放工具软件、图像浏览工具软件、辞典工具软件、防毒工具软件以及系统设置工具软件等。

1. 下载工具软件

在上网时，有时需要将用户感兴趣的软件、文档、图像、电影以及音乐等有关信息下载到个人计算机中。为了提高下载速度，出现了许多专门的下载软件，如网络蚂蚁、迅雷及网际快车等。

网络蚂蚁是我国自行开发的下载工具软件，它利用了许多新的技术手段，如多点连接、断点续传和计划下载等，使人们在现有的条件下显著地加快了下载速度。

迅雷是一款基于多资源、超线程技术的下载软件，作为“宽带时期的下载工具”，迅雷针对宽带用户做了特别的优化，能够充分利用宽带上网的特点，带给人们高速下载的全新体验。有关迅雷下载工具的最新版本及相关资料可在 http://www.xunlei.com 下载。

2. 压缩与解压缩软件

在使用计算机的过程中，经常需要对磁盘中的一些大文件或不常用的文件进行打包压缩，然后保存。这样既可保证文件不易损坏，又可为硬盘腾出使用空间，同时减少文件在通信线路上传输时所占的时间。

文件压缩是将文件用更紧凑的格式进行处理，使其所占的磁盘空间(文件字节数)减少以利保存，同时又必须能够恢复(称为释放或解压缩)。压缩文件时使用的压缩编码方法不同，生成的文件格式结构也不同，压缩结构称为压缩格式。现在常见的压缩格式有 ZIP、LZH、RAR 和 CAB 等，常见的专用压缩格式有声音压缩格式 MP3，图形压缩格式 JPEG，影像压缩格式 MPEG 等。

目前流行的压缩工具很多，但最常用的是由 Nico Mak Computing 公司开发的 WinZip，其设置界面如图 1-3 所示。它是 Windows 环境下的一种通用压缩管理软件，具有操作简便、压缩运行速度快、界面友好、功能丰富、能与 Internet Explorer 和 Netscape Communicator 实现无缝连接、可大大方便 Internet 用户进行网上软件的下载与解压等显著优点，受到广大 Windows 用户的青睐。

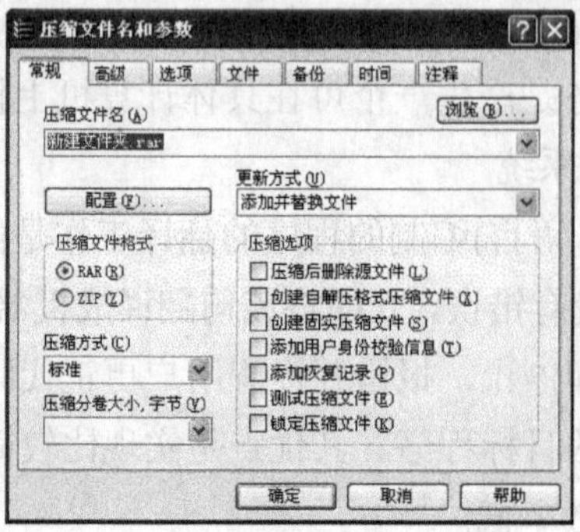

图 1-3　WinZip 界面

Winzip 是一款共享软件，提供有关 Winzip 下载和最新信息的网址是 http://www.winzip.com。

3. PDF 文件阅读软件

PDF 是 Portable Document Format (便携文档格式) 的英文缩写，是 Adobe 公司推出的一种全新的电子文档阅读格式，已成为全世界各种标准组织用来进行更加安全可靠的电子文档分发和交换的出版规范。Adobe Acrobat Reader 是一个查看、阅读和打印 PDF 文件的最佳工具。PDF 格式文档已经在各企业、政府机构和教育工作者中广为使用。

PDF 文档格式具有基本的压缩和保护能力，文件的外观同原始文档无异，保留了原始文档的字体、图像、图形和布局。Adobe PDF 文件紧凑，易于交换。

有关 Adobe 公司的 PDF 格式的软件产品及相关资料可以在其公司主页 http://www.adobe.com 下载。

1.4　习题

1. 微型计算机由哪些主要部件组成?
2. 衡量 CPU 性能的主要技术指标有哪些?
3. Intel CPU 代表产品有几种？每种技术指标有哪些?
4. 随机存储器有几种？每种技术指标有哪些?
5. 存储器 Cache 的作用是什么？引入 Cache 的目的是什么？
6. 主板从结构上分为几类？每类特点是什么？
7. BIOS 软件的功能是什么？
8. 系统总线有几种？它们的性能指标有哪些？目前常用的总线是哪种？
9. 微型计算机的外部存储设备有哪些？各有什么特点？
10. 微型计算机常用的输入输出设备有哪些？
11. 工业 PC 机与通用微型计算机的区别是什么？
12. Windows 2000 以上操作系统如何实现底层设备驱动？
13. 微型计算机常用工具软件有哪些？
14. 汇编语言和高级语言的区别是什么？

第2章　数在计算机中的表示

2.1 数的进制和在计算机中的表示

2.1.1 概述

计算机在信息社会中发挥的作用越来越重要，计算机的功能也得到了很大的改进，从最初的科学计算、数值处理发展到现在的过程检测与控制、信息管理、计算机辅助设计等领域。计算机不仅仅是对数值进行处理，还要对语言、文字、图形、图像和各种符号进行处理，由于计算机内部只能识别二进制数，所以这些信息都必须经过数字化处理后，才能进行存储、传送等。

在计算机系统中，数字和符号都是用电子元件的不同状态表示的，即使用高低电平表示。

2.1.2 进位计数制的概念

按进位的原则进行计数称为进位计数制，简称数制。

数学运算中一般采用十进制。而在日常生活中，除了采用十进制计数外，有时也采用其他的进制来计数。如时间的计算采用的是六十进制。60 分为 1 小时，60 秒为 1 分钟，计数特点为“逢六十进一”；年份的计算采用的是十二进制，12 个月为一年，计数特点为“逢十二进一”。

在进位计数制中，数字的个数叫做“基数”，十进制是现实生活中最常用的一种进位计数制，由 0，1，2，3，4，……，9 等 10 个不同的数字组成，也就是说十进制的基数是 10。除此还有八进制和十六进制，但是八进制和十六进制都是以二进制为基础的。

十进制计数的特点是“逢十进一”。在一个十进制数中，需要用到 10 个数字符号 0~9，即十进制数中的每一位是这 10 个数字符号之一。一个十进制数可以用位权表示。

1. 位权

在一个十进制数中，同一个数字符号处在不同位置上所代表的值不同，例如，数字 3 在十位数位置上表示 30，在百位数位置上表示 300，而在小数点后第一位上则表示 0.3。

同一个数字符号，不管它在哪一个十进制数中，只要在相同位置上，其值都是相同的，例如，135 与 1235 中的数字 3 都在十位数位置上，都是表示 30。通常称某个固定位置上的计数单位为位权。例如，在十进制计数中，十位数位置上的位权为 10，百位数位置上的位权为 10^2，千位数位置上的位权为 10^3，而在小数点后第 1 位上的位权为 10^{-1} 等。由此可见，在十进制计数中，各位上的位权值是基数 10 的若干次幂。例如，十进制数 234.13 用位权表示为：

$$234.13=2\times10^{2}+3\times10^{1}+4\times10^{0}+1\times10^{-1}+3\times10^{-2}$$

2. 常用的计数制

常用的计数制有十进制、二进制、八进制、十六进制。在不同的编程语言中它们有不同的表达方法。比如在常用的 C 语言中，如果一个数不加前后缀，表示该数是十进制数；如果加上后缀 B，表示该数是二进制数；同样，八进制数加前缀 0；十六进制数加前缀 0x。当该数是一位二进制数时，由于各种数制的 0 或 1 都是相等的，从而简化不加后缀。后续章节也按这种表达方法来表示不同进制数。

(1) 十进制数

十进制是现实生活中最常使用的数字，它含有 0、1、2、3、4、5、6、7、8、9 十个基本数字，进位是“逢十进一”。通常十进制数的表示形式如 152、256 等。由于在计算机常用的 C 语言中，0 开头的数表示该数是 8 进制，且 0 在十进制中只起占位作用没有数值，因此十进制整数不用 0 开头，如果一个十进制小数其整数部分为 0，其整数部分可以用一个 0 占位。

(2) 二进制数

二进制只含有 0 和 1 两个数字，进位是“逢二进一”。二进制的表示形式如 110B 等。

二进制与十进制的运算原理相同，只是在二进制运算时，逢二进一，借一当二。例如：10.01B 的位权表示法为：

$$1\times2^{1}+0\times2^{0}+0\times2^{-1}+1\times2^{-2}$$

(3) 八进制数

八进制数含有 0、1、2、3、4、5、6、7 八个基本数字，进位是“逢八进一”，任意八进制数都可以由这 8 个数字组合而成。通常八进制数的表示形式为 0152 等 ，例如：023.4 的位权表示法为：

$$2\times8^{1}+3\times8^{0}+4\times8^{-1}$$

(4) 十六进制数

十六进制数是计算机中使用最频繁的数，它含有 0、1、2、3、4、5、6、7、8、9、A、B、C、D、E、F 十六个基本数字，进位是“逢十六进一”，任意十六进制数都可以由这 16 个数字组合而成。十六进制数的表示形式如 0x15d、0xff 等。如 0xa2.9 的位权表示方法为：

$$10\times16^{1}+2\times16^{0}+9\times16^{-1}$$

2.1.3　计算机与二进制数

1. 计算机采用二进制的原因

计算机中的数都是用二进制表示而不用十进制表示，原因是数在计算机中是以电子器件的物理状态来表示的。二进制计数只需要两个数字符号 0 和 1，可以用两种不同的状态(低电平和高电平)来表示，其运算电路容易实现。而要制造出具有 10 种稳定状态的电子器件分别代表十进制中的 10 个数字符号却十分困难。所以计算机采用二进制的优势如下：

(1) 二进制在硬件技术上容易实现，只需两个状态。

(2) 二进制运算规则简单，操作实现简便。

(3) 由于采用两种稳定的状态来表示数字，使数据的存储、传送和处理都变得更加可靠。

(4) 逻辑判断方便。

2. 二进制的算术运算

二进制的算术运算与十进制运算类似，同样可以进行四则运算，其操作简单、直观，更容易实现。

二进制与十进制的运算原理一致，只是在二进制运算时，逢二进一，借一当二。

(1) 二进制加法运算法则

0+0=0　　0+1=1　　1+0=1　　1+1=10(逢二进一)

(2) 二进制减法运算法则

0－0=0　　10－1=1(借 1 当 2)　　1－0=1　　1－1=0

(3) 二进制乘法运算法则

0×0=0　　0×1=0　　1×0=0　　1×1=1

(4) 二进制除法运算法则

0÷0(无意义)　　0÷1=0　　1÷0(无意义)　　1÷1=1

二进制的加减运算，可借助于十进制数的加减运算竖式，即在进行两数相加时，首先写出被加数和加数，然后按照由低位到高位的顺序，根据二进制加法运算法则把两个数逐位相加即可。

例 2-1　计算 1001B+1010B

解：

$$\begin{array}{r} 1001\text{B} \\ +\ \ 1010\text{B} \\ \hline 10011\text{B} \end{array}$$

所以　1001B+1010B=10011B

例 2-2　计算 11010B-10100B

解：

$$\begin{array}{r} 11010\text{B} \\ -\ \ 10100\text{B} \\ \hline 00110\text{B} \end{array}$$

所以　11010B－10100B=110B

例 2-3　求 10010B×1001B

解：

```
      10010B
×      1001B
-----------
       10010
      00000
     00000
    10010
-----------
    10100010B
```

所以　　10010B×1001B=10100010B

3. 二进制小数

为了扩展二进制计数法的技术范围，有必要引用二进制小数，即用小数点左边数字表示数值的整数部分，小数点右边的数字表示数值的小数部分。小数点右面的第一位权为 2^{-1}，第二位为 2^{-2}，第三位为 2^{-3}，后面的依此类推(与十进制对应)。

对于带小数的加法，十进制中的方法同样适用于二进制，即两个带小数点的二进制数相加，只要将小数点对齐，按照以前同样的步骤进行即可。

例 2-4　计算 100.01B+1101.11B

解：

```
     100.01B
+   1101.11B
------------
   10010.00B
```

所以　　100.01B+1101.11B=10010.00B

特别说明：计算机中所有的运算最后都是以加法形式进行的，所以二进制加法是计算机运算的基础。

2.1.4　数制转换

将数由一种数制转换成另一种数制称为数制间的转换，由于计算机采用二进制，而在日常生活中或数学运算中人们习惯使用十进制，所以在使用计算机进行数据处理时必须把输入的十进制数转换成计算机所能接受的二进制数，计算机在运行结束后，再把二进制数换算为用户所习惯的十进制输出。这两个换算过程完全由计算机系统自动完成，下面介绍其换算原理。

1. 二—十进制转换

(1) 二进制转换成十进制

二进制只含有 0、1 两个数字，其计数特点是“逢二进一”。与十进制计数相同，在二进制数中，每个数字符号(0 或 1)在不同的位置上具有不同的值，各位上的权值是基数 2 的若干次幂。例如：

$$10010B=1\times2^4+0\times2^3+0\times2^2+1\times2^1+0\times2^0=18$$

二进制小数向十进制小数转换原理也是一样的。

$$101.11B=1\times2^{2}+0\times2^{1}+1\times2^{0}+1\times2^{-1}+1\times2^{-2}=5.75$$

(2) 十进制转换成二进制

在将一个既含有整数又含有小数的十进制数转换成二进制数时，需要将整数部分和小数部分分别进行转换。

① 十进制整数转换成二进制整数采用“除 2 取余法”。

具体做法：将十进制数除以 2，得到一个商数和一个余数；再将商数除以 2，又得到一个商数和一个余数……，继续该过程，直到商数等于零为止。每次得到的余数(必定是 0 或 1)就是对应二进制数的各位数字。

第一次得到的余数为二进制数的最低位，最后一次得到的余数为二进制数的最高位。

例 2-5　将十进制数 97 转换成二进制数

过程如下：

```
2 | 97
2 | 48        余数为 1
2 | 24        余数为 0
2 | 12        余数为 0
2 | 6         余数为 0
2 | 3         余数为 0
2 | 1         余数为 1
    0         余数为 1，(商为 0，结束)
```

最后结果为：

97=1100001B

② 十进制小数转换成二进制小数采用“乘 2 取整法”。

具体作法：用 2 乘十进制小数，得到一个整数部分和一个小数部分；再用 2 乘小数部分，又得到一个整数部分和一个小数部分……，继续该过程，直到余下的小数部分为 0 或满足精度要求为止。最后将每次得到的整数部分(必定是 0 或 1)从左到右排列即得到所对应的二进制小数。

例 2-6　将十进制小数 0.6875 转换成二进制小数

过程如下：

```
  0.6875
×      2
--------
  1.3750        整数部分为 1
  0.3750        余下的小数部分
×      2
--------
  0.7500        整数部分为 0
```

```
    0.7500        余下的小数部分
  ×      2
  ─────────
    1.5000        整数部分为 1

    0.5000        余下的小数部分
  ×      2
  ─────────
    1.0000        整数部分为 1

    0.0000        余下的小数部分为 0，结束
```

最后结果为：

0.6875=0.1011B

一个十进制小数不一定能完全准确地转换成二进制小数。例如，十进制小数 0.1 就不能完全准确地转换成二进制小数。在这种情况下，可以根据精度要求只转换到小数点后某一位为止。

为了将一个既有整数部分又有小数部分的十进制数转换为二进制数，可以将其整数部分和小数部分分别转换，然后再组合起来。例如：

97=1100001B

0.6875=0.1011B

由此可得：97.6875=1100001.1011B

2. 八—十进制的转换

(1) 八进制转换成十进制

八进制数中有 8 个数字符号 0~7，其计数特点是“逢八进一”，与十进制计数一样，在八进制数中，每一个数字符号(0~7)在不同的位置上具有不同的值，各位上的权值是基数 8 的若干次幂。例如：

$$0154=1\times8^{2}+5\times8^{1}+4\times8^{0}=108$$

小数之间的转换原理也一样，例如：

$$0154.11=1\times8^{2}+5\times8^{1}+4\times8^{0}+1\times8^{-1}+1\times8^{-2}=108.140625$$

(2) 十进制转换成八进制

① 十进制整数转换成八进制整数采用“除 8 取余法”。

例如：将十进制整数 277 转换成八进制整数

过程如下。

```
8 | 277
8 | 34        余数为 5
  ────
```

```
8 | 4       余数为 2
  ----
    0       余数为 4，(商为 0，结束)
```

最后结果为：

277 =0425

② 十进制小数转换成八进制小数采用“乘 8 取整法”。

例如：将十进制小数 0.140625 转换成八进制小数

过程如下。

```
  0.1 4 0 6 2 5
  ×           8
-----------------
  1.1 2 5 0 0 0        整数部分为 1

  0.1 2 5 0 0 0        余下的小数部分
  ×           8
-----------------
  1.0 0 0 0 0 0        整数部分为 1

  0.0 0 0 0 0 0        余下的小数部分为 0，结束
```

最后结果为：

0.140625=00. 11

③ 将一个既有整数又有小数的十进制数转换成八进制数时，需要将整数部分和小数部分分别进行转换。

例如：将十进制数 277.140625 转换成八进制数

过程如下。

277 =0425

0.140625=00.11

由此可得：277.140625=0425. 11

3. 十六—十进制转换

(1) 十六进制转换成十进制

十六进制数中有 0、1、2、3、4、5、6、7、8、9、A、B、C、D、E、F 十六个基本数字，其计数特点是“逢十六进一”。其中符号 A、B、C、D、E、F 分别代表十进制数 10、11、12、13、14、15。与十进制计数相同，在十六进制数中，每个数字符号(0~9 以及 A、B、C、D、E、F)在不同的位置上具有不同的值，各位上的权值是基数 16 的若干次幂。例如:

$$0x1CB.D8=1\times16^{2}+12\times16^{1}+11\times16^{0}+13\times16^{-1}+8\times16^{-2}=459.84375$$

(2) 十进制转换成十六进制

① 十进制整数转换成十六进制整数采用“除 16 取余法”。

② 十进制小数转换成十六进制小数采用“乘 16 取整法”。

③ 在将一个既有整数又有小数的十进制数转换成十六进制数时，需要将整数部分和小数部分分别进行转换。

例如：将十进制数 91.75 转换成十六进制数

过程如下。

先转换整数部分：

```
16 | 91
   |------
16 | 5        余数为 11
   |------
     0        余数为 5，(商为 0，结束)
```

再转换小数部分：

```
        0.7 5
   ×      1 6
  -------------
      1 2.0 0       整数部分为 12
        0.0 0       余下的小数部分为 0，结束
```

最后结果为：

91.75=0x5B.C

4. 二进制与八、十六进制之间的转换

(1) 二进制与八进制、十六进制之间有着简单的关系，它们之间的转换很方便。由于 8 和 16 都是 2 的整数次幂，即 $8=2^3$、$16=2^4$。因此，3 位二进制数相当于 1 位八进制数，4 位二进制数相当于 1 位十六进制数。

(2) 八进制数转换成二进制数的规律：每位八进制数用相应的 3 位二进制数代替。

例如，八进制数 0315.27 转换成二进制数为：

```
八进制数：3      1      5    .    2     7
二进制数：011    001    101  .    010   111
```

即　0315.27=11001101.010111B

(3) 十六进制数转换成二进制数的规律：每位十六进制数用相应的 4 位二进制数代替。

例如，将十六进制数 0x2BD.C 转换成二进制数为：

```
十六进制数：2      B      D     .    C
二进制数：0010     1011   1101  .    1100
```

即　0x2BD.C=1010111101.1100B

(4) 二进制数转换成八进制数的规律：从小数点开始，向前每 3 位一组构成 1 位八进制数；向后每 3 位一组构成 1 位八进制数，当最后一组不够 3 位时，应在后面添 0 补足 3 位。

例如，将二进制数 1101001101.01B 转换成八进制数为：

```
二进制数：1    101    001    101  .  010
八进制数：1    5      1      5    .  2
```

即 1101001101.01B=01515.2

(5) 二进制数转换成十六进制数的规律：从小数点开始，向前每 4 位一组构成一位十六进制数；向后每 4 位一组构成一位十六进制数，当最后一组不够 4 位时，应在后面添 0 补足 4 位。

例如，将二进制数 1101001101.01B 转换成十六进制数为：

二进制数：11　　0100　　1101　　.　　0100

十六进制数：3　　4　　D　　.　　4

即 1101001101.01B =0x34D.4

2.1.5　不同数制相互转换的进一步讨论

2.1.4 节讲到不同数制相互转换的原理，内容较多，但在工业控制系统中，使用的数大多是无符号整数，其中最常用的是二—十进制数和二—十六进制数的互相转换，掌握了它们之间相互转换的方法，基本可以满足工作需要，其他的转换的使用相对较少。二—十进制数和二—十六进制数的互相转换可以用简单方法完成。

1. 二进制数转换为十六进制数

2.1.4 节已讲过，4 位二进制数可用 1 位 16 进制数来代替， 4 位二进制数权分别是 8、4、2、1，所以这位 16 进制数就等于这 4 位二进制数 bit 值等于 1 的各位权相加，就是 8、4、2、1 这 4 位数中的几个简单相加。十六进制数的位置对应原二进制数的位置。

例如，一个 8 位二进制数 11111110B 用 2 位 16 进制数表示：

二进制数　　1　1　1　1　1　1　1　0　B

4 位二进制数权 8　4　2　1　8　4　2　1

16 进制数低位=8+4+2=14=0xE

16 进制数高位=8+4+2+1=15=0xF

11111110 B=0xFE

如 01111000B 用 16 进制数表示，低 4 位 bit 值等于 1 的各位权相加=0x8；高 4 位 bit 值等于 1 的各位权相加 4+2+1=0x7；16 进制数等于 0x78。

如 00111100B 用 16 进制数表示，低 4 位 bit 值等于 1 的各位权相加 8+4=0xC；高 4 位 bit 值等于 1 的各位权相加 2+1=0x3；16 进制数等于 0x3C。

这种算法对于数值大的数的转换效率高。例如，32 位二进制数转换为 8 位 16 进制数：

二进制数 0011　1100　0011　1100　0011　1100　0011　1101B

权 8421　8421　8421　8421　8421　8421　8421　8421

Bit×权相加 3　C　3　C　3　C　3　D

结果 00111100001111000011110000111101B=0x3C3C3C3D

2. 十进制整数转换为二进制整数

当把一个十进制整数转换为二进制整数时，如 2.1.4 节所述可以采用除二取余法。但如果十进制整数比较大，则该方法繁琐易出错。

简便方法是先将十进制整数转换为十六进制数，然后利用十六进制数和二进制数的简单换算关系，每一位十六进制数用 4 位二进制数来取代，可以很快得到结果。

例如，将十进制数 65534 转换为二进制数，用除 2 取余法会很麻烦，现用除十六取余法：

商　　余

(1) 65534÷16=4095----E

(2) 4095÷16=255-------F

(3) 255÷16=15----------F

最后 65534=0xFFFE=1111 1111 1111 1110 B

例如，将十进制数 100 转换为二进制数：

(1) 100÷16=0x64

(2) 每一位十六进制数用 4 位二进制数来取代，得结果：

0x64=0110 0100 B

例如，将十进制数 1024 转换为二进制数：

(1) 1024÷16=0x400

(2) 0x400=0100 0000 0000 B

3. 二进制数转换为十进制数

当要将一个二进制数转换为十进制数时，先将 4 位二进制数用一位 16 进制数代替，二进制数不够 4 位，前面加 0；然后将此 16 进制数各位乘权相加即可。

例如，将二进制数 1111111111111111B 转换为十进制数：

(1) 1111111111111111B=0xFFFF

(2) 各位乘权相加 $15\times16^0+15\times16^1+15\times16^2+15\times16^3=65535$

又例如，将二进制数 1111111111111100B 转换为十进制数：

(1) 1111111111111100 B=0xFFFC

(2) 各位乘权相加 $12\times16^0+15\times16^1+15\times16^2+15\times16^3=65532$

2.1.6　二进制数在计算机中的使用

在计算机中，把二进制数的 1 位叫比特(bit)，比特(bit)是计算机中数的最小单位，比特(bit)的取值只能是 1 或 0。

当通过接口电路将比特(bit)用于输出时，它可以控制一个外围设备，例如点亮一个发光二极管、接通一个继电器或使一台电机旋转；用于输入时，它可以标志一个开关量的状态，例如温度超限、压力超标、酸碱度过高等。

在工业控制计算机中，专门有“位”(bit)这种数据类型，如果一个变量被定义为 bit 数据类型，它只能是二进制数的 1 位，取值只能是 1 或 0。在这种计算机中，存储单元专门有“位”存储区，在“位”存储区中每个“位”变量都有一个确定的地址，通过该地址可以访问“位”变量。

在某些特殊功能的寄存器中，寄存器中的“位”有专门的名字，通过该名字可以访问特殊功能寄存器中的某些“位”。

“位”虽然能代表一些信息，但由于信息量太小，所以在计算机中常用“字节”(byte)来代表各种信息或控制数据。一个字节是由 8 位二进制数组成，结构如图 2-1 所示。

D7 D6 D5 D4 D3 D2 D1 D0

图 2-1　一个字节结构

在图 2-1 中，D7 代表最高位，在字节最左侧，位权是 2^7；D0 代表最低位，在字节最右侧，位权是 2^0。一个无符号字节数范围为 0~255。

用 8 位二进制数来代表一个字节，书写麻烦，容易出错，更多的时候是用 2 位 16 进制数来代表一个字节。二进制数和 16 进制数之间的转换见 2.1.5 节。

在上例中，D7 D6 D5 D4 和 D3 D2 D1 D0 位权分别是 8 4 2 1，人们把这种二进制数叫 8 4 2 1 码。

在计算机中，还常用 2 个字节(16bit)来代表各种信息或控制数据，称之为“字”(Word)。一个“字”结构如图 2-2 所示。

D15 D14 D13 D12 D11 D10 D9 D8 D7 D6 D5 D4 D3 D2 D1 D0

图 2-2　一个字结构

在图 2-2 中，D15 代表最高位，在字节最左侧，位权是 2^{15}；D0 代表最低位，在字节最右侧，位权是 2^0。一个无符号“字”的数范围为 0~65535。

一个“字”(Word)常用 4 位 16 进制数表示，换算方法见 2.1.5 节。

2.2　BCD 码和二进制数的逻辑运算

2.2.1　什么是 BCD 码(8421 码)

当通过键盘向计算机输入一个数时，是按十进制数输入的。例如输入 1024(一千零二十四)，但计算机只能进行二进制运算和存储，所以计算机的存储方式如下：

00000001　00000000　　00000010　00000100 B

上面的 4 个字节二进制数，既不是二进制的 1024(0100 0000 0000 B)，也不是十进制的 1024，而是用二进制表示的十进制数，即用一个字节二进制数表示一位十进制数并按权排列。

把用二进制数表示的十进制数称为 BCD 码。

如果 BCD 码要参与其他计算，还需要把这个 BCD 码变成真正的二进制数(0100 0000 0000 B)。

把 BCD 码转换为二进制数的过程就是数控技术中著名的“十翻二”运算。

当运算结束，要输出运算结果时，还要把二进制数转换成 BCD 码，然后输出。

就是说，计算机内部的运算是按二进制来进行的，但输入输出是使用 BCD 码。

一个十进制数字最大为 9，用 4 位二进制数表示就可满足要求。上面用一个字节二进制数表示一位十进制数，浪费很多内存，所以实际上是用一个字节二进制数表示二位十进制数。这种 BCD 码叫压缩的 BCD 码，也叫组合的 BCD 码。上面非组合的 BCD 码写成压缩的 BCD 码就是：

00010000 00100100 B

由于 BCD 码中 4 位二进制数的位权是 8421，所以有时也称 BCD 码为 8421 码。

2.2.2　“十翻二”运算

2.2.1 节已对“十翻二”运算进行了介绍，那么在计算机中是如何实现的呢？

当通过键盘向计算机输入一个十进制数 2345(二千三百四十五)，首先输入 2，然后输入 3，系统求和 2×10+3；然后输入 4，求和(2×10+3)×10+4；最后输入 5，系统将求和((2×10+3)×10+4)×10+5；最后得 2345。

即每输入一个新数，将原来的累加和乘 10 加上该新数，然后将这个值做为新的累加和，进行下面的输入，直到输入结束。

上面的运算过程中，有许多乘 10 运算，计算机将乘 10 运算分解为乘 8+乘 2；一个数乘 8 就是该数左移 3 位；乘 2 就是该数左移 1 位。

移位运算是计算机执行速度最快的指令，通过简单的移位和相加完成“十翻二”运算。

2.2.3　二进制的逻辑运算

1. 两个 bit(1 位二进制数)型二进制数的逻辑运算

bit 型二进制数的逻辑运算包括“或”运算、“与”运算和“非”运算 3 种。用“|”表示“或”运算；用“&”表示“与”运算；用“~”表示“非”运算。

“或”运算规则：

0|0=0　0|1=1　1|0=1　1|1=1

“与”运算规则：

0&0=0　0&1=0　1&0=0　1&1=1

“非”运算规则：

~0=1　　~1=0

2. 两个 byte(字节，8 位二进制数)型二进制数的逻辑运算

在这种运算中，byte 型二进制数只有两种状态，不管它本身值是多少，只要不等于 0，就认为它是非 0 的，逻辑值就等于 1，否则逻辑值就等于 0。而且两个字节逻辑运算的结果只能是 0 或 1。

两个字节型二进制数之间的逻辑运算也有 3 种：逻辑“或”运算“||”；逻辑“与”运算“&&”；逻辑“非”运算 “!”。

例如设 A=0x35=00110101B，B=0x46=01000110B，C=0x35=00110101B

则有：

A||B=1

A&&B=1

A&&C=1

!A=0

3. 字节型二进制数还有按“位”逻辑运算关系

即字节相应位分别进行逻辑运算，结果是另一个字节型二进制数，不修改原数。按“位”逻辑运算关系如下。

按位与：&

按位或：|

按位取反：~

按位异或：^

按位左移 n 位：<<n

按位右移 n 位：>>n

按“位”逻辑运算关系是在控制系统中使用最多的逻辑运算。

按位左、右移 n 位时超出字节范围的数被丢弃，形成的空位填 0。左移一位相当该数乘以 2；右移一位相当该数除以 2。设 a=0x54=01010100b，b=0x3b=00111011b，则有：

a&b=00010000B=0x10

```
  0 1 0 1 0 1 0 0
& 0 0 1 1 1 0 1 1
------------------
= 0 0 0 1 0 0 0 0
```

a|b=01111111B=0x7f

```
  0 1 0 1 0 1 0 0
| 0 0 1 1 1 0 1 1
------------------
= 0 1 1 1 1 1 1 1
```

a^b=01101111B=0x6f

```
  0 1 0 1 0 1 0 0
^ 0 0 1 1 1 0 1 1
------------------
= 0 1 1 0 1 1 1 1
```

~a=0x10101011B=0xab

```
~ 0 1 0 1 0 1 0 0
------------------
= 1 0 1 0 1 0 1 1
```

a<<2=01010000B=0x50

```
0 1 0 1 0 1 0 0 << 2
-----------------
= 0 1 0 1 0 0 0 0
```

b>>2=00001110B=0x0e

```
0 0 1 1 1 0 1 1 >>2
-----------------
= 0 0 0 0 1 1 1 0
```

计算机上电或复位时某些寄存器要初始化，即这些寄存器的一些“位”要置 1 或清 0，例如某工控机串口控制寄存器初始化就是由“位”操作来完成：

```
rUCON0|=(0<<9) | (1<<8) | (0<<7) | (1<<6) | (0<<5) | (0<<4) | (1<<2) | 1;
```

2.3　习题

1. 将十六进制数 0x7FFF 转换成二进制数。
2. 将二进制数 1111111111111000B 转换成十六进制数。
3. 将十进制数 65535 转换成二进制数。
4. 十六进制数 0x 0.1 对应的十进制数是多少？
5. 将二进制数 1101001 转换成八进制数。
6. 十六进制数 0x 7A 对应的十进制数是多少？
7. 一个字节由 8 个 bit 组成，其最大容纳的十进制整数是多少？
8. 将二进制数 1101001.0100111 转换成八进制数。
9. 将十六进制数 0x1A6.2D 转换成二进制数。
10. 下面数中，最小的数是(　　)。
    A. 11011001B　　B. 75　　C. 037　　D. 0x2A
11. 下面数中，最大的数是(　　)。
    A. 1010001B　　B. 889　　C. 0227　　D. 0x1FF
12. CPU 处理数据的基本单位为字，一个字的二进制位数是多少？
13. bit 的意思是什么？
14. 一个字节的二进制位数是多少？
15. 二进制数的逻辑运算和按位逻辑运算有什么区别？
16. 设 a=0x52=01010010B，b=0x3b=00111011B，完成：
    A||B，A&&B，!A 运算。
17. 设 a=0x52=01010010B，b=0x3b=00111011B，完成：
    a&b，a|b，a^b，～a，a<<2，b>>2 运算
18. 什么是 BCD 码？如何将 BCD 码转换为二进制数？
19. 什么是非组合的 BCD 码？什么是组合的 BCD 码？

第3章　汉字和西文字符存储与显示原理

3.1　英文字符在计算机中的表示

3.1.1　ASCII 码

英文字符、数字和计算机中用的控制符号在计算机中用 ASCII 码来表示。ASCII 码(American Standard Code for Information Interchange)是美国国家信息交换标准码，现已成为国际通用的信息交换标准代码。

ASCII 码共有 128 个元素，其中通用字符 32 个、十进制数字 10 个、英文大小写字母 52 个和专用符号 34 个。这 128 个元素用一个字节二进制数表示，因为 7 位二进制数就可表示 128 个元素，该字节多余的最高位取 0，表 3-1 为 7 位 ASCII 码表。

表 3-1　7 位 ASCII 码表

D3D2D1D0	D6 D5 D4							
	000	001	0010	0011	0100	0101	0110	0111
0000	NUL	DLE	SP	0	@	P	、	p
0001	SOH	DC1	!	1	A	Q	a	q
0010	STX	DC2	"	2	B	R	b	r
0011	ETX	DC3	#	3	C	S	c	s
0100	EOT	DC4	$	4	D	T	d	t
0101	ENQ	NAK	%	5	E	U	e	u
0110	ACK	SYN	&	6	F	V	f	v
0111	BEL	ETB	,	7	G	W	g	w
1000	BS	CAN	(	8	H	X	h	x
1001	HT	EM	)	9	I	Y	i	y
1010	LF	SUB	*	:	J	Z	j	z
1011	VF	ESC	+	;	K	[	k	{
1100	FF	FS	‘	<	L	\	l	|

(续表)

D3D2D1D0	D6 D5 D4							
	000	001	0010	0011	0100	0101	0110	0111
1101	CR	GS	-	=	M	]	m	}
1110	SD	RS	.	>	N	^	n	~
1111	SI	US	/	?	O	_	o	DEL

3.1.2　英文字符的显示

3.1.1 节已经介绍，英文字符在计算机中是以 ASCII 码形式存储的，那么它是如何显示的呢？

无论 CRT 显示器，还是液晶显示器(LCD)，它们的分辨率都是以像素为单位的，一个像素就是屏幕上的一个可以显示的最小单位，也就是常说的“点”。因此要在屏幕上显示一个英文字符也必须用点来表式，这些表示某种图形或英文字符的点的集合就是通常所说的点阵。

常用的英文字符有 8×8 点阵和 8×16 点阵，如大写“A”8×8 点阵如图 3-1 所示。

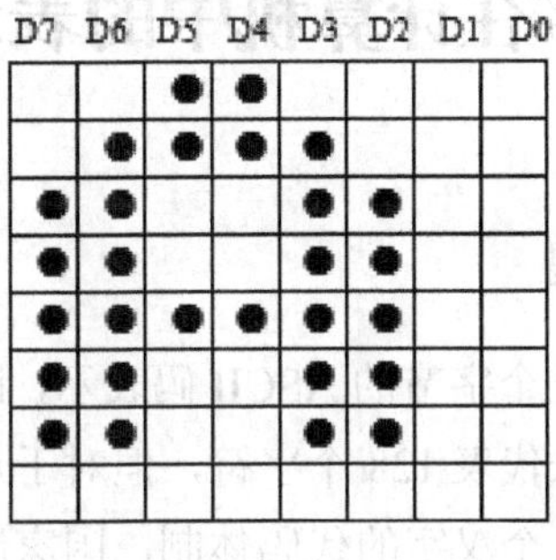

图 3-1　大写“A”8×8 点阵

8×8 点阵共有 8 行，每行 8 个点；每行的 8 个点组成二进制的一个字节，字节的最高位 D7 在最左，最低位 D0 在最右。字节中打点的位(bit)值等于 1，没有点的位 bit 值等于 0。这样，每行的一个字节都有一个 16 进制数的值，例如第一行的值是 0x30，第二行的值是 0x78…，8 行 8 个字节数据是：0x30,0x78,0xCC,0xCC,0xFC,0xCC,0xCC,0x00。

将这 8 个字节数据叫字符“A”的 8×8 点阵字模。存储全部英文字符 8×8 点阵字模的存储单元叫英文字符 8×8 点阵字库。字库按 ASCII 码顺序存放，显示时，按存放规律将要显示的字符的字模取出，按图 3-1 所示顺序把字节数据输出到屏上即可，bit 值等于 1 的点显示时在屏上该 bit 位置“打”点，bit 值等于 0 的点显示时在屏上该 bit 位置“打”空白。

8×16 点阵显示原理同 8×8 点阵，8×8 点阵一个字模占 8 个字节，8×16 点阵一个字模占 16 个字节。大写“A”8×16 点阵如图 3-2 所示。

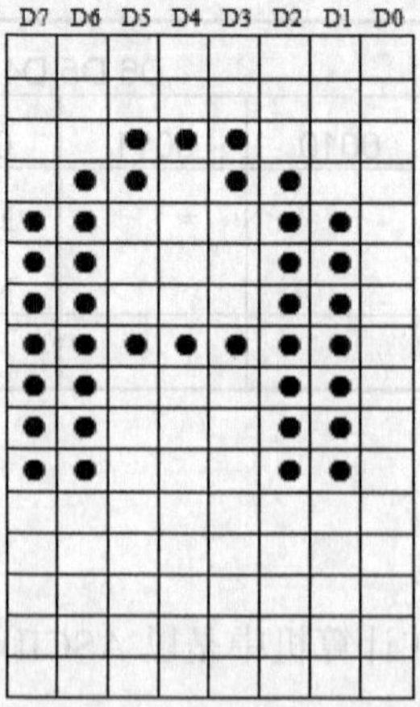

图 3-2　大写“A”8×16 点阵

“A”8×16 点阵字模：0x00,0x00,0x38,0x6C,0xC6,0x06,0xC6,0xFE,
0xC6,0x06,0xC6,0xC6,0x00,0x00,0x00,0x00

3.2　汉字在计算机中的表示和显示

3.2.1　汉字的内码和区位码

在计算机中英文字符是用一个字节的 ASCII 码表示，该字节最高位一般置 0 或用做奇偶校验，因此实际是用 7 位码来代表 128 个字符，但对于众多的汉字，只有用两个字节才能代表。这样用两个字节代表一个汉字的代码体制，国家制定了统一标准，称为国标码。

国标码规定，组成两字节代码的最高位为 0，即每个字节仅只使用 7 位，这样在机器内使用时，由于英文的 ASCII 码也在使用，可能将国标码看成两个 ASCII 码，因而规定用国标码在机内表示汉字时，将每个字节的最高位置 1，以表示该码表示的是汉字，这些国标码两字节最高位加 1 后的代码称为机器内的汉字代码，简称内码。

我国 1981 年公布了《信息交换用汉字编码字符集(基本集)》GB2312-80 方案，把高频字、常用字和次常用字集合成汉字基本字符(共 6763 个)，在该集中按汉字使用的频度，又将其分成一级汉字 3755 个(按拼音排序)、二级汉字 3008 个(按部首排序)，再加上西文字母、数字、图形符号等 700 个。

国家标准的汉字字符集(GB2312-80)在汉字操作系统中是以汉字库的形式提供的。汉字库结构作了统一规定，即将字库分成 94 个区，每个区有 94 个汉字(以位做区别)，每一个汉字在汉字库中有确定的区和位编号(用两个字节)，就是所谓的区位码，区位码的第一个字节表示区号，第二个字节表示位号，只要知道区位码，就可知道该汉字在字库中的地址。

当用某种输入设备(如键盘)将汉字输入计算机时，管理模块将自动把输入的汉字转换为内码。当要显示该汉字时，再由内码转换成区位码，在汉字库找到该汉字，进行显示。如“哈”的区位码为 2594，它表示该字字模在字符集的第 25 个区的第 94 个位置。

3.2.2　汉字的显示

每个汉字在字库中是以点阵形式存储的，常采用 12×12、16×16、24×24、48×48 点阵形式，同英文字模一样，每个点用一个二进制 bit 位表示，bit=1 的点，当显示时，就可以在屏上显示一个点，bit=0 的点，则在屏上不显示，这样把存某字的点阵信息直接用来在显示器上按上述原则显示，将出现对应的汉字。

最常用的汉字是 16×16 点阵，它是由行、列各 16 个点，共 256 个点组成的点阵图案，每行的 16 个点在内存中占 2 个字节，一个 16×16 点阵汉字共 16 行，在内存中占 32 个字节。

根据这些字节在字模中存放的顺序，第一行的第一个字节称为 0 号字节，第二个字节称为 1 号字节；第二行的第一个字节称为 2 号字节，第二个字节称为 3 号字节。以此类推，最后一行的第一个字节称为 30 号字节，第二个字节称为 31 号字节，每个字节高位在前，低位在后，即 D7 在一个字节的最左侧，D0 在最右侧，具体如图 3-3 所示。

D7D6D5D4D3D2D1D0	D7D6D5D4D3D2D1D0
0 字节	1 字节
2 字节	3 字节
⋮	⋮
30 字节	31 字节

图 3-3　16×16 点阵汉字在字模中排列

不同的汉字各字节数据不同，图 3-4 为仿宋体“哈”字的 16×16 点阵字模，在点阵中，每一个小方格代表字节中的一位(bit)，黑色的点 bit 值等于 1，白色的点 bit 值等于 0。如仿宋体“哈”字的 16×16 点阵字模的 32 个字节数据为：

0x00,0x40,0x00,0x40,0x08,0xA0,0x7C,0xA0,0x49,0x10,0x49,0x08,0x4A,0x0E,0x4D,0xF4,
0x48,0x00,0x48,0x08,0x4B,0xFC,0x7A,0x08,0x4A, 0x08,0x02,0x08,0x03,0xF8,0x02,0x08

点阵排列如图 3-4 所示。

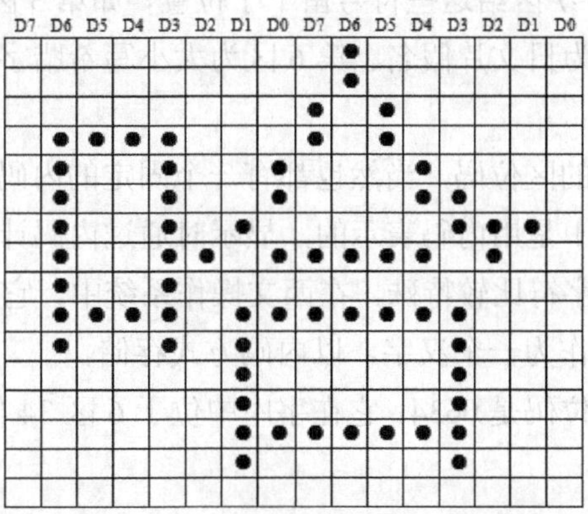

图 3-4　仿宋体“哈”字的 16×16 点阵

如要在屏幕的 x 行 y 列位置显示上面的“哈”字，则可以从点(x,y)开始将 0 号字节和 1 号字节的内容输出到屏幕上；然后行加 1，列再回到 y，输出 2 号字节和 3 号字节，依此类推 16 个循环即可完成一个汉字的显示。

输出一个字节时，该字节中“位”(bit)为 1 时在该“位”位置打点，为 0 时该“位”位置打空白。

此外常用的汉字还有 24×24 点阵，它是由行列各 24 个点组成的点阵图案，每列的 24 个点在内存中占 3 个字节，一个 24×24 点阵汉字共 24 列，在内存中占 72 个字节；48×48 点阵，行×列为 48×48，一个汉字占内存 288 个字节。12×12 点阵(为方便编程把列 12 点扩展为 16 点，既 2 个字节)，行×列为 12×16，一个汉字占内存 24 个字节。

由于常用的 24 针打印机的打印头是 24 针纵向排列的，一次垂直打印 24 点，即 3 个字节，然后再打印下一列 24 点，依次打 24 次，就完成了一个 24×24 点阵汉字打印，所以为方便打印机使用，24×24 点阵汉字字模的排列是与 16×16 不同的，具体如图 3-5 所示。

0 号、1 号、2 号三个字节排在第 1 列；3 号、4 号、5 号三个字节排在第 2 列，依此类推，最后一列是 69 号、70 号、71 号字节，所有的字节都是高位在上，低位在下，这样打字机从左到右扫描，不用换行就可完成一个 24×24 点阵汉字打印。

0 字节	3 字节	…	66 字节	69 字节
1 字节	4 字节	…	67 字节	70 字节
2 字节	5 字节	…	68 字节	71 字节

图 3-5　24×24 点阵汉字在字模中排列

3.2.3　其他西文字符在计算机中的存储和显示

用户在工作中除英文字符和汉字外，还会遇到拉丁文数字、一般符号、序号、日文平假名、希腊字母、俄罗斯文、汉语拼音符号以及汉语注音字母等，这些符号在计算机中是如何存储和显示的呢？

我国在 1981 年公布的《信息交换用汉字编码字符集(基本集)》GB2312-80 中，94 个区中除 6763 个汉字外，第 3~7 区给这些符号留下了位置，如第 3 区为英文大小写符号、第 4 区为日文平假名、第 5 区为日文片假名、第 6 区为大小写希腊字母、第 7 区为大小写俄罗斯字母等。

每一个字符都有固定的区位码，当然也都有一个固定的内码。当用某种输入法输入一个西文字符时，在计算机中是用内码表示的，显示时通过内码计算出区位码，找到该字符字模进行显示。其中英文字符比较特殊，在西文操作系统中，它是以 ASCII 码存储的，而在汉字操作系统中，它是作为一个汉字，以内码方式存储。

如希腊字母 β 它的区位码是 0634，它在字库中位于 6 区 34 位，它的显示效果如图 3-6 所示。

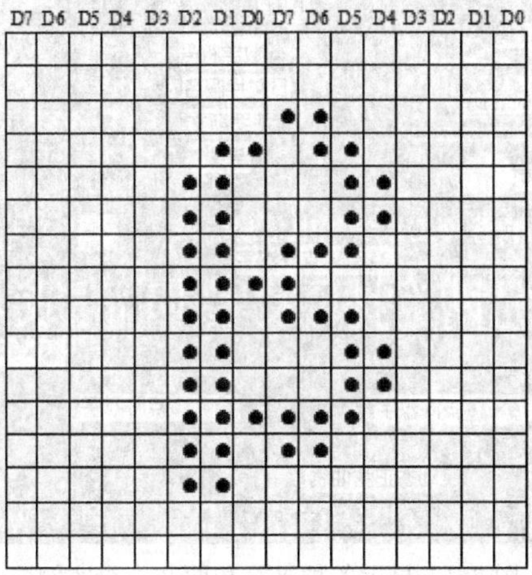

图 3-6　希腊字母 β16×16 点阵图案

3.2.4　屏幕上"打点"

从上面叙述可知，无论使用 CRT 还是 LCD 做显示设备，能在屏幕上"打点"是显示英文字符和汉字的最基本的要求。如果使用 IBM_PC 机或兼容机，CRT 做显示设备，在系统软件中就有一个厂家提供的"打点"子程序(也叫"打点"系统调用)，用户只要把显示坐标、显示颜色作为参数输入程序，调用"打点"子程序就可以在屏幕上打点。

如果使用 LCD 做显示设备，每种 LCD 都有一套指令系统，该指令系统一般都有在屏上打点的指令，使用该指令也可以实现在 LCD 屏上"打点"。

3.2.5　字模提取与小字库建立

从 3.2.2 节叙述可知，汉字占用内存量非常大。一般控制系统汉字界面可能有几种不同的字体，可能还有西文字符，不可能将所涉及的字库都引入程序。最现实的办法就是将系统中用到的汉字从大字库中提取出来，重新建立一个小字库，这样就解决了使用数量少，种类多的汉字显示问题。

这种提取字模的程序很多，本书作者研制了一个通用字模提取程序，免费下载给本书读者。

该程序功能强大、使用方便，可以提取 12×12、16×16、24×24、48×48 宋体或仿宋体汉字；同时还可以提取国标上有的拉丁文数字，一般符号、序号、日文片假名、希腊字母、英文、俄罗斯文、汉语拼音符号以及汉语注音字母等字膜。图 3-7 是利用小字库显示各种字体汉字和西文字符实例。

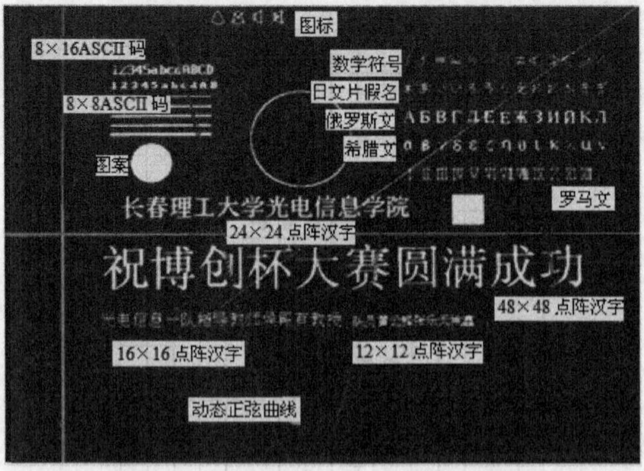

图 3-7　显示各种汉字和西文字符实例

3.3　习题

1. 英文字符在计算机中如何表示？如何显示？
2. 控制字符“回车”，“换行”的 ASCII 值是什么？
3. 英文字符“A”，“a”和数字“0”的 ASCII 值是什么？
4. 汉字在计算机中如何表示？如何显示？
5. 什么是区码？什么是位码？汉字库分多少区？每个区多少位？
6. 8×8、8×16 英文字符在内存中占多少字节？
7. 12×12、16×16、24×24、48×48 点阵汉字在内存中各占多少字节？
8. 什么是点阵字模？16×16、24×24 点阵字模中，字节数据如何排列？
9. 除英文字符外，其他西文字符在计算机中如何表示？如何显示？
10. 使用 CRT、LCD 做显示设备，如何在屏上“打点”？
11. 为什么要从大字库中提取字模，建立小字库？

第4章　计算机在工业控制中的应用

4.1　简易数控基础

4.1.1　简易数控原理

在工业上，经常使用一种叫步进电机的动力设备来驱动各种装置。步进电机也称脉冲电机，它可以通过功率转换设备、即驱动源或驱动芯片接收计算机发来的脉冲信号，使电机旋转一定角度。每一个脉冲信号电机旋转一步，一步旋转 3.6°或 1.8°，利用机械结构很容易将转动变成平动，进而达到机械运动的精确定位。

步进电机根据其线卷绕组数量，分为二相、三相或四相。如三相步进电机，其线卷绕组分为 A、B、C 三相，其控制方式有多种，使用最多的是三相六拍控制方式，通电顺序：A->AB->B->BC->C->CA->A，电机正转；通电顺序：A->AC->C->CB->B->BA->A 电机反转。

由于步进电机定位精确、调速容易、方向控制方便，因此在自动控制系统中使用较多。

计算机只能进行数字运算，那么它是如何通过步进电机控制机床加工出直线、圆弧和各种形状的零件呢？

下面以两坐标机床为例来做简单介绍。两坐标机床有两个拖板，由两台步进电机驱动，分别带动拖板上的被加工零件在 X 轴和 Y 轴方向正向或反向运动。机床上还有一个主轴电机，它带动刀具只旋转不运动。被加工零件在 X 轴和 Y 轴方向电机的驱动下，走出各种平面曲线，零件和刀具相交的轨迹就是加工曲线。

4.1.2　圆弧段和直线段的加工

在加工时，需要把零件分成许多段，每段都是由直线或圆弧组成。

1. 圆弧段加工，走圆弧段控制也叫圆弧插补

如图 4-1 所示，加工圆弧 AB，圆心在坐标原点，起点为 A(6,0)、终点为 B(0,6)，半径为 6。

加工时，刀具先移到 A 点，从 A 点向-X 方向走一步，到(5,0)点。这一点在圆弧内部，如果第二步继续向-X 走，会离圆弧距离越来越远。为了接近圆弧，第二步应向+Y 方向走，到(5,1)点，此点还在圆弧内，第三步继续向+Y 方向走，依此类推，如图 4-1 所示，第十二步走到 B 点，结束加工。

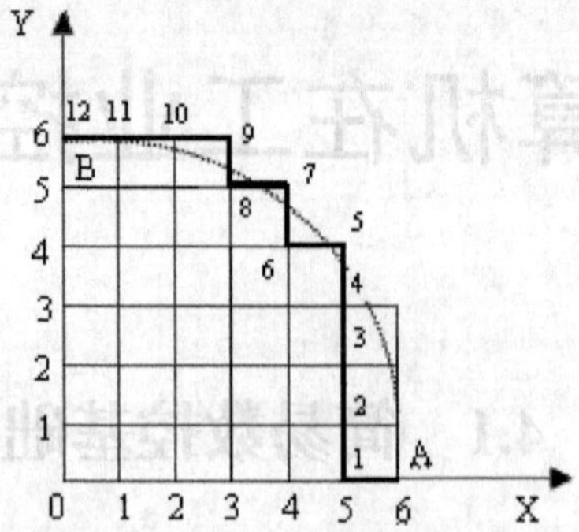

图 4-1　加工圆弧 AB 示意图

综上所述，圆弧插补的工作过程分为以下 4 步：

(1) 位置判别，加工开始，通过位置判别决定工作台走向。

位置判别可通过判别函数 F= $X^2+Y^2-R^2$ 来计算，X 和 Y 是刀具位置坐标，R 是圆半径。F≥0，刀具位置坐标在圆上或圆外，下一步应向-X 进给；F<0，刀具位置坐标在圆内，下一步应向+Y 方向进给。

(2) 进给加工，向相应方向发一个进给脉冲，工作台走一步。一个进给脉冲工作台位移的距离称为脉冲当量，一般机床脉冲当量 δ =0.001～0.0005mm。

(3) 偏差计算，加工一步后，对新的加工点计算新的加工偏差，作为下一步位置判别的依据。加工过程中，每走一步都要进行偏差计算。这种方法也叫逐点比较法。

因为每一步都要计算偏差，新偏差可以利用上一步计算的结果推导，避免乘方运算。在此例中，加工是逆时针方向，当向-X 走一步，Y 不变时，误差函数：

$$\begin{aligned}F_{n+1} &= {X_{n+1}}^2 + {Y_{n+1}}^2 - R^2 \\ &= (X_n - 1)^2 + {Y_n}^2 - R^2 \\ &= ({X_n}^2 + {Y_n}^2 - R^2) - 2X_n + 1 \\ &= F_n - 2X_n + 1\end{aligned}$$

当向+Y 走一步，X 向不变时，误差函数：

$$\begin{aligned}F_{n+1} &= {X_{n+1}}^2 + {Y_{n+1}}^2 - R^2 \\ &= {X_n}^2 + (Y_n + 1)^2 - R^2 \\ &= ({X_n}^2 + {Y_n}^2 - R^2) + 2Y_n + 1 \\ &= F_n + 2Y_n + 1\end{aligned}$$

就是说，只要计算出第一步误差，以后各步的误差可以由前一步误差和进给方向简单推导出。

(4) 终点判别，到达终点结束加工。X、Y 方向发的总脉冲数等于 X 和 Y 坐标和，就可以结束加工，具体步骤见表 4-1。

表 4-1　圆弧 AB 段加工步骤

顺　　序	位 置 判 别	进　　给	误 差 计 算	终 点 判 别
1	F=0	-X	F=0-2×6+1=-11 X=6-1=5，Y=0	G=12-1=11
2	F=-11<0	+y	F=-11+2×0+1=-10 X=5，y=0+1=1	G=11-1=10
3	F=-10<0	+y	F=-10+2×1+1=-7 X=5，y=1+1=2	G=10-1=9
4	F=-7<0	+y	F=-7+2×2+1=-2 X=5，y=2+1=3	G=9-1=8
5	F=-2<0	+y	F=-2+2×3+1=5 X=5，Y=3+1=4	G=8-1=7
6	F=5>0	-X	F=5-2×5+1=-4 X=5-1=4，Y=4	G=7-1=6
7	F=-4<0	+Y	F=-4+2×4+1=5 X=4，Y=4+1=5	G=6-1=5
8	F=5>0	-X	F=5-2×4+1=-2 X=4-1=3，Y=5	G=5-1=4
9	F=-2	+Y	F=-2+2×5+1=9 X=3，Y=5+1=6	G=4-1=3
10	F=9>0	-X	F=9-2×3+1=4 X=3-1=2，Y=6	G=3-1=2
11	F=4>0	-X	F=4-2×2+1=1 X=2-1=1，Y=6	G=2-1=1
12	F=1>0	-X	F=1-2×1+1=0 X=1-1=0，Y=6	G=1-1=0

2. 逐点比较法直线插补运算

跟圆弧加工一样，逐点比较法直线插补加工也分为 4 步。

(1) 偏差计算，以第一象限直线为例，见图 4-2。

设 N 是直线上一点，则有 ：$\frac{X_e}{Y_e}=\frac{X_n}{Y_n}$，即 $X_eY_n-X_nY_e=0$

令判别函数 F=$X_eY_n-X_nY_e$，如果 F=0，点 N 在直线上；如果 F<0，点 N 在直线下方；如果 F>0，点 N 在直线上方。

(2) 进给加工，如果点在直线上方，下一步向+X 向发脉冲；如果点 N 在直线下方，下一步向+Y 向发脉冲。

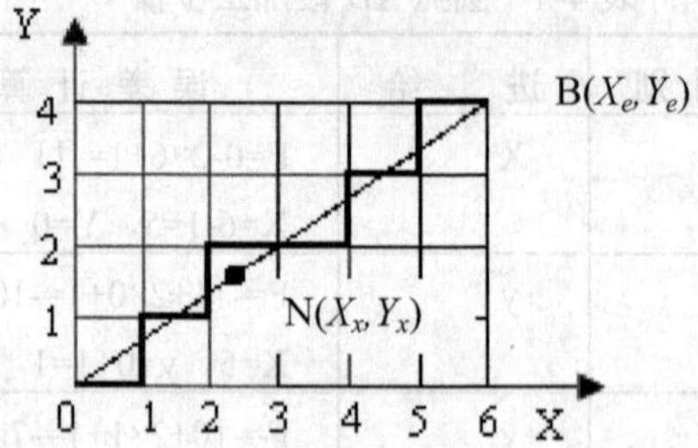

图 4-2　逐点比较法直线插补

(3) 加工过程中，每走一步都要进行偏差计算。

因为每一步都要计算偏差，新偏差可以利用上一步计算的结果推导。在此例中，加工是第一象限直线，当向+X 走一步，Y 不变，误差函数：

$$\begin{aligned}F_{n+1} &= X_eY_{n+1} - X_{n+1}Y_e \\ &= X_eY_n - (X_n+1)Y_e \\ &= X_eY_n - X_nY_e - Y_e \\ &= F_n - Y_e\end{aligned}$$

当向+Y 方向进给一步，X 不变，误差函数：

$$\begin{aligned}F_{n+1} &= X_eY_{n+1} - X_{n+1}Y_e \\ &= X_e(Y_n+1) - X_nY_e \\ &= F_n + X_e\end{aligned}$$

(4) 终点判别，和圆弧加工一样。

在图 4-2 中，设 B 点坐标为(6,4)，直线段加工步骤如表 4-2 所示。

表 4-2 直线段加工步骤

顺　序	位 置 判 别	进　给	误 差 计 算	终 点 判 别
1	F=0	+X	F=0-4=-4 X=0+1=1，Y=0	G=10-1=9
2	F=-4<0	+Y	F=-4+6=2 X=1，Y=0+1=1	G=9-1=8
3	F=2>0	+X	F=2-4=-2 X=1+1=2，Y=1	G=8-1=7
4	F=-2<0	+Y	F=-2+6=4 X=2，Y=1+1=2	G=7-1=6
5	F=4>0	+X	F=4-4=0 X=2+1=3，Y=2	G=6-1=5
6	F=0	+X	F=0-4=-4 X=3+1=4，Y=2	G=5-1=4

(续表)

顺　序	位置判别	进　给	误差计算	终点判别
7	F=-4<0	+Y	F=-4+6=2 X=4，Y=2+1=3	G=4-1=3
8	F=2>0	+X	F=2-4=-2 X=4+1=5，Y=3	G=3-1=2
9	F=-2<0	+Y	F=-2+6=4 X=5，Y=3+1=4	G=2-1=1
10	F=4>0	+X	F=4-4=0 X=5+1=6，Y=4	G=1-1=0

前面已介绍过，数控加工时，脉冲当量很小，一般仅 0.001~0.0005mm，所以各步之间的锯齿看不到，可满足加工精度要求。

4.2　嵌入式技术与应用

4.2.1　什么是嵌入式技术

除目前使用的个人 PC 机以外，在计算机技术领域还有一个重要分支，那就是在工业上使用非常广泛的单片机。

单片机是在一片半导体硅片上集成了中央处理单元(CPU)、存储器(ARM/ROM)和各种 I/O 接口的微型计算机。这样一块集成电路芯片具有一台微型计算机的功能，因此被称为单片微型计算机，简称单片机。

有些单片机功能比较齐全，称之为通用单片机；有些单片机是专门为某一应用领域研制的，突出了某一功能，例如专门的数控芯片、数字信号处理芯片等，称之为专用单片机。有时也将这两种单片机统称为微处理器。

单片机主要应用在测试和控制领域，由于单片机在使用时，通常处于测试和控制领域的核心地位并嵌入其中，因此也常把单片机称为嵌入式微控制器(Embedded MicroController Unit)，把嵌入某种微处理器或单片机的测试和控制系统称为嵌入式控制系统(Embedded Control System)。

嵌入式控制系统在航空航天、机械电子、家用电器等各个领域都有广泛应用，特别是家用电器领域是嵌入式控制系统最大的应用领域，MP3、MP4、MP5、数码相机、扫描仪、个人 PC、车载电视、DVD 以及 PDA 等，都可以看到嵌入式控制系统的应用。

随着超大规模集成电路工艺和集成制造技术的不断完善，单片机的硬件集成度也在不断提高，已经出现了可以满足各种不同需要、具有各种特殊功能的单片机。在 8 位单片机得到广泛应用的基础上，16 位单片机和 32 位单片机也应运而生，特别是以 ARM 技术为基础的 32 位精减指令系统单片机(RISC Microprocessor)的出现，由于其性能优良、价格低廉，大有取代16位单片机而成为高档主流机型的趋势。

嵌入式控制系统由于其内核嵌入的微处理器不同，在应用上大致分为两个层次，在系统简单、要求不高、成本低的应用领域，大多采用以MCS-51为代表的8位单片机。

随着嵌入式控制系统与Internet的逐步结合，PDA、手机、路由器、调制解调器等复杂的高端应用对嵌入式控制器提出了更高的要求，在少数高端应用领域以ARM技术为基础的32位精减指令系统单片机得到越来越多的青睐。嵌入式控制系统在高端应用领域还分为代嵌入式操作系统支持和不代嵌入式操作系统支持两种情况。

4.2.2 嵌入式控制系统的研究方法

作为嵌入式控制器的单片机，不管是8位单片机，还是16位单片机或32位单片机，由于受其本身资源限制，其应用程序都不能在其本身上开发，如果开发其应用程序，还需要一台通用计算机，如常用的IBM-PC机或兼容机，Windows 95/98/2000或XP操作系统，16MB以上内存，20MB以上硬盘内存空间即可满足要求。

通常也称这台通用计算机为“宿主机”，称作为嵌入式控制器的单片机为“目标机”，应用程序在“宿主机”上开发，在“目标机”上运行。“目标机”和“宿主机”之间利用计算机串口通过一台叫“仿真器”的设备相连，程序可以从“宿主机”传到“目标机”，也称为程序下载，也可以从“目标机”传到“宿主机”，称为程序上传。应用程序通过“仿真器”的下载和上传，在“宿主机”上反复修改，该过程称为“调试”。调试好的应用程序，在“宿主机”上编译成“目标机”可以直接执行的机器码文件，通过一台叫“固化器”的设备下载并固化到“目标机”的程序存储器中，整个下载过程，叫烧片，也叫程序固化。

程序固化是单片机开发的最后一步，以后“宿主机”和“目标机”就可以分离，“宿主机”任务完成。“目标机”就可以独立执行嵌入式控制器的任务。

通过以上叙述可知，在“宿主机”上运行的开发工具软件的功能非常重要，通常也称这套开发工具软件为交叉编译环境，交叉编译环境首先应具有类似“Word”的功能，对用C语言或汇编语言编写的程序进行编辑，同时它还具有调试和编译功能，可以把调试好的应用程序编译成“目标机”直接执行的机器码文件。

嵌入式控制系统开发过程如图4-3所示。

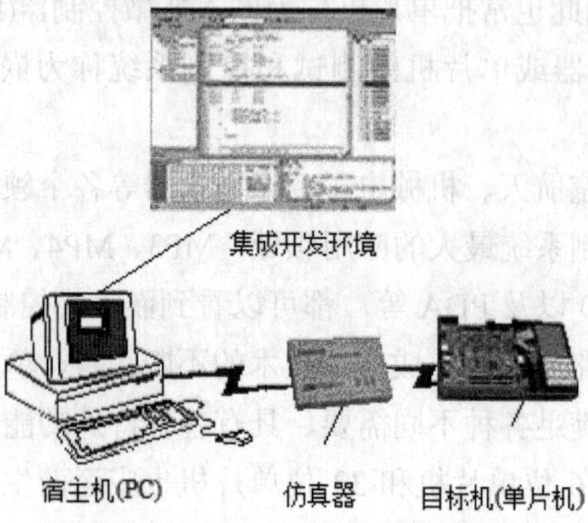

图4-3 嵌入式控制系统开发方法

我国 MCS-51 单片机的开发工具多使用 KEIL 公司的 μVision2/3 或南京伟福的 Wave6000，μVision2/3 也叫 keil C51，是一款非常优秀的 MCS-51 开发工具，它功能强、使用方便，特别是运行稳定、抗干扰和防病毒能力强给用户留下深刻的印象。

4.2.3 什么是嵌入式操作系统

随着嵌入式控制系统的发展，应用程序变得越来越复杂，例如应用程序与 Internet 的结合、多线程、复杂的数据处理、高分辨率图形图案显示等，如果没有操作系统支持，应用程序的编写和运行将变得非常困难。因此设计者在"目标机"上和"嵌入式控制器"一同嵌入某种功能较强且占用内存较少的操作系统，该操作系统对用户程序提供内存管理、多线程、复杂的数据处理等技术支持。通常也把这种操作系统叫嵌入式操作系统。嵌入式操作系统有多种，如比较著名的 Windows CE，Linux，μC/OS-Ⅱ等。特别是 Linux 操作系统，由于代码简练、功能强大、内核公开等优点，被广泛应用。

采用 Linux 操作系统来开发嵌入式系统，首先在"宿主机"上建立 Linux 开发环境，这有两种作法，一是"宿主机"放弃原来的 Windows 操作系统，改装 Linux 操作系统；二是在原来的 Windows 操作系统上安装一个虚拟机，在该虚拟机中安装 Linux 操作系统，如 Cygwin 1.5.10(可从 http://www.cygwin.com 下载并安装最新版本)。

接着要根据应用程序的需要编写一个驱动程序，把该驱动程序和 Linux 操作系统一起编译，形成一个包含此驱动程序的 Linux 内核可执行文件，将此文件下载到"目标机"。今后，要实现应用程序的功能，只需对内核中相应函数进行调用即可。

嵌入式控制系统和嵌入式操作系统是两个不同的概念，前者是指内部嵌入某种微处理器的控制或测试系统，它可分为系统级，例如工业 PC 机、STD 总线机或 104 总线机等；板级，包括各种类型的带 CPU 的主板和 OME 产品；片级，包括各种单片机、DSP 和带微处理器的产品。而嵌入式操作系统是类似 Windows 的一款软件产品，只是它功能较少、体积小、占很少内存，所以很容易驻留在嵌入式控制系统存储器中，而且可以根据用户需要随时对其功能进行裁减。

4.3 示教再现技术

4.3.1 什么是示教再现

人们在电视上经常看到这样画面：在汽车装配线上，焊接机器人挥动手臂，快速准确地从一个位置移到另一个位置，完成复杂的焊接任务；在电视机装配线上，机器手从元件盒中取出各种元件，准确无误地插到印刷电路板上，速度之快、准确度之高令人称奇。

这些机器为什么会有如此神奇的功能呢？这是因为人们利用了计算机的运算速度快，数据处理能力强的特点，采用了示教再现技术。

示教再现技术就是在机器正式工作前，先对机器应该完成哪些动作，例如移动距离、速度、动作顺序等参数进行示教。控制计算机对这些参数进行了记录并存储，当正式工作时，机器就会将这些参数取出，再现示教过程。示教再现技术在工业上应用非常多，如各种焊接设备、柔性制造系统、自动装配线、手术监控系统、工业机器人、排爆装置、探险设备以及家务机器人等。

示教再现技术是计算机、自动控制和电子技术等现代各种新技术综合应用的成功范例。

4.3.2　示教再现技术应用实例

在无人加工车间，即 FMS (Flexible Manufacturing System)，有一个工件流子系统。

在工件流子系统中运行一个数控制导小车，在运控软件的调度下，数控小车将加工件从装卸站运到加工中心加工。加工结束，小车又将加工好的工件运到清洗站清洗，清洗结束，小车将工件运到三坐标测量机进行测量，如测量合格，将工件运到装卸站，退出系统。在整个运行期间，如某工位繁忙，小车将工件运到缓冲站排队。整个工作过程在运控系统的调度下有条不紊地进行。FMS 系统如图 4-4 所示。

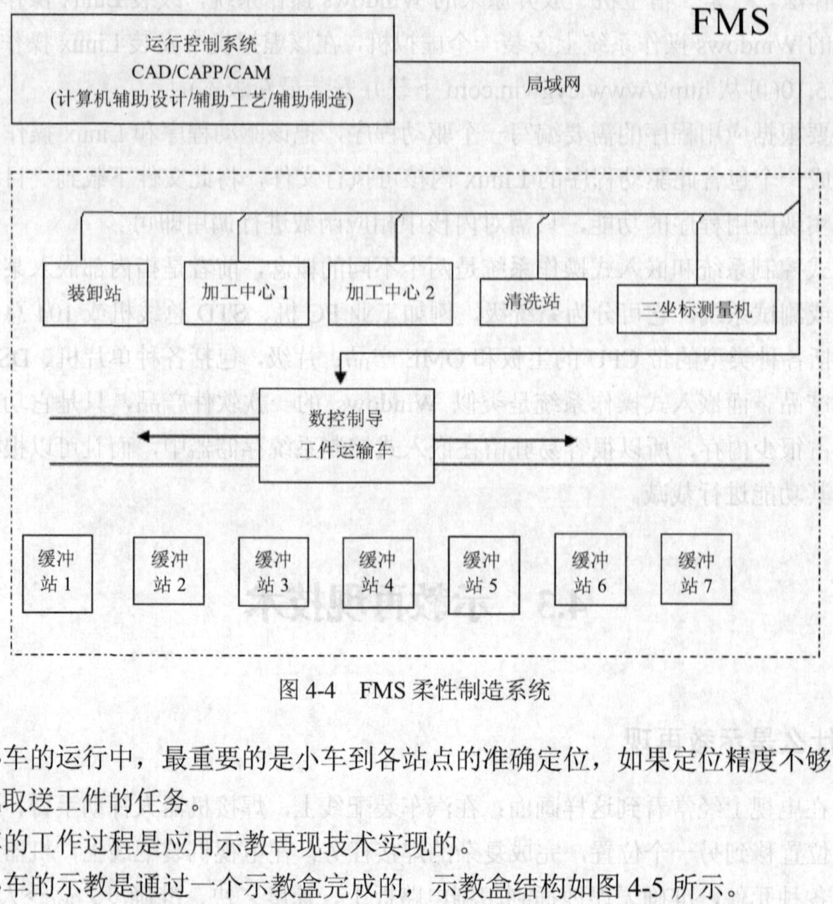

图 4-4　FMS 柔性制造系统

在小车的运行中，最重要的是小车到各站点的准确定位，如果定位精度不够，小车就不能完成取送工件的任务。

小车的工作过程是应用示教再现技术实现的。

对小车的示教是通过一个示教盒完成的，示教盒结构如图 4-5 所示。

示教盒上开关功能如下：SA1 是示教功能拨码开关，拨到 1，按+键，小车前进 100 个脉冲当量，按-键，小车后退 100 个脉冲当量；拨到 2，按+键，小车前进 10 个脉冲当量，按-键，小车后退 10 个脉冲当量；拨到 3，按+键，小车前进 1 个脉冲当量，按-键，小车后退 1 个脉冲当量。拨到其他数字，是其他功能。SA2 是站点号。

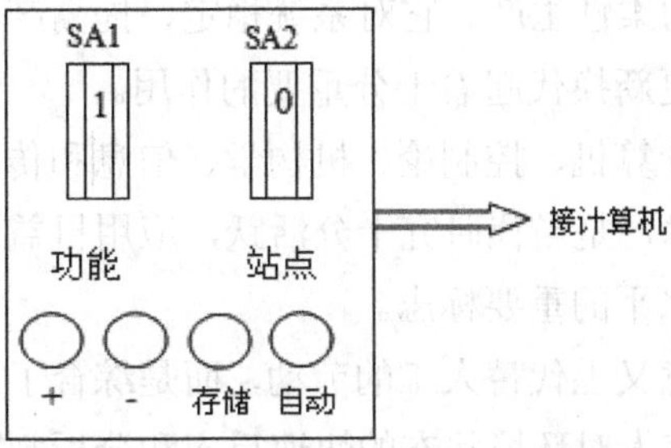

图 4-5 示教盒结构

示教时小车从原点出发，内部累加器清 0，先示教小车到缓冲站 1 的距离。

SA2 此时拨到 1，表示正在示教 1 号站点。SA1 拨到 1，反复按+键，每按一次小车前进 100，内部累加器也加 100；接近 1 号站点后，SA1 拨到 2，反复按+键，每按一次小车前进 10，内部累加器也加 10；进一步接近 1 号站点后，SA1 拨到 3，反复按+键，每按一次小车前进 1，内部累加器也加 1；如果超过站点，SA1 拨到 1、2 或 3，配合-键，小车将后退相应的距离，累加器要减去相应的距离。

示教位置是否准确，由机械系统校对，示教结果满足机械精度要求，按【存储】键，累加器内容存储到带掉电保护的与 1 号站点相对应的 RAM 区，该结果就是小车从原点到 1 号缓冲器的脉冲数。与此类似，求出 1 号站点到 2 号站点距离，2 号站点到 3 号站点距离，依此类推。所有这些相对距离求出后，即计算出每个站点到原点的距离。

通过示教还可以求出小车其他动作距离、速度等参数。

示教盒上有一条信号线，当把示教盒插入计算机时，计算机能检测到该信号，此时计算机工作在示教状态；当把示教盒拔出计算机时，计算机工作在再现状态，在运控软件调度下，小车按示教数据运行。

小车在运行过程中，要永远记住自己当前位置，以便到下一站点前，准确计算出相对距离，正确到达。

遇到紧急情况，如系统掉电，小车停在非站点位置，利用示教盒系统也能很快恢复。具体做法：先将示教盒插入系统，使计算机工作在示教状态，找离小车最近的站点，例如 6 号站点，利用 SA1 的功能 1~3 和+、-键将小车点动到 6 号站点，对好站点位置，将 SA2 打到 6，按【自动】键，小车就会从 6 号站点按该站原来示教数据取反，开回原点，恢复系统。

4.4 机器人技术

4.4.1 机器人技术概述

工业机器人由计算机、机械操作机构、伺服驱动系统和检测传感装置构成，是一种仿人操作、自动控制、可重复编程、能在三维空间完成各种作业的机电一体化生产设备。特别适合于多品种、变批量的柔性生产。它对系统稳定、提高产品质量、提高生产效率、改善劳动条件和产品的快速更新换代起着十分重要的作用。

机器人技术是综合了计算机、控制论、机构学、信息和传感技术、人工智能、仿生学等多学科而形成的高新技术，是当代研究十分活跃，应用日益广泛的领域。机器人应用水平是一个国家工业自动化水平的重要标志。

机器人并不是在简单意义上代替人工的劳动，而是综合了人的特长和机器特长的一种拟人的电子机械装置，既有人对环境状态的快速反应和分析判断能力，又有机器可长时间持续工作、精确度高、抗恶劣环境的能力，从某种意义上说，机器人也是机器的进化过程产物，它是先进制造技术领域不可缺少的自动化设备。

4.4.2　机器人技术现状及国内外发展趋势

国外机器人领域发展近几年有如下几个趋势。

(1) 工业机器人性能不断提高(高速度、高精度、高可靠性、便于操作和维修)，而单机价格不断下降。

(2) 机械结构向模块化发展。例如关节模块中的伺服电机、减速机、检测系统三位一体化；由关节模块、连杆模块用重组方式构造机器人整机。

(3) 工业机器人控制系统向基于PC机的开放型控制器方向发展，便于标准化、网络化，大大提高了系统的可靠性、易操作性和可维修性。

(4) 机器人中的传感器的作用日益重要，除采用传统的位置、速度、加速度等传感器外，装配、焊接机器人还应用了视觉、力觉等传感器，而遥控机器人则采用视觉、声觉、力觉、触觉等多传感器的融合技术来进行环境建模及决策控制；多传感器融合配置技术在产品化系统中已有成熟应用。

(5) 当代遥控机器人系统的发展特点不是追求全自治系统，而是致力于操作者与机器人的人机交互控制，即遥控加局部自主系统构成完整的监控遥控操作系统，使智能机器人走出实验室进入实用化阶段。

我国的工业机器人技术从20世纪80年代开始起步，目前已基本掌握了机器人的结构设计制造技术、控制系统硬件和软件设计技术，开发出喷漆、弧焊、点焊、装配、搬运等机器人。但总的来看，我国的工业机器人技术及其工程应用的水平和国外相比还有一定的距离，如可靠性低于国外产品；应用领域窄，生产线系统技术与国外比有差距；在应用规模上，没有形成机器人产业，因此迫切需要解决产业化前期的关键技术，对产品进行全面规划，搞好系列化、通用化、模块化设计，积极推进产业化进程。

4.4.3　机器人技术发展方向及主要研究内容

根据国内外机器人发展的经验、现状及近几年的动态，结合当前国内经济发展的具体情况，机器人技术应重点开展智能机器人、机器人化机械及其相关技术的开发及应用；开展以机器人为基础的重组装配系统、控制一体化技术及应用。重点解决我国已研制应用多年的示教再现型工业机器人的产业化前期关键技术，大力推进其产业化进程，力争快速实现喷涂、焊接、装配等机器人的产业化。

主要研究内容应为以下几项。

(1) 示教再现型工业机器人产业化技术研究，包括喷涂机器人、焊接机器人、弧焊机器人、电子行业用装配机器人的示教编程及系统动态仿真。

(2) 智能机器人开发研究，包括遥控机器人模型、移动机器人的导航和定位技术、基于计算机屏幕的多机器人遥控技术。

(3) 机器人化机械研究开发。

(4) 多传感器信息融合与配置技术。

4.5 习题

1. 什么是步进电机？它如何控制机械装置移动位置、方向和运行速度？
2. 简述逐点比较法直线插补运算、圆弧插补运算的原理。加工直线段和圆弧段需要几步？
3. 在图 4-2 中，设 B 点坐标为(5,3)，仿表 4-2 列出直线段加工步骤。
4. 什么是单片机？什么是嵌入式控制系统？
5. 什么是交叉开发环境？什么是“宿主机”？什么是“目标机”？
6. 嵌入式控制系统从应用上可分为几个层次？
7. 什么是嵌入式操作系统？最主要的嵌入式操作系统有哪些？
8. 什么是示教再现技术？示教再现技术在工业上有哪些应用？
9. 上网查询示教再现技术的原理及几个典型应用。
10. FMS 系统中，数控制导小车的用途是什么？
11. 简述示教盒工作原理。
12. 工业机器人由哪几部分组成？
13. 工业机器人能从事哪些工作？
14. 机器人主要研究内容及发展方向是什么？
15. 上网查询有关机器人知识。

第5章　Windows 7操作系统

操作系统是安装在硬件设备上的一个系统软件，其他所有软件都依赖于操作系统的支持。在操作系统的支持下，计算机的使用效率会显著提高，功能明显增强。

5.1　操作系统概述

计算机系统由两部分组成：硬件系统和软件系统。硬件系统指计算机系统的全部硬件设备，例如中央处理器(CPU)、内存储器等均属于计算机系统硬件。软件系统则是指计算机系统必须配置的软件和数据的总和，如操作系统、计算机语言系统等都属于软件系统。在计算机软件系统中，操作系统是最基础的软件。如果计算机没有操作系统，其他软件就无法使用，硬件系统也就不能发挥其应有的作用。

5.1.1　操作系统的定义

没有任何软件支持的计算机称为裸机。用户直接使用裸机来编制和运行程序十分困难。计算机系统必须有系统软件的支持，才能为用户提供一个良好的编制和运行用户程序的环境。因此，呈现在用户面前的计算机系统是一个软硬件结合的计算机系统。一个计算机系统，按功能可以划分成4个层次：硬件层、操作系统层、系统程序层和应用程序层，如图5-1所示。其中每一层代表一组功能，并提供相应的接口。

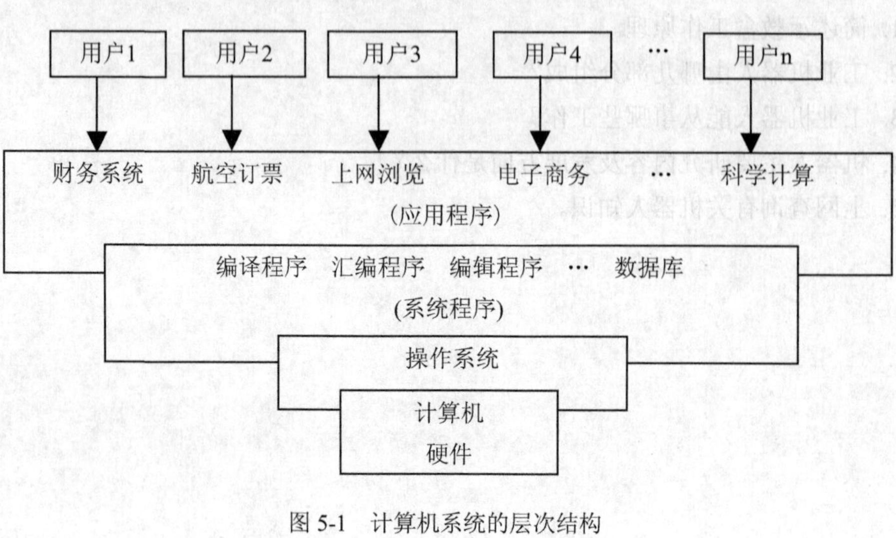

图5-1　计算机系统的层次结构

操作系统是硬件系统功能的扩充，它不仅能够管理计算机系统的硬件，使其充分发挥作用，而且能够为用户提供使用计算机的便捷途径，因此，把具有以下功能的计算机软件称为计算机操作系统。

(1) 控制和管理计算机系统的硬件资源和软件资源。

(2) 合理组织计算机的工作流程。

(3) 提供方便用户使用的计算机操作接口。

5.1.2　操作系统的功能

操作系统是一个庞大的管理控制程序，它大致包括 5 个方面的管理功能：进程与处理机管理、存储器管理、文件管理、设备管理以及用户接口(作业管理)。

1. 进程与处理机管理

处理机是计算机中的核心硬件，所有程序的运行都要靠它来实现。如何协调不同程序之间的运行关系，如何及时反映不同用户的不同要求，以及如何让众多用户能够公平地得到计算机的资源等，都是处理机管理要关心的问题。具体地说，处理机管理要完成如下任务：对处理机的时间进行分配，对不同程序的运行进行记录和调度，实现用户和程序之间的相互联系，解决不同程序在运行时相互发生的冲突。处理机管理是操作系统的最核心部分，其管理方法决定了整个系统的运行能力和运行质量，代表着操作系统设计者的设计理念。

2. 存储器管理

存储器管理的主要工作是对存储器进行分配、保护、扩充和管理。

(1) 内存分配。在内存中除了操作系统、其他系统软件外，还要有一个或多个用户程序。如何分配内存，以保证系统及用户程序的存储互不冲突，这是内存分配的问题。

(2) 存储保护。系统中有多个程序在运行，如何保证一道程序在执行过程中不会干扰另一道程序，如何保证用户程序不会破坏系统程序，均属于存储保护问题。

(3) 内存扩充。当用户的程序和数据所需要的内存量超过计算机系统所提供的内存容量时，如何把内部存储器和外部存储器结合起来管理，为用户提供一个容量比实际内存大得多的虚拟存储器，而使用户使用这个虚拟存储器和使用内存一样方便。

3. 文件管理

计算机中存放的、处理的、流动的都是信息。信息有不同的表现形态，可以是数据项、记录、文件或文件的集合等；信息有不同的存储方式，可以连续存放，也可以分开存放；有不同的存储位置，可以存放在主存储器上，也可以存放在辅助存储器上，甚至可以停留在某些设备上。不同用户的不同信息共存于有限的媒体上，如何对这些文件进行分类，如何保障不同信息之间的安全，如何将各种信息与用户进行联系，如何使信息不同的逻辑结构与辅助存储器上的存储结构进行对应，这些都是文件管理要完成的任务。

4. 设备管理

计算机主机连接着多种设备，有专门用于输入/输出数据的设备，也有用于存储数据的设备，还有用于某些特殊要求的设备。而这些设备又来自不同的生产厂家，型号多种多样，如果没有设备管理，使用过程中会出现各种问题。设备管理的任务：为用户提供设备的独立性，使用户不管是通过程序还是命令来操作设备时都不需要了解设备的具体参数和工作方式，用户只需简单使用一个设备名即可。在幕后实现对设备的具体操作，设备管理在接到用户的要求以后，将用户提供的设备名与具体的物理设备进行连接，再将用户要处理的数据发送到物理设备上，对各种设备信息进行记录、修改，并对设备行为加以控制。

5. 用户接口(作业管理)

为了方便用户灵活、方便地使用计算机系统，操作系统提供了一组友好的用户接口。通过这些接口，用户能够方便地调用操作系统提供的功能，有效地组织任务及其工作和处理流程，并使整个系统能够高效地运行。操作系统提供的接口有两大类：命令接口和程序接口。

命令接口：是为了便于用户直接或间接控制自己的作业而设置的，可分为基于文本的接口(通常称为Shell)和基于图形的接口(通常称为GUI)两种。用户通过命令接口可以实现与操作系统的交互。

程序接口：是为了用户程序在执行中访问系统资源而设置的，是用户程序取得操作系统资源的唯一途径，由一组系统调用组成。

5.2　Windows 7 操作系统基础

5.2.1　Windows 7 的桌面布局

Windows 7 的桌面布局使用户可以根据个人爱好利用桌面右键菜单个性化选项从图 5-2 所示 7 组画面中选择 1 组，被选中的 1 组 4 个画面会按时轮换显示，显示出 Windows 7 桌面布局的丰富多彩。在桌面上右击，弹出桌面右键菜单，如图 5-3 所示。

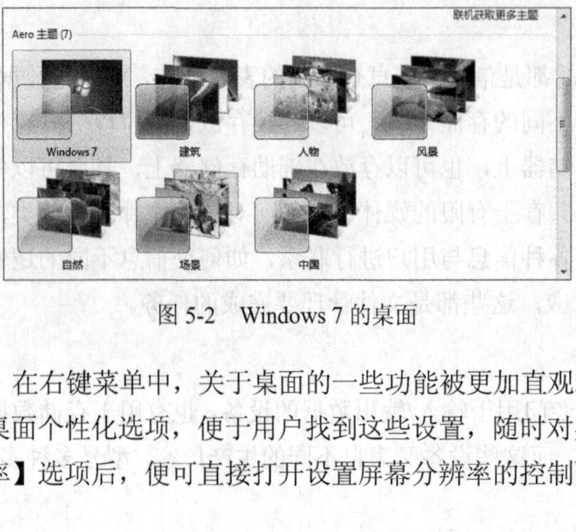

图 5-2　Windows 7 的桌面

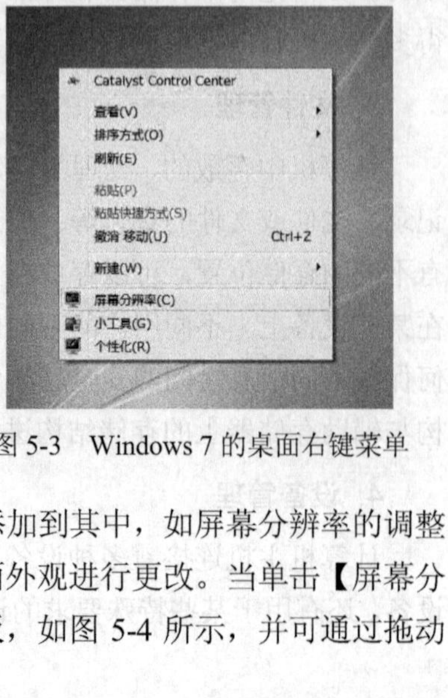

图 5-3　Windows 7 的桌面右键菜单

在右键菜单中，关于桌面的一些功能被更加直观地添加到其中，如屏幕分辨率的调整和桌面个性化选项，便于用户找到这些设置，随时对桌面外观进行更改。当单击【屏幕分辨率】选项后，便可直接打开设置屏幕分辨率的控制面板，如图 5-4 所示，并可通过拖动滑动条来改变当前桌面的分辨率设置；而在【个性化】选项中，则有比 Windows XP 更丰富的桌面外观设置。

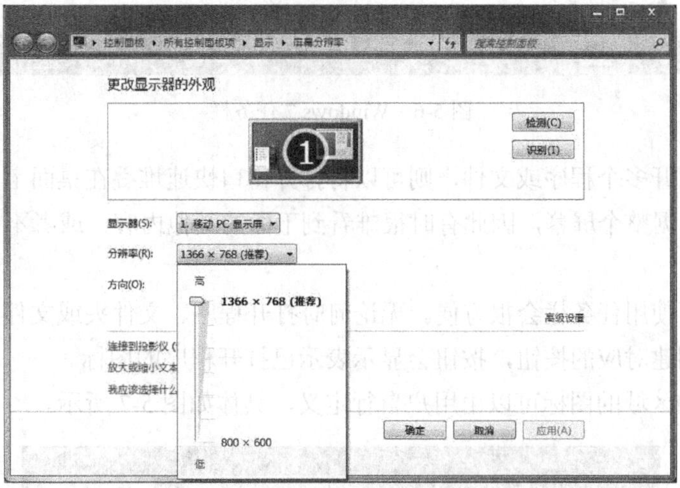

图 5-4　设置屏幕分辨率

在默认状态下，Windows 7 安装之后桌面上只保留了回收站的图标，那么如何找回桌面上的【我的电脑】、【我的文档】图标呢？在图 5-5 中选择右键菜单中【个性化】选项，随后在弹出的设置窗口中单击左侧的【更改桌面图标】按钮，此时完成相关的设置。在 Windows 7 中，XP 系统下【我的电脑】和【我的文档】已相应改名为【计算机】、【用户的文件】，因此在这里单选中对应选项，桌面便会重现这些图标。

图 5-5　桌面图标设置

5.2.2　任务栏

任务栏是位于屏幕底部的水平长条。与桌面不同，桌面可以被打开的窗口覆盖，而任务栏始终可见。它有三个主要部分：【开始】按钮，用于打开【开始】菜单。中间部分，显示已打开的程序和文件，并可以在它们之间进行快速切换；通知区域，包括时钟以及一些告知特定程序和计算机设置状态的图标，任务栏如图 5-6 所示。

图 5-6　Windows 7 任务栏

如果一次打开多个程序或文件，则可以将打开窗口快速堆叠在桌面上。由于窗口经常相互覆盖或者占据整个屏幕，因此有时很难看到下面的其他内容，或者不记得已经打开的内容。

这种情况下使用任务栏会很方便。无论何时打开程序、文件夹或文件，Windows 7 都会在任务栏上创建对应的按钮，按钮会显示表示已打开程序的图标。

任务栏通知区域的图标可以由用户自行定义，具体如图 5-7 所示。

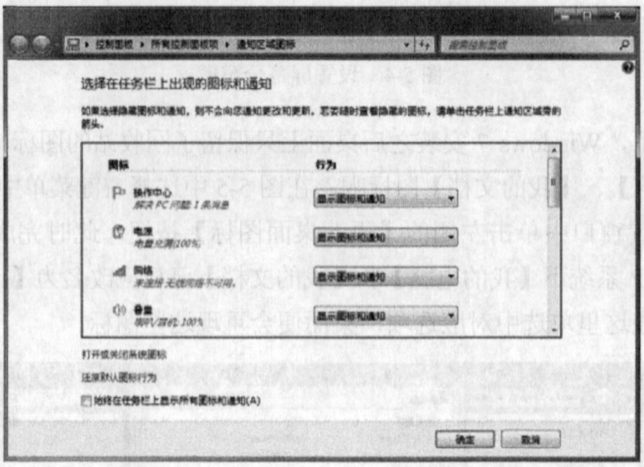

图 5-7　自定义 Windows 7 的通知区域图标

现在我们打开“计算器”和“扫雷”两个程序，每个程序在任务栏上都会创建自己的按钮。如图 5-8 所示。

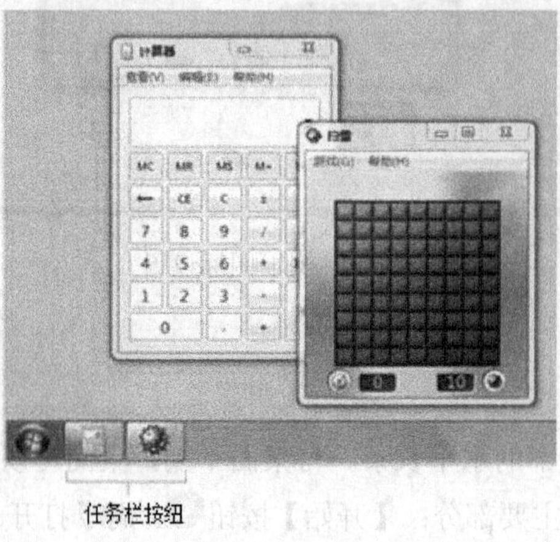

图 5-8　任务栏上创建对应窗口

突出显示“扫雷”的任务栏按钮，这表示“扫雷”是“活动”窗口，意味着它位于其他打开窗口的前面，可以与您进行交互。

在 Windows 7 中，没有 Windows XP 中的【显示桌面】按钮，因为它已“进化”成 Windows 7 任务栏最右侧的一小块半透明的区域。它的作用不仅仅是单击后即可显示桌面、最小化所有窗口，而且当鼠标移动到上面后，即可透视桌面上的所有内容，查看桌面的情况，而鼠标离开后即恢复原状，如图 5-9 所示。

图 5-9　Windows 7 的显示桌面功能

任务栏的时钟区域延续了 Windows Vista 的多时钟功能，用户还可以附加时钟，如添加另外两个不同时区的时钟，如图 5-10 所示。

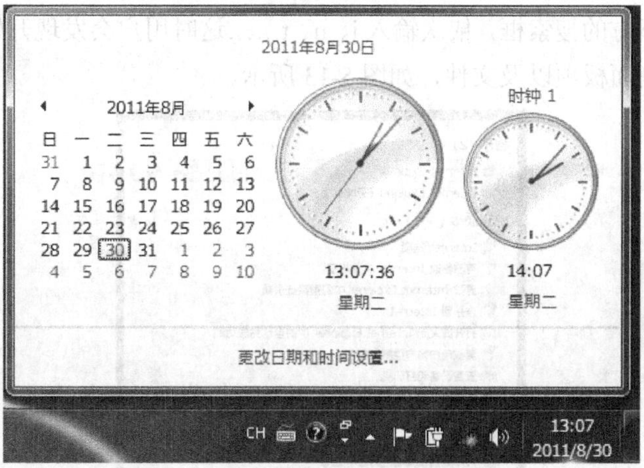

图 5-10　Windows 7 支持多时区时钟功能

5.2.3　开始菜单

在图 5-11 的开始菜单中，最近运行的程序列表是可以改变的，如可以将一些经常使用的程序固定在开始菜单上。固定方法很简单：在程序上右击，然后选择菜单项【附到「开始」菜单】命令即可。完成之后，该程序的图标就会显示在开始菜单的顶端区域，如图 5-12

所示。

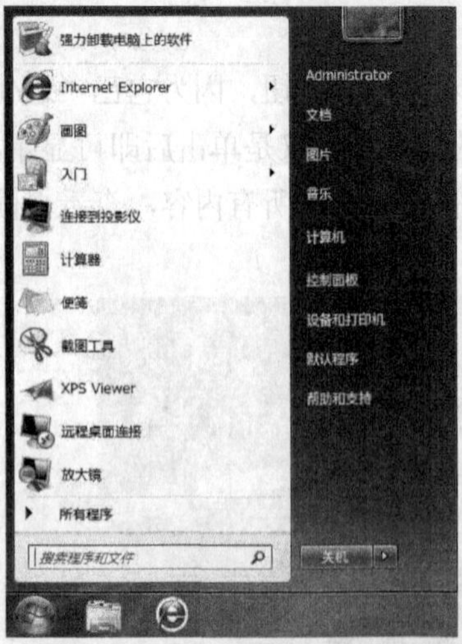

图 5-11　Windows 7 的开始菜单

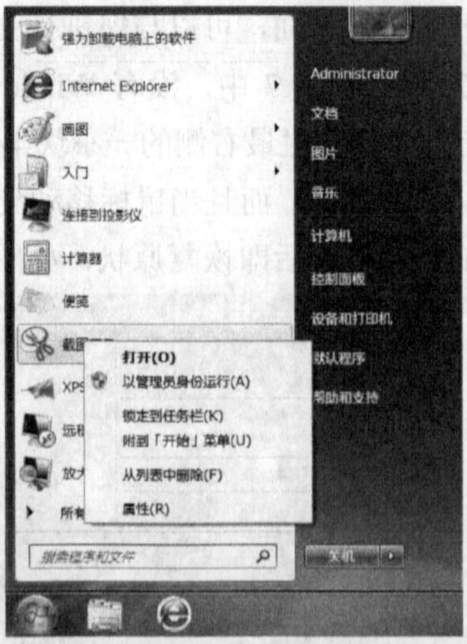

图 5-12　将程序快捷方式附加到开始菜单上

选择【所有程序】选项，用户会发现 Windows 7 开始菜单的程序列表放弃了 Windows XP 中层层递进的菜单模式，而直接将所有内容置于开始菜单中，通过选择下方的【所有程序】选项来进行切换。这样的变化虽然看似并不太大，但是在长期的使用中会感到它更加方便。

在整个开始菜单中，关机按钮设计得非常精致，且通过右侧的扩展按钮，用户可以快速使计算机重启、注销或进入睡眠状态，同时也可以进入到 Windows 7 的“锁定”状态，以便在临时离开计算机时，保护个人信息。

在开始菜单下方的搜索框，依次输入 i、n、t……这时用户会发现开始面板中会显示出相关的程序、控制面板项以及文件，如图 5-13 所示。

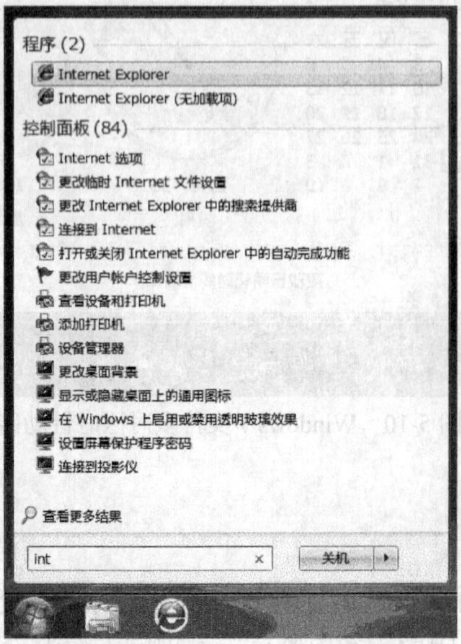

图 5-13　开始菜单中的搜索框

5.2.4　资源管理器

【资源管理器】是 Windows 操作系统提供的资源管理工具，是 Windows 的精华功能之一。用户可以通过资源管理器查看计算机上的所有资源，能够清晰、直观地对计算机上的各种文件和文件夹进行管理，如图 5-14 所示。

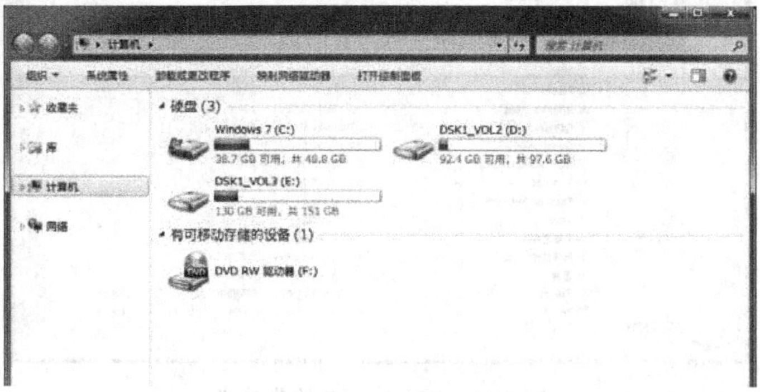

图 5-14　Windows 7 的资源管理器

首先是 Windows 7 资源管理器左边的列表区。在这个列表中，整个计算机的资源被划分为四大类：收藏夹、库、计算机和网络。这与 Windows XP 及 Vista 系统都有很大的不同，所有的改变都是为了让用户更好地组织、管理及应用资源，为用户带来更高效的操作，如图 5-15 所示。

图 5-15　最近访问位置

在菜单栏方面，与以往系统相比 Windows 7 的组织方式发生了很大的变化或者说是简化，一些功能被直接作为顶级菜单而置于菜单栏上，如刻录和新建文件夹功能，如图 5-16 所示。

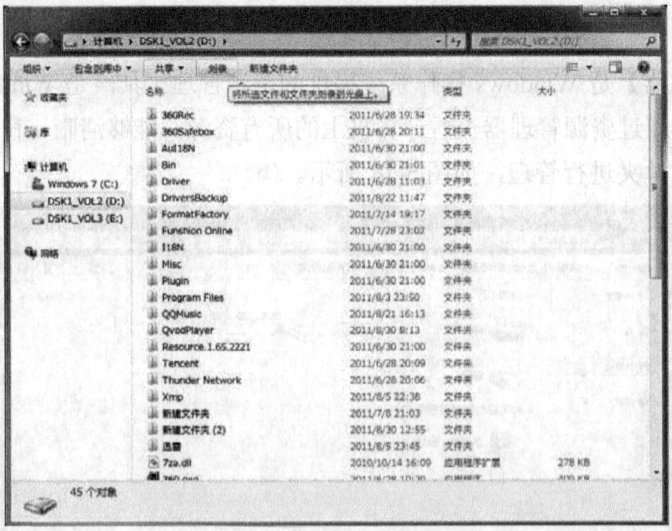

图 5-16　Windows 7 的菜单栏

此外，Windows 7 不再显示工具栏，一些有必要保留的按钮则与菜单栏放在同一行中。如视图模式的设置，单击按钮后即可打开调节菜单，在多种模式之间进行调整，包括 Windows 7 特色的大图标、超大图标等模式。在地址栏的右侧，可以再次看到 Windows 7 的搜索功能。在搜索框中输入搜索关键词后按下 Enter 键，立刻就可以在资源管理器中获得搜索结果，不仅搜索速度快，且搜索过程的界面也很出色，如图 5-17 所示。

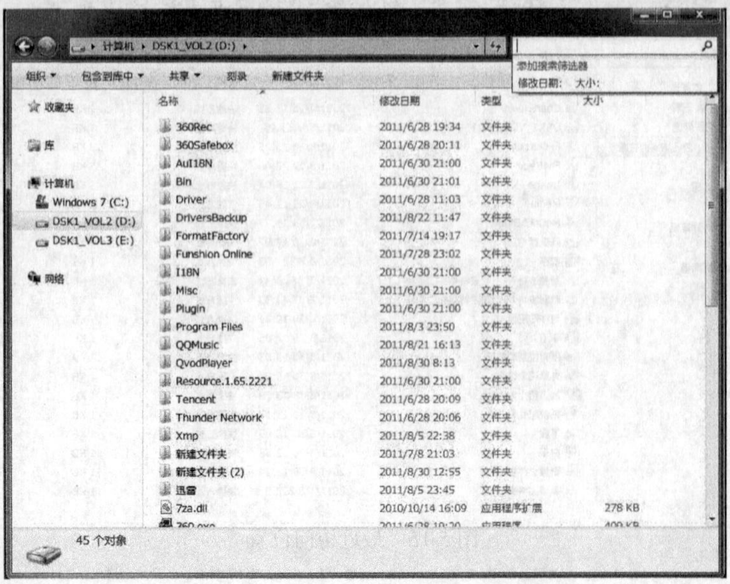

图 5-17　在资源管理器中使用搜索

Windows 7 系统中添加了很多预览效果，不仅仅可以预览图片，还可以预览文本、Word 文件、字体文件等，这些预览功能可以方便用户快速了解文件的内容。

5.2.5　网络连接

当用户在电脑上安装了新系统后，最重要的一件事就是让其可以连接到互联网。在 Windows 7 中，网络的连接变得更易于操作，它将几乎所有与网络相关的向导和控制程序聚合在【网络和共享中心】中，通过可视化的视图和单站式命令，用户可以轻松地连接到网络。下面举例说明如何在 Windows 7 下使用有线和无线网络连接、互联网。首先进行有线网络的连接，操作非常简单，与过去在 Windows XP 中的操作大同小异，变化的仅仅是一些界面的改动或者操作的快捷化。进入控制面板后，依次选择【网络和 Internet－网络和共享中心】选项，便可看到可视化的界面，如图 5-18 所示。在该界面中，用户可以通过形象化的映射图了解到网络状况，当然更重要的是在这里可以进行各种网络相关的设置。

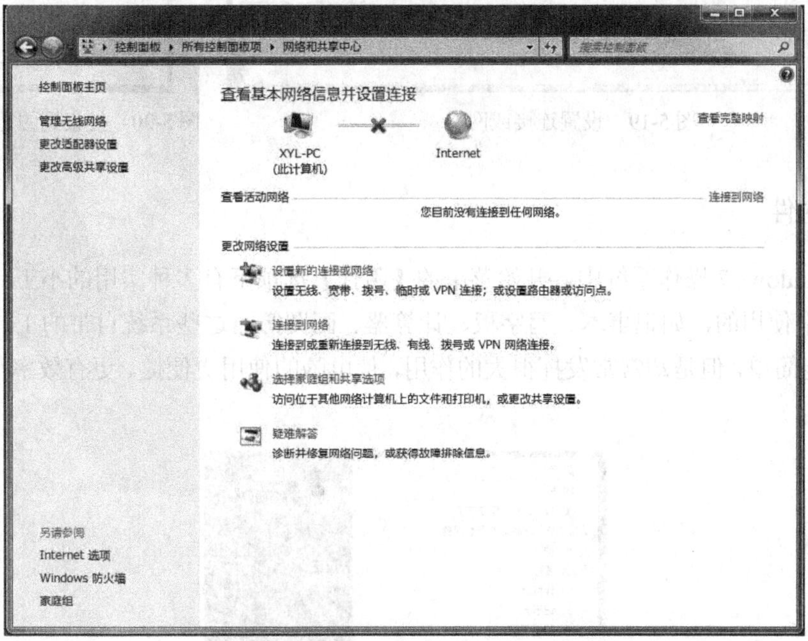

图 5-18　网络和共享中心

Windows 7 的安装会自动将网络协议等配置妥当，基本不需要手工介入，因此一般情况下用户只要把网线插对接口即可，可能会多一个拨号验证身份。同样是在【网络和共享中心】界面上，单击【更改您的网络设置】中的【新建连接向导】选项，然后在【设置连接或网络】界面中单击【连接到 Internet】选项，如图 5-19 所示。

接下来依据网络类型，完成剩下的工作。一般情况下，如果用户是小区宽带或者 ADSL 用户，选择【宽带(PPPoE)】选项，然后输入用户名和密码后即可。

当启用无线网卡时，左击系统任务栏托盘区域网络连接图标，系统就会自动搜索附近的无线网络信号，所有搜索到的可用无线网络就会显示在上方的小窗口中。每一个无线网络信号都会显示信号信息，如果将鼠标移动上去，还可以查看更具体的信息，如网络名称、强度以及安全类型等。如果某个网络是未加密的，则会多一个带有感叹号的安全提醒标志，如图 5-20 所示。选择要连接的无线网络，然后单击【连接】按钮即可。

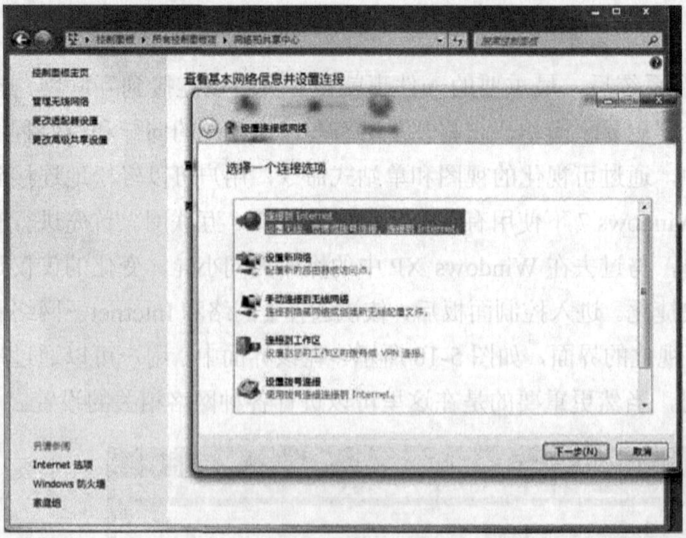

图 5-19　设置连接或网络

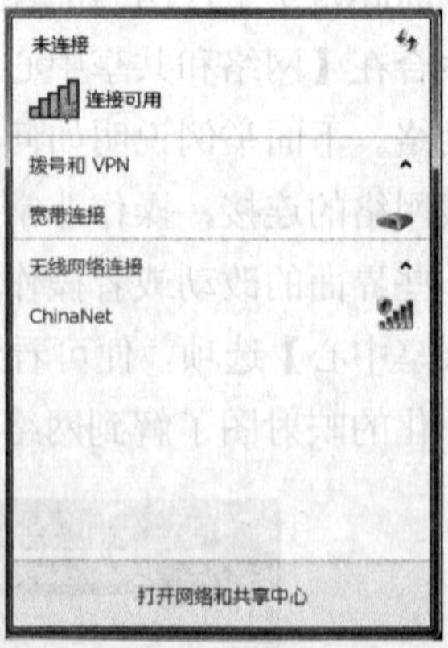

图 5-20　搜索到的无线网络信号

5.2.6　附件

在 Windows 7 操作系统中，开始菜单的【附件】选项下有多种实用的小工具，许多都是我们经常使用的，如记事本、写字板、计算器、画图等，这些系统自带的工具虽然体积小巧、功能简单，但是却常常发挥很大的作用，使电脑的使用更便捷、更有效率，如图 5-21 所示。

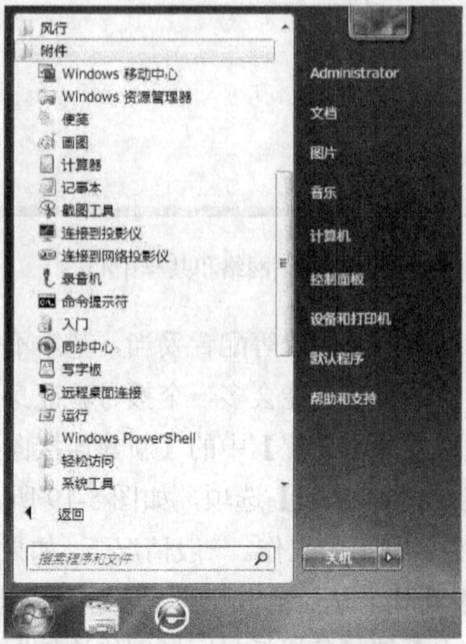

图 5-21　Windows 7 的【附件】菜单

1. 记事本

在开始菜单【附件】中打开记事本程序，除了精简的菜单项外，就只有单色的文字编辑区，如图 5-22 所示。

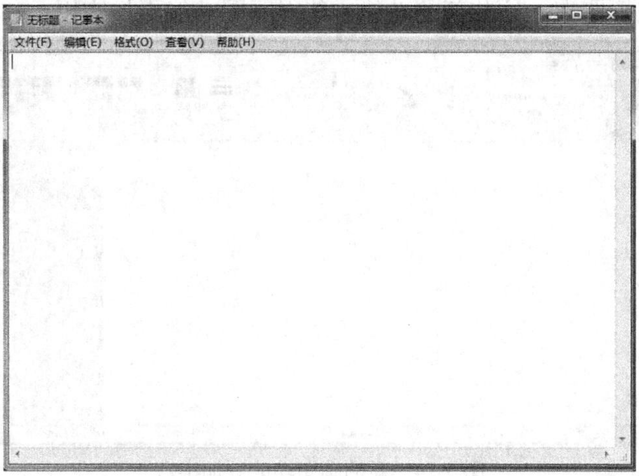

图 5-22　记事本

2. 写字板

写字板是 Windows 7 系统中自带的、更为高级的文字编辑工具，同记事本相比，它具备了格式编辑和排版的功能。在 Windows 7 系统中的写字板与 Windows XP 的写字板相比有不少变化。打开写字板程序后，与 Office 2007 有些相似。新的写字板采用了 Office 2007 的元素菜单。通过这种新的界面，写字板的主要功能在界面上方一览无余，用户可以很方便地使用各种功能，对文档进行编辑、排版。写字板中一共有两个 Ribbon 菜单项，在【查看】状态中，可以为文档添加标尺或者放大、缩小功能，也可以更改度量单位，如图 5-23 所示。

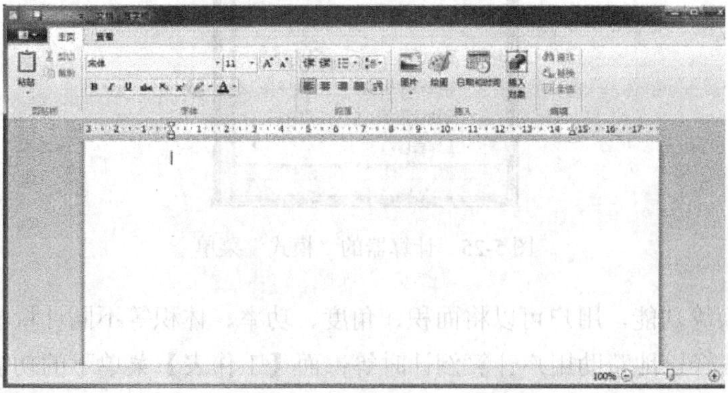

图 5-23　写字板采用了菜单

3. 画图

与写字板一样，Windows 7 中全新的画图功能也引入了菜单，从而使得这个小工具的使用更加方便。此外，新的画图工具加入了不少新功能，如刷子功能，可以让用户更好地进行【涂鸦】操作，而通过图形工具，可以为任意图片加入设定好的图形框、五角星图案、箭头图案以及气泡框图案。这些新的功能，使得画图功能更加实用，如图 5-24 所示。

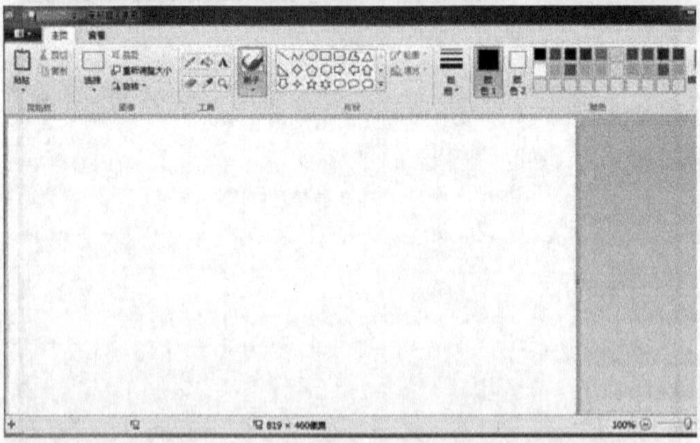

图 5-24　新的画图功能更加丰富

4. 计算器

打开计算器的【模式】菜单，用户便可见到它的丰富功能。除了原有的科学计算器功能外，新的计算器还加入了编程和统计功能。此外，Windows 7 的计算器还具备了单位转换、日期计算及贷款、租赁计算等实用功能，如图 5-25 所示。

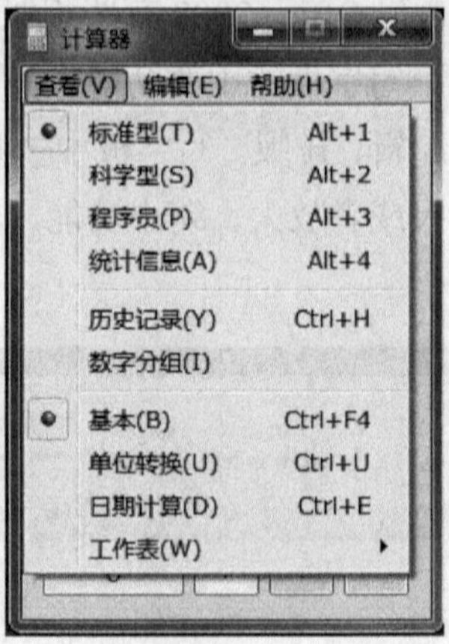

图 5-25　计算器的“模式”菜单

通过单位换算功能，用户可以将面积、角度、功率、体积等不同计量相互转换；日期计算功能可以很轻松地帮助用户计算倒计时等；而【工作表】菜单下的功能则可以帮助用户计算贷款月供额、油耗等，非常贴近生活，为用户带来了许多便利。

5.2.7　Windows 7 的库

Windows 7 在许多方面都发生了新的变化，在文件管理方面也不例外。相比过去，Windows 7 文件管理的功能是非常丰富的，Windows 7 全新引入的“库”功能就是其中最为重要的一个。

用户可以将 Windows 7 的“库”理解为一个特殊的文件夹，可以向其中添加硬盘上任意的文件夹，但是这些文件夹及其中的文件实际还是保存在原来的位置，并没有被移动到“库”中，只是在“库房”中“登记”了它的信息并进行索引，添加一个指向目标的快捷方式，以方便用户对存储在硬盘中各个位置的文档、图片、视频、音频等资源进行统一管理，提高工作效率。

打开资源管理器，在左侧的列表中就可以看到“库”了。它默认包含了视频、图片、文档和音乐 4 个库，用户可以向其中导入各种文件和文件夹，也可以根据需要创建新的库，如图 5-26 所示。

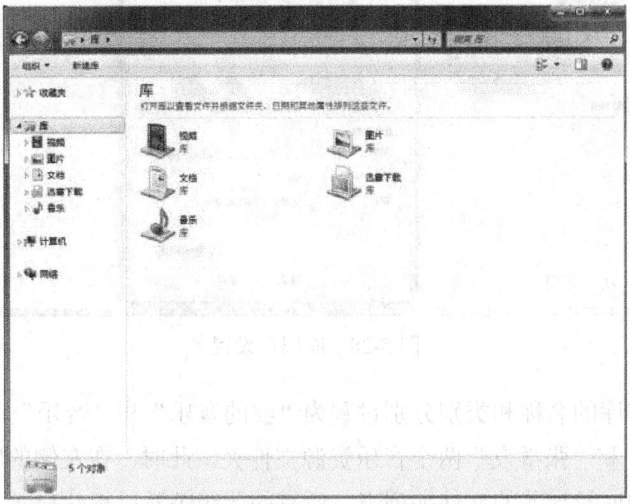

图 5-26　Windows 7 的“库”

如图 5-27 所示，打开“库”的文件夹，然后在右侧的浏览区域右击，依次选择【新建】|【库房】命令，输入库的名称后即可成功创建自己的新库了。双击进入新建的库，我们可以立即设置一个库所包括的文件夹，单击界面上的按钮即可将希望导入的文件夹包含进来。

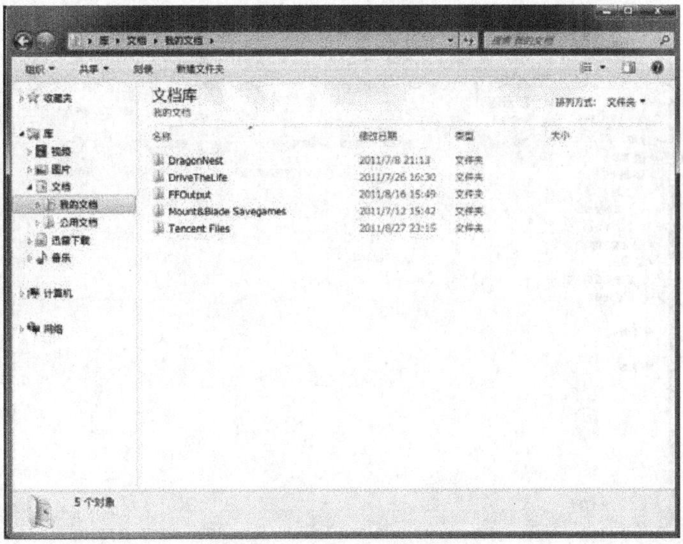

图 5-27　进入新建立的库

此外，如图 5-28 所示，用户随时可以打开库的属性窗口，在其中对库的类别进行优化选择，也可以在此再次设置库所包含的文件夹，向其中同时添加多个存储在各个分区中的文件夹。

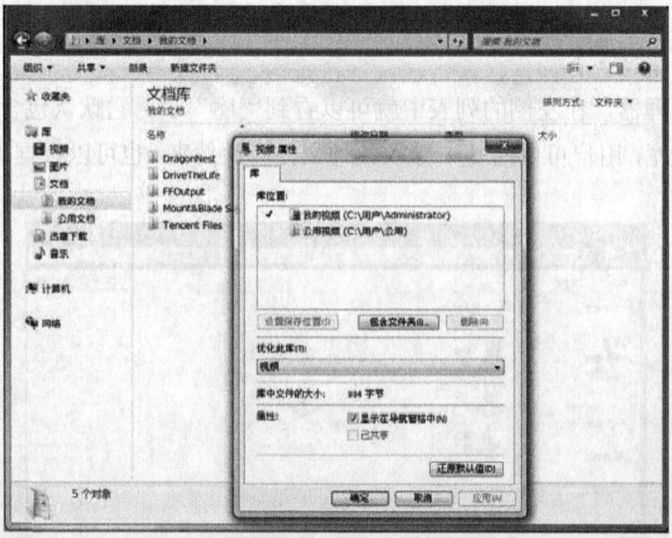

图 5-28　库属性设置

现在，我们将库的名称和类别分别设置为“我的音乐”和“音乐”，并导入硬盘 D 分区中“My Music”和“张学友”两个音乐资源文件夹。此时，在左侧的库房列表中，用户就可以看到新建的库及导入的文件夹列表，所有的层级关系以树状显示，一目了然。用户可以单击其中的节点来查看其中的文件，这样硬盘上不同位置的文件夹和文件都可以汇聚在一起统一管理。在右侧的文件列表中，用户可以看到每个文件的简要信息；这里因为将库的类别设置为音乐，且为歌曲文件，因此可以看到诸如“艺术家”、“唱片集”这样的信息，如图 5-29 所示。

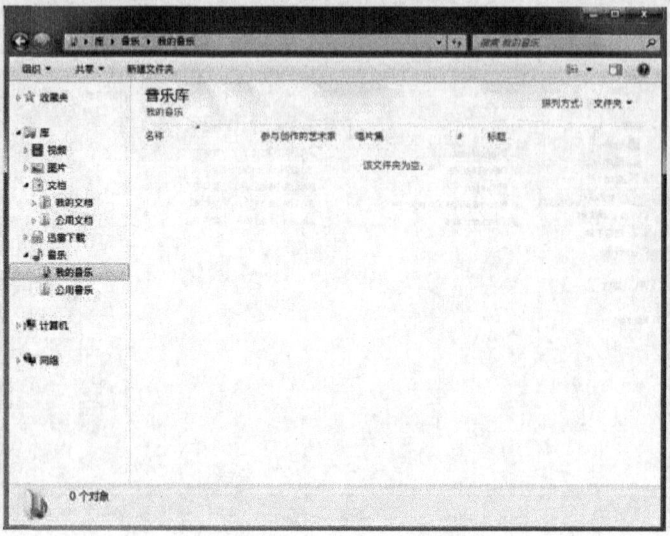

图 5-29　包含文件夹后的库

库的优势在于将分散在硬盘各个分区的资源统一进行管理，即使在多个资源管理器窗口中切换，也无需繁琐地寻找；而且对于音乐、视频、图片这类资源的管理更方便，可以依据各种信息分门别类。在库房中用户同样可以使用 Windows 7 强大的搜索功能对其下的资源进行查找，只需在搜索框中输入关键词，并设置合适的过滤条件后即可立即查找到结果。

5.2.8　磁盘检查与整理

无论在哪个系统中，磁盘的管理和维护必不可少。硬盘就好像屋子一样每过一段时间就必须进行打理，否则就会变得脏乱，硬盘不维护也会变得凌乱，各种垃圾、碎片文件会拖慢系统的运行速度。在 Windows 7 系统中，对硬盘的检查、清理和碎片整理同样都是非常重要的，这些功能在 Windows XP 的基础上有所改进。

Windows 7 如何对磁盘进行维护和管理的呢？

如图 5-30 所示，在任意一个磁盘分区图标上右击并选择【属性】命令，在属性窗口中用户就可以看到熟悉的界面。在【常规】选项页中，首先进行磁盘清理工作，以获取更多的可用空间。单击【磁盘清理】按钮，如图 5-31、5-32 所示。Windows 7 的磁盘清理器就会自动开始工作了。整个扫描、计算和分析过程会需要一些时间。

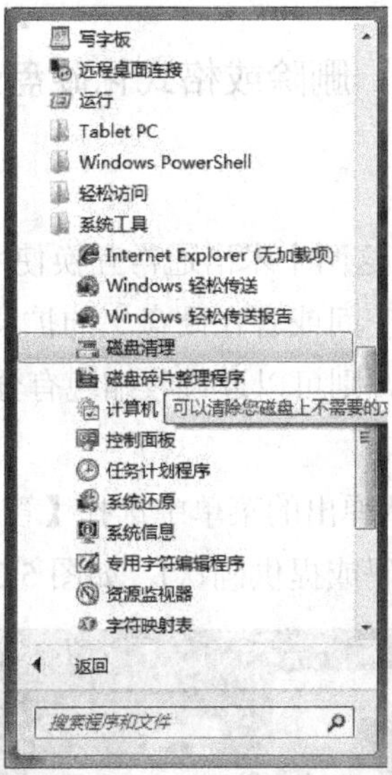

图 5-30　选择 Windows 7 磁盘清理器

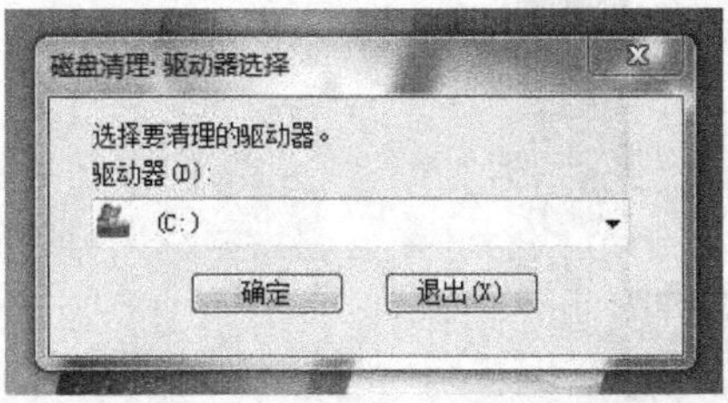

图 5-31　选择清理的驱动器

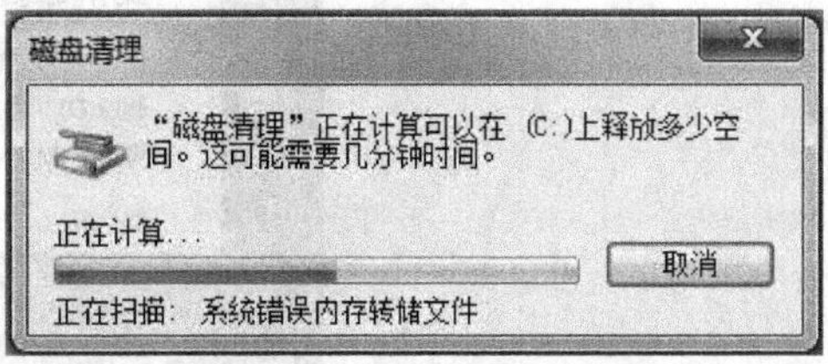

图 5-32　Windows 7 磁盘清理器

在图 5-33 所示的磁盘清理器的工作界面中，可以看到其分析出可供删除的文件。

在列表中选择要清除的文件种类，界面中会实时显示总共可获取的磁盘空间。

可供清除的文件类型非常多，包括 Windows 系统所固有的项目，也有 Windows 7 系统特有的内容，如“游戏统计信息文件”等。通过 Windows 7 磁盘清理，用户可以更好地检查和清除硬盘中不必要的文件，以减少垃圾、节省空间、加快系统速度。

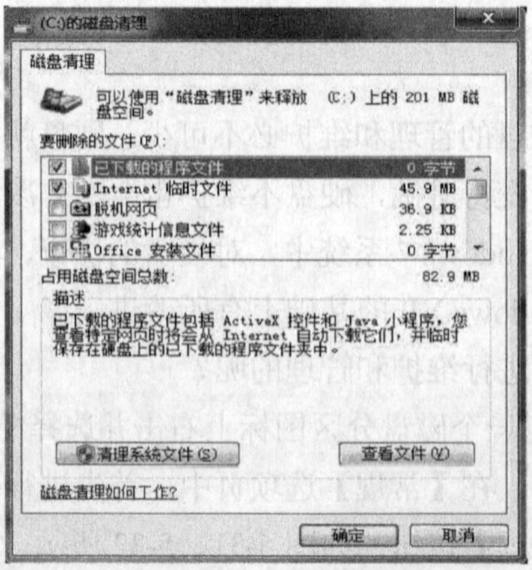

图 5-33　磁盘清理器分析结果

5.2.9　Windows 7 系统创建、删除或格式化硬盘分区

1. 创建和格式化新分区(卷)

若要在硬盘上创建分区或卷(这两个术语通常互换使用)，用户必须以管理员身份登录，并且硬盘上必须有未分配的磁盘空间或者在硬盘上的扩展分区内必须有可用空间。

如果没有未分配的磁盘空间，则可以通过收缩现有分区、删除分区或使用第三方分区程序创建一些空间。

(1) 右击【计算机】图标，从弹出的菜单中选择【管理】选项(如果系统提示输入管理员密码或进行确认，请键入该密码或提供确认)，如图 5-34 所示。

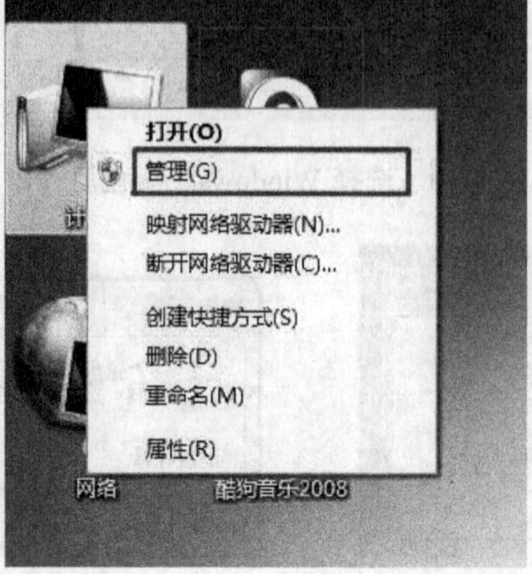

图 5-34　计算机管理

(2) 在左窗格中的【存储】下面，单击【磁盘管理】选项，如图 5-35 所示。

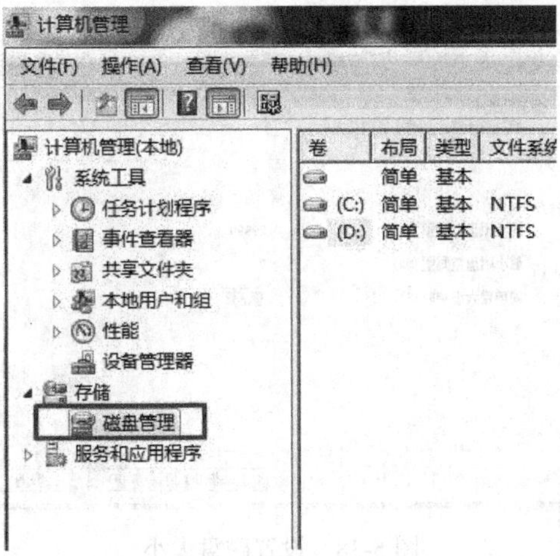

图 5-35　磁盘管理界面

(3) 右击硬盘上未分配的区域，然后选择【新建简单卷】选项，如图 5-36 所示。

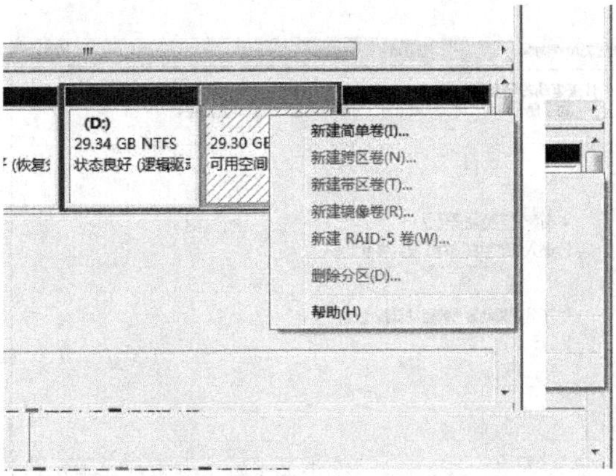

图 5-36　新建磁盘卷

(4) 在【新建简单卷向导】对话框中，单击【下一步】按钮，如图 5-37 所示。

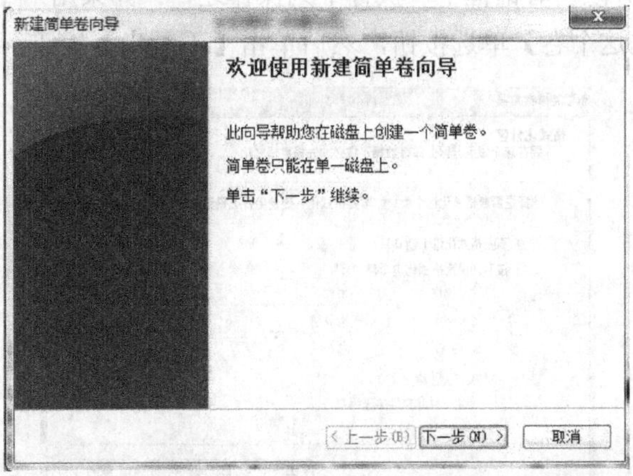

图 5-37　新建磁盘卷向导

(5) 键入要创建的卷的大小(MB)或接受最大默认大小，然后单击【下一步】按钮，如图 5-38 所示。

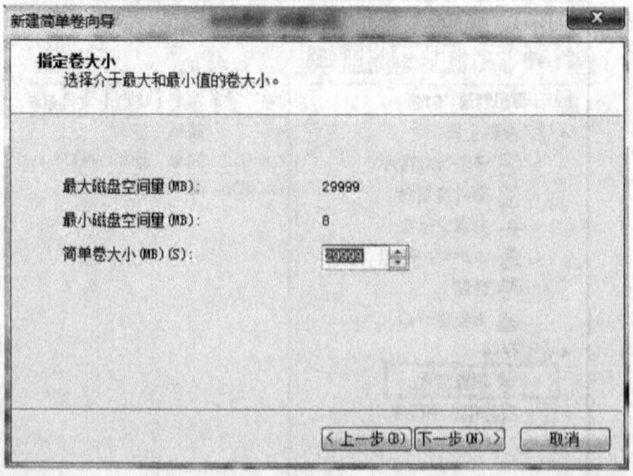

图 5-38　设置磁盘大小

(6) 选择默认驱动器号或选择其他驱动器号以标识分区，然后单击【下一步】按钮，如图 5-39 所示。

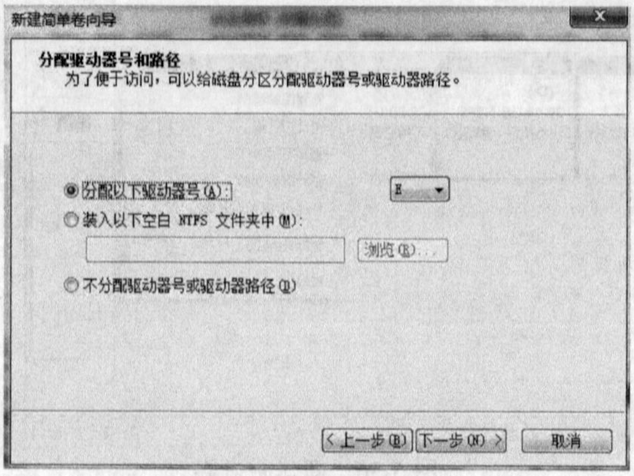

图 5-39　分配驱动器号

(7) 在“格式化分区”对话框中，执行下列操作之一：如果用户不想立即格式化该卷，请选中【不要格式化这个卷】单选按钮，然后单击【下一步】按钮，如图 5-40 所示。

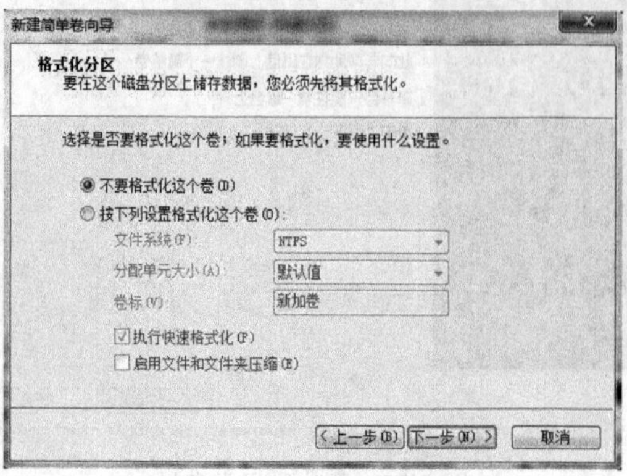

图 5-40　不要格式化该卷

若要使用默认设置格式化该卷，单击【下一步】按钮，如图 5-41 所示。

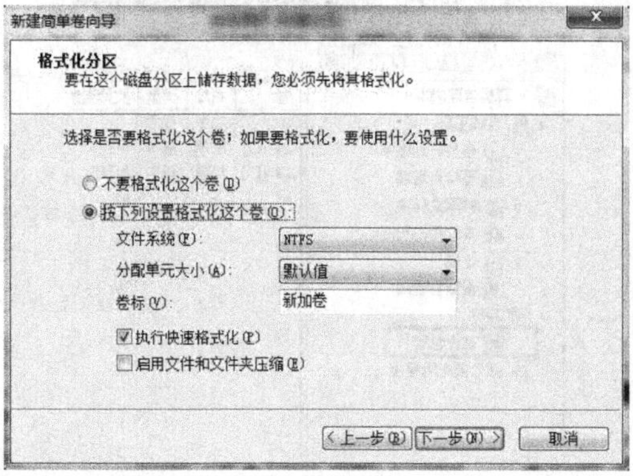

图 5-41　默认设置格式化

(8) 复查选择，然后单击【完成】按钮，如图 5-42 所示。

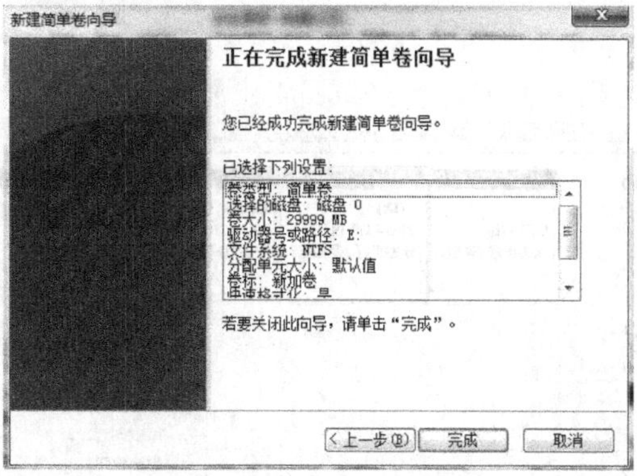

图 5-42　建立完成

2. 格式化现有分区(卷)

(1) 右击【计算机】选项，在弹出的对话框中选择【管理】命令(如果系统提示用户输入管理员密码或进行确认，键入该密码或提供确认)，如图 5-43 所示。

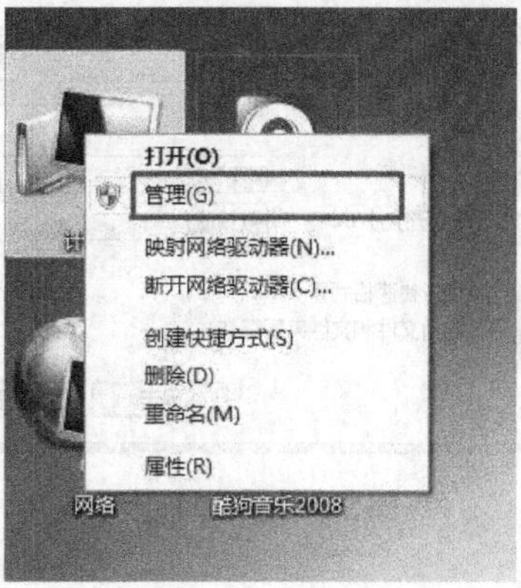

图 5-43　管理界面

(2) 在左窗格中的【存储】选项下面，选择【磁盘管理】选项，如图 5-44 所示。

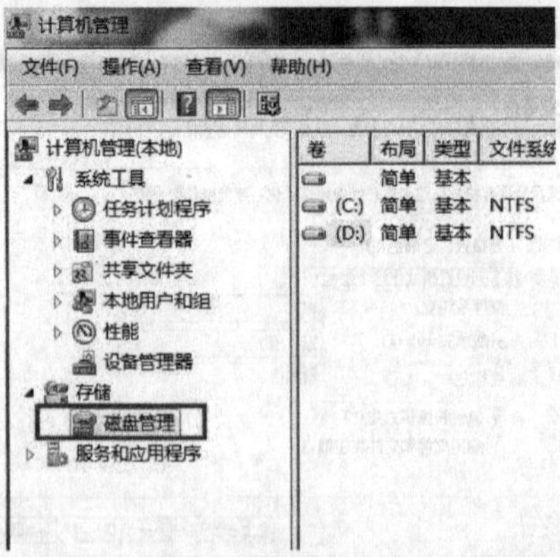

图 5-44　磁盘管理

(3) 右击要格式化的卷，然后从弹出的菜单中选择【格式化】命令，如图 5-45 所示。

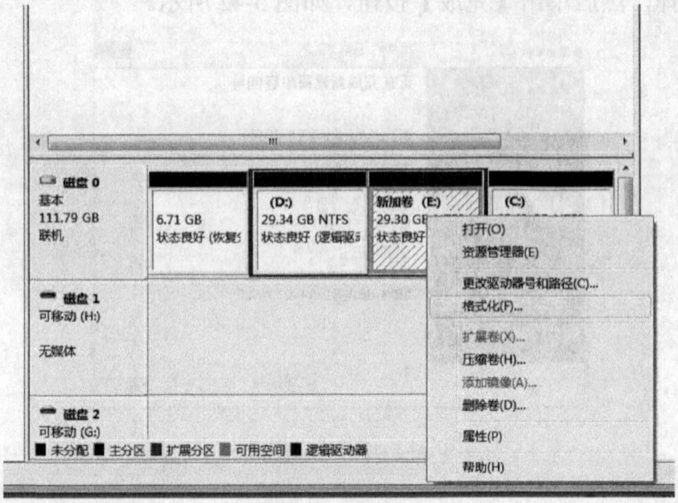

图 5-45　硬盘格式化

(4) 若要使用默认设置格式化卷，在【格式化】对话框中，单击【确定】按钮，如图 5-46 所示。

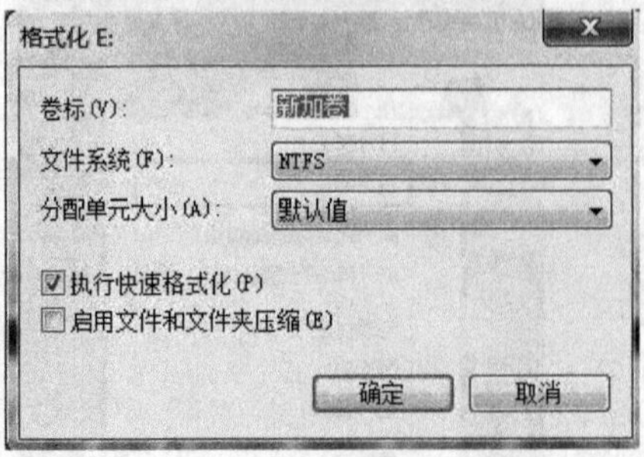

图 5-46　添加卷标

然后再次单击【确定】按钮。

3. 删除硬盘分区

必须以管理员身份进行登录，才能执行这些步骤。

删除硬盘分区或卷(术语“分区”和“卷”通常互换使用)时，也就创建了可用于创建新分区的空白空间。如果硬盘当前设置为单个分区，则不能将其删除。也不能删除系统分区、引导分区或任何包含虚拟内存分页文件的分区(因为 Windows 7 需要此信息才能正确启动)。

(1) 右击【计算机】图标，在出现的对话框中选择【管理】选项(如果系统提示用户输入管理员密码或进行确认，请键入该密码或提供确认)。

(2) 在左窗格中的【存储】下面，选择【磁盘管理】选项，如图 5-47 所示。

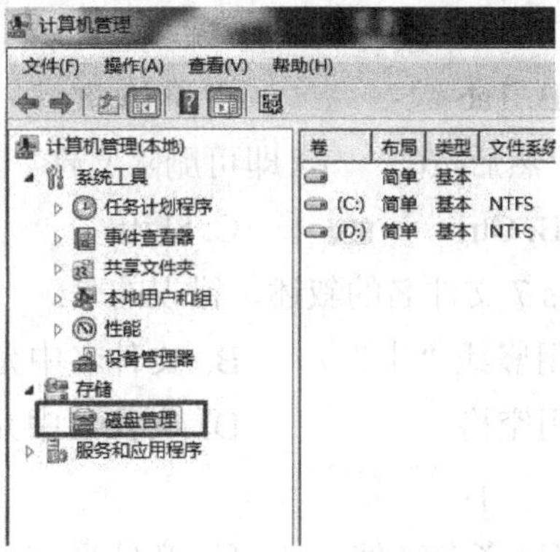

图 5-47　磁盘管理

(3) 右击要删除的卷(分区或逻辑驱动器)，然后选择【删除卷】命令，如图 5-48 所示。

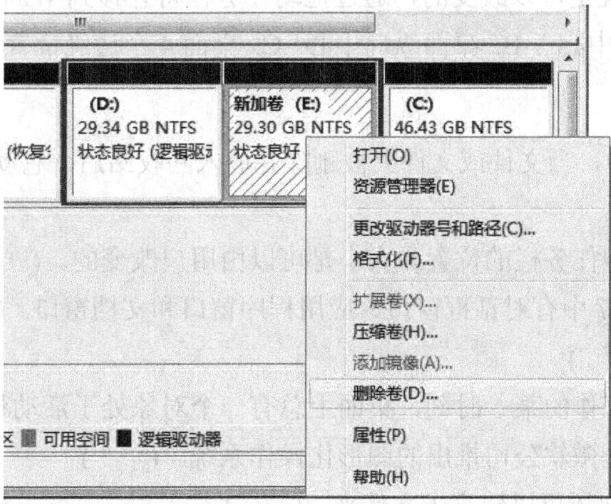

图 5-48　删除卷

(4) 单击“是”删除该卷。

5.3 习题

1. 单选题

(1) 操作系统是一种(　　)。

A. 便于计算机操作的硬件　　B. 便于计算机操作的规范
C. 管理计算机系统资源的系统软件　　D. 计算机财会软件

(2) 在 Windows 7 中，当一个应用程序窗口被最小化后，该应用程序将(　　)。

A. 被终止执行　　B. 继续执行　　C. 被暂停执行　　D. 被删除

(3) 配合使用(　　)可以选择多个连续的文件或文件夹。

A. Alt 键　　B. Tab 键　　C. Shift 键　　D. Esc 键

(4) 选定要删除的文件，然后按(　　)，即可删除文件。

A. Alt　　B. Ctrl　　C. Shift　　D. Delete

(5) 下面是关于 Windows 7 文件名的叙述，错误的是(　　)。

A. 文件名中允许使用竖线“|”　　B. 文件名中允许使用多个圆点分隔符
C. 文件名中允许使用空格　　D. 文件名中允许使用汉字

(6) 文件夹中不可存放(　　)。

A. 文件　　B. 多个文件　　C. 文件夹　　D. 字符

(7) 在 Windows 7 中，当鼠标指针自动变成双向箭头时，表示可以(　　)。

A. 移动窗口　　B. 改变窗口大小　　C. 滚动窗口内容　　D. 关闭窗口

(8) 任务栏的位置是可以改变的，通过拖动任务栏将它移到 Windows(　　)。

A. 桌面横向中心　　B. 桌面纵向中心　　C. 桌面 4 个边缘位置　　D.任意位置

2. 判断题

(1) Windows 7 中，当文件或文件夹被删除并放入回收站后，它就不再占用磁盘空间。(　　)

(2) Windows 7 中任务栏的位置和大小是可以由用户改变的。(　　)

(3) 在 Windows 7 中有对话框窗口、应用程序窗口和文档窗口。它们都可任意移动和改变窗口的大小。(　　)

(4) Windows 7 工作的某一时刻，桌面上总有一个对象处于活动状态。(　　)

(5) Windows 7 是微软公司推出的图形化操作系统。(　　)

(6) 在文件夹下面还可以建立子文件夹。(　　)

(7) 用户可以为 Windows 7 用户界面中的任何对象(如文件、程序、文件夹等)创建快捷方式。(　　)

(8) 间隔选择多个文件或文件夹时，按住 Shift 键同时用鼠标单击每个要选择的文件或文件夹，这样就选定了多个文件或文件夹。(　　)

(9) 如果要取消所有已选择的文件或文件夹，只要在非文件名的空白区单击即可。(　　)

(10) 在 Windows 7 中，在任何位置用鼠标右击对象均可弹出快捷菜单，这些快捷菜单内容是相同的。(　　)

3. 简答题

(1) 什么叫操作系统？简述操作系统的主要功能。

(2) 在进行文件或文件夹操作之前，首先必须选择操作对象，分别简述选择单个、多个连续、多个不连续文件或文件夹时的操作步骤。

4. 操作题

(1) 将 D 盘进行磁盘整理。

(2) 进行一张 CD 刻录。

(3) 如何进行无线网络连接。

第6章　Word 2010的使用

Word 2010 是 Office 2010 组件中的一款文字处理软件。要制作出一份精美的文档，就要熟练掌握文档以及文本的基本操作方法，以及各种文字和段落的格式设置方法。

6.1　文档的基本操作

使用 Word 2010 可以进行文字编辑、图文混排、制作表格以及管理文档等多种操作，但前提是要掌握 Word 文档的各种基本操作方法，主要包括新建、保存、打开和关闭文档。

6.1.1　新建文档

文本的输入和编辑操作都是在文档中进行的，所以要进行各种文本操作必须新建一个 Word 文档。用户可以新建一个空白文档，也可以新建一个基于模板的文档。

1. 新建空白文档

新建空白文档主要有以下几种方法。

方法一：启动 Word 2010 应用程序，系统会自动创建一个新的标题为“文档 1”的空白文档，如图 6-1 所示。

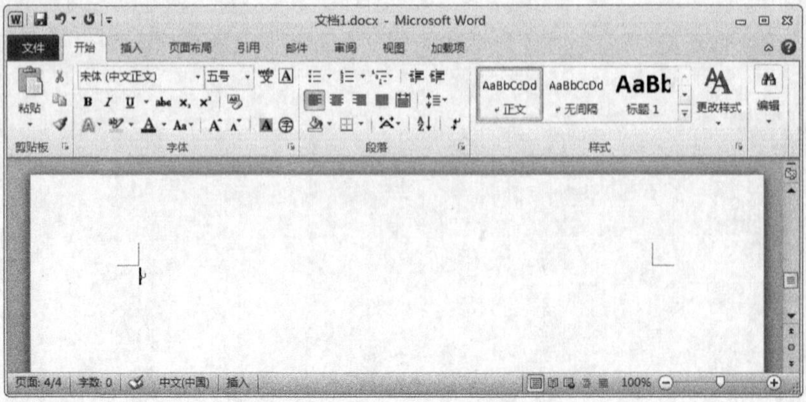

图 6-1　系统自动创建的空白文档

方法二：利用【文件】菜单新建空白文档，具体步骤如下。

步骤 1：单击【文件】按钮，然后在弹出的下拉菜单中选择【新建】选项，如图 6-2 所示。

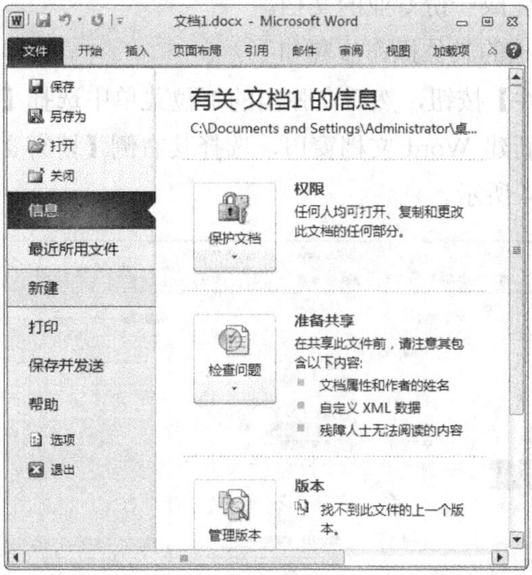

图 6-2　【新建】菜单项

步骤 2：随即弹出新建 Word 文档窗口，选择其右侧的【空白文档】选项，即可在预览框中查看到一个空白文档效果，从中选择【空白文档】选项，如图 6-3 所示。

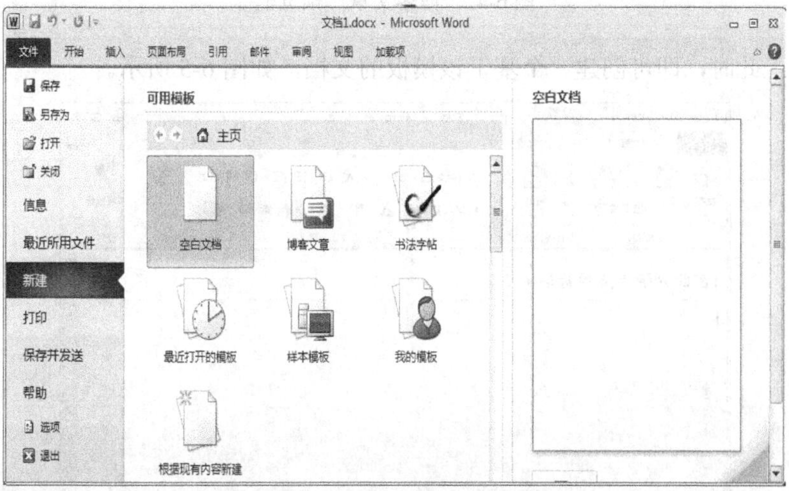

图 6-3　【空白文档】预览框

步骤 3：单击【创建】按钮，即可新建一个空白文档。

方法三：Ctrl+N 组合键。

方法四：在桌面上右击，从弹出的快捷菜单中选择【新建】|【Microsoft Word 文档】菜单项，即可新建一个空白文档。

2. 新建基于模板的文档

Word 2010 为用户提供了多种模板类型，利用这些模板，用户可以快速地创建各种专业的文档。利用模板创建的文档中可以含有系统默认的格式与样式，用户根据实际情况对其进行适当的修改即可完成一份专业的文档。

新建基于模板的文档的具体操作步骤如下。

步骤 1：单击【文件】按钮，然后在弹出的下拉菜单中选择【新建】菜单项。

步骤 2：随即弹出新建 Word 文档窗口，选择其右侧【博客文章】选项，即可在预览框中查看效果，如图 6-4 所示。

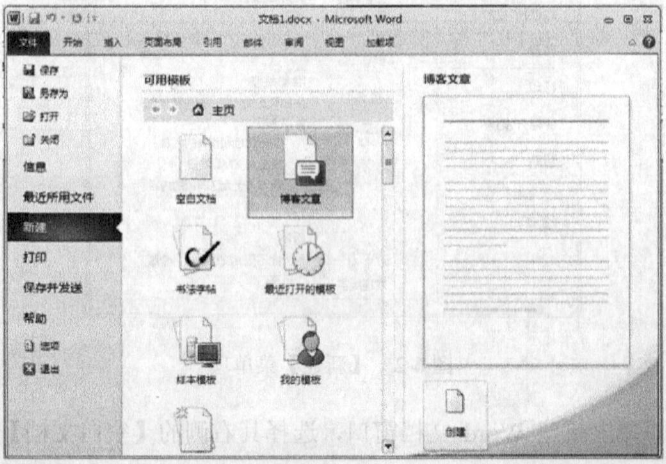

图 6-4 “博客文章”预览框

步骤 3：此时，即可创建一个基于该模板的文档，如图 6-5 所示。

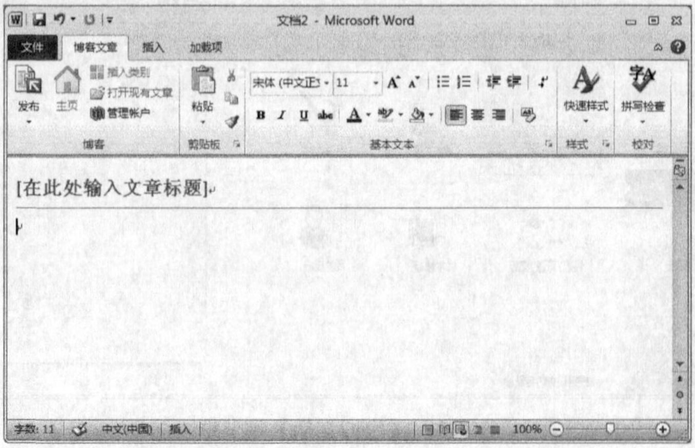

图 6-5 新建基于模板的文档

6.1.2 保存文档

新建文档后以及在编辑文档的过程中都应该及时对其进行保存，以防止因断电、死机或者系统自动关闭等情况而造成信息丢失。

1. 保存新建和已有的文档

新建一个 Word 文档以后，系统会自动将其命名为“文档 1”，用户可以对其进行重命名，以便于日后查找。

下面以将新建的文档保存为“演讲稿 1”为例，介绍保存新建文档的具体步骤，具体的操作步骤如下。

步骤 1：新建一个空白的 Word 文档，单击【文件】按钮，然后从弹出的下拉菜单中选择【保存】菜单项。

步骤 2：再次单击【文件】按钮，然后从弹出的下拉菜单中选择【另存为】菜单项，随即在弹出的【另存为】对话框中设置文档的保存位置和保存名称，在【文件名】下拉列表文本框中输入文档的保存名称“演讲稿 1”，在【保存类型】下拉列表中选择文档的保存类型，设置完毕后单击【保存】按钮即可将其保存。

对于已有的文档，用户在对其进行编辑的过程中也需要及时地进行保存，用户可以通过单击【文件】按钮，从弹出的下拉菜单中选择【保存】菜单项对其进行保存，也可以通过单击【快速访问工具栏】中的【保存】按钮或者按下 Ctrl+S 组合键进行保存。

2. 将文档另存

对于已经保存过的文档，为了防止文档的意外丢失，用户可以将其另行保存，相当于对文档进行备份。另外，如果用户在对文档进行了各种编辑操作之后，需要保持原文档的内容，也可以将编辑之后的文档保存为另一个文档。

对文档进行另行保存的具体操作步骤如下。

步骤 1：单击【文件】按钮，然后在弹出的下拉菜单中选择【另存为】菜单项。

步骤 2：随即打开【另存为】对话框，在此设置与当前文档不同的保存位置或者输入不同的文件名，然后单击【保存】按钮即可将此文档进行保存。

步骤 3：此时可以查看设置的效果。

在对文档进行另行保存时，一定要设置与原文档不同的保存位置或者不同的文件名，否则原文档就会被另存的文档覆盖。

3. 设置自动保存

用户在编辑文档的过程中还可以设置自动保存，这样系统会按照用户设定的时间间隔自动对文档进行保存，即对用户所编辑的文档进行临时备份，在遇到死机或者断电意外情况时即可对用户所做的编辑进行自动恢复。

为文档设置自动保存的具体操作步骤如下。

步骤 1：单击【文件】按钮，然后在弹出的下拉菜单中选择【选项】菜单项，如图 6-6 所示。

步骤 2：随即打开【Word 选项】对话框，在左侧的窗格中选择【保存】选项，然后在右侧的【保存文档】组合框中选中【保存自动恢复信息时间间隔】复选框，并在其右侧的微调框中输入自动保存的时间间隔，例如输入 10，然后单击【确定】按钮，如图 6-7 所示。

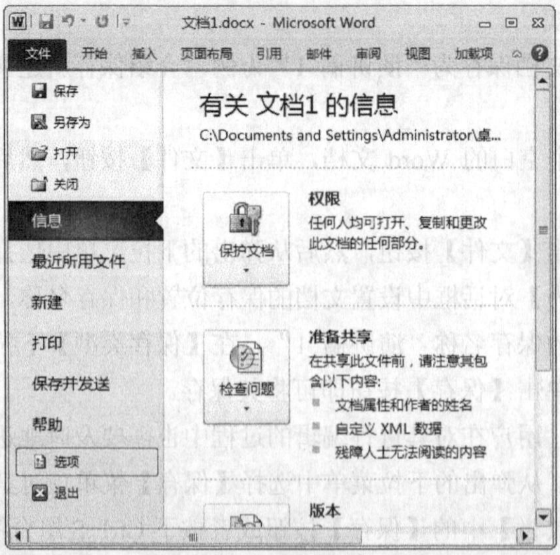

图 6-6　【选项】菜单项

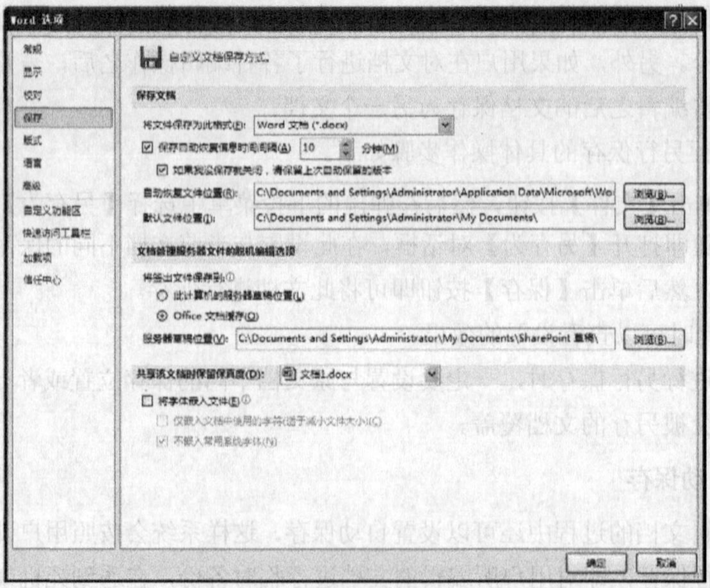

图 6-7　【Word 选项】对话框

步骤 3：此时即为文档设置了自动保存，用户在编辑文档的过程中，每隔 10 分钟系统就会自动对文档进行保存。

自动保存的时间间隔一般设置为 5~10 分钟较为适宜。

6.1.3　打开和关闭文档

如果用户需要对电脑中已有的文档进行编辑，首先需要将其打开，对其进行编辑操作之后，如果完成对该文档的操作，则可以将其关闭以减少所占用的系统空间。

1. 打开已有的文档

打开已有文档的具体步骤如下。

步骤 1：在文档窗口中单击【文件】按钮，然后在弹出的下拉菜单中选择【打开】菜单项或者按下 Ctrl+O 组合键。

步骤 2：随即打开【打开】对话框，在左侧的列表中选择所需文档的保存位置，在右侧的列表框中选中需要打开的文档，然后单击【打开】按钮即可将其打开。

此外也可单击【文件】按钮，在弹出的下拉菜单中选择【最近所用文件】菜单项，随即在右侧的界面中就列出了用户最近使用过的文档，单击某个需要打开的文档选项即可快速将其打开。

2. 关闭文档

完成对文档的各种编辑操作之后，如果确认已使用完毕该文档，则可以将其关闭以保证文档的安全。

用户可以通过单击标题栏右侧的【关闭】按钮，关闭当前的 Word 文档。也可以在文档窗口中单击【office】按钮，从弹出的下拉菜单中选择【关闭】菜单项或者按下 Alt+F4 组合键关闭当前文档。

在关闭 Word 文档时，如果用户没有对各种编辑操作进行保存，则执行关闭操作之后系统会自动打开一个提示对话框，询问用户是否对所作的编辑操作进行保存，此时单击【是】按钮即可对文档进行保存，同时关闭该文档；单击【否】按钮将直接关闭该文档，而不会对刚才所做的编辑进行保存；单击【取消】按钮将关闭此提示对话框并返回文档编辑区域，用户可以根据实际需要继续进行相应的操作。

6.2　文本的基本操作

输入与编辑文本是 Word 2010 的重要功能之一，文本的基本操作主要包括输入、选取、移动、复制、修改、删除以及查找和替换等。

6.2.1　输入文本

输入文本是编辑文档的首要步骤，在输入文本之前首先要定位插入点，然后才能在插入点处输入中文、英文、数字、时间和日期以及符号等文本内容。

新建一个空白文档之后，系统会自动将插入点定位在文档的最前面，此时即可直接在插入点之后输入文本内容。对于已有的文档，如果需要在文档中指定的位置输入文本内容，首先需要将鼠标指针移至目标位置，然后单击左键即可将插入点定位到该位置，此时即可输入文本内容。

1. 输入中文、英文和数字文本

在文档中输入中文、英文和数字文本时只需选择合适的输入法，然后在插入点所在的

位置直接输入文本内容即可。

在文档中输入文本内容的具体操作步骤如下。

步骤 1：打开文件，切换到中文输入状态，在插入点所在的位置输入“演讲稿”。

步骤 2：按下 Enter 键将插入点定位到下一行行首，切换到英文输入状态，在插入点所在的位置输入“Speech”，如图 6-8 所示。

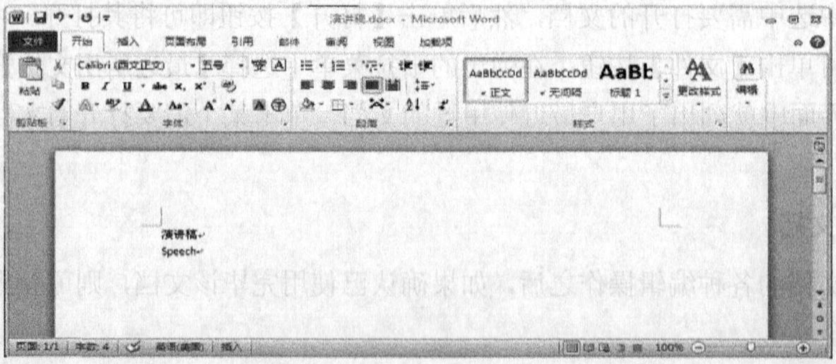

图 6-8　在文档中输入文本内容

步骤 3：将插入点移至下一行行首，输入演讲稿的正文文本，在需要输入数字的位置直接按下键盘上相应的数字键即可。

步骤 4：按照同样的方法输入演讲稿的其他文本内容。

2. 输入时间和日期文本

用户在编辑文档时往往需要在文档中输入当天的时间和日期，在不清楚当前时间和日期的情况下，可以使用插入时间和日期的方法输入。

在文档中输入时间和日期的具体操作步骤如下。

步骤 1：打开文件，将插入点定位到要插入时间和日期的位置，切换到【插入】选项卡，在【文本】组中单击【日期和时间】按钮，如图 6-9 所示。

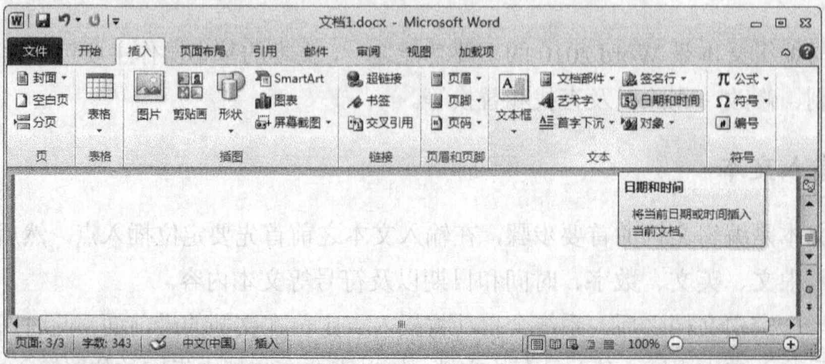

图 6-9　【日期和时间】按钮

步骤 2：随即打开【日期和时间】对话框，在【语言】下拉列表框中选择【中文(中国)】选项，在【可用格式】列表框中选择一种时间和日期格式，这里选择【7/12/2011】选项，然后单击【确定】按钮，如图 6-10 所示。

步骤 3：此时即可在插入点所在的位置插入所选格式的当前日期。

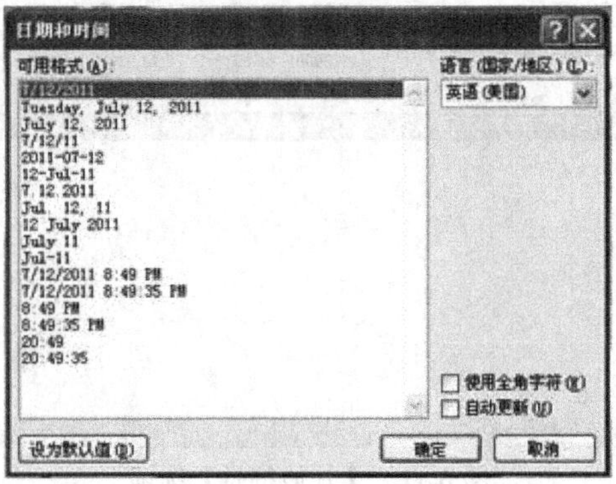

图 6-10　【日期和时间】对话框

3. 输入符号文本

在编辑文档的过程中往往需要输入一些标点符号或特殊符号，这些符号文本既可以使用软键盘输入，也可以使用对话框插入到文档中。

(1) 通过软键盘输入

中文输入法一般都有软键盘，单击此按钮，然后在弹出的软键盘上单击相应的符号按钮即可在文档中插入指定的符号文本。这里以搜狗拼音输入法为例介绍使用软键盘输入符号的具体操作步骤。

步骤 1：打开文件，切换到搜狗拼音输入法状态下，在该输入法的状态条上单击【软键盘】按钮，从弹出的快捷菜单中选择【软键盘】选项。

步骤 2：此时即可打开 PC 键盘，在该软键盘上单击相应的按钮即可。输入后再次单击【软键盘】按钮，即可关闭此键盘。

步骤 3：若选择输入的是特殊符号，将插入点定位到需要插入特殊符号的位置，切换到搜狗拼音输入法状态下，在该输入法的状态条上单击【软键盘】按钮，从弹出的快捷菜单中选择【特殊符号】选项。

步骤 4：随即打开【搜狗拼音输入法快捷输入】对话框，在左侧单击【特殊符号】按钮，在右侧的列表框中选择合适的特殊符号，单击此符号即可。

步骤 5：选择完毕，单击【搜狗拼音输入法快捷输入】对话框中的【关闭】按钮，即可关闭此对话框，返回文档中即可看到插入的特殊符号。

输入简单的标点符号和特殊符号时，用户可以通过按下键盘上相应的符号键来输入；输入双字符键上的上键符号时，则需要在按住 Shift 键的同时按下该双字符键来输入。

(2) 通过对话框输入

对于一些不能通过键盘输入的特殊符号以及汉字的偏旁部首等文本，则可以通过【插入特殊符号】或者【符号】对话框来插入，具体的操作步骤如下。

步骤 1：将刚刚插入的符号文本删除，然后切换到【插入】选项卡，在【符号】组中单击【符号】按钮，从弹出的下拉列表中选择【其他符号】选项，如图 6-11 所示。

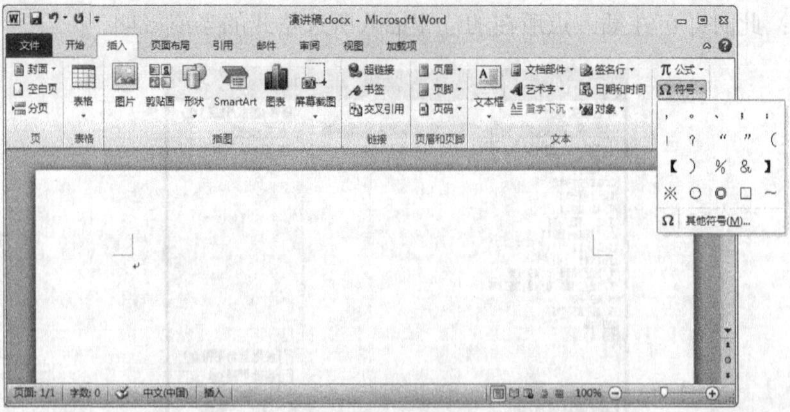

图 6-11　【其他符号】选项

步骤 2：随即打开【符号】对话框，在【符号】选项卡中的【字体】下拉列表框中选择合适的选项，这里选择【Wingdings】选项，然后在其下方的列表框中选择要插入的符号，例如选中【☎】选项，然后单击插入按钮，如图 6-12 所示。

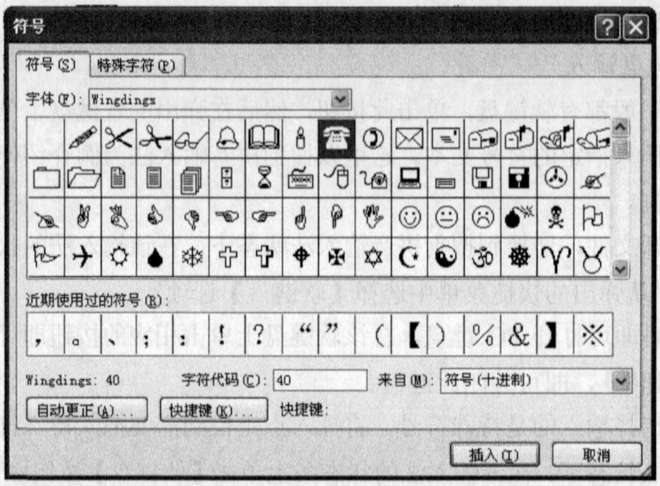

图 6-12　【符号】对话框

步骤 3：选择完毕单击【关闭】按钮，此时即可将所选的符号插入到文档中指定的位置。

6.2.2　选取文本

选取文本是对文本进行各种编辑操作的前提，用户可以使用鼠标选取文本，也可以使用键盘选取文本，被选取的文本将呈反白状态显示。

1. 使用鼠标选取

使用鼠标选取文本是最常用的选取文本的方法，使用鼠标可以选取单个字符、行、段以及整篇文档。

(1) 选取字符或者词组

使用拖拽鼠标的方法可以选取单个的字符或者词组。

将插入点定位到要选择文档的起始位置，按住鼠标左键向右拖拽一个字符或词组的距离后释放鼠标，即可选中一个字符或一个词组。

如果要同时选取多个字符或者词组，则可以在选取第一个字符或者词组之后按住 Ctrl 键，继续选取其他字符或词组，将所需的文本全部选中之后释放 Ctrl 键即可。

(2) 选取行文本

选取行文本时可以使用鼠标拖拽的方法，也可以将鼠标指针移至需要选取的某一行左侧的空白区域，当鼠标指针变为向右上方倾斜的箭头时左击选取该行文本内容。

如果要选取多行连续的文本内容，则可以在选取第一行文本内容后按住 Shift 键，继续选取所需要的最后一行文本，然后释放 Shift 键即可。

如果要选取多行不连续的文本内容，则可以在选取第一行文本内容后按住 Ctrl 键，继续选取其他的行文本，将所需要的行文本全部选中之后释放 Ctrl 键即可。

(3) 选取段文本

选取段文本时可以使用鼠标拖拽的方法，也可以将鼠标指针移至需要选取的某一段文本左侧的空白区域，当鼠标指针变为向右上方倾斜的箭头时双击鼠标左键选取该段的文本内容。

如果要选取多段不连续的文本内容，则可以在选取第一段文本内容后按住 Ctrl 键，继续选取其他段的文本，将所需要的段文本全部选中之后释放 Ctrl 键即可。

(4) 选取整篇文档

用户可以使用鼠标选取整篇文档。将鼠标指针移至文档左侧的空白区域，当鼠标指针变为向右上方倾斜的箭头时连续 3 次快速单击即可选取整篇文档。

用户也可以通过功能区选取整篇文档。切换到【开始】选项卡，单击【编辑】按钮，展开【编辑】组，单击【选择】按钮，从弹出的下拉列表中选择【全选】选项，此时即可选取整篇文档。

2. 使用键盘选取

用户可以通过按下键盘上相应的组合键来选取文本。在使用键盘选取文本时首先要将插入点定位到需要选取的文本的起始位置，然后按下相关的组合键进行选取。

使用键盘选取文本时，按下各个组合键所能选取的文本范围如下表 6-1 所示。

表 6-1　组合键所能选取的文本范围

组 合 键	选 取 范 围
Shift+←	选取插入点左侧的一个字符
Shift+→	选取插入点右侧的一个字符
Shift+↑	选取插入点至上一行同一位置之间的所有文本内容
Shift+↓	选取插入点至下一行同一位置之间的所有文本内容
Ctrl+Shift+↑	选取插入点至所在段落段首之间的文本内容

(续表)

组 合 键	选 取 范 围
Ctrl+Shift+↓	选取插入点至所在段落段尾之间的文本内容
Shift+Home	选取插入点至所在行行首之间的文本内容
Shift+End	选取插入点至所在行行尾之间的文本内容
Ctrl+Shift+Home	选取插入点至当前文档开始处之间的文本内容
Ctrl+Shift+End	选取插入点至当前文档结尾处之间的文本内容
Ctrl+A	选取整个文档
Shift+Page Up	选中光标所在页的文本延伸至上一屏
Shift+Page Down	选中光标所在页的文本延伸至下一屏

6.2.3 编辑文本

选中所需的文本之后即可对其进行各种编辑操作。移动、复制、修改、删除、查找和替换文本是最基本的文本编辑操作，熟练掌握这些操作可以极大地缩短文档编辑的时间，提高工作效率。

1. 移动和复制文本

移动文本是指将文本从当前的位置移至其他的位置，复制文本是指将文本复制到当前文档的其他位置或者其他文档中。剪贴板是移动和复制文本的一个载体，用户需要首先将移动和复制的文本放置到剪贴板上，然后再将其粘贴到指定的位置。

移动和复制文本的具体操作步骤如下。

步骤 1：打开本实例的原始文件，选中需要移动的文本，在【开始】选项卡的【剪贴板】组中单击【剪切】按钮或者按下 Ctrl+X 组合键。

步骤 2：将插入点定位到需要插入文本的位置，然后在【开始】选项卡的【剪贴板】组中单击【粘贴】按钮的上半部分按钮，或者按下 Ctrl+V 组合键。

步骤 3：此时即可将剪切的文本粘贴到指定的位置。接下来复制文本，选中需要复制的文本，在【开始】选项卡的【剪贴板】组中单击【复制】按钮或者按下 Ctrl+C 组合键。

步骤 4：将插入点定位到需要插入文本的位置右击，从弹出的快捷菜单中选择【粘贴】命令。

步骤 5：此时即可将所复制的文本粘贴到指定的位置。

2. 删除和修改文本

在文档中可以直接删除输入的多余文本。如果输入了错误的文本，可以将错误的文本删除后再输入正确的文本，也可以将其选中修改为正确的文本。

修改文本的具体操作步骤如下。

步骤 1：打开文件，选中需要修改的文本。

步骤 2：在选中的文本上直接输入新的文本内容，即可完成对文本的修改。

删除文本的具体操作步骤如下。

步骤 1：打开文件，选中需要删除的文本。

步骤 2：按下 Backspace 键或者 Delete 键，此时即可将选中的文本删除。

Word 文档包括插入和改写两种编辑状态，默认情况下文档处于插入状态。在状态栏中单击【插入】按钮，此时该按钮变成【改写】按钮，文档处于改写状态，将插入点定位到需要修改的文本内容的前面，然后输入正确的内容即可对错误的文本进行修改，修改完毕在状态栏中单击【改写】按钮即可将文档恢复到插入状态。但要注意如果要替换的文本不是在文末或段末的话，正确的内容与错误的内容必须字数相同。

3. 查找和替换文本

Word 2010 具有查找和替换的功能，使用查找功能可以快速定位到文档中指定的文本位置，使用替换功能可以快速对文档中多次出现的需要替换的文本进行更换。使用 Word 的查找和替换功能可以节省大量工作时间，提高工作效率。

查找文本的具体操作步骤如下。

步骤 1：打开文件，在【开始】选项卡中单击【编辑】按钮，展开【编辑】组，在该组中单击【查找】按钮右侧的下箭头按钮，从弹出的下拉列表中选择【查找】选项或者按下 Ctrl+F 组合键。

步骤 2：随即弹出【导航】任务窗格，在查找文本框中输入要查找的内容，此时系统会自动查找符合条件的汉字。只要一直按【查找下一处】按钮即可逐个查看查找结果，如图 6-13 所示。

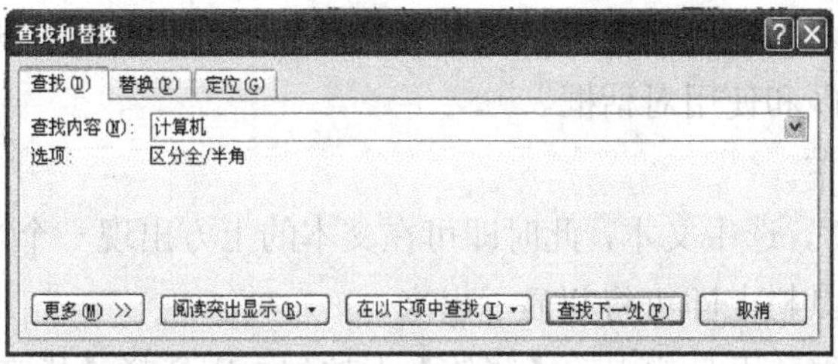

图 6-13　查找文本

替换文本的具体操作步骤如下。

步骤 1：例如要将文档中的“计算机”替换为 computer。将光标定位至文档开始处，切换到【开始】选项卡，单击【编辑】按钮，然后从展开的【编辑】选项组中单击【替换】按钮。

步骤 2：随即打开【查找和替换】对话框，切换到【替换】选项卡，在【查找内容】文本框中输入需要替换的文本，这里输入“计算机”，在【替换为】下拉列表框中输入正确的文本，这里输入 computer，如图 6-14 所示。

步骤 3：输入完毕单击【全部替换】按钮，打开 Microsoft Word 对话框，提示用户已经完成替换。

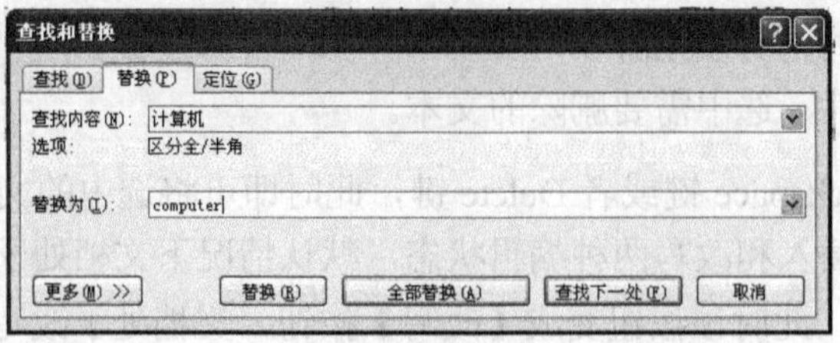

图 6-14　替换文本

步骤 4：单击【确定】按钮。返回【查找和替换】对话框，单击【关闭】按钮，返回 Word 文档中，可以查看替换结果。

6.3　设置字体与段落格式

对文档的字体和段落格式进行适当的设置不仅可以使文档层次分明、重点突出，而且可以增强文档的视觉效果，使文档更加美观大方。

6.3.1　设置字体格式

字体格式设置主要包括设置字体、字号、字体颜色以及字符间距等，这些设置既可以在 Word 2010 独有的浮动工具栏中完成，也可以在功能区和对话框中完成。

1. 设置字体、字号和字体颜色

在 Word 2010 中，用户可以使用 3 种方式设置字体、字号和字体颜色，分别是使用浮动工具栏、使用功能区和使用对话框。

具体操作步骤如下。

步骤 1：打开文件，选中文本，此时即可在文本的上方出现一个半透明的浮动工具栏，将鼠标指针移至该工具栏上即可将其显示出来。

步骤 2：然后在浮动工具栏中的【字体】下拉列表中选择【华文新魏】选项，此时即可看到设置效果，如图 6-15 所示。

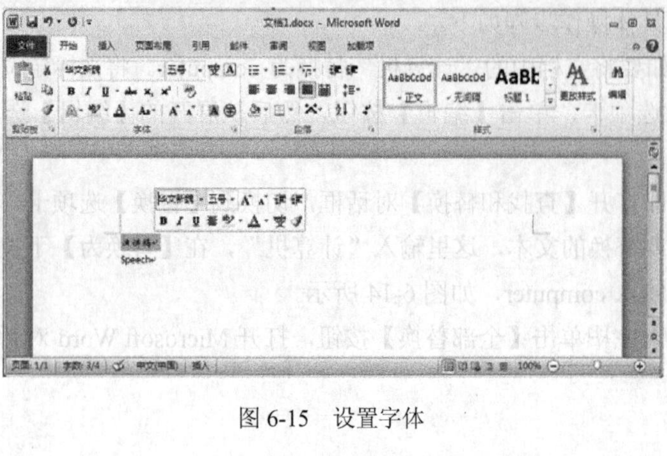

图 6-15　设置字体

步骤 3：单击标题文本之外的任意位置即可退出浮动工具栏，再次选中标题文本，切换到【开始】选项卡，在【字体】选项组中的【字号】下拉列表中选择【小一】选项，此时即可通过 Word 2010 的实时预览功能查看设置效果。

步骤 4：选中标题文本，在【字体】选项组中单击【对话框启动器】按钮，打开【字体】对话框，切换到【字体】选项卡，在【所有文字】组合框中的【字体颜色】下拉列表中选择【绿色】选项，然后单击【确定】按钮，如图 6-16 所示。

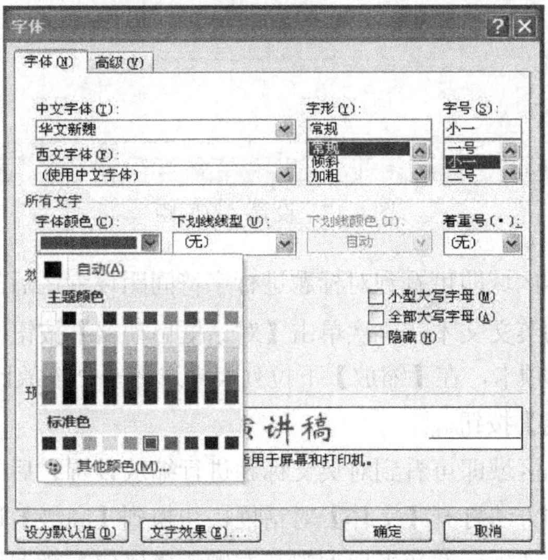

图 6-16　【字体】对话框中的【字体】选项卡

步骤 5：返回文档区域即可查看设置效果。

用户还可以使用右键快捷菜单设置字体格式。选中需要设置字体格式的文本，在该文本上单击鼠标右键，从弹出的快捷菜单中选择【字体】命令，打开【字体】对话框，在其中设置字体、字号和字体颜色即可。

2. 设置字符间距、字符缩放和位置

用户可以根据实际需要适当地设置字符间距、字符缩放和位置。

字符间距主要是指文档中字符之间的距离，主要分为标准、加宽和缩进 3 种类型；字符缩放主要是指字符的文本缩放比例，系统将其默认设置为 100%；字符的位置是指字符的水平位置，主要分为标准、提升和降低 3 种类型。

设置字符间距、缩放、位置和文字效果的具体步骤如下。

步骤 1:首先设置字符间距。打开文件，选中文本，在【开始】选项卡的【字体】选项组中单击【对话框启动器】按钮，如图 6-17 所示。

步骤 2：随即打开【字体】对话框，切换到【高级】选项卡，在【间距】下拉列表中选择【加宽】选项，通过调整【磅值】微调框中的数值来设置加宽的磅值，这里将其设置为【5 磅】，在下方的【预览】组合框中可以查看设置的效果，设置完毕单击【确定】按钮。

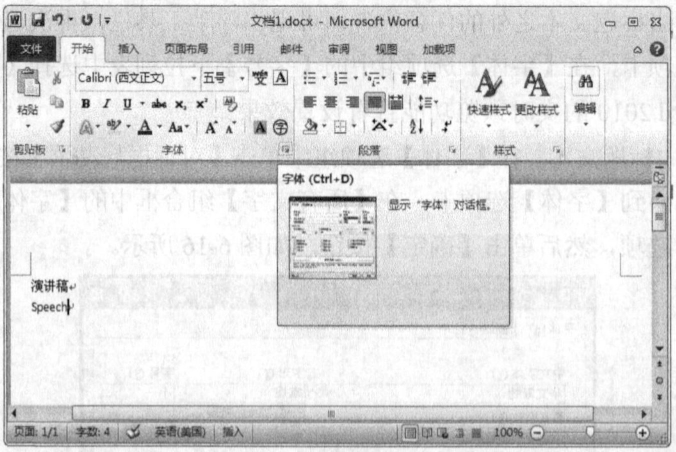

图 6-17　设置字符间距

步骤 3：返回文本区域即可看到对标题进行字符间距设置之后的效果。接着设置字符缩放。选中标题下方的英文文本，再次单击【对话框启动器】按钮，打开【字体】对话框，切换到【高级】选项卡，在【缩放】下拉列表中选择一个缩放比例，这里选择【90%】选项，然后单击【确定】按钮。

步骤 4：返回文档区域即可看到对英文标题进行缩放设置之后的效果。选中文本“大家好！”，按照同样的方法打开【字体】对话框，切换到【高级】选项卡，在【位置】下拉列表中选择【提升】选项，并适当地调整其右侧的【磅值】微调框中的数值，这里将其设置为【10 磅】，然后单击【确定】按钮，如图 6-18 所示。

步骤 5：返回文档区域即可看到将选中文本的位置设置为提升之后的效果。

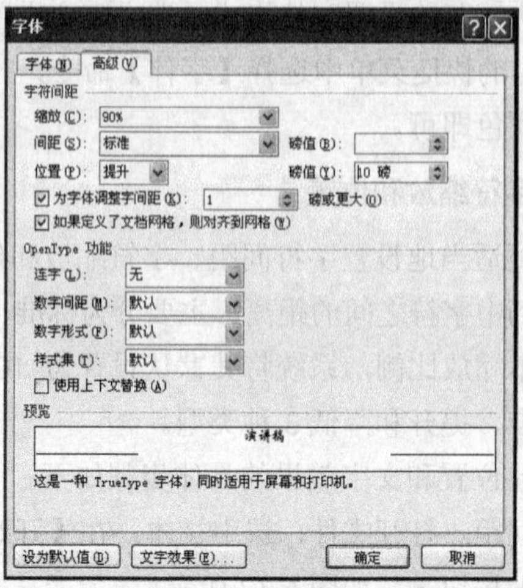

图 6-18　【字体】对话框中的【高级】选项卡

6.3.2　设置段落格式

除了设置文档的字体格式之外，用户还可以设置段落格式，以使文档的层次更加鲜明，重点更加突出。文档的段落格式设置主要包括设置段落的对齐方式、缩进方式和间距等。

段落格式的设置同样可以使用浮动工具栏、功能区和对话框 3 种方式来完成。

在 Word 2010 中系统提供了 5 种段落对齐方式，分别是左对齐、居中、右对齐、两端对齐和分散对齐，用户可以根据实际需要选择合适的段落对齐方式。

设置段落格式的具体操作步骤如下。

步骤 1：打开文件，选中文本，此时即可在其上方显示出呈半透明状态的浮动工具栏，将鼠标指针移至该工具栏上，在该工具栏中单击【居中】按钮。此时即可将文本设置为居中显示。

步骤 2：若想将段落居右显示，可在【开始】选项卡的【段落】组中单击【文本右对齐】按钮。

6.4　页面设置

在制作特殊版式的文档时，用户可以首先对文档进行页面设置，以使文档的页面符合所编辑内容的需要。页面设置主要包括设置页边距、纸张和页面背景等。

6.4.1　设置页边距

页边距主要是指文档的文本区到纸张边界的距离，用户可以使用系统提供的页边距样式，也可以自定义设置页边距。

设置页边距的具体操作步骤如下。

步骤 1：新建一个 Word 文档。

步骤 2：切换到【页面布局】选项卡，在【页面设置】选项组中单击【页边距】按钮，在弹出的下拉列表中列出了系统提供的 5 种页边距样式以及用户上次自定义设置的页边距样式，选择【适中】选项，如图 6-19 所示。

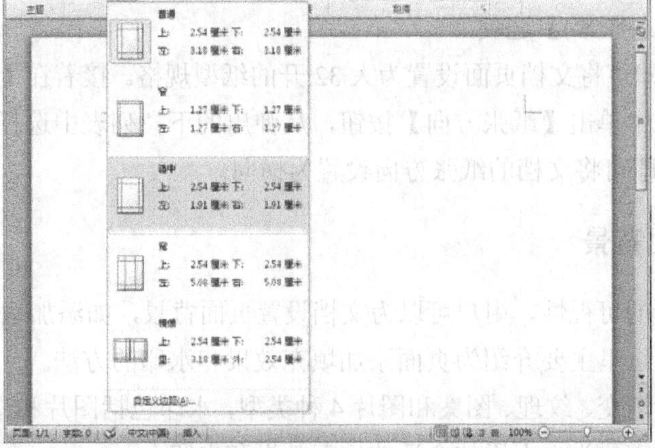

图 6-19　设置页边距

步骤 3：此时即可查看套用所选页边距样式之后的文档效果。

在【页面布局】选项卡的【页面设置】选项组中单击【页边距】按钮，从弹出的下拉列表中选择【自定义边距】选项，或者在【页面设置】组中单击【对话框启动器】按钮均可打开【页面设置】对话框，切换到【页边距】选项卡，在【页边距】组合框中可以自定义设置页边距，如图 6-20 所示。

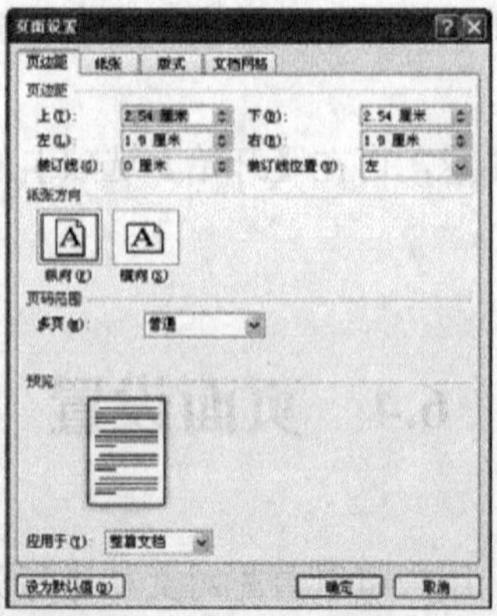

图 6-20　【页面设置】对话框

在【页面设置】对话框的【页边距】选项卡的【页边距】组合框中可以设置文本的上、下、内侧以及外侧与纸张边界之间的距离，还可以设置装订线的位置和与纸张边界的距离。

6.4.2　设置纸张

纸张的设置主要是指纸张的大小设置，系统默认的纸张大小为 A4，纸张方向为纵向，用户可以根据实际需要将页面设置为其他的纸型规格。

纸张大小即纸型规格，主要包括 A4、A5、B5 和 16 开等多种规格；纸张方向即纸型的摆放方式，包括纵向和横向两种方式。

下面以本小节的原始文件为例介绍设置纸张的具体操作步骤。

步骤 1：打开本小节的原始文件，切换到【页面布局】选项卡，在【页面设置】组中单击【纸张大小】按钮，在弹出的下拉列表中列出了系统提供的多种纸型规格，从中选择【大 32 开(14×20.3 厘米)】选项。

步骤 2：此时即可将文档页面设置为大 32 开的纸型规格。接着在【页面布局】选项卡的【页面设置】组中单击【纸张方向】按钮，从弹出的下拉列表中选择【横向】选项。

步骤 3：此时即可将文档的纸张方向设置为横向。

6.4.3　设置页面背景

为了增强文档的可视性，用户可以为文档设置页面背景，如添加边框和底纹、添加填充效果和水印等。这里主要介绍为页面添加填充效果和水印的方法。

填充效果包括渐变、纹理、图案和图片 4 种类型，水印包括图片和文字水印两种类型，用户可以根据实际需要为页面添加合适的填充效果和水印。

为页面添加填充效果的具体操作步骤如下。

步骤 1：打开文件，切换到【页面布局】选项卡，在【页面背景】组中单击【页面颜色】按钮，从弹出的下拉列表中选择【填充效果】选项，如图 6-21 所示。随即打开【填充效果】对话框。【填充效果】对话框中除了【渐变】选项卡，还包括【纹理】、【图案】和【图片】3 个选项卡，切换到不同的选项卡即可在该选项卡中为页面设置不同的填充效果。

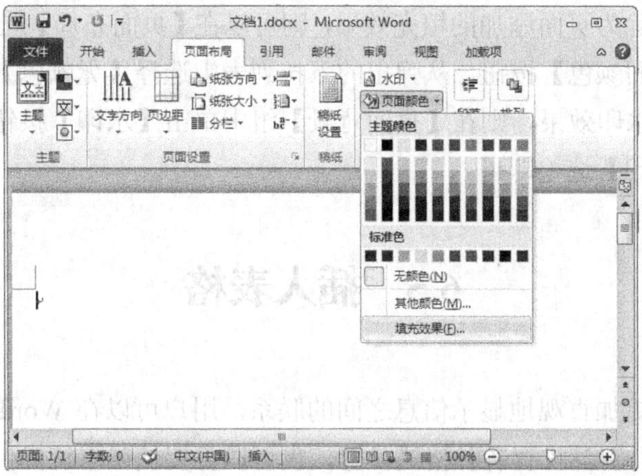

图 6-21　【填充效果】选项

步骤 2：切换到【图片】选项卡，单击【选择图片】按钮，如图 6-22 所示。

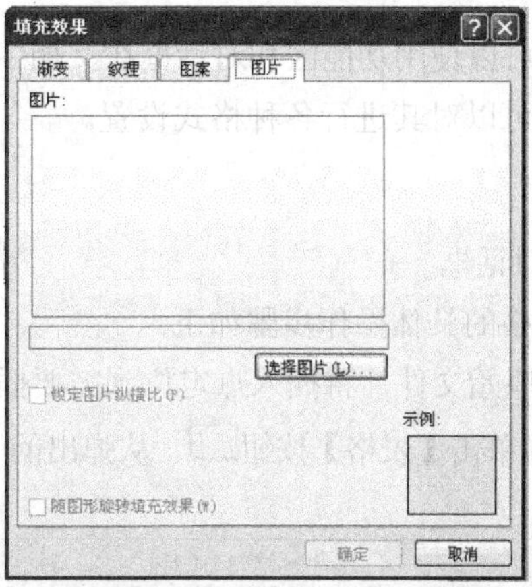

图 6-22　【填充效果】对话框

步骤 3：打开【选择图片】对话框，在左侧的列表框中选择所需图片的保存位置，在右侧的列表框中选中所需的图片，然后单击【插入】按钮。

步骤 4：返回【填充效果】对话框，即可在【图片】组合框中看到所选的图片，然后单击【确定】按钮。

步骤 5：返回文档即可查看设置后的效果。

步骤 6：切换到【插入】选项卡，在【插图】组中单击【图片】按钮，随即打开【插入图片】对话框，在左侧的列表框中选择所需图片的保存位置，在右侧的列表框中选中所需的图片，然后单击【插入】按钮。

步骤 7：返回文档中即可看到插入的图片。选中插入的图片，切换到【格式】选项卡，在【排列】选项组中单击【自动换行】按钮，从弹出的下拉列表中选择【浮于文字上方】选项。

步骤 8：返回文档中即可查看设置效果，此时将在该图片四周出现 8 个控制点，拖拽控制点适当地调整其大小和位置。

如果用户要删除为页面添加的填充效果，则可以在【页面布局】选项卡的【页面背景】选项组中单击【页面颜色】按钮，从弹出的下拉列表中选择【无颜色】选项即可。如果要删除为页面添加的水印效果，则在【页面背景】组中单击【水印】按钮，从弹出的下拉列表中选择【删除水印】选项即可。

6.5　插入表格

使用表格可以更加直观地显示信息之间的联系，用户可以在 Word 文档中插入指定行数与列数的表格，并对其进行各种格式设置，也可以直接使用系统提供的表格外观样式对插入的表格进行美化。

6.5.1　插入并设置表格

在 Word 2010 中，用户可以使用功能区和对话框在文档中插入表格，也可以手动绘制表格，表格创建完成之后还可以对其进行各种格式设置。

1. 插入表格

(1) 使用【插入表格】对话框

在文档中插入并设置表格的具体操作步骤如下。

步骤 1：打开本实例的原始文件，将插入点定位到需要插入表格的位置，切换到【插入】选项卡，在【表格】组中单击【表格】按钮，从弹出的下拉列表中选择【插入表格】选项，如图 6-23 所示。

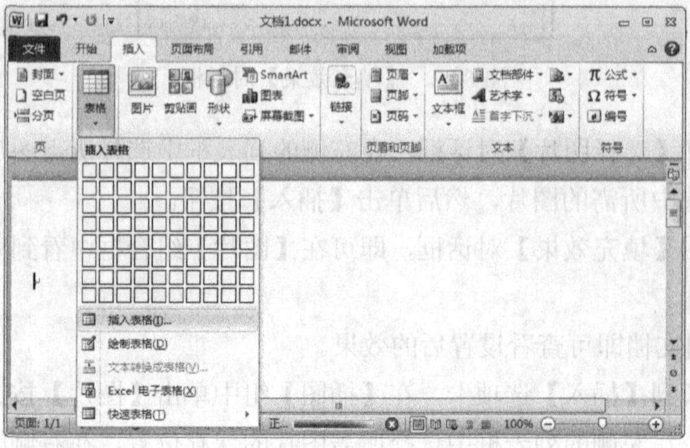

图 6-23　插入表格

步骤 2：随即打开【插入表格】对话框，分别在【表格尺寸】组合框中的【列数】和【行数】微调框中选择合适的表格列数和行数，这里将列数和行数都设置为 7，并在【“自动调整”操作】组合框中选择合适的自动调整方式，这里选中【固定列宽】单选钮，然后单击【确定】按钮，如图 6-24 所示。

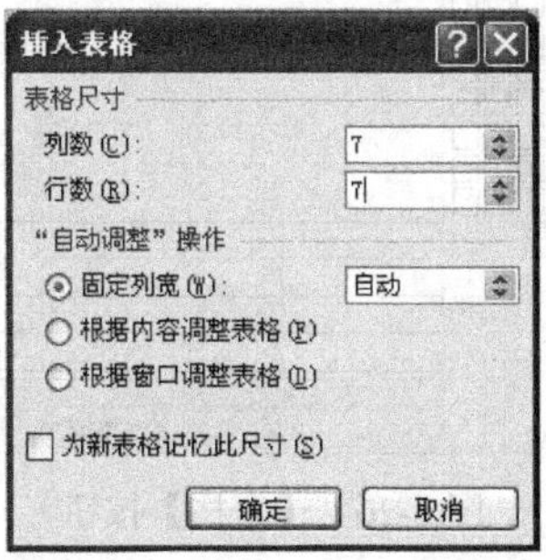

图 6-24　【插入表格】对话框

步骤 3：此时即可插入一个 7 行 7 列的表格，在所插入的表格中输入相应的文本内容即可，如图 6-25 所示。

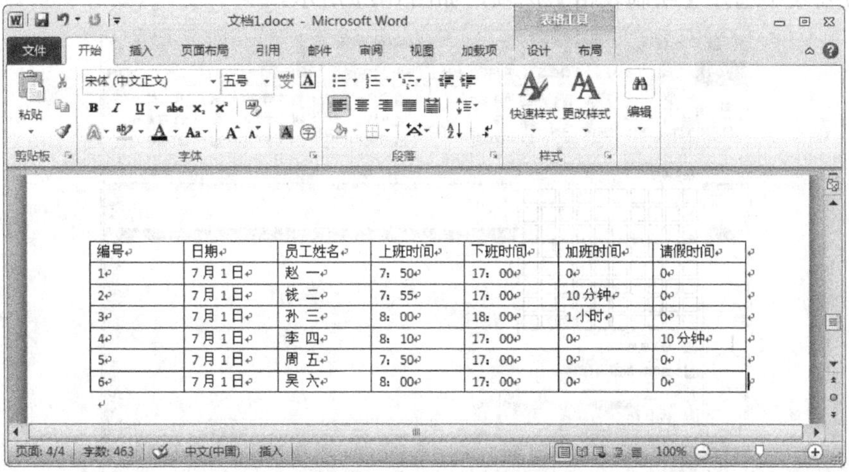

图 6-25　在插入的表格中输入内容

(2) 使用功能区

使用功能区可以快速地在文档中插入指定行数和列数的表格。

将插入点定位到需要插入表格的位置，切换到【插入】选项卡，在【表格】选项组中单击【表格】按钮，从弹出的下拉列表中选择行数和列数，这里选择【4×4 表格】。即要在文档中插入一个 4 行 4 列的表格，则在该下拉列表框中将鼠标指针移至所需的行数和列数时单击，就可以在文档中插入所选行数和列数的表格，如图 6-26 所示。

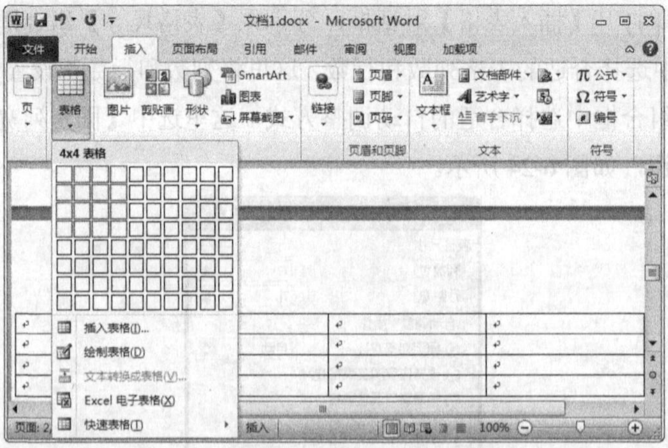

图 6-26　【表格】按钮

(3) 手动绘制

手动绘制表格的好处是可以在文档的任意位置绘制出任意行数和列数的表格。

在文档中切换到【插入】选项卡，在【表格】选项组中单击【表格】按钮，从弹出的下拉列表中选择【绘制表格】选项，如图 6-27 所示。

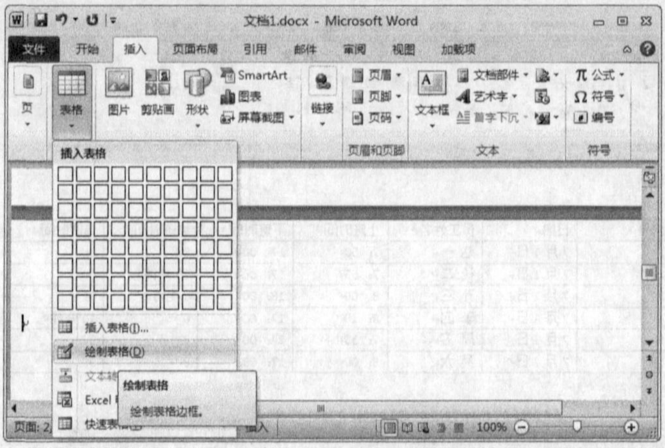

图 6-27　手动绘制表格

在文档的合适位置处按住鼠标左键，先拖拽出合适的行数和列数，再将整个表格拖拽到合适位置处释放鼠标即可绘制表格。

退出绘制表格状态时，切换到【插入】选项卡，在【表格】选项组中单击【表格】按钮，从弹出的下拉列表中选择【确定】选项即可退出。

2. 设置表格属性

设置表格属性的操作主要包括设置表格中文本的字体格式、插入或者删除行或列、调整行高和列宽以及调整表格的对齐方式等。

设置表格属性的各种具体操作步骤如下。

步骤 1：设置字体格式。打开本实例的原始文件，选中表格第 1 行单元格中的内容，将其字体设置为【微软雅黑】，字号设置为【四号】。

步骤 2：选中表格第 2 行至第 7 行单元格中的内容，将其字体设置为【华文中宋】，如图 6-28 所示。

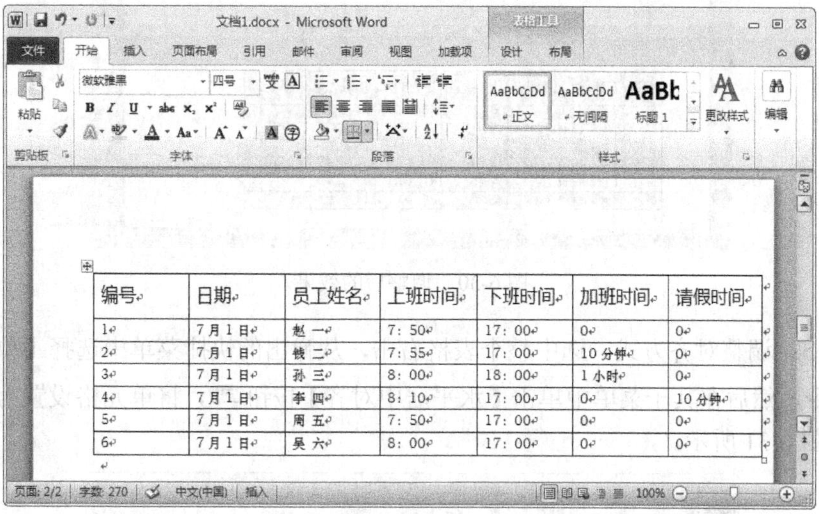

图 6-28　设置字体格式

步骤 3：调整行高和列宽。单击表格左上角的⊞图标，选中整个表格，然后在选中的表格上右击，从弹出的快捷菜单中选择【自动调整】|【根据内容调整表格】命令，如图 6-29 所示。

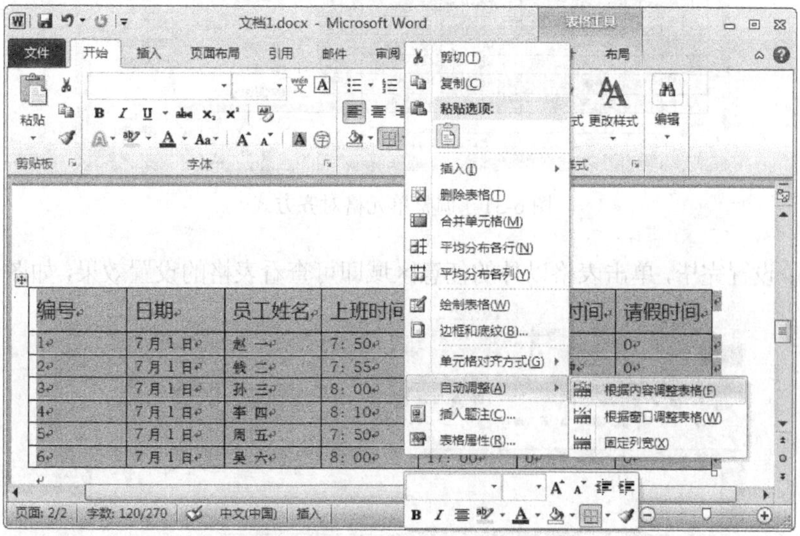

图 6-29　调整表格行高和列宽

步骤 4：此时系统即可自动根据表格中的内容调整表格的行高和列宽，如图 6-30 所示。

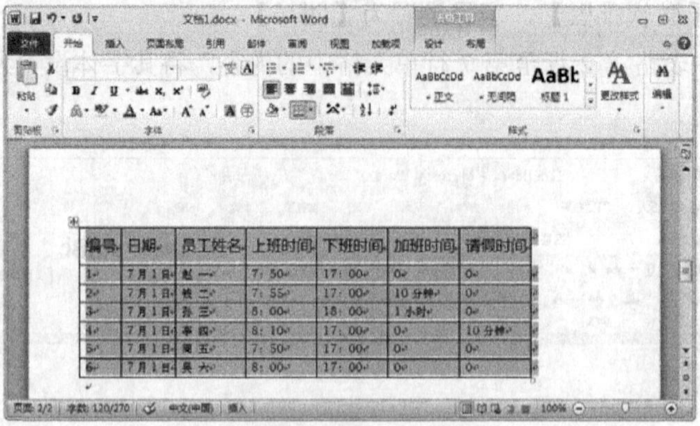

图 6-30　调整后的效果

步骤 5：调整对齐方式。选中整个表格右击，从弹出的快捷菜单中选择【单元格对齐方式】命令，然后在其子菜单中单击【水平居中对齐】按钮，将单元格设置为水平居中对齐。如图 6-31 所示。

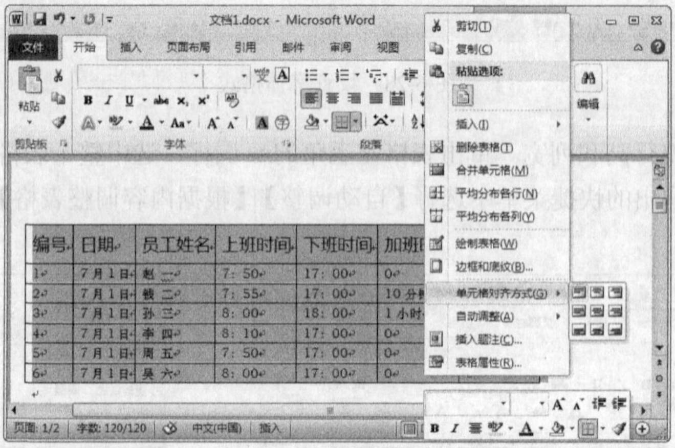

图 6-31　调整单元格对齐方式

步骤 6：设置完毕，单击表格以外的任意区域即可查看表格的设置效果，如图 6-32 所示。

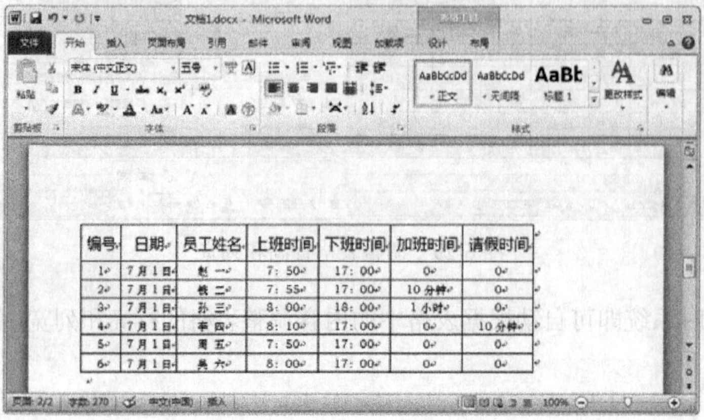

图 6-32　设置完毕后的效果

将插入点定位到表格中的某个单元格中，切换到【布局】选项卡，在【行和列】组中单击【在上方插入】按钮即可在该单元格所在行的上方插入一行表格，单击【在下方插入】按钮即可在该单元格所在行的下方插入一行表格。在该组中单击【删除】按钮，在弹出的下拉列表中可以选择需要删除的对象，如图 6-33 所示。

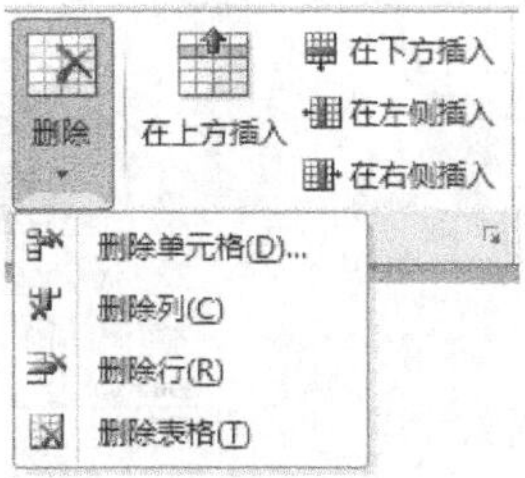

图 6-33　【删除】按钮

在表格中选中需要合并的单元格，在【布局】选项卡的【合并】选项组中单击【合并单元格】按钮即可将其合并为一个单元格，选中合并之后的单元格，在该组中单击【拆分单元格】按钮，打开【拆分单元格】对话框，在此可以设置拆分之后的单元格的行数和列数。

6.5.2　美化表格

用户可以为表格设置边框和底纹，也可以使用系统提供的多种表格格式对所插入的表格进行美化，使其更加美观。

美化表格的具体步骤如下。

步骤 1：打开本小节的原始文件，单击表格左上角的图标选中整个表格，切换到【设计】选项卡，在【表样式】选项组中单击【边框】按钮右侧的下箭头按钮，从弹出的下拉列表中选择【边框和底纹】选项。

步骤 2：随即打开【边框和底纹】对话框，在【边框】选项卡的【设置】选项组中选择【全部】选项，在【样式】下拉列表中选择一种边框样式，在【颜色】下拉列表中选择【绿色】选项，在【宽度】下拉列表中选择【1.0 磅】选项，其他选项保持默认设置不变，如图 6-34 所示。

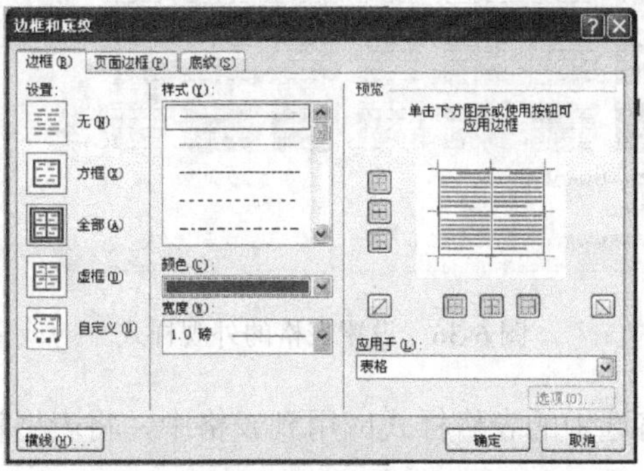

图 6-34　设置边框

步骤 3：切换到【底纹】选项卡，在【填充】组合框中的下拉列表中选择【橙色，强调文字颜色 6，淡色 80%】选项，其他选项保持默认设置，然后单击【确定】按钮。如图 6-35 所示。

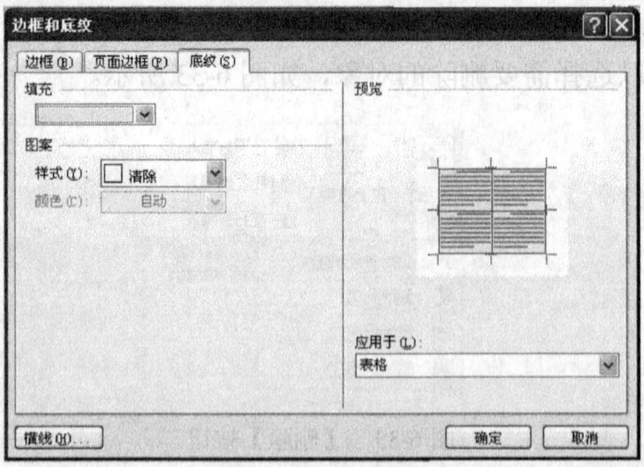

图 6-35　设置底纹

步骤 4：返回文档区域即可看到为表格设置边框和底纹之后的效果。接着设置表格的外观样式，在【设计】选项卡的【表样式】组中单击【其他】按钮，展开表格外观样式下拉库，从中任选一种外观样式，这里选择【浅色网格-强调文字颜色 2】选项，如图 6-36 所示。

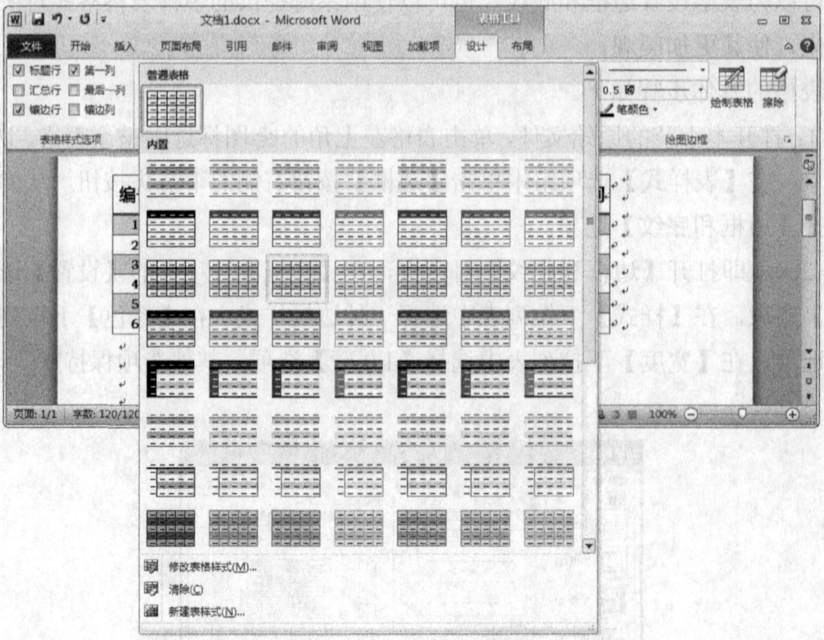

图 6-36　设置表格的外观样式

步骤 5：此时即可将选中的表格样式应用到表格中，将表格设置为居中显示，效果如图 6-37 所示。

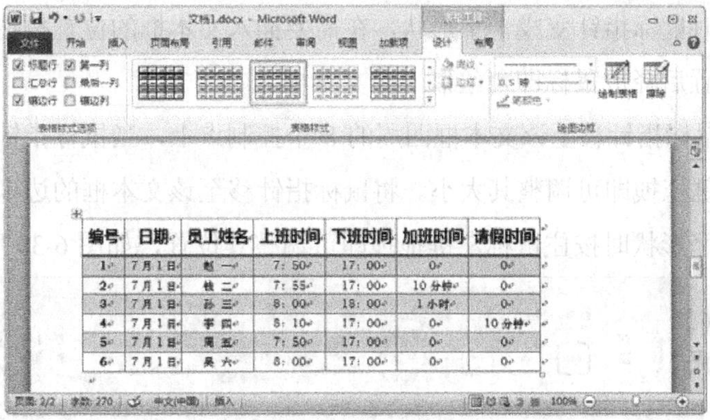

图 6-37　显示效果

6.6　插入文本框和艺术字

用户可以使用 Word 2010 的文本框功能在图片上显示文字，也可以使用艺术字功能插入具有特殊视觉效果的文字，并对所插入的文本框和艺术字进行各种格式设置。

6.6.1　插入并设置文本框

用户可以在文档中插入系统内置样式的文本框，也可以根据实际需要手动绘制横排或者竖排的文本框，并对其进行外观样式设置。

在文档中插入并设置文本框格式的具体操作步骤如下。

步骤 1：打开本小节的原始文件，切换到【插入】选项卡，在【文本】选项组中单击【文本框】按钮，在弹出的下拉列表中列出了系统内置的文本框样式，用户可以从中任选一种，如图 6-38 所示。也可以手动进行绘制，这里选择【绘制文本框】选项。

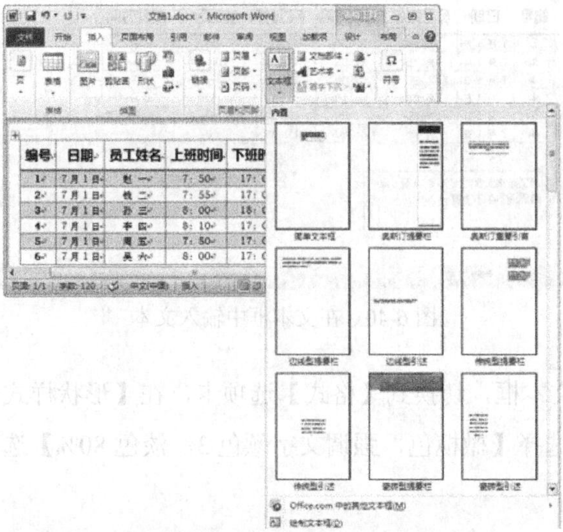

图 6-38　【绘制文本框】选项

步骤 2：此时鼠标指针变成十字形状，在需要插入文本框的位置按住鼠标左键不放并拖拽至合适的位置后释放鼠标即可绘制一个文本框。

步骤 3：将鼠标指针移至该文本框四周的 8 个控制点上，当鼠标指针变成双箭头的形状时按住鼠标左键拖拽即可调整其大小。将鼠标指针移至该文本框的边框上，当鼠标指针变成带箭头的十字形状时按住鼠标左键拖拽即可调整其位置，如图 6-39 所示。

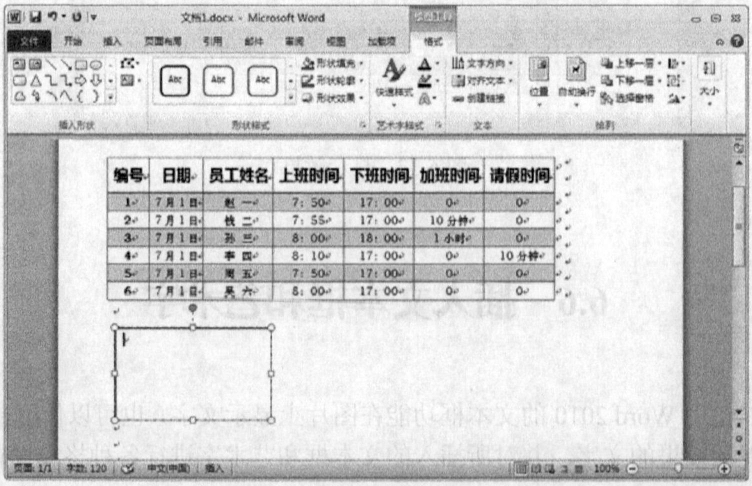

图 6-39　绘制文本框效果

步骤 4：在所绘制的文本框中输入相应的文本内容，并对其进行字体格式设置，如图 6-40 所示。

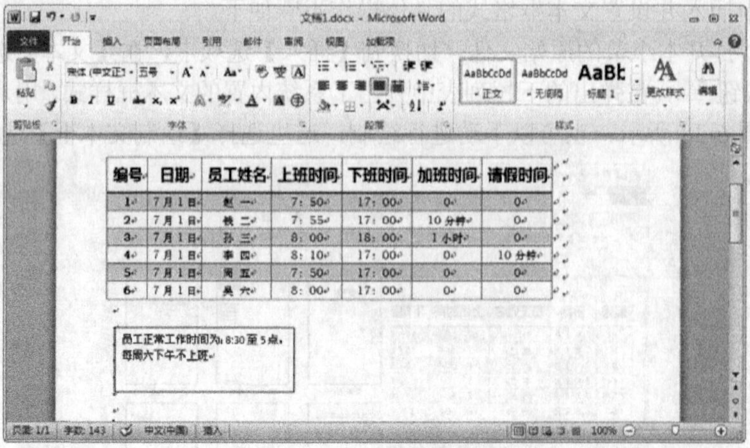

图 6-40　在文本框中输入文本

步骤 5：选中该文本框，切换到【格式】选项卡，在【形状样式】组中单击按钮，从弹出的下拉列表中选择【橄榄色，强调文字颜色 3，淡色 80%】选项，如图 6-41 所示。

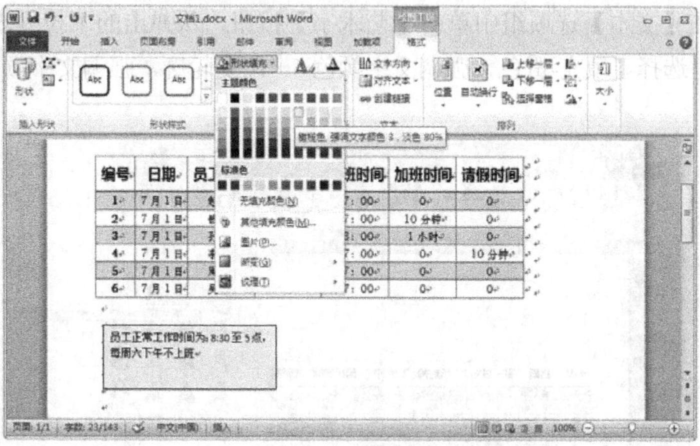

图 6-41 设置文本框填充颜色

步骤 6：返回文档即可查看设置的效果。然后在【形状样式】组中单击按钮，从弹出的下拉列表中选择【绿色】选项。

步骤 7：返回文档，即可看到文本框的格式设置效果，适当调整其大小和位置。

除了上述设置之外，用户还可以对文本框进行更多的格式设置。选中文本框，切换到【格式】选项卡，在【文本】选项组中可以设置文本框中的文字方向；在【形状样式】组中单击【其他】按钮，在展开的外观样式下拉列表中可以选择一种外观样式；在【阴影效果】和【三维效果】选项组中可以为文本框设置阴影和三维效果；在【排列】选项组中可以设置文本框的位置、文字环绕方式和对齐方式等；在【大小】选项组中可以调整文本框的大小，如图 6-42 所示。

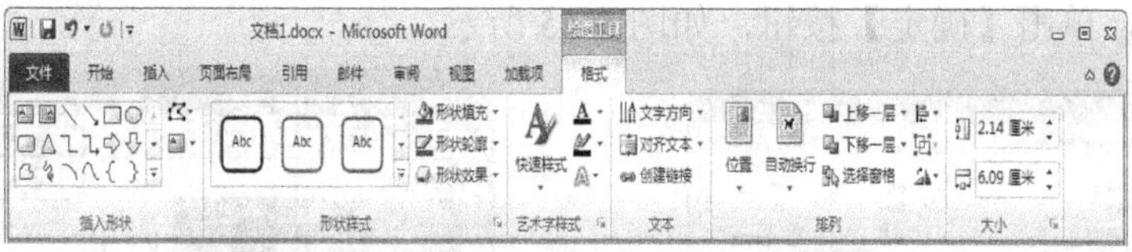

图 6-42 【格式】选项卡

用户也可以根据需要在文档中插入竖排的文本框，切换到【插入】选项卡，在【文本】选项组中单击【文本框】按钮，从弹出的下拉列表框中选择【绘制竖排文本框】选项即可。

6.6.2 插入并设置艺术字

艺术字是文档中具有特殊效果的文字，使用艺术字不仅能够美化文档，而且能够突出文章的主题。在 Word 2010 中，可以将艺术字作为图像来处理，创建完成后，用户还可以使用【艺术字】工具栏对其进行各种编辑操作。

Word 2010 为用户提供了多种艺术字样式，用户可以从中任选一种需要的样式。

插入并设置艺术字的具体操作步骤如下。

步骤 1：打开本小节的原始文件，将插入点定位到需要插入艺术字的位置，切换到【插入】选项卡，在【文本】选项组中单击【艺术字】按钮，从弹出的下拉列表中选择一种艺术字样式，这里选择【填充-橙色，强调文字颜色 6，渐变轮廓，强调文字颜色 6】选项，如图 6-43 所示。

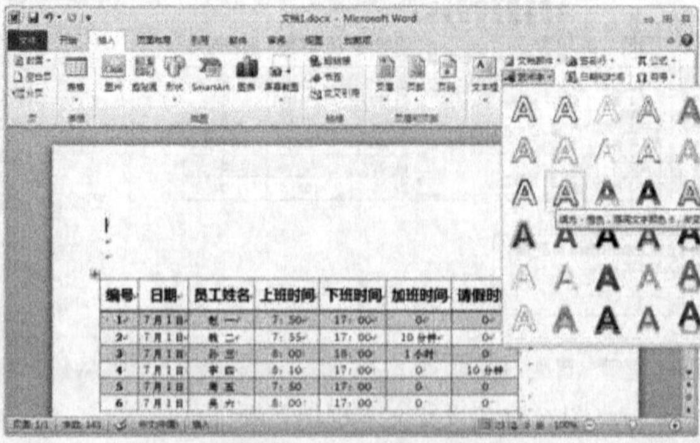

图 6-43　设置艺术字样式

步骤 2：随即在文档中插入一个艺术字文本框，在艺术字文本框中输入艺术字内容，这里输入“员工考勤管理表”。

步骤 3：选中艺术字文本右击，然后从弹出的快捷菜单中选择【字体】菜单项。

步骤 4：随即弹出【字体】对话框，切换到【字体】选项卡，从【中文字体】下拉列表中选择【华文琥珀】选项，然后在【字号】列表文本框中输入 48，在【字体颜色】下拉列表中选择【其他颜色】选项，如图 6-44 所示。

步骤 5：随即打开【颜色】对话框，切换到【自定义】选项卡，在【颜色模式】下拉列表中选择【RGB】选项，在【红色】、【绿色】、【蓝色】微调框中分别输入 246、145、10。输入完毕，单击【确定】按钮，如图 6-45 所示。

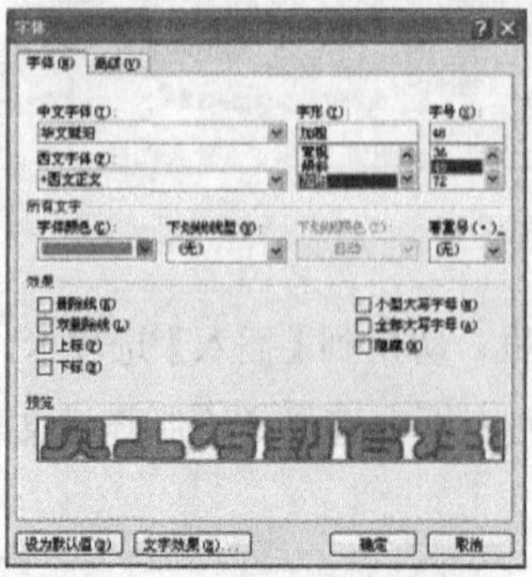

图 6-44　【字体】对话框

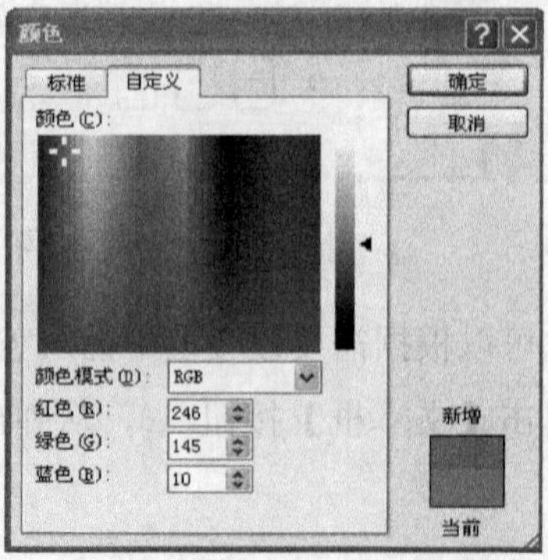

图 6-45　【颜色】对话框

步骤 6：返回【字体】对话框，再次单击【确定】按钮，返回文档中即可看到艺术字的设置效果。切换到【格式】选项卡，在【艺术字样式】组中单击【文本轮廓】按钮，从弹出的下拉列表中选择【白色】选项。

步骤 7：再次单击【文本轮廓】按钮，从弹出的下拉列表中选择【粗细】选项，再从弹出的级联菜单中选择【1.5 磅】选项，如图 6-46 所示。

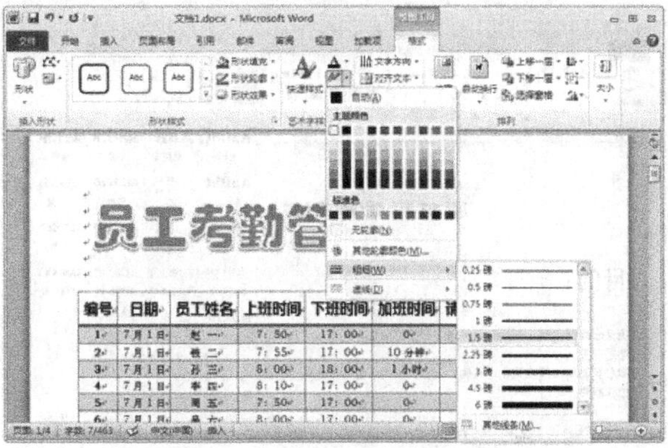

图 6-46　设置艺术字格式

步骤 8：选中艺术字右击，从弹出的快捷菜单中选择【自动换行】|【浮动文字上方】菜单项。

步骤 9：返回文档调整艺术字的大小以及位置即可。

如果用户对所插入的艺术字样式不满意，可以对其进行更改。选中艺术字，在【格式】选项卡的【艺术字样式】组中单击【对话框启动器】按钮，打开【设置文本效果格式】对话框，对其中的选项进行设置。用户还可以为艺术字设置阴影和三维效果，具体的设置方法与设置图片的阴影和三维效果类似，此处不再赘述。

6.7　应用样式格式化文档

使用样式可以快速对文档进行格式化设置。Word 2010 为用户提供了设置文档样式的功能，用户可以使用系统内置的样式，也可以根据需要新建样式。

6.7.1　套用系统内置的样式

在 Word 2010 中，系统为用户提供了多种内置样式，在格式化文档时，可以直接将这些样式应用到指定的文本中。样式通常用于设置文档的标题、目录、页眉和页脚以及页码等内容。

套用系统内置的样式的具体步骤如下。

步骤 1：打开本小节的原始文件，将插入点定位到需要套用系统内置样式的文本中，这里将其定位到文本“目的：”中，切换到【开始】选项卡，在【样式】组中单击【快速样式】按钮，从弹出的下拉列表中选择合适的样式，这里选择【标题 1】选项，如图 6-47 所示。

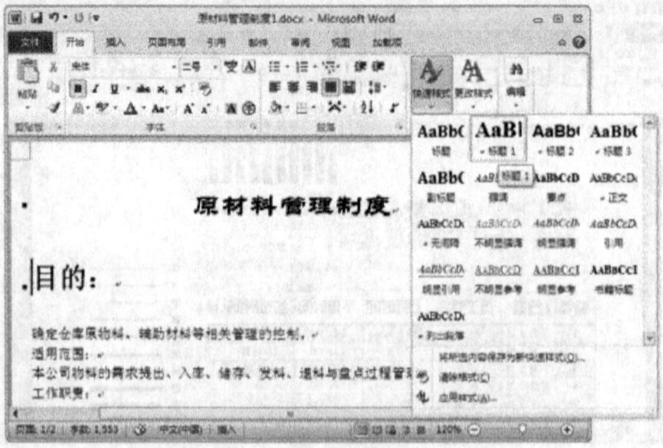

图 6-47　套用系统内置的样式

步骤 2：此时即可将所选的标题样式应用到文本中。在【开始】选项卡的【样式】组中单击【对话框启动器】按钮，如图 6-48 所示。

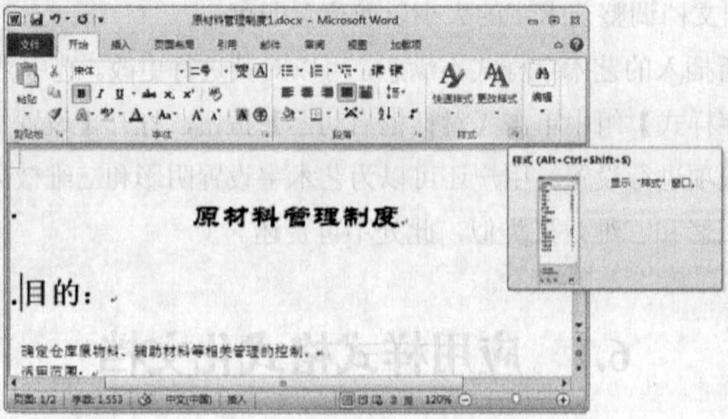

图 6-48　【对话框启动器】按钮

步骤 3：随即打开【样式】任务窗格，如图 6-49 所示。在该窗格中单击右下角的【选项】超链接打开【样式窗格选项】对话框，在【选择要显示的样式】下拉列表中选择【所有样式】选项，然后单击【确定】按钮，如图 6-50 所示。

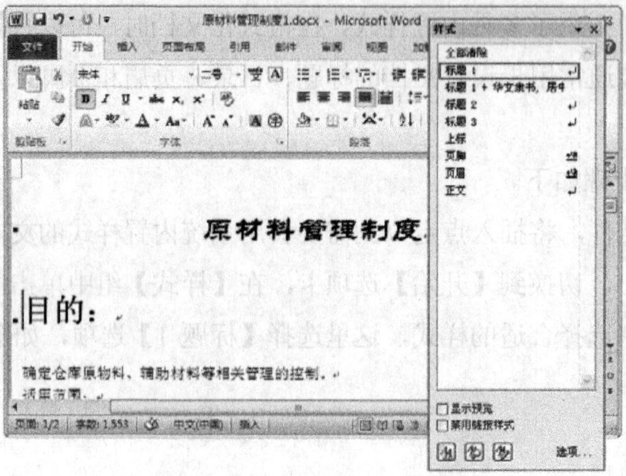

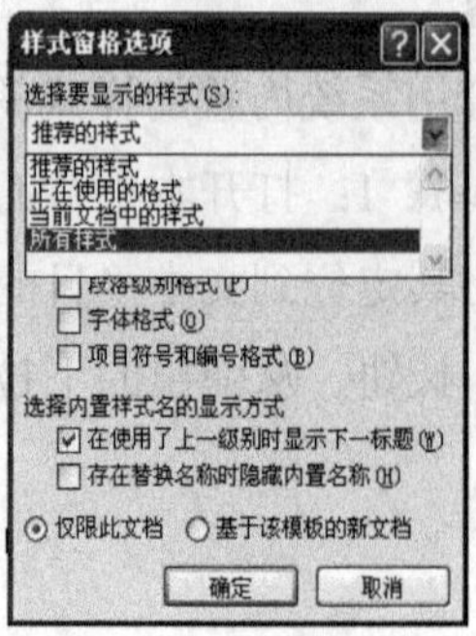

图 6-49　【样式】任务窗格　　　　图 6-50　【样式窗格选项】对话框

步骤 4：此时即可在【样式】窗格中显示系统内置的所有样式，如图 6-51 所示。用户可以从中选择合适的样式选项，并将其应用到文档中。

图 6-51　【样式】窗格

6.7.2　新建和修改样式

除了使用系统内置的样式之外，用户还可以新建样式，如果对新建的样式或者系统内置的样式不满意，还可以对其进行修改。

1. 新建样式

Word 2010 提供的内置样式有时不能满足用户的需求，此时用户就可以根据需要创建一些新样式，通过使用这些新样式来提高 Word 2010 的灵活性。

在文档中新建样式的具体步骤如下。

步骤 1：打开本实例的原始文件，将插入点定位到需要应用样式的文本中，这里将其定位到文本“使用范围：”中，在【开始】选项卡的【样式】组中单击【对话框启动器】按钮打开【样式】任务窗格，在该窗格中单击左下角的【新建样式】按钮。

步骤 2：随即打开【根据格式设置创建新样式】对话框，在【属性】选项组的【名称】文本框中输入新样式的名称，这里输入“正文标题”，在【格式】组合框中的【字体】下拉列表框中选择【华文新魏】选项，在【字号】下拉列表框中选择【小四】选项，并选中【添加到快速样式列表】和【自动更新】两个复选框，如图 6-52 所示。

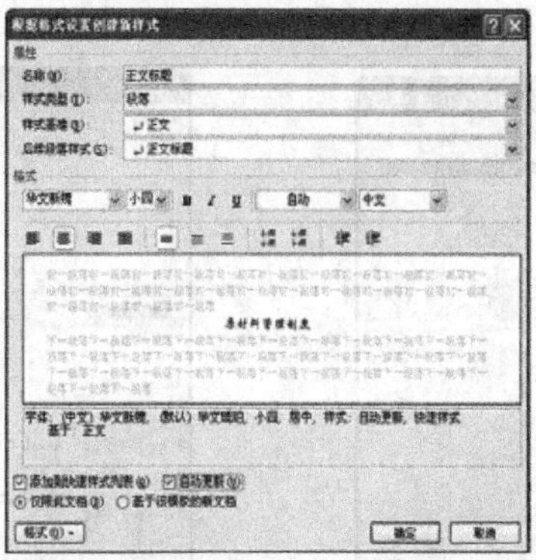

图 6-52　【根据格式设置创建新样式】对话框

步骤 3：单击【格式】按钮，从弹出的下拉列表框中选择【快捷键】选项，如图 6-53 所示。

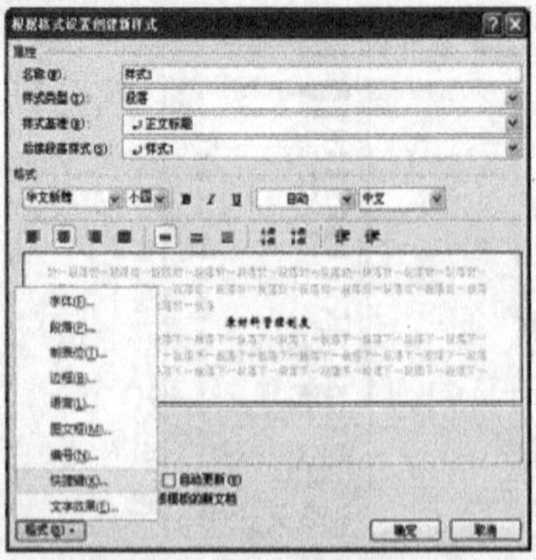

图 6-53　【快捷键】选项

步骤 4：随即打开【自定义键盘】对话框，在【将更改保存在】下拉列表框中选择【原材料管理制度 2.docx】选项，如图 6-54 所示。

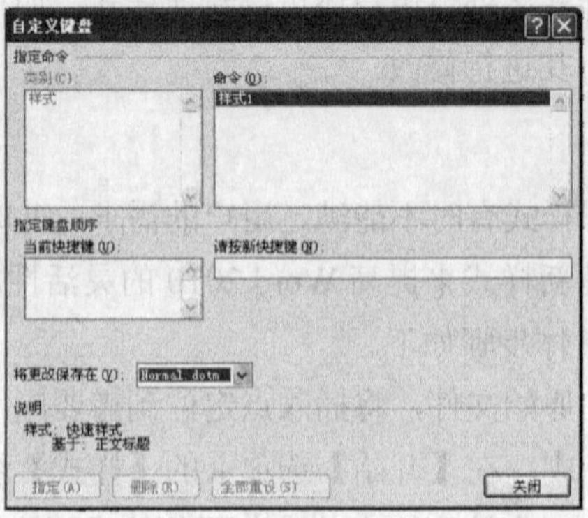

图 6-54　【自定义键盘】对话框

步骤 5：将鼠标定位在【请按新快捷键：】文本框中，按下 Ctrl+K 组合键，此时在【请按新快捷键】文本框中会显示出用户按下的快捷键，单击【指定】按钮，如图 6-55 所示。此时即可在【当前快捷键：】列表框中显示刚刚设置的快捷键，单击【关闭】按钮关闭该对话框，如图 6-56 所示。

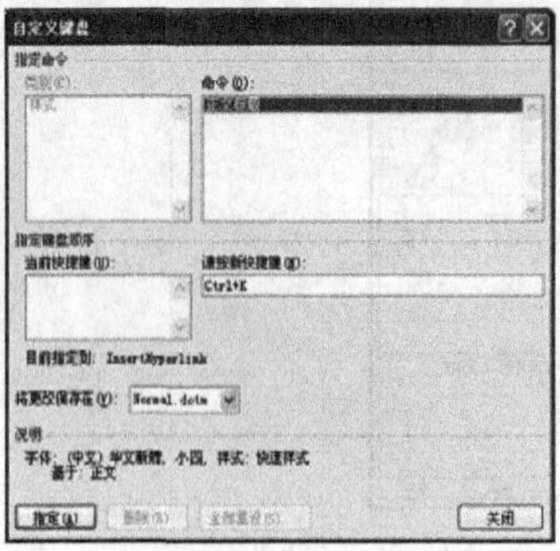

图 6-55　【请按新快捷键】文本框

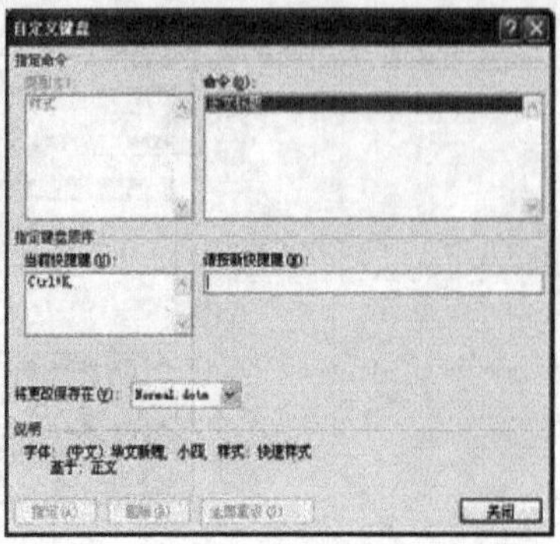

图 6-56　【当前快捷键：】列表框

步骤 6：返回【新建样式】对话框，单击【确定】按钮，关闭该对话框并返回文档区，此时即可在【样式】任务窗格中显示出新建的【正文标题】样式，将鼠标指针移至样式上即可在下方显示该样式的具体设置参数，如图 6-57 所示。

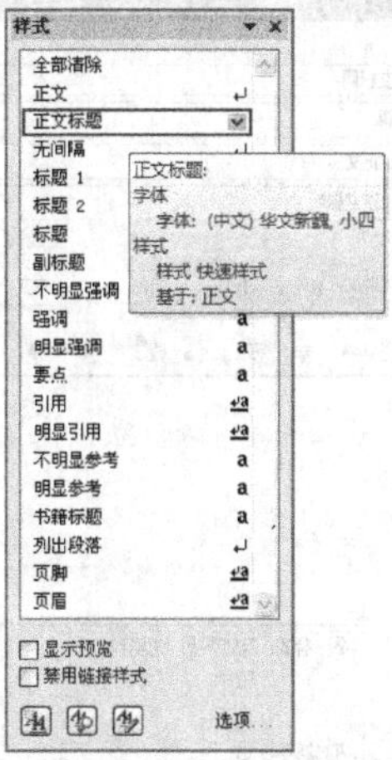

图 6-57　【样式】任务窗格

步骤 7：单击【关闭】按钮，关闭【样式和格式】任务窗格，将插入点定位到需要应用新样式的段落中，这里将其定位到正文的标题中，按下 Ctrl+K 组合键即可将所创建的新样式应用到该段落中。

2. 修改样式

对于创建好的样式，用户可以根据需要对其进行修改。

修改样式的具体操作步骤如下。

步骤 1：打开本实例的原始文件，将插入点定位到文本“适用范围：”处，在【样式】任务窗格中的样式库中即可查看该文本所对应的样式已经呈选中状态，将鼠标指针移至该样式上，在其右侧会出现一个下箭头按钮，单击此按钮，从弹出的下拉列表中选择【修改】选项，如图 6-58 所示。

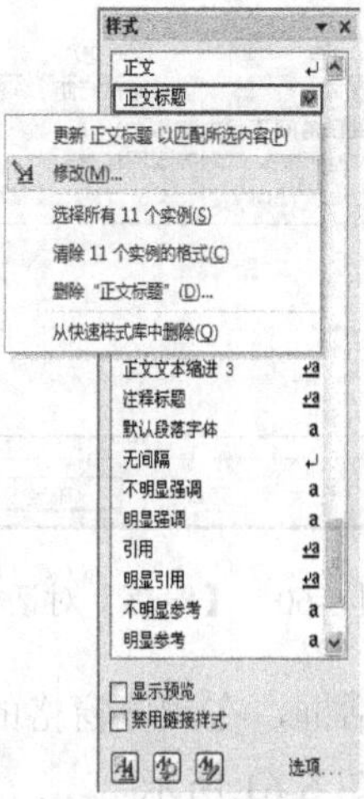

图 6-58　修改样式

步骤 2：随即打开【修改样式】对话框，然后单击【格式】按钮，从弹出的下拉列表框中选择【段落】选项，如图 6-59 所示。

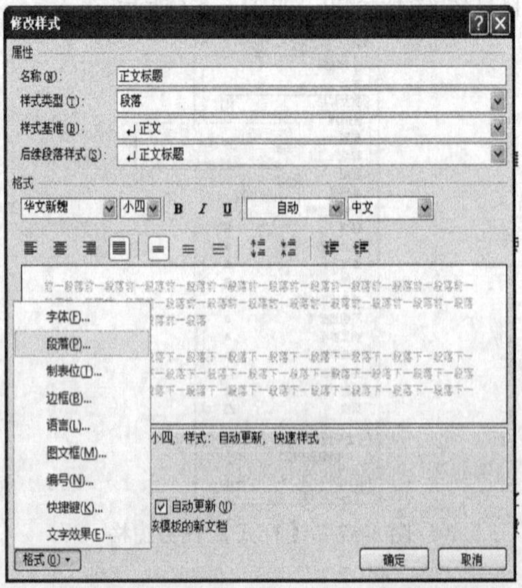

图 6-59　【修改样式】对话框

步骤 3：随即打开【段落】对话框，在【间距】选项框中的【段前】和【段后】两个微调框中分别输入“10 磅”和“8 磅”，然后单击【确定】按钮，如图 6-60 所示。

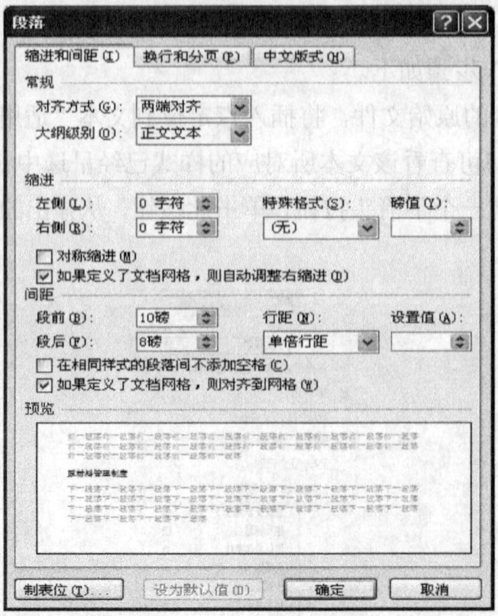

图 6-60　【段落】对话框

步骤 4：返回【修改样式】对话框，在预览窗格的下方即可查看修改后的样式的具体设置参数，单击【确定】按钮，如图 6-61 所示。

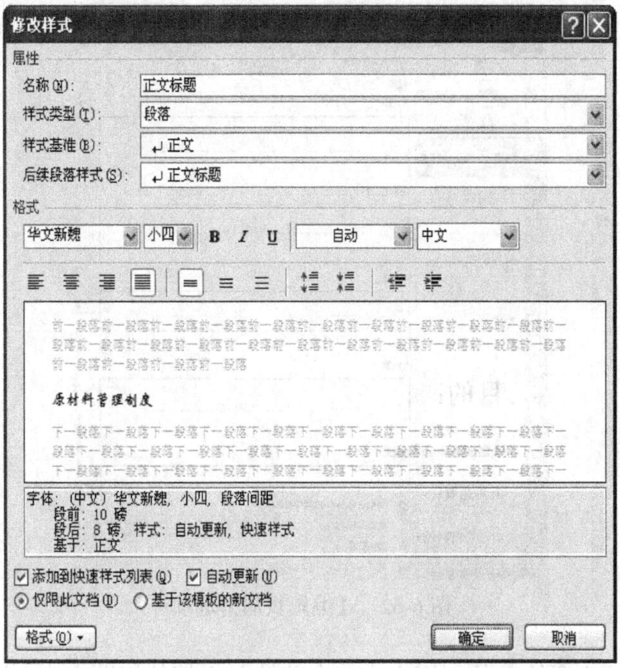

图 6-61　修改后样式的具体设置参数

步骤 5：返回文档，系统会自动对应用了该样式的段落进行更新，使其显示修改后的样式。

6.8　页面版式设置

为了增加 Word 文档的可读性，用户可以为其添加页眉和页脚。用户不仅可以在页眉或页脚中插入文字、建立表格和导入图形，而且还可以像操作 Word 文档一样对页眉和页脚进行编辑。

6.8.1　插入并设置页眉和页脚

在 Word 2010 中，系统提供了多种页眉和页脚样式，用户可以使用系统提供的样式，也可以自定义设置页眉和页脚样式。

插入并设置页眉和页脚的具体操作步骤如下。

步骤 1：打开本小节的原始文件，首先自定义设置页眉。切换到【插入】选项卡，在【页眉和页脚】组中单击【页眉】按钮，从弹出的下拉列表中选择【编辑页眉】选项，如图 6-62 所示。

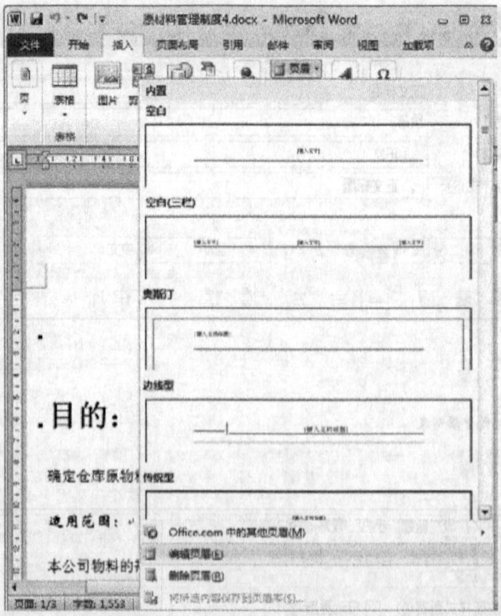

图 6-62　【编辑页眉】选项

步骤 2：此时选定所输入的页眉文本，在此输入文档的标题文本，这里输入“XXX 公司”，如图 6-63 所示。

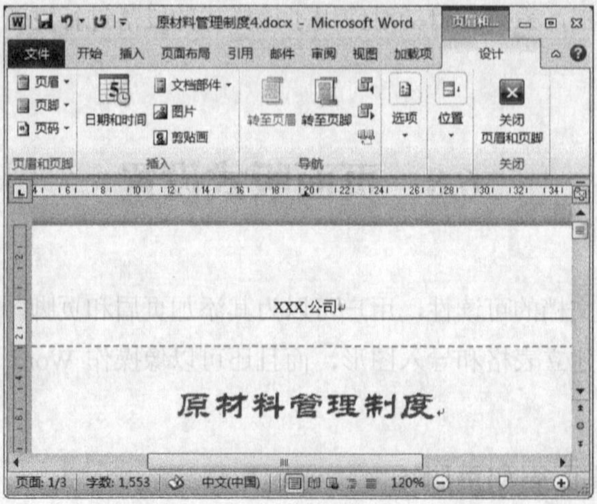

图 6-63　输入页眉文本

步骤 3：设置文本“XXX 公司”的字体格式，在选中的文本上右击，从弹出的快捷菜单中选择【字体】选项，随即打开【字体】对话框，切换到【字体】选项卡，在【中文字体】下拉列表框中选择【华文行楷】选项，在【字号】下拉列表框中选择【小二】选项，在【字体颜色】下拉列表框中选择【绿色】选项，然后单击【确定】按钮。

步骤 4：返回文档，即可看到页眉文本的格式设置效果，切换到【开始】选项卡，在【段落】组中单击【文本右对齐】按钮，如图 6-64 所示。

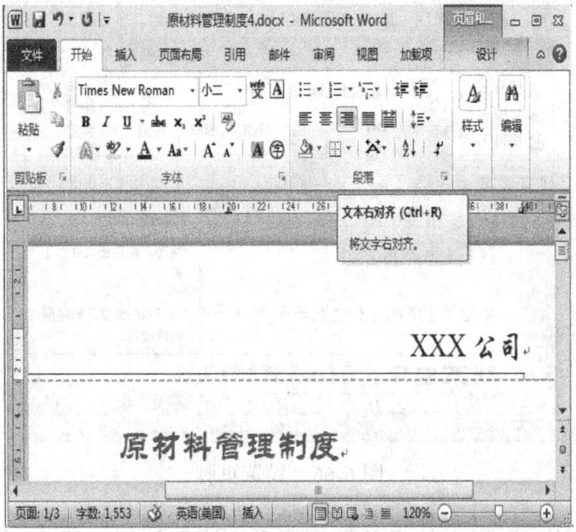

图 6-64　将页眉右对齐

步骤 5：返回文档即可看到设置的效果。切换到【插入】选项卡，在【页眉和页脚】组中单击【页脚】按钮，从弹出的下拉列表中选择【编辑页脚】选项，如图 6-65 所示。

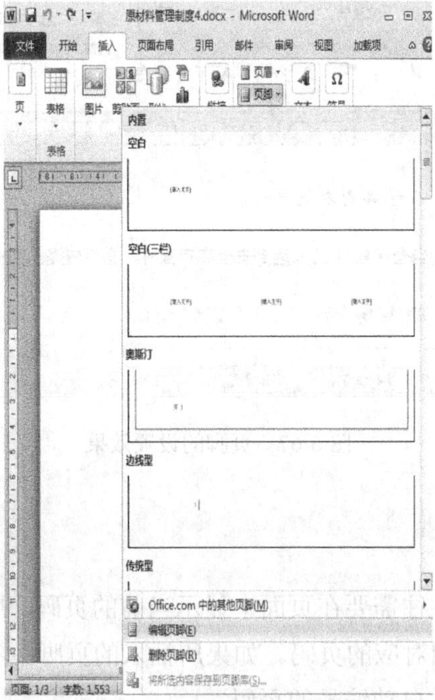

图 6-65　【编辑页脚】选项

步骤 6：此时即可将插入点定位到页脚中，在页脚中输入相应的文本，这里输入“联系电话：101-58****36”，并按照同样的方法将其字体设置为【华文隶书】，字号设置为【小三】，字体颜色设置为【绿色】，如图 6-66 所示。

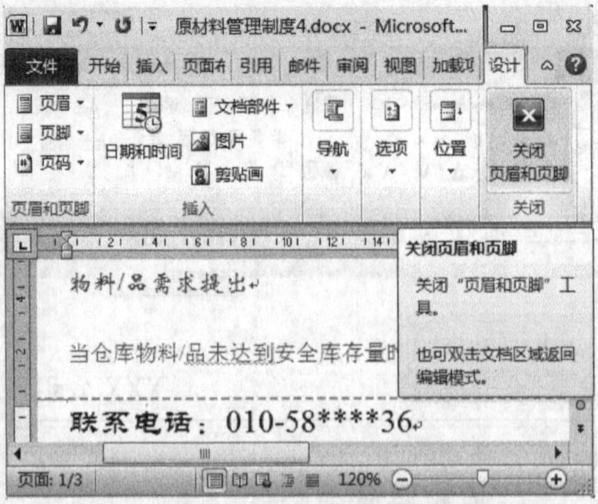

图 6-66　设置页脚

步骤 7：单击【关闭】组中的【关闭页眉和页脚】按钮，退出页脚的编辑状态即可看到页脚的设置效果，如图 6-67 所示。

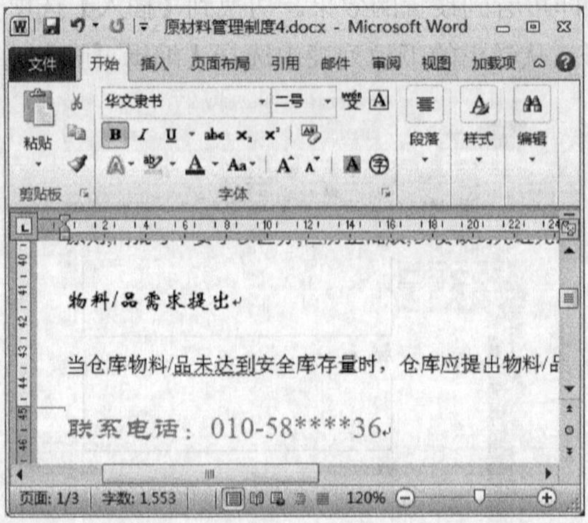

图 6-67　页脚的设置效果

6.8.2　插入并设置页码

在编辑文档的过程中往往需要在页面中显示当前的页码，用户在插入页脚的过程中可能会随之插入与页脚样式相对应的页码。如果所插入的页脚中不包含页码，用户可以运用添加页码的方法为文档添加自动编号的页码。

插入并设置页码的具体操作步骤如下。

步骤 1：打开本小节的原始文件，切换到【插入】选项卡，在【页眉和页脚】组中单击【页码】按钮，从弹出的下拉列表中选择【页边距】选项，其下拉列表中列出了系统提供的显示在页边距中的多种页码样式，从中选择【圆(左侧)】选项，如图 6-68 所示。

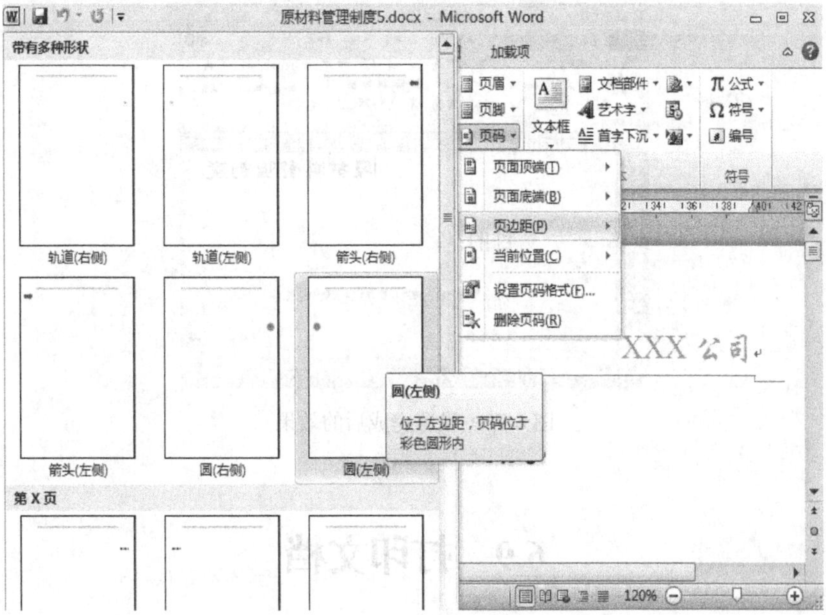

图 6-68 【页边距】选项

步骤 2：此时即可在文档中插入所选样式的页码，用户还可以对页码进行格式设置。切换到【设计】选项卡，在【页眉和页脚】组中单击【页码】按钮，从弹出的下拉列表中选择【设置页码格式】选项。

步骤 3：随即打开【页码格式】对话框，在【编号格式】下拉列表中选择一种页码样式，然后在【页码编号】组合框中选中【起始页码】单选框，并在其右侧的微调框中输入 1，然后单击【确定】按钮，如图 6-69 所示。

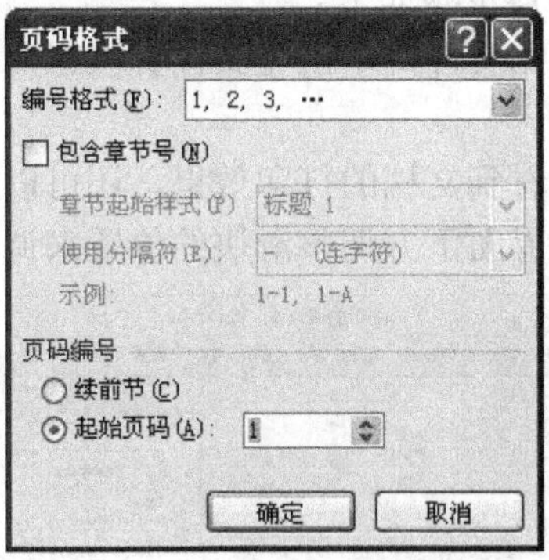

图 6-69 【页码格式】对话框

步骤 4：返回文档区域即可将页码更改为所选的页码格式，然后对页码的字体格式进行适当的设置，效果如图 6-70 所示。

步骤 5：设置完毕后，在【设计】选项卡的【关闭】组中，单击【关闭页眉和页脚】按钮，退出页码的编辑状态即可。

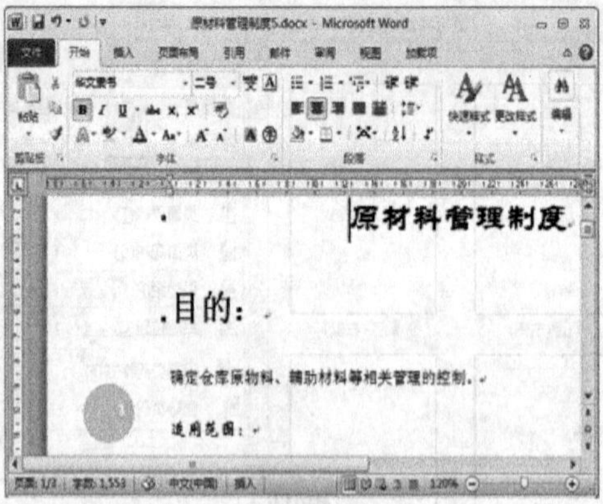

图 6-70　设置完成后的效果

6.9　打印文档

为了便于查阅，用户可以将编辑好的文档打印出来。在打印之前，用户可以使用 Word 的打印预览功能对打印效果进行查看，确认无误之后则可以通过打印设备将其打印出来。打印之前还应该对打印参数进行一系列的设置，包括页面范围、打印份数以及纸张大小等。

6.9.1　打印预览

打印预览是指用户可以在 Word 文档中预览打印效果，如果发现某些错误的文本或者对某处设置不满意，则可以返回文档的编辑状态重新对其进行编辑。

对文档进行打印预览的具体步骤如下。

步骤 1：打开本小节的原始文件，单击【文件】按钮，在弹出的下拉菜单中选择【打印】菜单项。

步骤 2：此时即可在右侧看到文档的打印效果，还可以根据实际需要调整文档的显示比例。可以通过调整打印预览界面下方调整滑块的位置来调整显示比例，如图 6-71 所示。

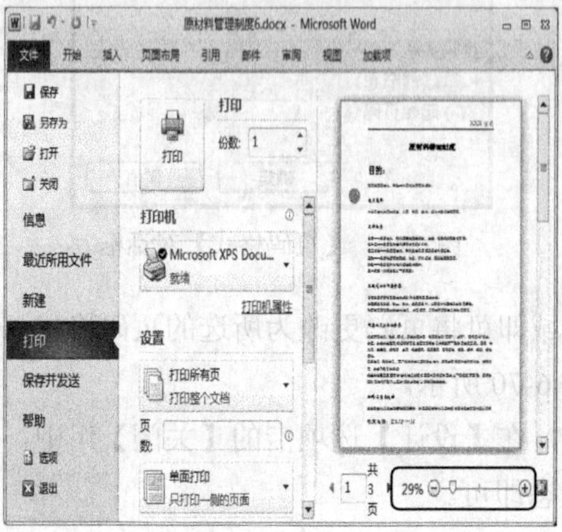

图 6-71　对文档进行打印预览

6.9.2　打印 Word 文档

如果确认文档中无错误文本或者文档的各项设置都符合要求，则可以开始打印文档。在打印文档之前首先要确保打印机与用户的电脑相连，其次要在用户的电脑上安装打印机驱动程序，并且要对打印份数等进行详细的设置，设置完毕并且确认无误即可进行打印。

打印文档的具体步骤如下。

步骤 1：打开本小节的原始文件，单击【文件】按钮，在弹出的下拉菜单中选择【打印】菜单项。

步骤 2：在右侧的【份数】微调框中调整打印的份数，如图 6-72 所示。

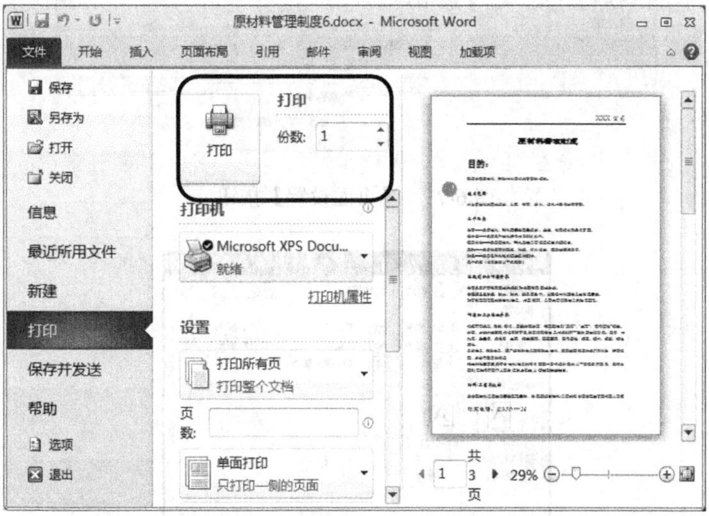

图 6-72　打印文档

步骤 3：设置打印范围。在【设置】组合框中单击【打印所有页】按钮，从弹出的下拉列表中选择打印的范围。如果打印的页数不是连续的，可以在【页数】文本框中输入打印的页码，例如“1,3,5-12”，除了对文档中的文本内容进行打印之外，用户还可以打印其他的内容，例如文档属性等。

步骤 4：接着设置打印的页面，文档可以单面打印，也可以双面打印。单击【单面打印】按钮，从弹出的下拉列表中选择合适的选项。

步骤 5：设置打印的纸张大小。单击【A4】按钮，从弹出的下拉列表中选择打印的纸张大小。

步骤 6：设置页面。如果页面设置不符合要求，单击【页面设置】按钮，随机弹出【页面设置】对话框，在此重新设置页面即可，如图 6-73 所示。

步骤 7：设置完毕单击【确定】按钮即可，如图 6-74 所示。

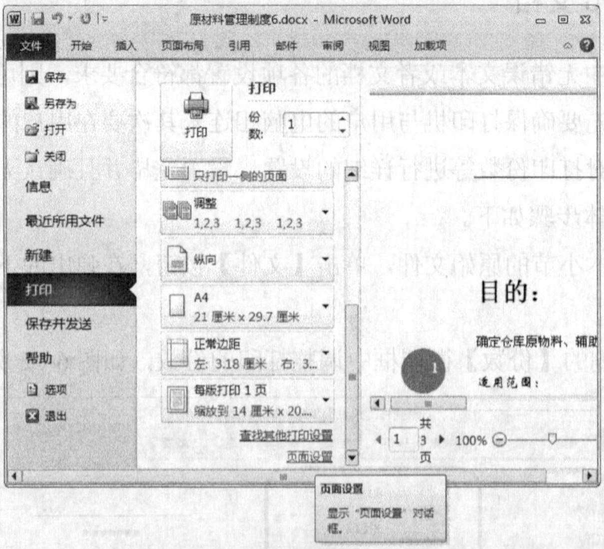

图 6-73　【页面设置】按钮

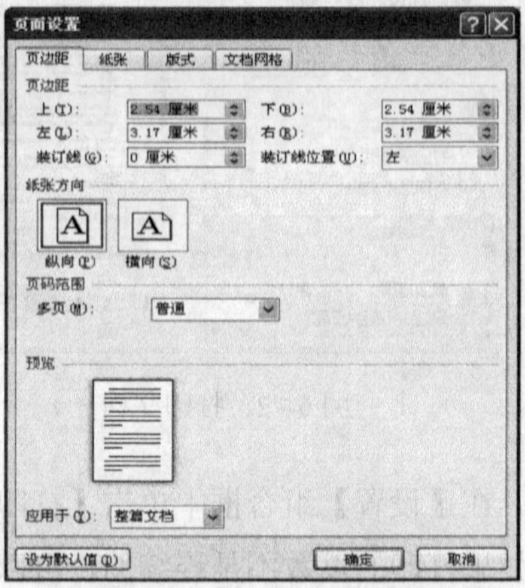

图 6-74　【页面设置】对话框

步骤 8：设置完毕单击【打印】按钮，即可开始打印文档。

6.10　模板的使用

Word 2010 的模板功能为用户提供了多种已经定义好的文档样式，用户可以选择所需要的模板类型创建基于该模板的文档，再根据实际需要对其进行修改或者编辑即可。用户也可以根据需要创建自定义的模板样式。

6.10.1　使用系统自带的模板

Word 2010 为用户提供了多种模板样式，例如信函、传真和报告等，并对其进行分类存放，用户可以根据需要选择不同的类别的模板和模板样式。

运用 Word 2010 提供的模板样式创建文档的具体步骤如下。

步骤 1：新建一个空白文档，单击【文件】按钮，在弹出的下拉菜单中选择【新建】菜单项，在其右侧的列表框中选择【样本模板】选项，如图 6-75 所示。

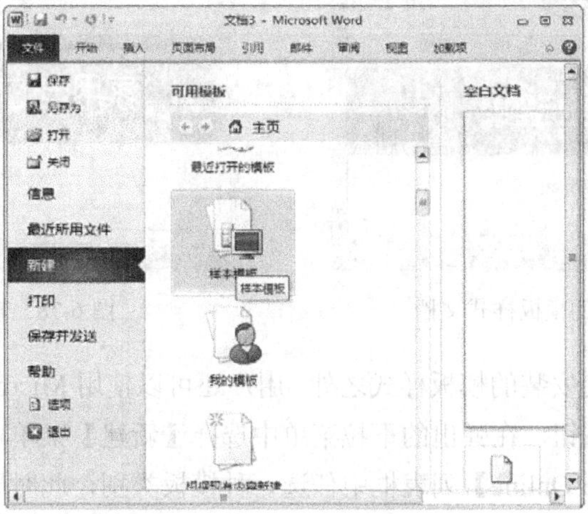

图 6-75 【样本模板】选项

步骤 2：随机打开【样本模板】界面，在中间的列表框中选择一种模板样式，这里选择【平衡报告】选项，此时在右侧的预览区即可预览该模板样式的效果，然后单击【创建】按钮，如图 6-76 所示。

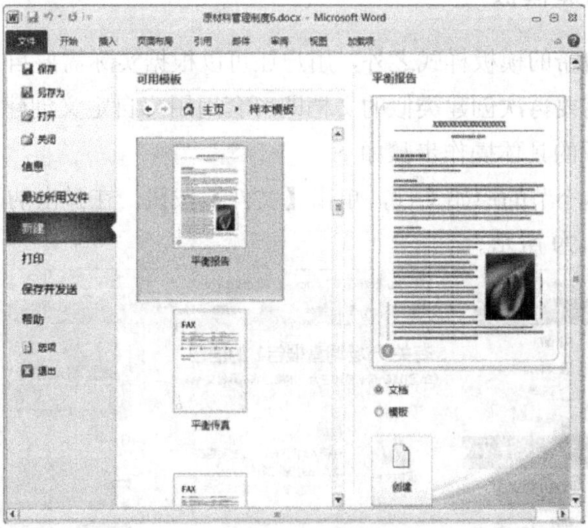

图 6-76 【平衡报告】选项

步骤 3：此时系统即可新建一个文档，并在该文档中显示所选的模板样式，如图 6-77 所示。

步骤 4：根据提示在所创建的基于模板的文档中输入适当的文本内容，并将其保存为“市场调查报告”，如图 6-78 所示。

图 6-77　新建的模板样式文档

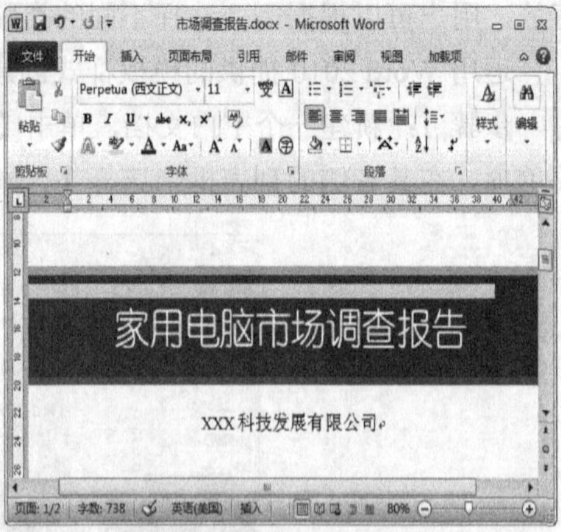

图 6-78　输入文本内容

除了使用系统已经安装的模板样式之外，用户还可以使用 Microsoft Office Online 上的模板。单击【文件】按钮，在弹出的下拉菜单中选择【新建】菜单项，在其右侧的列表框中的【Microsoft Office Online】列表框中任选一种模板类别，此时即可在右侧的列表框中显示出该类别所包含的模板样式，从中任选一种用户需要的样式，在右侧的预览区中可以看到该样式的效果，然后单击【下载】按钮即可开始下载该模板，下载完毕系统会自动生成一个基于该模板的文档，用户只需在其中进行适当的修改和编辑操作即可。但这种模板需要下载，故要求所用电脑必须在联网状态下使用。

6.10.2　自定义创建模板

除了使用系统自带的模板样式之外，用户还可以根据实际需要自定义创建模板，并对其进行保存，以后需要再次创建类似的文档即可套用用户自定义创建的模板。

自定义创建模板的具体操作步骤如下。

步骤 1：打开本小节的原始文件，单击【文件】按钮，在弹出的下拉菜单中选择【另存为】选项，如图 6-79 所示。

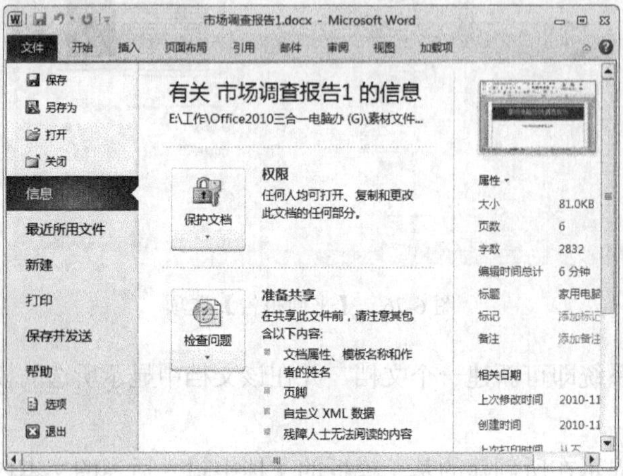

图 6-79　自定义创建模板

步骤 2：随即打开【另存为】对话框，在该对话框中设置模板的保存位置和名称，这里保持默认名称，在【保持类型】下拉列表选择保存类型，这里选择【Word 模板(*.dotx)】选项，单击【保存】按钮，如图 6-80 所示。

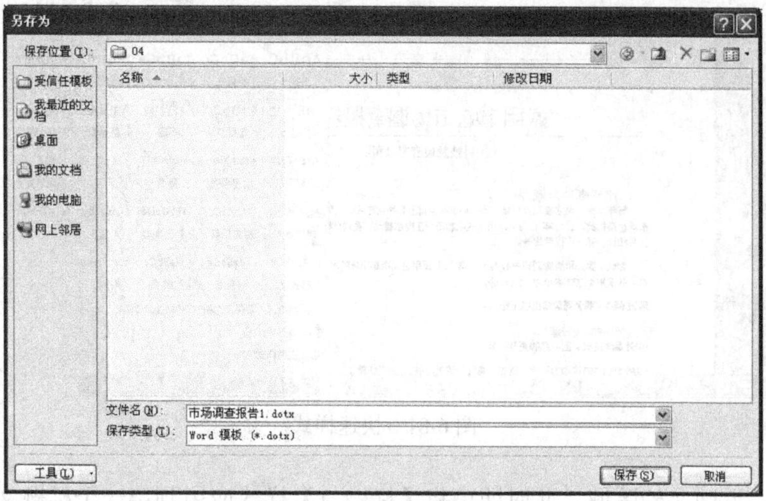

图 6-80　【另存为】对话框

步骤 3：此时即可将当前文档保存为模板，其标题栏中的扩展名也会变为“.dotx”。

6.11　插入目录

目录主要用于显示文档的分布和结构，在较长的文档中插入目录可以方便用户查找所需的某一部分内容，并且便于快速查阅全文的结构。Word 2010 为用户提供了自动生成目录的功能，而且用户可以对所生成的目录进行各种编辑操作。

6.11.1　自动生成目录

利用 Word 2010 提供的自动生成目录功能可以将文档中的各级目录抽取出来，从而组成一份完整的目录。在文档中插入目录之前首先要查看文档是否套用了系统内置的标题样式，即样式【标题 1】至【标题 9】，如果没有应用样式，则需要先对文档的标题进行样式设置。

设置标题样式并自动生成目录的具体步骤如下。

步骤 1：打开本小节的原始文件，将插入点定位到文档正文第一行的标题文本中，在【开始】选项卡的【样式】组中单击【快速样式】按钮，从弹出的样式库中选择【标题 1】选项，如图 6-81 所示。

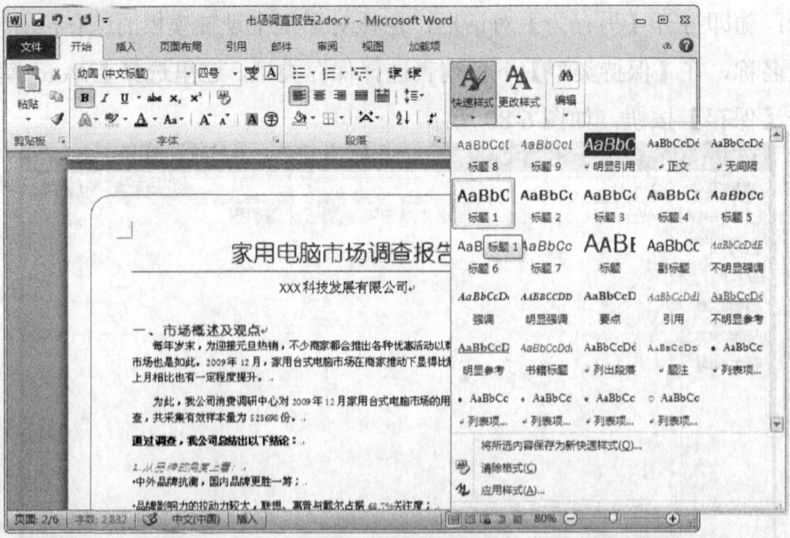

图 6-81　快速样式

步骤 2：返回文档区域，此时即可将【标题 1】样式应用到第一个标题文本中。按照同样的方法为文档中其他的标题文本设置相应的标题样式。

步骤 3：设置完毕将插入点定位到需要插入目录的位置，这里将其定位到文档副标题的下方，如图 6-82 所示。切换到【引用】选项卡，在【目录】选项组中单击【目录】按钮，在弹出的下拉列表中列出了系统提供的多种目录样式，用户可以从中任选一种样式，也可以自定义目录样式，这里在该下拉列表中选择【插入目录】选项自定义设置目录样式，如图 6-83 所示。

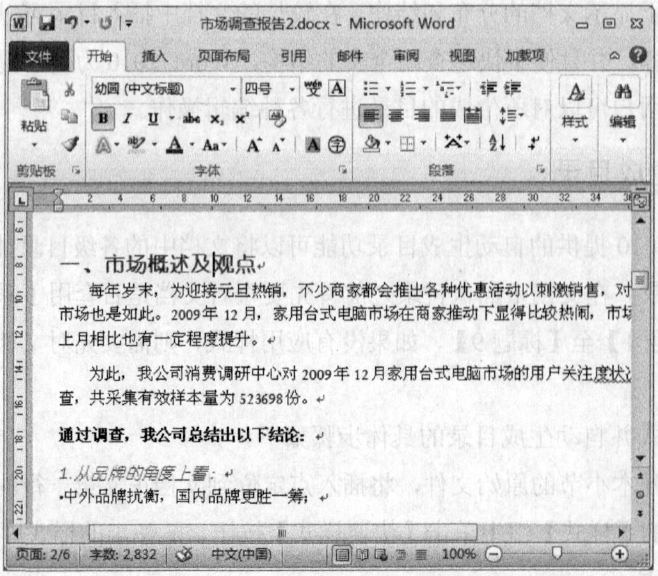

图 6-82　将插入点定位到文档副标题的下方

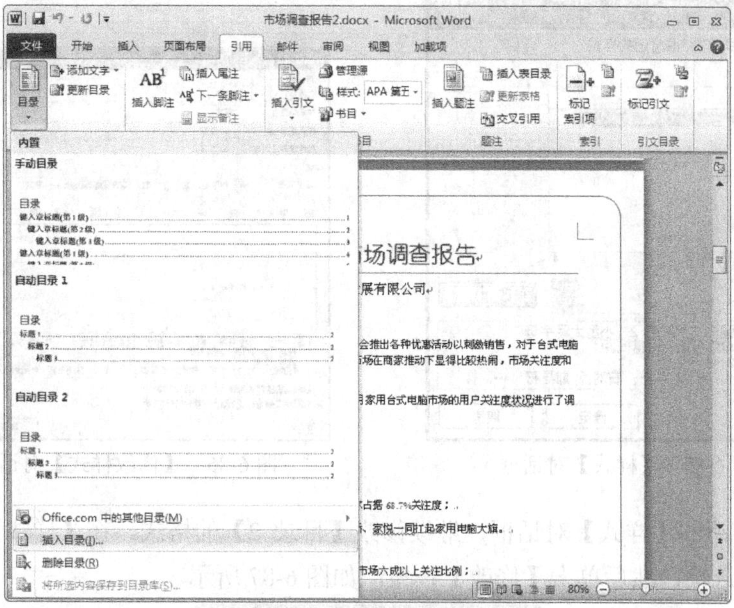

图 6-83　【插入目录】选项

步骤 4：随机打开【目录】对话框，在【制导符前导符】下拉列表中选择一种合适的样式，在【常规】组合框中的【显示级别】微调框中输入 3，其他选项保持默认设置不变，然后单击右下方的【修改】按钮，如图 6-84 所示。

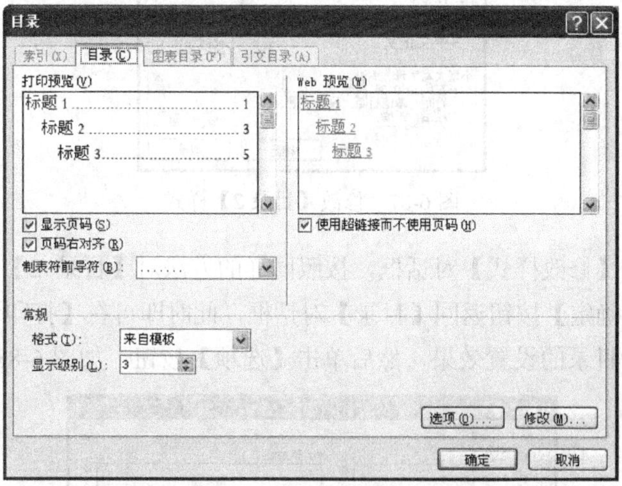

图 6-84　【目录】对话框

步骤 5：打开【样式】对话框，单击【预览】窗格右侧的【修改】按钮，如图 6-85 所示。

步骤 6：打开【修改样式】对话框，在【格式】组合框中将【字体】设置为【华文新魏】，【字号】设置为【小四】，【字体颜色】设置为【深红】，其他选项保持默认设置，然后单击【确定】按钮，如图 6-86 所示。

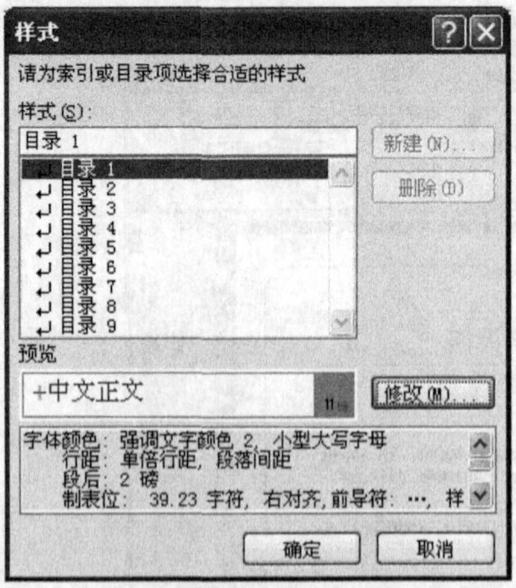

图 6-85 【样式】对话框

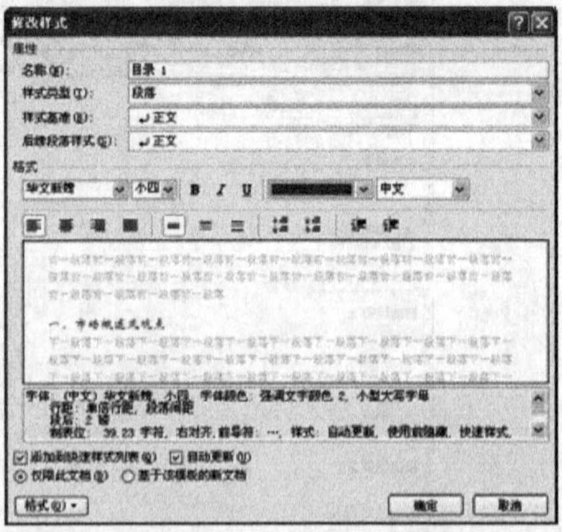

图 6-86 【修改样式】对话框

步骤 7：返回【样式】对话框，继续修改【目录 2】的格式。在【样式】列表框中选择【目录 2】选项，然后单击【修改】按钮，如图 6-87 所示。

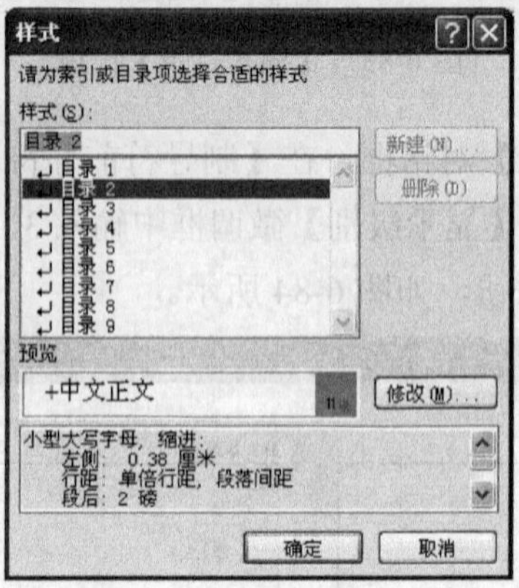

图 6-87 修改【目录 2】样式

步骤 8：打开【修改样式】对话框，按照同样的方法对【目录 2】进行格式设置，设置完毕依次单击【确定】按钮返回【目录】对话框，此时即可在【打印预览】和【Web 预览】列表框中查看目录的设置效果，然后单击【选项】按钮，如图 6-88 所示。

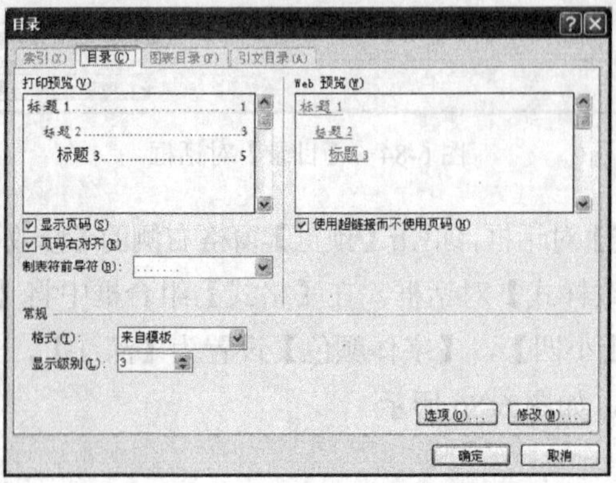

图 6-88 目录的设置效果

步骤 9：打开【目录选项】对话框，选中【目录项域】复选框，如图 6-89 所示。

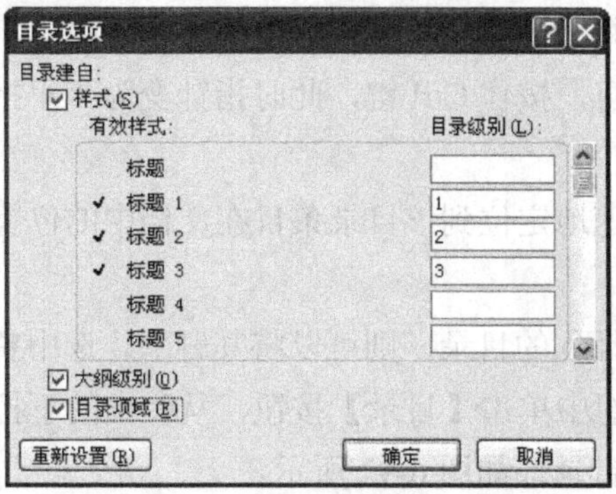

图 6-89　【目录选项】对话框

步骤 10：单击【确定】按钮，返回文档，即可在插入点所在的位置插入用户自定义样式的目录，如图 6-90 所示。

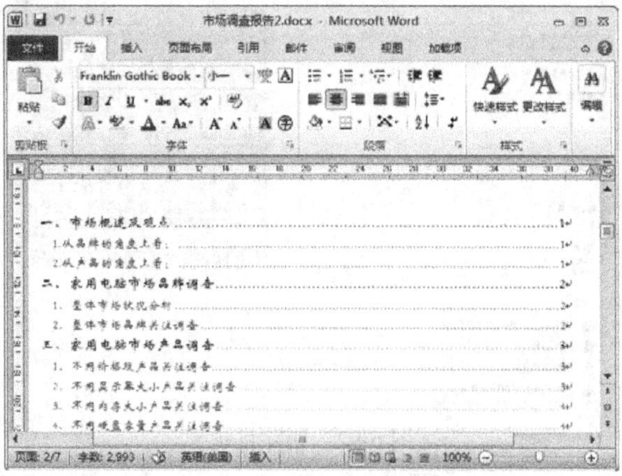

图 6-90　自定义目录效果

6.11.2　编辑目录

在文档中插入目录之后，用户还可以根据实际需要对其进行各种编辑操作。

如果用户对文档中的某一部分内容重新进行了编辑，导致文档的目录位置发生了变化，用户可以对目录进行更新，使其显示文档的最新信息。另外，用户还可以取消目录的超链接，使其变成文本的形式。

编辑目录的具体步骤如下。

步骤 1：更新目录。打开本小节的原始文件，对文档的某一部分内容的位置进行调整，这里将第一个标题下方的两小节的位置进行互换，并对其标题编号进行更改。

步骤 2：选中整个目录，切换到【引用】选项卡，在【目录】组中单击【更新目录】按钮。

步骤 3：随即打开【更新目录】对话框，选中【更新整个目录】单选钮，然后单击【确定】按钮，如图 6-91 所示。

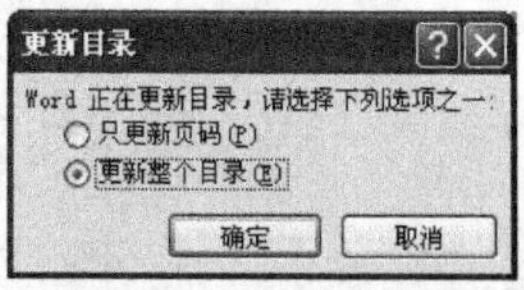

图 6-91　【更新目录】对话框

步骤 4：返回文档区域，即可查看更新后的整个目录。其显示的为更改之后的文档结构。

步骤 5：访问链接。将鼠标指针移至目录中的某个条目上，此时在其上方会出现几行提示信息。根据此提示信息，按住 Ctrl 键，此时指针变为“手指”形状，单击需要查阅的条目。

步骤 6：此时即可快速地定位到该目录条目在文档中的位置，用户即可查阅该条目所包含的具体内容。

如果用户不再使用所插入的目录，则可以将其删除。选中整个目录，切换到【引用】选项卡，在【目录】选项组中单击【目录】按钮，从弹出的下拉列表中选择【删除目录】选项即可快速删除文档的目录，如图 6-92 所示。

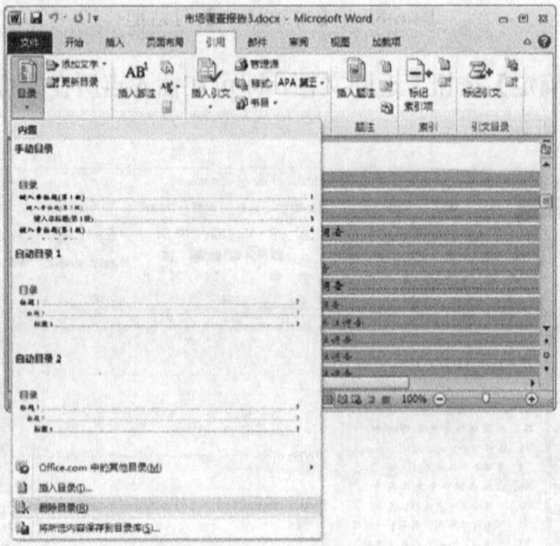

图 6-92　删除目录

6.12　习题

1. 请按以下要求对 Word 文档进行编辑和排版。

(1) 文字要求：不少于 150 个汉字，至少两个自然段。

(2) 将文章正文各段的字体设置为宋体、小四号、两端对齐、各段行间距为 1.5 倍行距。

(3) 在正文中插入剪贴画或图片，设置剪贴画或图片的版式为【四周型】。

(4) 设置页码，底端居中。

(5) 在文章最后输入以下公式：

$$z = xy + \sqrt{\ln A + \frac{x^2}{x^2 + y^2}} + \sqrt{x^2 + y^2 - R^2}$$

2. 请按以下要求对 Word 文档进行编辑和排版。

(1) 文字要求：不少于 150 个汉字，至少 3 个自然段，内容不限。

(2) 将文章正文各段的字体设置为宋体、小四号、两端对齐、各段行间距为 2 倍间距，最后一段第一句文字加红色双下划线。

(3) 页面设置：上、下、左、右页边距均为 3 cm ，页眉为 2 cm。

(4) 设置页眉，内容为“美好的大学生活”，六号字，居中。

(5) 在文章最后输入以下公式：

$$\int_1^2 \frac{1}{x^2+\sqrt{1+x^2}}dx$$

3. 用 Word 2010 制作如图 6-93 所示的表格。

课程表

星期／节		一	二	三	四	五
上午	1、2 节	计算机	英语	德育	高数	
	3、4 节	高数		英语	政治	语文
下午	5、6 节	英语	体育			口语
	7、8 节					

图 6-93　课程表

要求：

(1) 参照图 6-93 完成表格的制作，除表头外，表内对齐方式均为居中，插入表标题并居中。

(2) 表格外围框线为单线 1.5 磅黑色，内部有两条 3 磅黑色的双线框线，底纹为灰色 -15%。

4. 用 Word 2010 制作如图 6-94 所示的流程图。

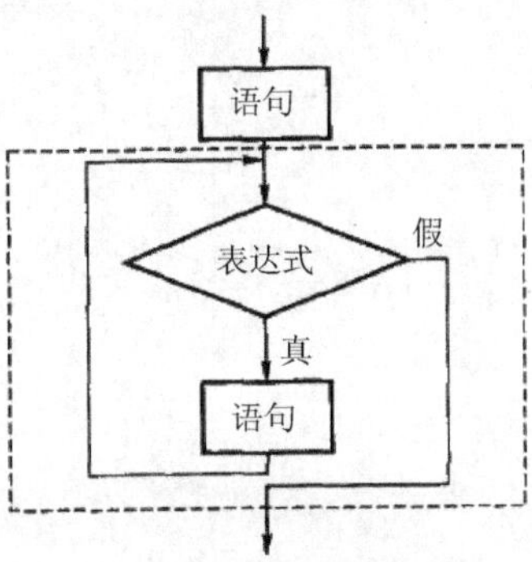

图 6-94　流程图

要求：

(1) 按图 6-94 样式绘制，不允许出现【嵌入型】的图形或【嵌入型】的艺术字。

(2) 流程图填充为白色，线条为实线、黑色，线型单线，粗细为 0.75 磅，文字居中；小箭头和直线为实线，线型单线，粗细为 0.75 磅；“真”和“假”要用文本框输入，文本框无线条颜色和填充颜色，文字两端对齐；虚线框为矩形，无填充颜色，线条为点划线，黑色，线型单线，粗细为 1 磅。

第7章 Excel 2010的使用

Excel 2010 拥有强大的数据处理功能。学习 Excel 2010 首先应该了解工作簿和工作表的基础知识，例如，如何在工作表中输入数据、怎样能快速输入、如何添加批注等，了解了这些基础知识，用户才能更好地利用工作表处理生活中的事务。

7.1 工作簿的基本操作

工作簿主要用于保存表格的内容，与 Word 文档一样，用户也可以对工作簿执行新建、保存、打开和关闭等基本操作。

7.1.1 新建工作簿

要使用 Excel 2010 处理电子表格，首先要新建一个工作簿。用户可以新建一个空白的工作簿，也可以新建一个基于模板的工作簿。

1. 新建空白工作簿

启动 Excel 2010 应用程序之后，系统即可自动地创建一个空白的工作簿，用户还可以手动创建空白工作簿。

手动新建空白工作簿的方法有以下几种。

(1) 单击【文件】按钮，在弹出的下拉菜单中选择【新建】菜单项，在【可用模板】面板中选择【空白工作簿】选项，然后单击【创建】按钮，即可新建一个空白工作簿，如图 7-1 所示。

图 7-1 【新建】菜单项

(2) 在快速访问工具栏中单击下拉箭头按钮，在弹出的下拉菜单中选择【新建】菜单项，即可将【新建】命令添加到快速访问工具栏中，然后单击【新建】按钮，即可新建一个空白工作簿。

(3) 按下 Ctrl+N 组合键也可以新建一个空白工作簿。

(4) 另外，用户还可以在桌面上或者文件夹窗口中右击，从弹出的快捷菜单中选择【新建】➤【Microsoft Excel 工作表】菜单项新建一个空白的工作簿。

2. 新建基于模板的工作簿

Excel 2010 为用户提供了多种模板类型，利用这些模板，用户可以快速地创建各种专业的工作表，然后根据实际需要对模板中默认的格式和样式进行修改，并添加适当的数据信息。

新建基于模板的工作簿的具体操作步骤如下。

步骤一：在工作簿窗口中单击【文件】按钮，从弹出的下拉菜单中选择【新建】菜单项，在【可用模板】面板中选择【样本模板】选项,如图 7-2(a)所示。

步骤二：在【样本模板】列表框中选择合适的模板，例如选择【考勤卡】模板，如图 7-2(b)所示。

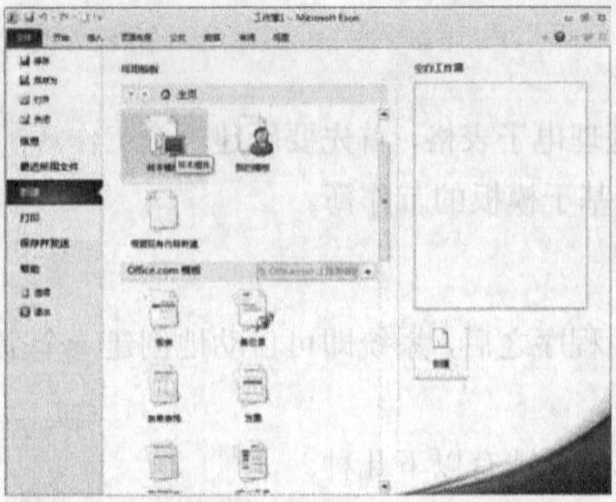

(a) 选择【样本模板】选项

(b) 选择【考勤卡】模板

图 7-2　新建基于模板的工作簿

步骤三：单击【创建】按钮，即可新建一个基于该模板的工作簿，如图 7-3 所示。

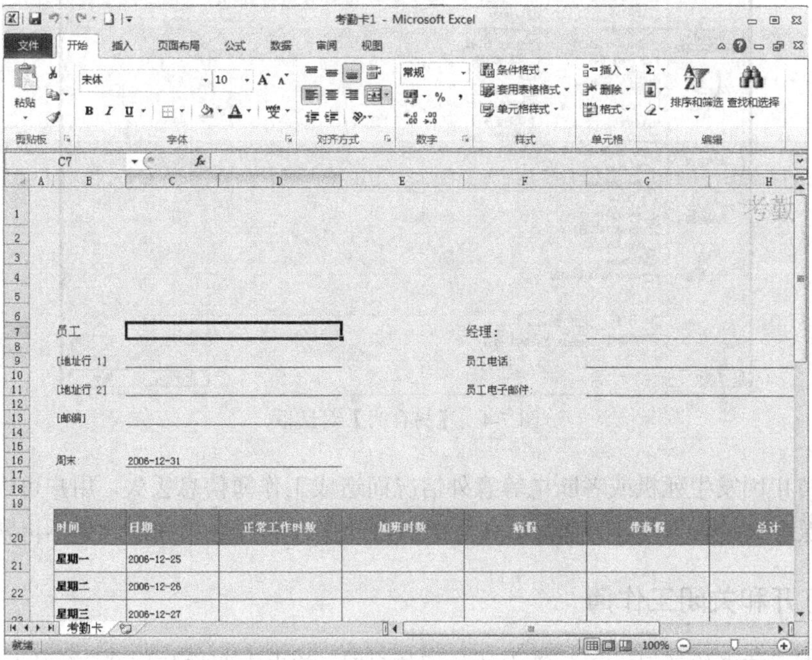

图 7-3 【考勤卡】工作簿

7.1.2 保存工作簿

完成工作簿的创建后，就要将其进行保存以备查看和使用。如果没有保存工作簿便将其关闭，那么下次打开时上次修改的内容将消失。本小节将介绍保存工作簿的方法。

1. 保存工作簿

对于已有的工作簿，用户在对其进行编辑的过程中也需要及时地进行保存。用户可以通过单击【文件】按钮，从弹出的下拉菜单中选择【保存】菜单项对其进行保存，也可以通过单击【快速访问工具栏】中的【保存】按钮或者按下 Ctrl+S 组合键进行保存。

2. 另存工作簿

【保存】是保存正在编辑的文档，【另存为】是将文档再次保存，可以重新设置保存的位置和名称。

步骤一：在工作簿窗口中单击【文件】按钮，在弹出的下拉菜单中选择【另存为】菜单项。

步骤二：随即打开【另存为】对话框，在与当前工作簿不同的保存位置或者输入不同的文件名，然后单击【保存】按钮即可将此工作簿另行保存，如图 7-4 所示。

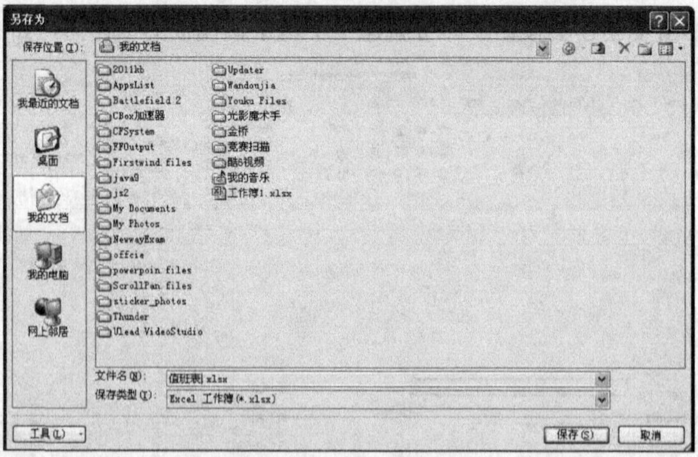

图 7-4 【另存为】对话框

为了防止因发生死机或者断电等意外情况而造成工作簿信息丢失，用户可以为工作簿设置自动保存，设置方法与设置 Word 文档的自动保存的方法相同，此处不再赘述。

7.1.3 打开和关闭工作簿

当要查看或者修改已有工作簿中的数据信息时，首先需要将其打开。而对于编辑完毕、需要保存的工作簿，可以将其关闭，以减少所占用的系统空间。

1．打开工作簿

打开工作簿的具体操作步骤如下。

步骤一：新建一个空白的 Excel 工作簿，在工作簿窗口中单击【文件】按钮，从弹出的下拉菜单中选择【打开】菜单项或者按下 Ctrl+O 组合键。

步骤二：随即打开【打开】对话框，选择所需工作簿的保存位置，在下方的列表框中选中需要打开的工作簿，然后单击【打开】按钮即可将其打开，如图 7-5、7-6 所示。

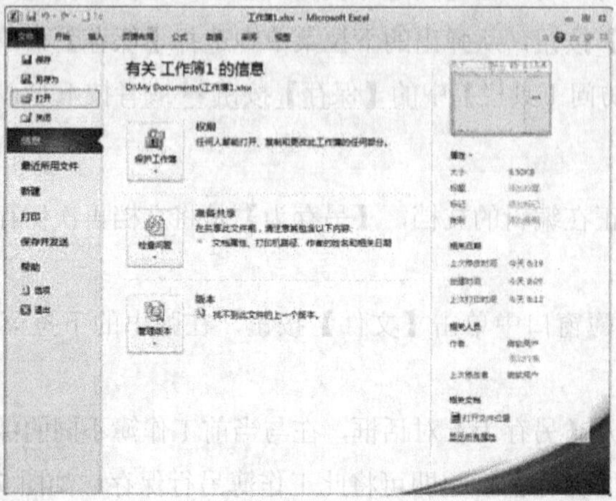

图 7-5 【打开】菜单项

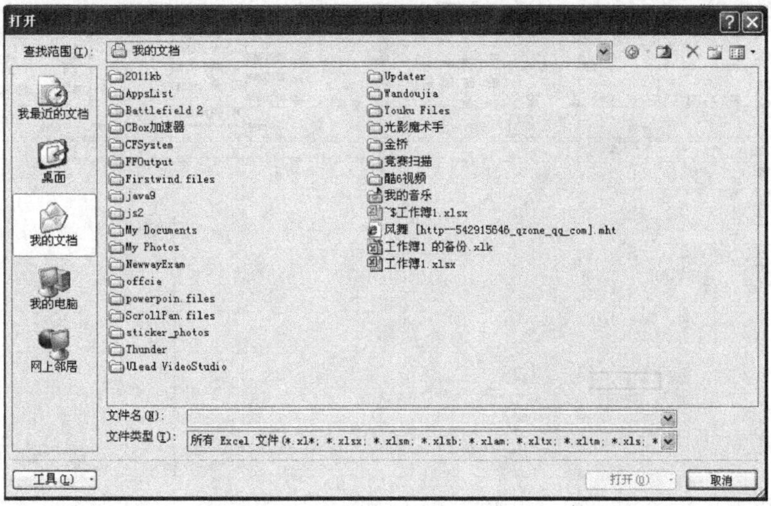

图 7-6 【打开】对话框

2. 关闭工作簿

完成对当前工作簿的编辑操作后，则可以将其关闭。关闭工作簿主要的方法有以下几种方法。

(1) 在工作簿窗口中单击【文件】按钮，从弹出的下拉菜单中选择【关闭】菜单项，如图 7-7 所示。

图 7-7 【关闭】菜单项

(2) 单击标题栏右侧的【关闭】按钮 即可关闭当前工作簿。

(3) 在标题栏中右击，从弹出的快捷菜单中选择【关闭】菜单项，或者按下 Alt+F4 组合键即可关闭当前工作簿，如图 7-8 所示。

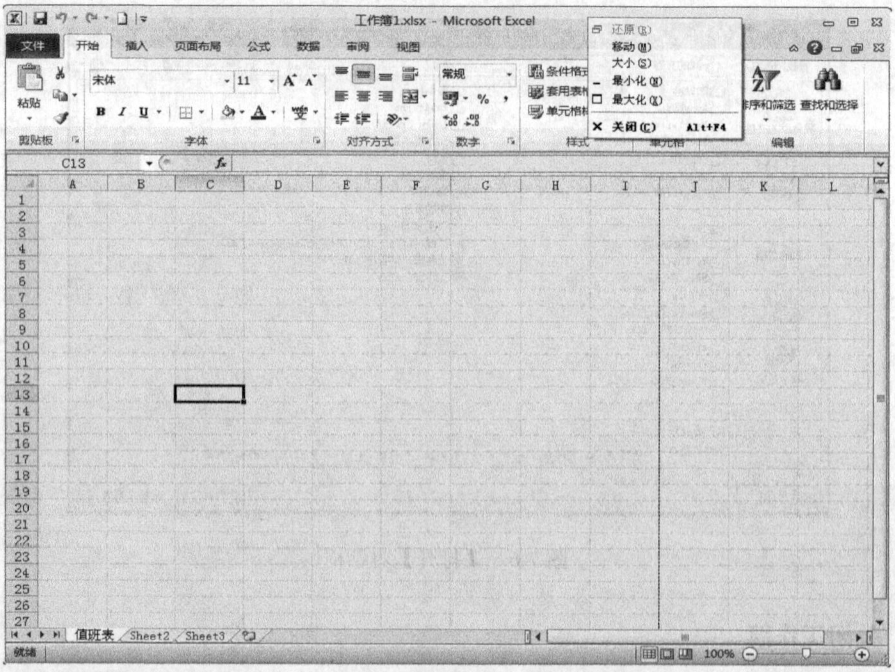

图 7-8　标题栏快捷菜单

7.2　工作表的基本操作

工作簿是由工作表组成的，在使用 Excel 2010 的过程中必须熟练掌握工作表的一些基本操作，主要包括插入工作表、重命名工作表、移动与复制工作表、显示与隐藏工作表以及设置工作表标签颜色等。

7.2.1　插入工作表

在工作簿中如果默认工作表的数量过少，在不改变默认设置的情况下，用户可以插入新的工作表。

插入工作表的方法有以下 3 种。

(1) 使用按钮

单击工作表标签区域中的【插入工作表】按钮，即可插入一个新的工作表 sheet4，如图 7-9 所示。

(2) 使用快捷菜单

步骤一：在任意一个工作表标签上右击，从弹出的快捷菜单中选择【插入】菜单项。

步骤二：随即打开【插入】对话框，切换到【常用】选项卡，选择【工作表】选项，如图 7-10 所示。

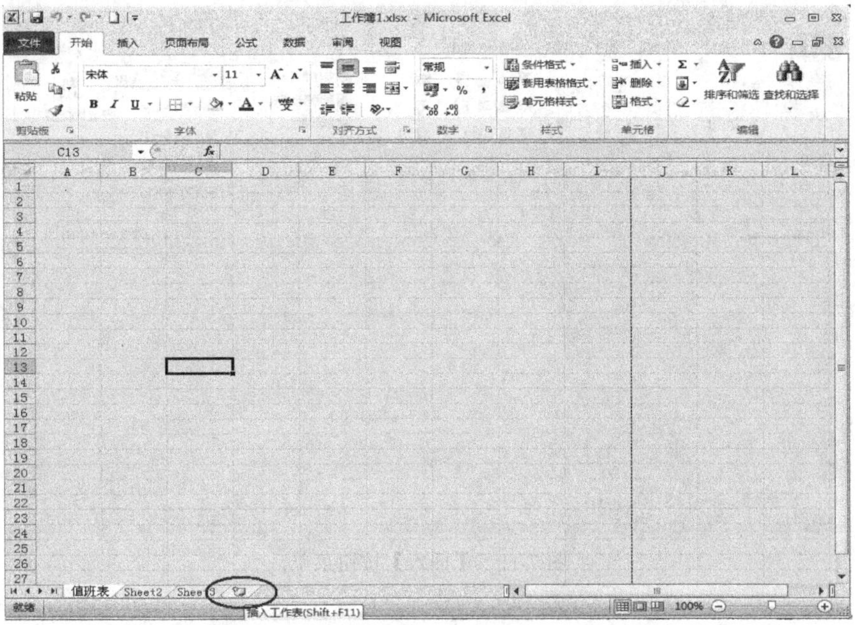

图 7-9　【插入工作表】按钮

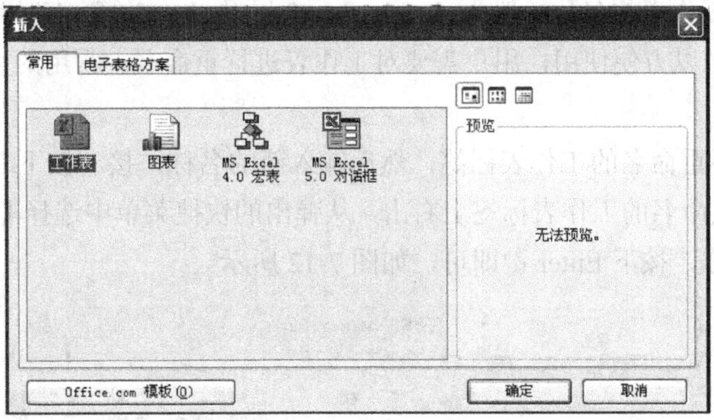

图 7-10　【插入】对话框

步骤三：选择完毕单击【确定】按钮，随即会在所选择的工作表标签前增加新插入的工作表标签。

(3) 使用选项

步骤一：切换到【开始】选项卡，单击【单元格】组中的【插入】按钮 的下三角符 ，在弹出的下拉列表中选择【插入工作表】选项。

步骤二：随即打开【插入】对话框，切换到【常用】选项卡，选择【工作表】选项，此时即可插入一个新的工作表 sheet6，如图 7-11 所示。

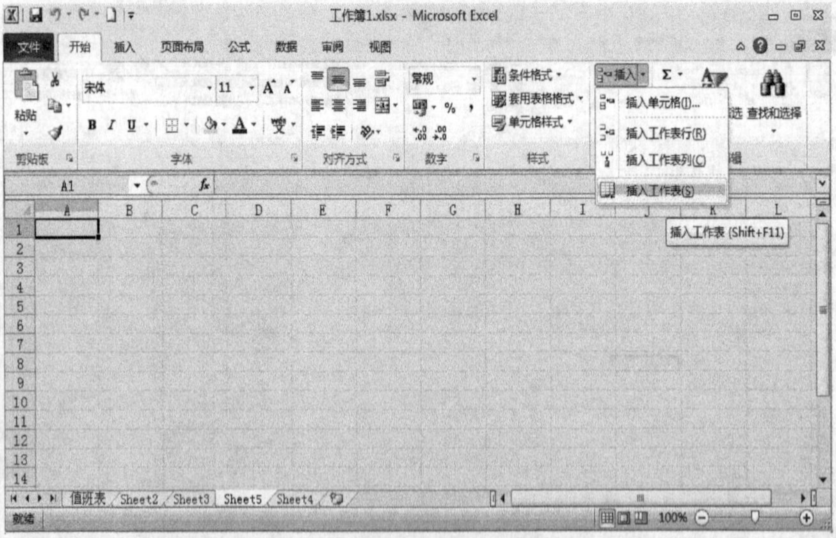

图 7-11　【插入】按钮菜单

7.2.2　重命名工作表

系统默认的工作表的名称一般为 sheetl、sheet2 以及 sheet3 等。有时为了使工作表的名称更具有代表性，以方便使用，用户需要对工作表进行重命名。常用的重命名方式有以下 3 种。

(1) 双击需要重命名的工作表标签，然后输入新的名称，接着按下 Enter 键即可。

(2) 在需要重命名的工作表标签上右击，从弹出的快捷菜单中选择【重命名】菜单项，然后输入新的名称，按下 Enter 键即可，如图 7-12 所示。

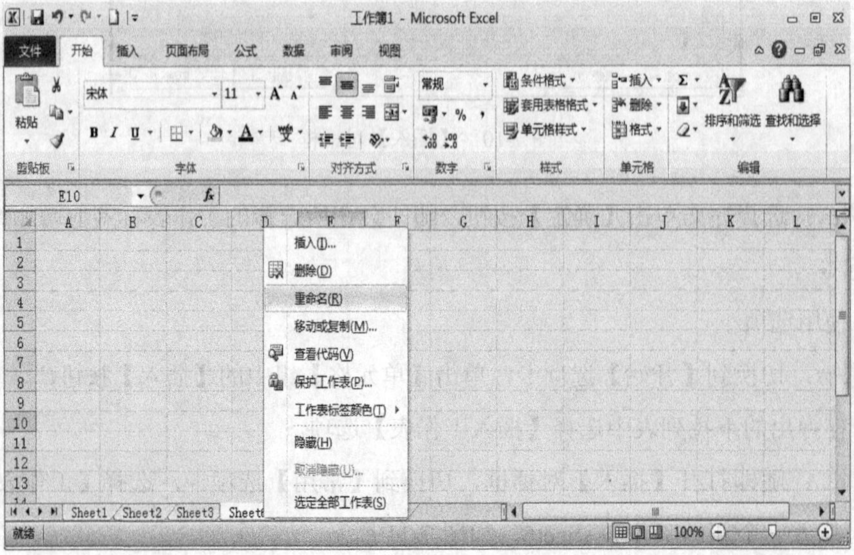

图 7-12　工作表标签重命名快捷菜单

(3) 首先激活需要重命名的工作表，这里激活工作表 Sheet1，切换到【开始】选项卡，在【单元格】组中单击【格式】按钮格式▾，从弹出的下拉列表中选择【重命名工作表】选项。输入新的名称，此处输入“值班表”，然后按下 Enter 键即可，如图 7-13 所示。

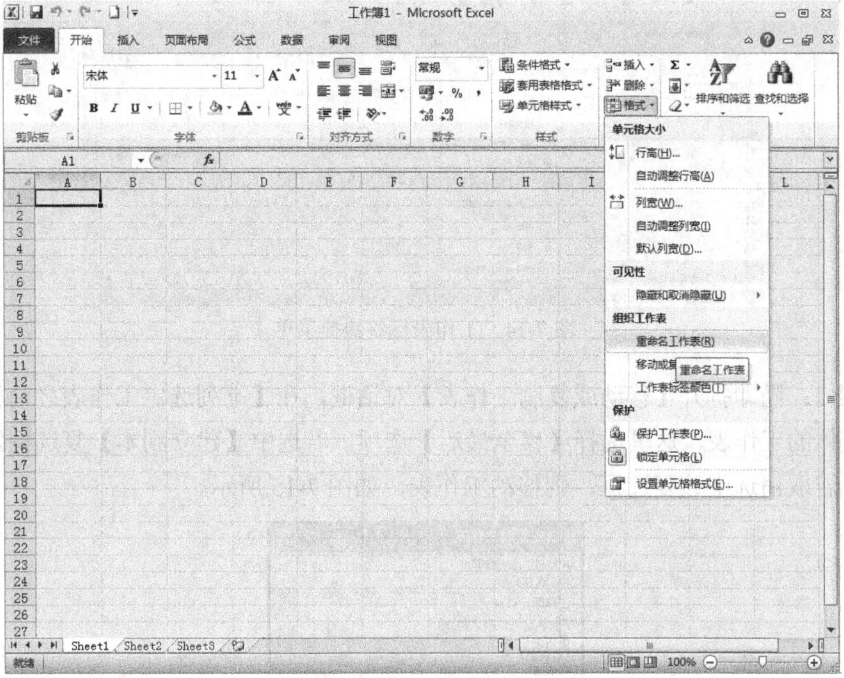

图 7-13　【格式】按钮菜单

7.2.3　移动、复制与删除工作表

移动、复制与删除工作表都是针对工作表做的操作，这些操作能使工作表更加便捷、直观。

1. 移动和复制工作表

(1) 使用鼠标

移动工作表：选中需要移动的工作表标签，待鼠标指针变成形状时，按住鼠标左键，拖曳至合适的位置后释放鼠标即可。

复制工作表：选中需要复制的工作表标签，在按下 Ctrl 键的同时拖曳鼠标，则可将选中的工作表的副本拖曳至目标位置，而原有工作表不发生改变。

(2) 使用快捷菜单

步骤一：选择需要移动的工作表，在该工作表标签上右击，从弹出的快捷菜单中选择【移动或复制工作表】菜单项，如图 7-14 所示。

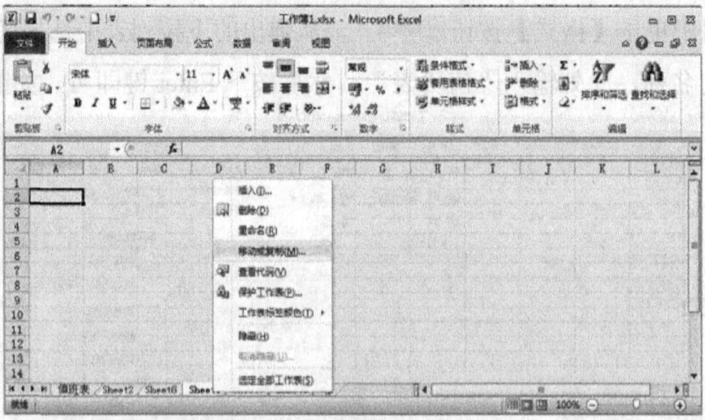

图 7-14　工作表标签快捷菜单

步骤二：随即打开【移动或复制工作表】对话框，在【下列选定工作表之前】列表框中选择具体的工作表，这里选择【移至最后】选项。若选中【建立副本】复选框，则复制工作表；若取消选中该复选框，则移动工作表，如图 7-15 所示。

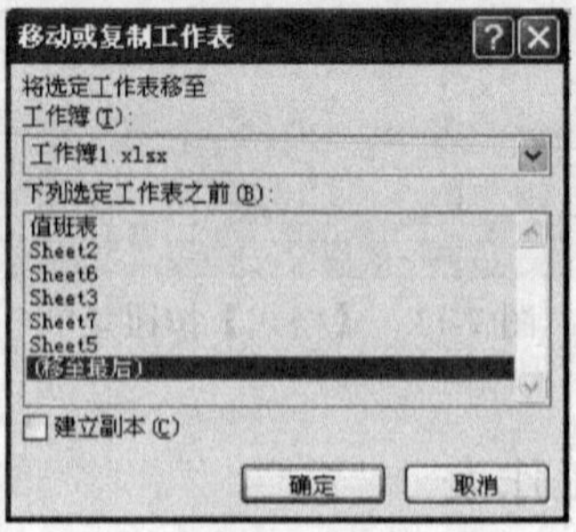

图 7-15　【移动或复制工作表】对话框

步骤三：选择完毕单击【确定】按钮。

2. 删除工作表

(1) 选中需要删除的工作表标签，切换到【开始】选项卡，在【单元格】组中单击【删除】按钮，从弹出的快捷菜单中选择【删除工作表】菜单项即可，如图 7-16 所示。

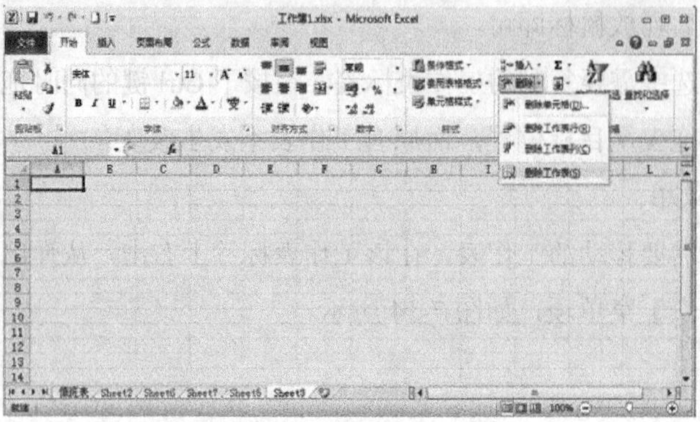

图 7-16　【删除】按钮菜单

(2) 在需要删除的工作表标签上右击，从弹出的快捷菜单中选择【删除】菜单项即可将选中的工作表删除，如图 7-17 所示。

图 7-17　工作表标签快捷菜单

如果用户要删除的工作表中存在数据信息，则在对该工作表执行删除操作时将弹出一个提示对话框，询问用户是否永久删除该工作表中的数据，单击【删除】按钮即可删除该工作表及工作表中的数据信息，如图 7-18 所示。

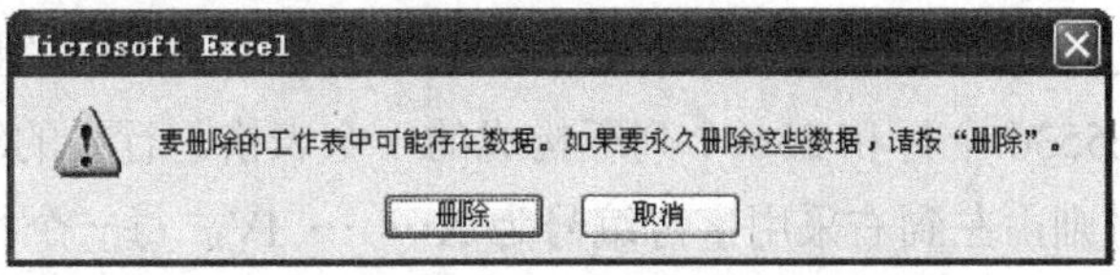

图 7-18　提示对话框

删除选定的工作表之后，其右侧的工作表将成为当前工作表。

7.3　工作簿和工作表的区别

在 Excel 中，工作簿和工作表是两个不同的概念，本小节具体介绍两者之间的区别。

当读者阅读一本书时，首先会看到书名；打开这本书时，会看到书的目录，之后才是各章的具体内容。而各章的内容可以是文字、图形或表格等。在 Excel 系统中，一个工作簿文件就是类似于一本书，在其中又包含了许多工作表，这些工作表就像这本书的章节内容，工作表可以储存不同类型的数据、文本等内容。

工作簿是 Excel 中重要的基础概念之一。工作簿是指在 Excel 环境中用来储存并处理工作数据的文件。在一本工作簿中，可以拥有多张具有不同类型的工作表。在打开一个新的工作簿时，可以看到如图 7-19 所示的窗口。

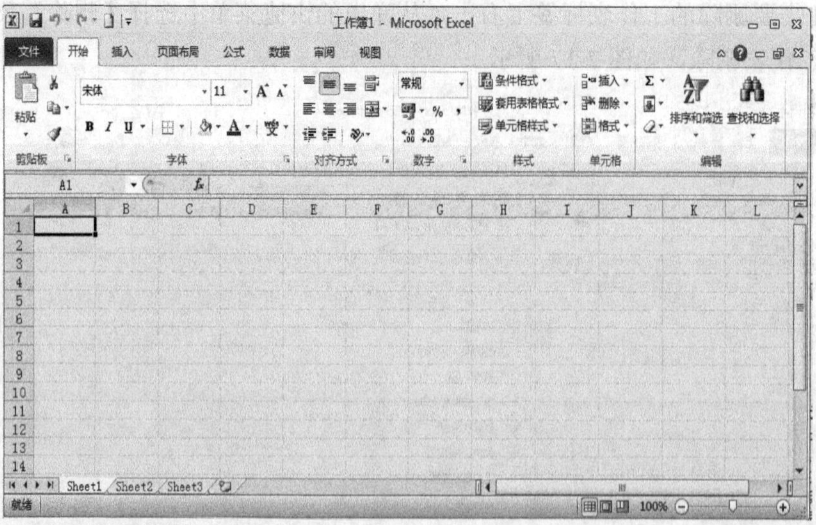

图 7-19　工作簿和工作表

一个工作簿内最多可以有 255 个工作表，工作簿内除了可以存放工作表外，还可以存放宏表、图表等。一个工作簿内，可以有多个工作表，即可以同时处理多张工作表。在默认情况下，每一个工作簿文件会打开 3 个工作表文件，分别以 sheet1、sheet2、sheet3 来命名。工作表的名字显示在工作簿文件窗口底部的选项卡里。用户可以在选项卡上单击工作表的名字，实现同一工作簿中不同工作表之间的切换。如果要查找的工作表名未在底部的选项卡中显示，则可以通过按下选项卡滚动按钮来将它移动到当前的显示选项卡中。

工作表是指由 65536 个行和 256 个列所构成的一个表格。行号的编号是由上自下从 1 到 65536 编号；列号则由左到右采用字母编号为 A… … IV。每一个行、列坐标所指定的位置称为单元格。在一个工作簿文件中，无论有多少个工作表，在将其保存时都将会保存在一个工作簿文件中，而不是按照工作表的个数保存。

7.4　数据的输入

Excel 工作表中主要有两种数据类型，即文字型数据和数值型数据，不同的数据类型所采用的输入方法不同。本节主要介绍文字和数值型数据的输入方法。

7.4.1　输入文字型数据

文字型数据主要是指工作表中的一些文本文字，主要用来作为数值型数据的标签、说明和分类等，如工作表标题、备注内容等。

本小节主要介绍文字型数据的输入方法。

(1) 打开一个工作表，选中单元格 Al，然后直接输入文本内容“值班表”，输入完毕后按下 Enter 键即可。

(2) 用户也可以在编辑栏中输入需要的内容。先选中单元格 A4，然后将鼠标光标定位在编辑栏中并且输入需要的内容，这里输入“编号”，输入完毕按下 Enter 键即可。

按照上述方法按图 7-20 输入其他内容。

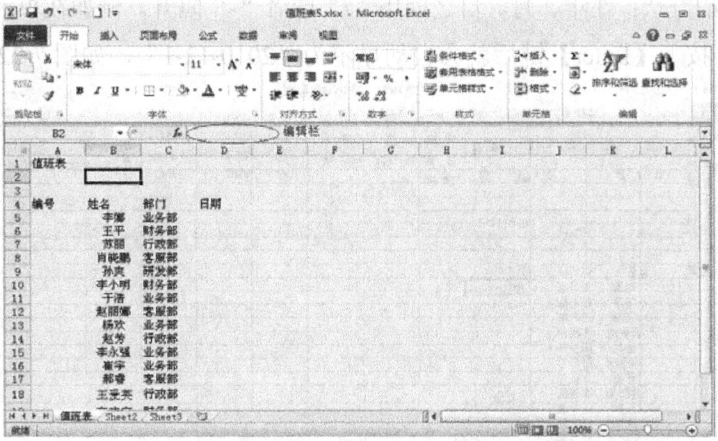

图 7-20　在编辑栏中输入需要的内容

除了上述方法之外，用户还可以使用鼠标双击的方法输入文本内容。只要双击需要输入文本内容的单元格即可将插入点定位到该单元格中，然后直接输入适当的文本内容即可。

7.4.2　输入数值型数据

数值型数据的种类很多，比较常用的有小数、货币、时间和日期以及特殊符号等，用户可以根据实际需要在工作表中输入不同类型的数据。

1. 输入普通数据

默认情况下，用户在工作表中输入的数据都是常规类型的数据，即普通数据，其输入方法与输入文字型数据的方法相同，具体的操作步骤如下。

选中单元格 A5，直接输入需要的数据 1001，输入完毕按下 Enter 键即可。如图 7-21 所示。

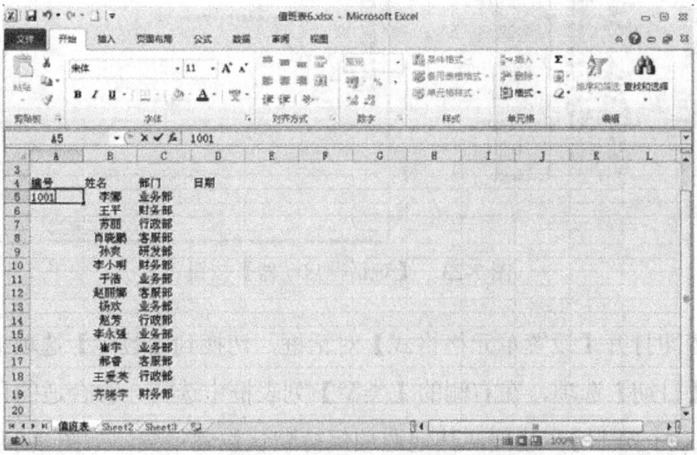

图 7-21　在工作表中输入普通类型的数据

2. 输入时间和日期

(1) 直接输入

输入日期的方法：在年、月、日之间用“/”或者“-”隔开。例如在单元格 D5 中输入“2010-12-1”，按下【Enter】键后就会自动显示为“2010-12-1”，如图 7-22 所示。

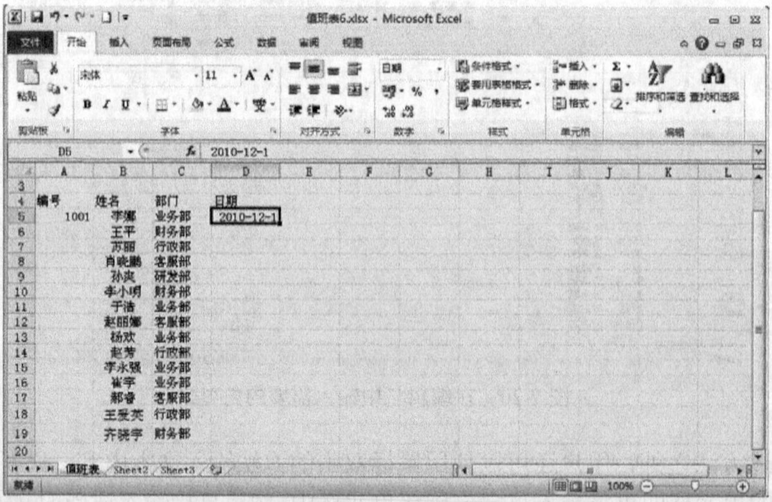

图 7-22　在工作表中输入时间和日期

(2) 以特殊形式显示日期

步骤一：选中单元格区域“D6：D19”，在【开始】选项卡的【数字】选项组中单击【对话框启动器】按钮，如图 7-23 所示。

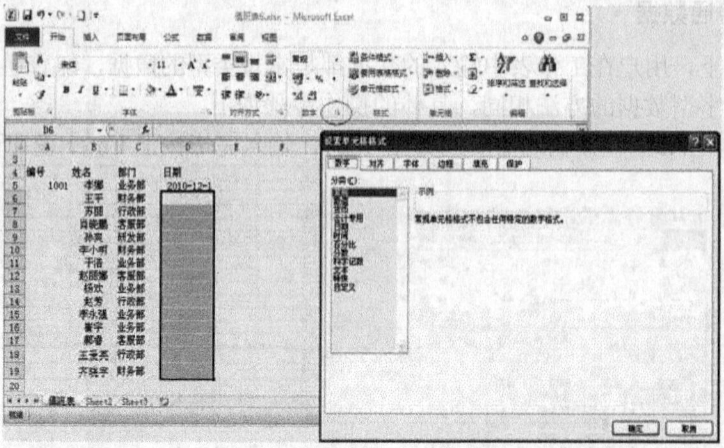

图 7-23　【对话框启动器】按钮

步骤二：随即打开【设置单元格格式】对话框，切换到【数字】选项卡，在【分类】列表框中选择【日期】选项，在右侧的【类型】列表框中选择一种合适的日期类型，这里选择【2001 年 3 月 14 日】 选项，其他选项保持默认设置不变，如图 7-24 所示。

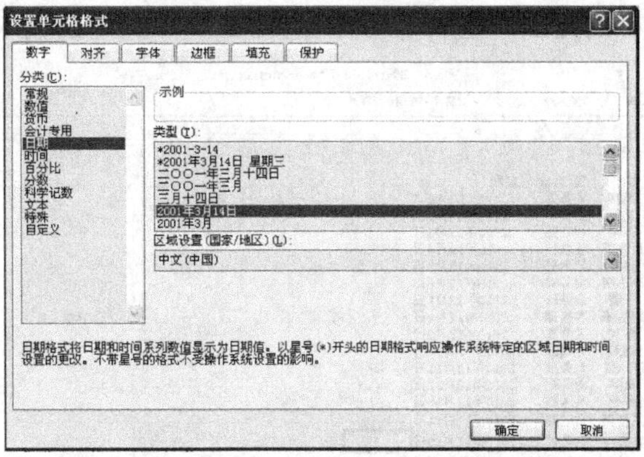

图 7-24　【设置单元格格式】对话框

步骤三：设置完毕单击【确定】按钮，此时在单元格 D6 中输入“2010-12-2”，按下 Enter 键后就会自动显示为“2010 年 12 月 2 日”，如图 7-25、7-26 所示。

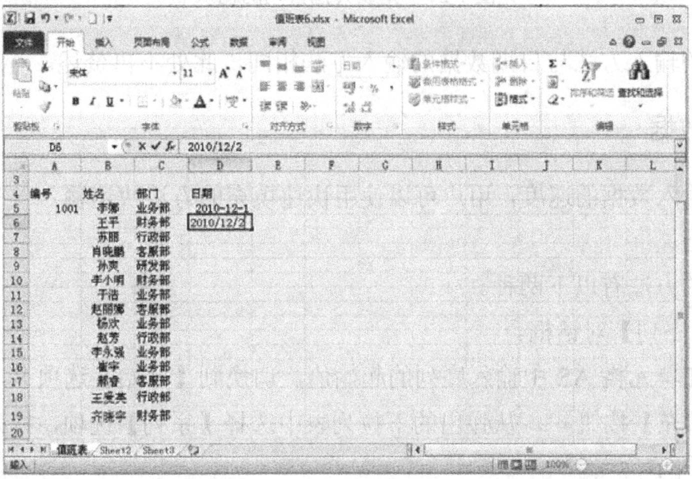

图 7-25　显示按另一种方式输入的日期

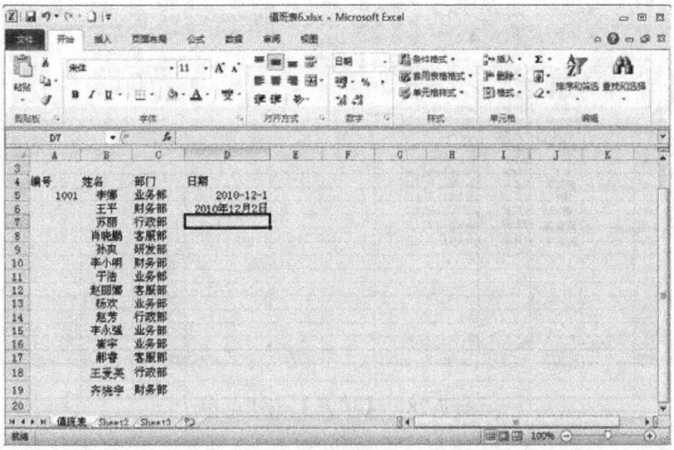

图 7-26　设置完毕在值班表中自动显示日期

步骤四：按照同样的方法，完成单元格区域“D7：D19”的输入，如图 7-27 所示。

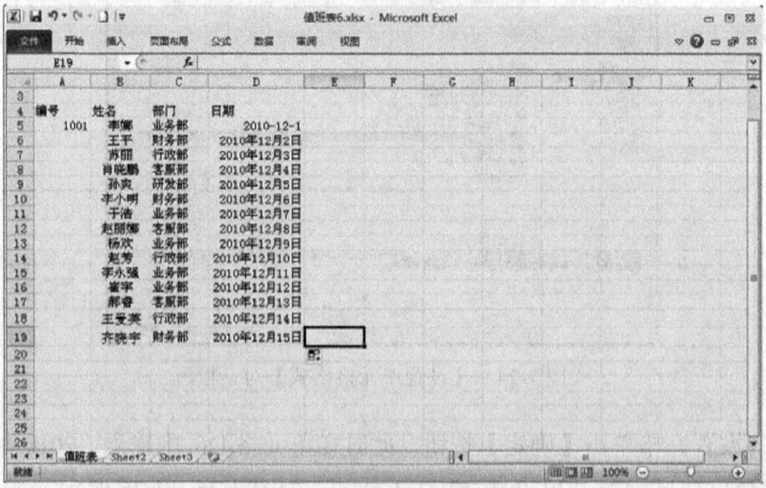

图 7-27　完成其他日期的输入

时间数据的输入方法与日期数据的输入方法相同，此处不再赘述。

7.4.3　填充数据

为了加快输入数据的速度，用户可以使用快速填充的方法快速输入一些具有一定规律或者相同的数据。

填充数据的方法有以下两种。

(1) 使用【序列】对话框。

步骤一：在单元格 A5 中输入序列的起始值，切换到【开始】选项卡，在【编辑】选项组中单击【填充】按钮，从弹出的下拉列表中选择【系列】选项，打开【序列】对话框，如图 7-28 所示。

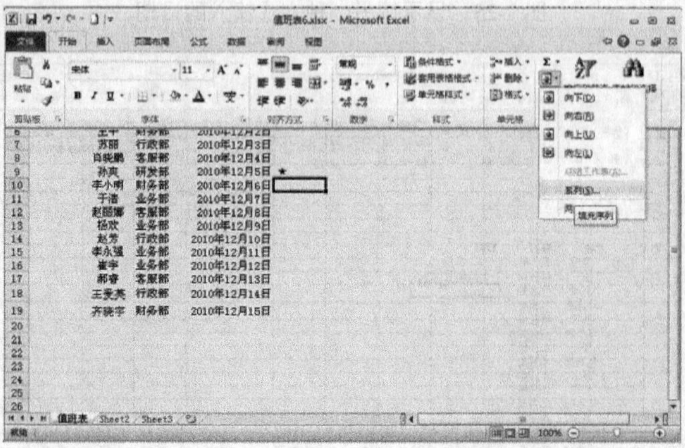

图 7-28　【填充】按钮菜单

步骤二：在【序列产生在】组合框中选择序列的产生位置，在【类型】组合框中选择序列的产生类型，在【步长值】和【终止值】文本框中输入合适的数值，最后单击【确定】

按钮返回工作表即可，如图 7-29 所示。

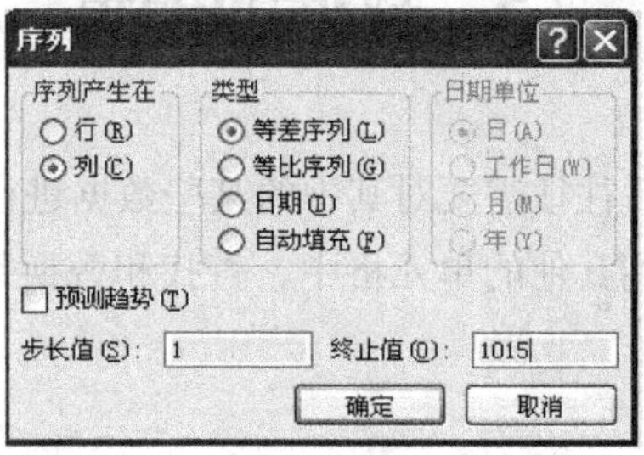

图 7-29　【序列】对话框

(2) 选中单元格 A5，将鼠标指针移至单元格的右下角，当鼠标指针变为“+”形状时，按住鼠标左键，拖至需要的位置释放鼠标，随即弹出【自动填充选项】按钮，在其下拉列表框中选中【填充序列】单选钮即可，如图 7-30、7-31 所示。

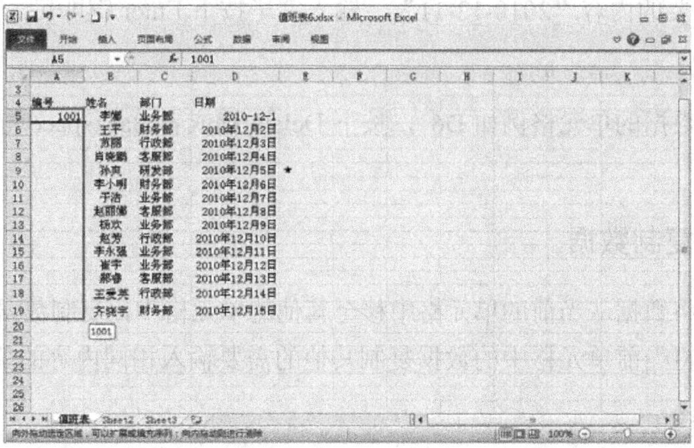

图 7-30　选中自动填充区域

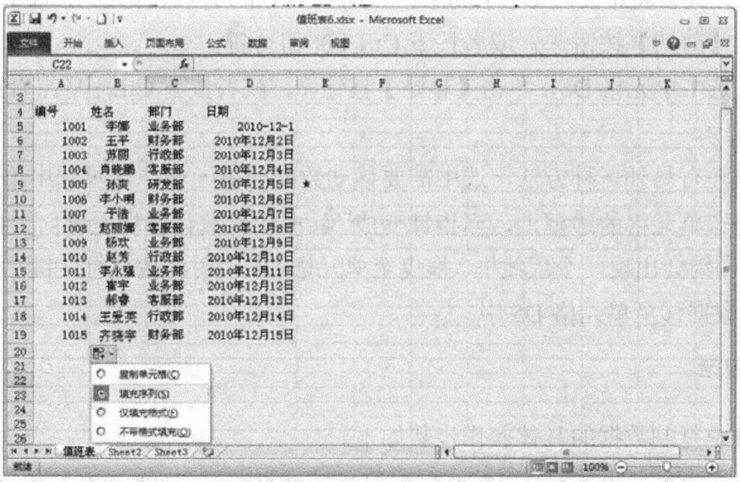

图 7-31　完成自动填充数据

7.5 数据的编辑

在单元格中输入数据之后往往需要对其中的某些数据进行编辑，例如修改或者删除错误的数据、移动和复制数据到其他的单元格中、查找和替换数据等。

7.5.1 修改和删除数据

单元格中出现错误的或者多余的数据时，需要对其进行修改或删除。用户可以在单元格中直接修改数据，也可以在编辑栏中修改数据。

1. 修改数据

例如要将单元格 D5 中的数据“2010-12-1”修改为“2010-12-11”。首先选中单元格 D5，然后输入需要的内容“2010-12-11”，输入完毕按下 Enter 键即可。

2. 删除数据

选中要删除数据的单元格例如 D6 ，按下 Delete 键或者 Backspace 键即可将其中的内容删除。

7.5.2 移动和复制数据

移动数据是将数据从当前的单元格中移至其他的单元格中，复制数据是使用系统提供的复制粘贴功能将当前单元格中的数据复制其他的需要输入相同内容的单元格中。

1. 移动数据

在工作表中移动数据的具体操作步骤如下。

步骤一：在此以将单元格 D5 中的数据移动到 D6 中为例进行介绍，选中单元格 D5 中的数据，单击【剪切】按钮，或者按下 Ctrl＋X 组合键。

步骤二：选中单元格 D6，单击【粘贴】按钮，或者按下 Ctrl＋V 组合键，此时即可完成数据的移动。

移动数据还有另外一种方法，选中需要移动数据的单元格，这里选中单元格 D6，将鼠标指针移至该单元格的边框上，当指针变成“”形状时按住鼠标左键向上拖曳，此时在单元格 D5 的四周会出现一个虚线框。拖曳至单元格 D5 上时释放鼠标左键，此时即可将单元格 D6 中的数据移至单元格 D5 中。

2. 复制数据

在工作表中复制数据的具体操作步骤如下。

步骤一：要将单元格 D5 中的数据复制到单元格 D6 中，则选中单元格 D5 中的数据，单击【复制】按钮或者按下 Ctrl+C 组合键。

步骤二：选中单元格 D6，单击【粘贴】按钮，或者按下 Ctrl+V 组合键，即可完成数据的复制。

复制数据还有另外一种方法，选中需要复制数据的单元格，这里选中单元格 D5 ，将鼠标指针移至该单元格的边框上，当指针变成“✥”形状时按住 Ctrl 键的同时按住鼠标左键向上拖曳，此时在单元格 D6 的四周也会出现一个虚线框，拖曳至单元格 D6 上时同时释放 Ctrl 键和鼠标左键，即可将单元格 D5 中的数据复制到单元格 D6 中。

7.6　单元格的基本设置

单元格是工作表的基本组成单位，也是用户进行操作的最小单位。在 Excel 2010 中，用户可以根据需要设置各个单元格的格式，包括字体格式、对齐方式以及行高、列宽等。

7.6.1　字体格式设置

用户可以为单元格中的数据设置合适的字体、字号以及字体颜色，以达到美化工作表的目的。

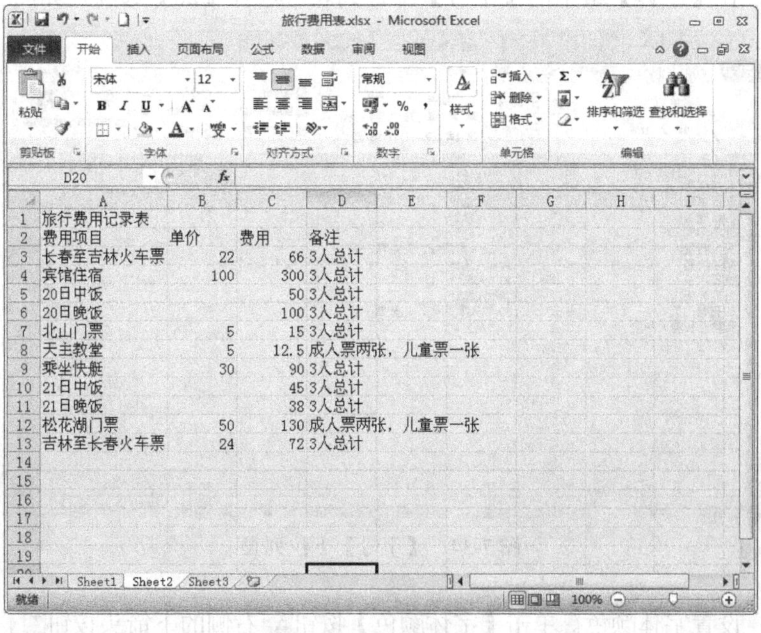

图 7-32　旅行费用表

图 7-32 所示是一个旅行费用表，下面利用该表来说明如何为单元格中的数据设置合适的字体、字号以及字体颜色。

1. 利用【字体】组

步骤一：按图 7-32 所示输入数据。然后选中单元格 A1，切换到【开始】选项卡，在【字体】组中的【字体】下拉列表框中选择【华文新魏】选项，如图 7-33 所示。

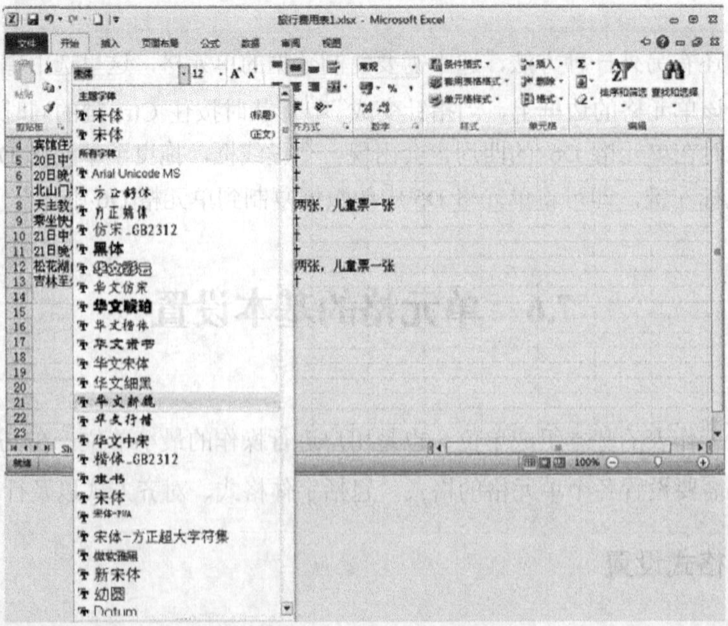

图 7-33　【字体】下拉列表

步骤二：在【字体】组中的【字号】下拉列表中选择【20】选项，如图 7-34 所示。

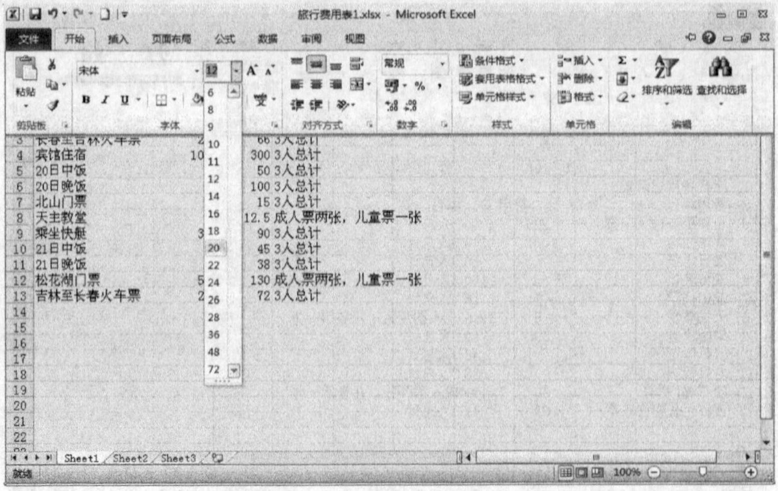

图 7-34　【字号】下拉列表

步骤三：设置字体颜色。单击【字体颜色】按钮右侧的下箭头按钮，从弹出的下拉列表框中选择【绿色】选项，如图 7-35 所示。

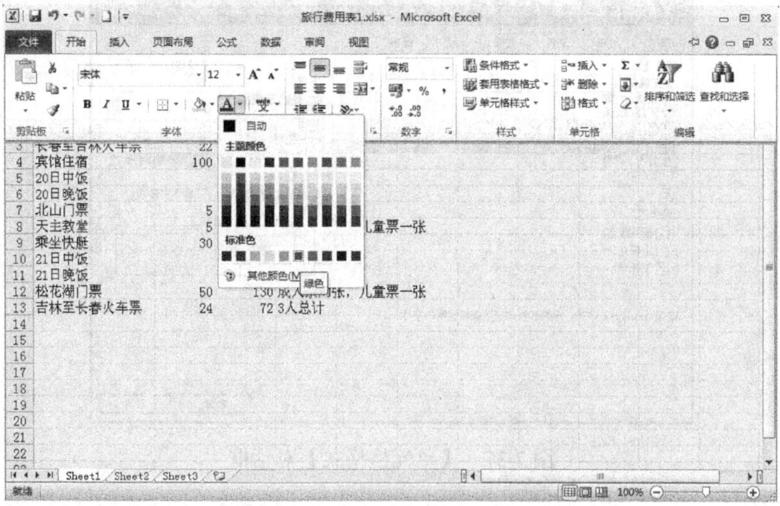

图 7-35　【字体颜色】按钮菜单

2. 利用菜单命令

步骤一：选中单元格区域“A2：D13”，在选中的区域上右击，从弹出的快捷菜单中选择【设置单元格格式】菜单项，打开【单元格格式】对话框，切换到【字体】选项卡，在【字体】列表框中选择【方正姚体】选项，在【字形】列表框中选择【常规】选项，在【字号】列表框中选择【12】选项，在【颜色】下拉列表中选择一种合适的颜色，其他选项保持默认设置，如图 7-36、7-37 所示。

图 7-36　区域快捷菜单

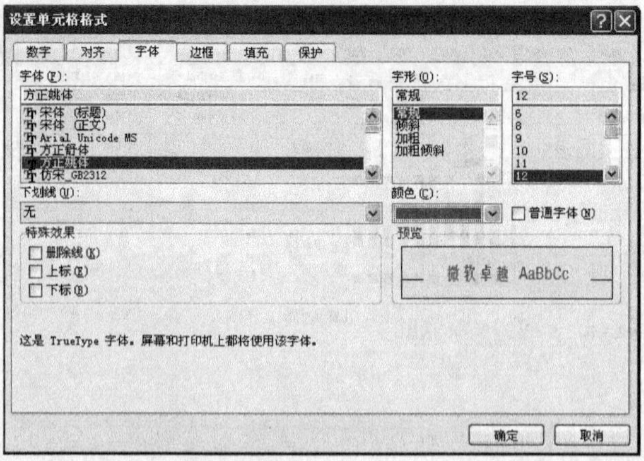

图 7-37　【单元格格式】对话框

步骤二：单击【确定】按钮返回工作表，即可查看所设置的效果。

7.6.2　单元格行高和列宽设置

工作表中的单元格具有默认的行高和列宽，当单元格中的内容较多或数据字符长度较大时，默认的单元格行高或者列宽可能无法将其完整地显示出来，此时就需要设置单元格的行高和列宽。

方法一：打开本小节的原始文件，将鼠标指针移至 A 列和 B 列列标的交界处，当鼠标指针变成✛形状时按住鼠标左键向右拖曳，随着鼠标的拖曳，在指针的上方会显示出不断变化的宽度值。将指针拖曳至合适的位置后释放鼠标，此时即可看到对第一列进行列宽调整之后的效果。

方法二：选中 A 列或者 B 列中的任意一个单元格，在【开始】选项卡的【单元格】组中单击【格式】按钮，从弹出的下拉列表中选择【列宽】选项，如图 7-38、7-39 所示。

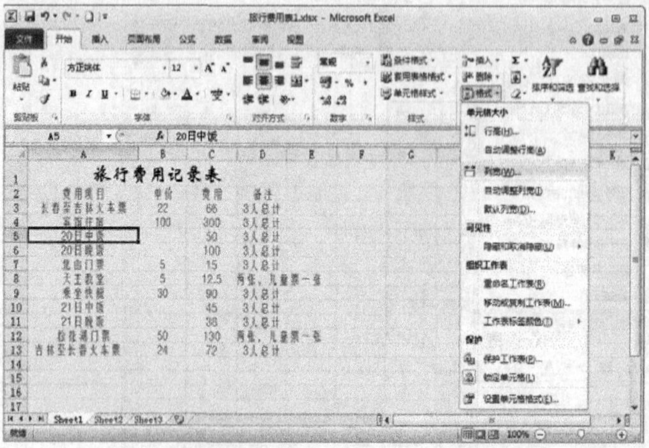

图 7-38　【格式】按钮菜单

图 7-39　【列宽】对话框

方法三：选中 A 列或者 B 列中的任意一个单元格，在【开始】选项卡的【单元格】组中单击【格式】按钮，从弹出的下拉列表中选择【自动调整列宽】选项，如图 7-40 所示。

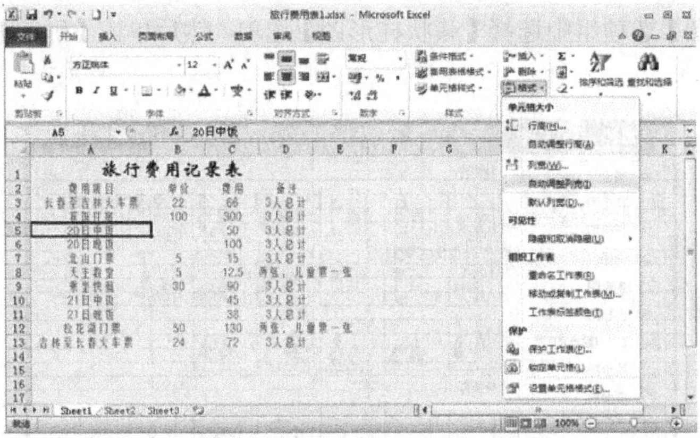

图 7-40　【格式】按钮菜单

7.7　图表的应用

将工作表中的数据以图表的形式表示出来可以更加直观地分析数据之间的关系和数据的变化情况。图表主要由图表区和绘图区组成，图表区主要是指图表的背景区域，绘图区主要是指绘制和显示数据的区域，其中又包括图表标题、网格线、分类轴、数值轴、数据系列和图例等几个组成部分。

Excel 2010 为用户提供了多种图表类型和图表样式，用户可以根据实际需要以工作表中的内容为基础创建出合适的图表。

利用 Excel 2010 提供的图表向导工具创建图表步骤如下。

步骤一：选中用于创建图表的数据区域，这里选中单元格区域“A3：Al3”和“C3：C13”，切换到【插入】选项卡，在【图表】组中单击【对话框启动器】按钮，如图 7-41 所示。

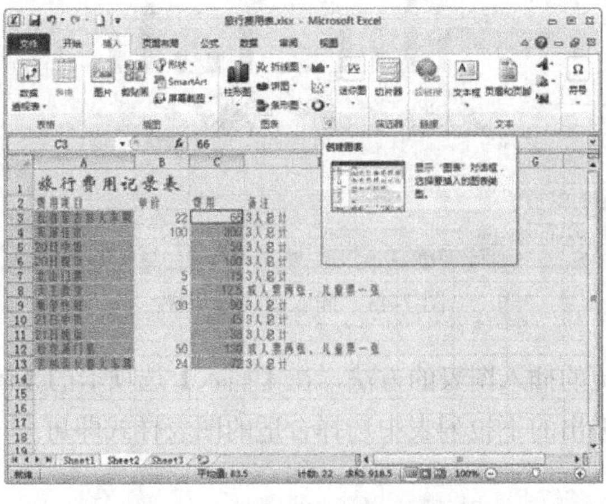

图 7-41　【对话框启动器】按钮

步骤二：随即打开【插入图表】对话框，在左侧的列表框中单击【柱形图】按钮，接着在右侧【柱形图】选项组中选择【簇状柱形图】选项，然后单击【确定】按钮，如图 7-42 所示。

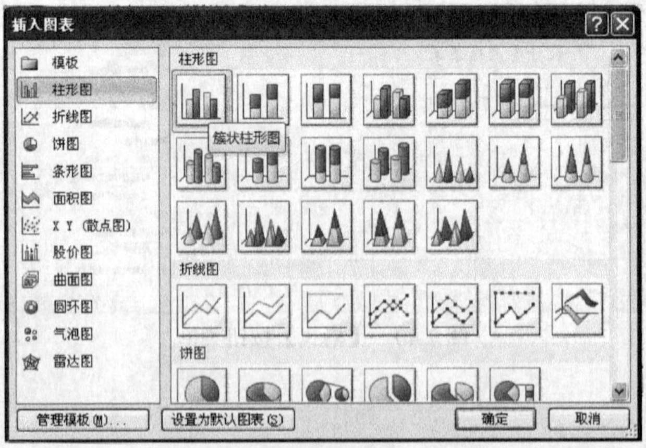

图 7-42　【插入图表】对话框

步骤三：此时即在工作表中插入用户所选样式的图表，并在图表中显示了用户所需要的数据信息，如图 7-43 所示。

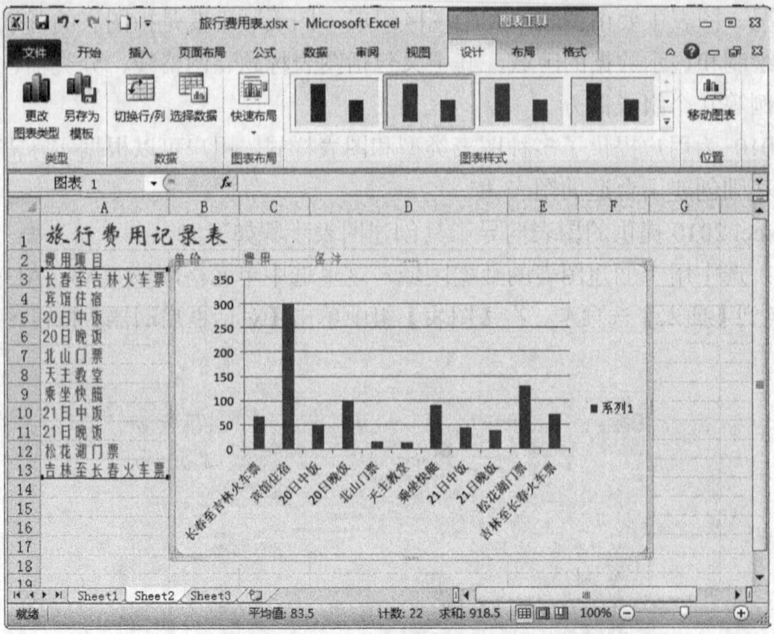

图 7-43　插入图表效果图

还有一种比较快捷的插入图表的方法，在【插入】选项卡的【图表】组中单击不同的图表类型按钮，在其弹出的下拉列表中选择合适的图表样式即可。

7.8　打印工作表

如果用户对所设置的工作表内容满意，即可进行打印操作。打印时，用户可以选择不同的打印机，也可以设置打印的页数以及打印的起始位置等信息。

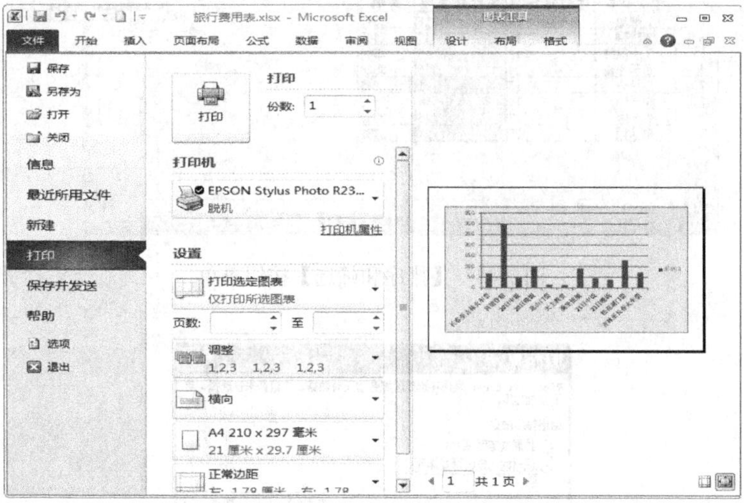

图 7-44　【打印】菜单项

打印操作步骤如下：

步骤一：打开本小节的原始文件，在工作簿窗口中单击【文件】按钮，从弹出的下拉菜单中选择【打印】菜单项。

步骤二：随即在窗口的右侧窗格中即可预览打印效果，单击【打印】按钮即可将工作表打印出来，如图 7-44 所示。

7.9　排序

数据排序的目的是将无序的数据有序化，以方便数据统计和查询等操作。根据排序的复杂程度不同，数据排序包括单列数据的排序和多列数据的排序。

1．单列数据的排序

单列数据排序是数据排序中最简单的一种，将数据按照一定的顺序排列，更便于查找。单列数据排序的具体操作步骤如下。

步骤一：按图 7-45 所示，建立销售统计表，并输入数据，选中需要排序的单元格区域“D3：D10”，然后切换到【开始】选项卡，在【编辑】组中单击【排序和筛选】按钮，从弹出的下拉列表中选择【升序】选项，随即打开【排序提醒】对话框，在【给出排序依据】组合框中选中【以当前选定区域排序】单选钮，如图 7-46 所示。

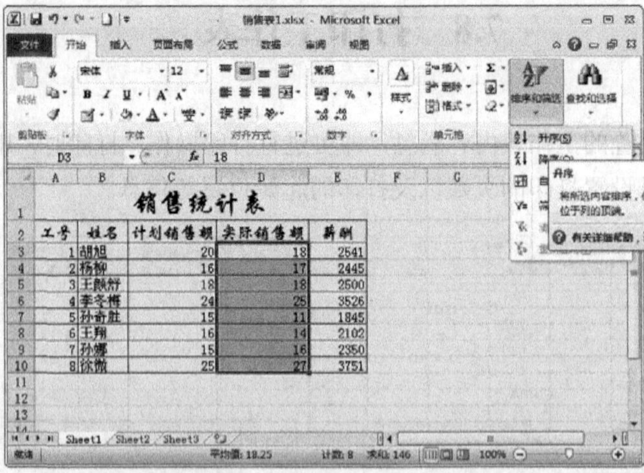

图 7-45　【排序和筛选】按钮菜单

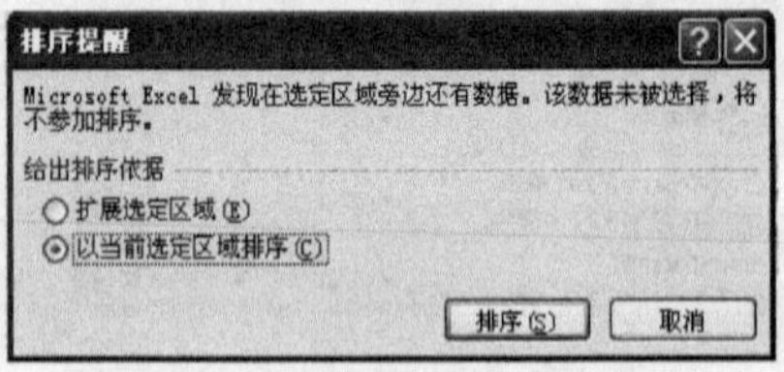

图 7-46　【排序提醒】对话框

步骤二：单击【排序】按钮，对选定区域进行排序，如图 7-47 所示。

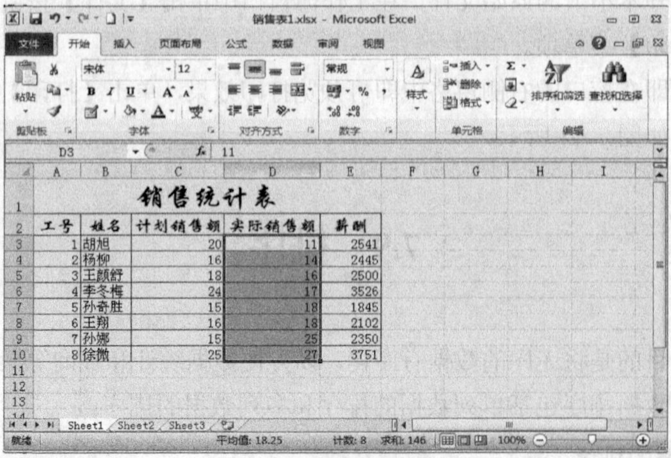

图 7-47　排序效果图 1

2. 多列数据的排序

多列数据的排序是指按照多个排序条件对工作表中的数据进行排序。多列数据的排序具体步骤如下。

步骤一：选中需要排序的单元格区域“A2：E10”，切换到【数据】选项卡，在【排序和筛选】组中单击【排序】按钮，如图 7-48 所示。

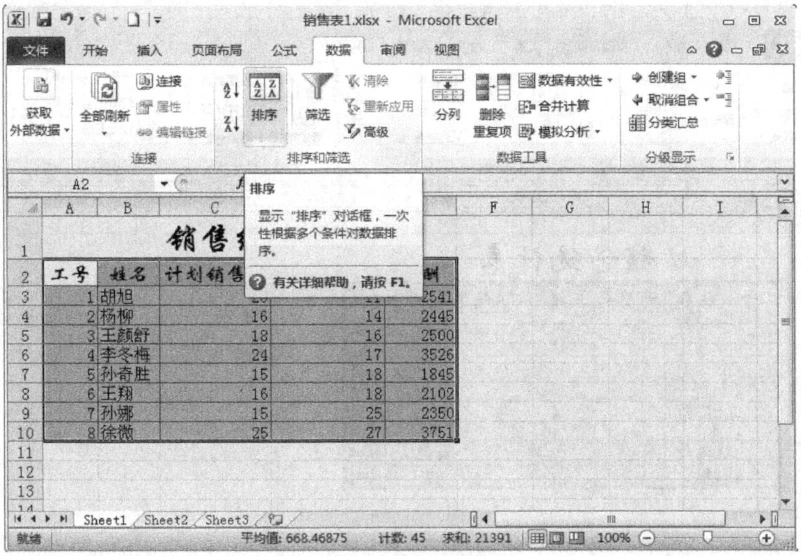

图 7-48　【排序】按钮

步骤二：随即打开【排序】对话框，在【主要关键字】下拉列表中选择【薪酬】选项，其他保持默认设置，如图 7-49 所示。

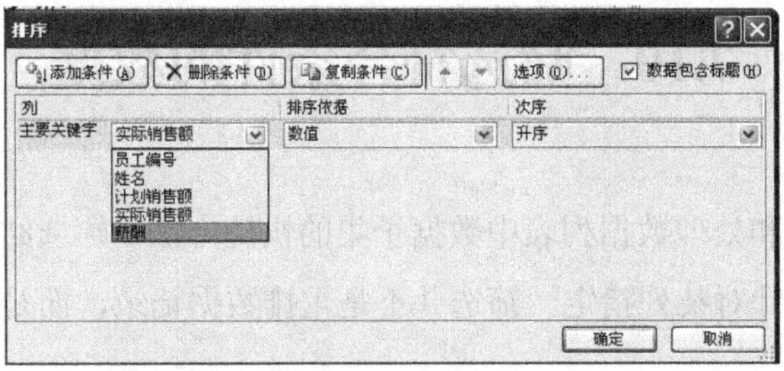

图 7-49　【排序】对话框

步骤三：单击【添加条件】按钮添加一个条件，在【次要关键字】下拉列表中选择【实际销售额】选项，其他保持默认设置，如图 7-50 所示。

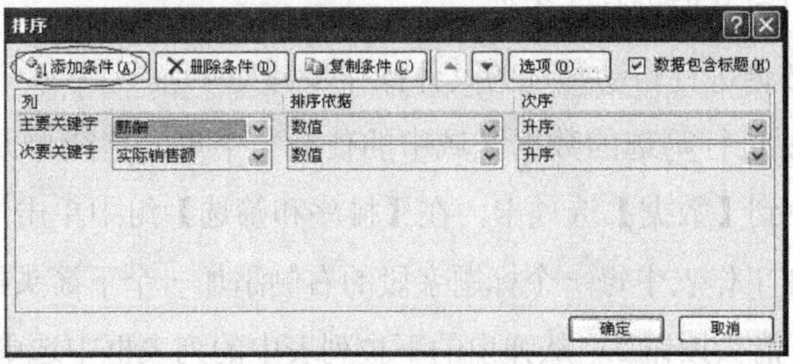

图 7-50　【添加条件】按钮

步骤四：单击【确定】按钮返回工作表，系统会将选中单元格区域内的所有记录按照所设置的关键字进行升序排序，如图 7-51 所示。

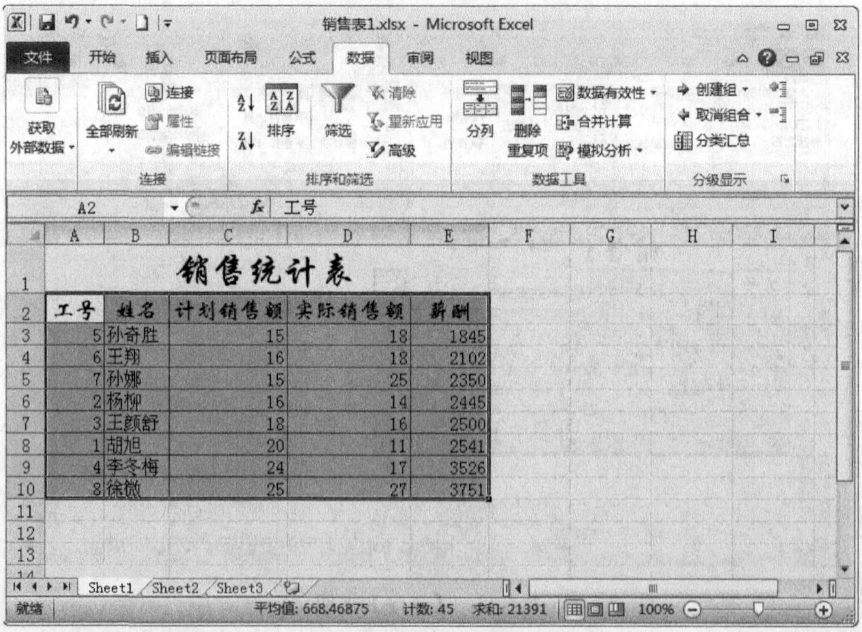

图 7-51　排序效果图 2

7.10　筛选符合条件的数据

筛选功能是查找和处理数据列表中数据子集的快捷方法，筛选结果仅显示满足条件的行，筛选条件由用户针对某列指定。筛选并不是重排数据记录，而是暂时隐藏不必显示的数据行。

1. 使用自动筛选

自动筛选是指用户根据 Excel 2010 提供的筛选类型和方法对工作表中的数据进行筛选，而不需要用户自定义设置筛选条件。

对工作表中的数据进行自动筛选的具体操作步骤如下。

步骤一：选中要进行筛选的数据区域中的任意一个单元格或单元格区域，这里选择“A2：E10”，切换到【数据】选项卡，在【排序和筛选】组中单击【筛选】按钮。

步骤二：此时在工作表中每一个标题字段的右侧添加一个下箭头按钮，单击“销售部门”字段右侧的下箭头按钮，从弹出的下拉列表中的列表框中选中【(全选)】复选框，接着选中【销售一部】复选框，然后单击【确定】按钮，如图 7-52 所示。

图 7-52　筛选下拉列表

步骤三：此时系统便可按照用户指定的筛选条件对工作表中的数据进行筛选，即只显示出与“销售一部”有关的数据信息，如图 7-53 所示。

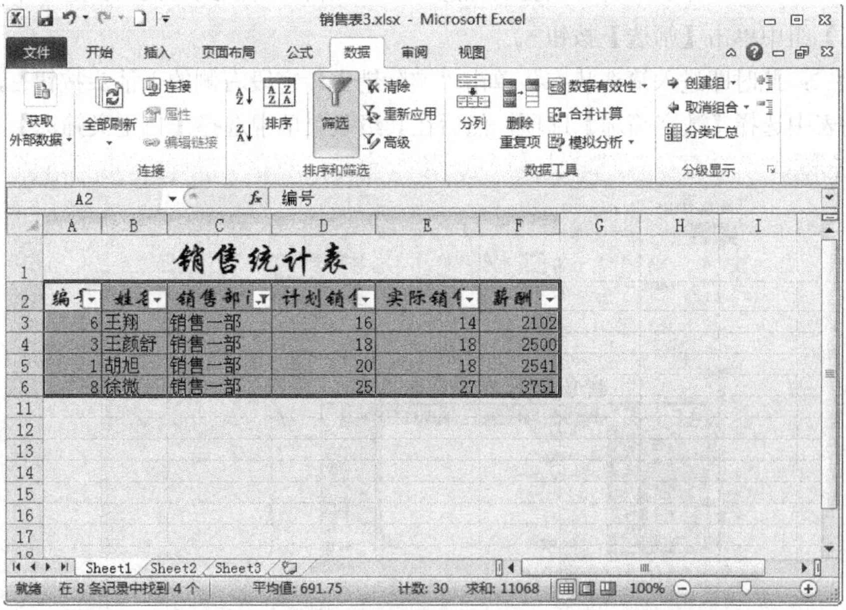

图 7-53　筛选效果图 1

步骤四：筛选后数据清单中的其他数据并未被删除，而是暂时隐藏起来。如果要重新显示全部数据，只要单击“销售部门”字段右侧的下箭头按钮，从弹出的下拉列表中选中【(全选)】复选框，然后单击【确定】按钮即可，如图 7-54 所示。

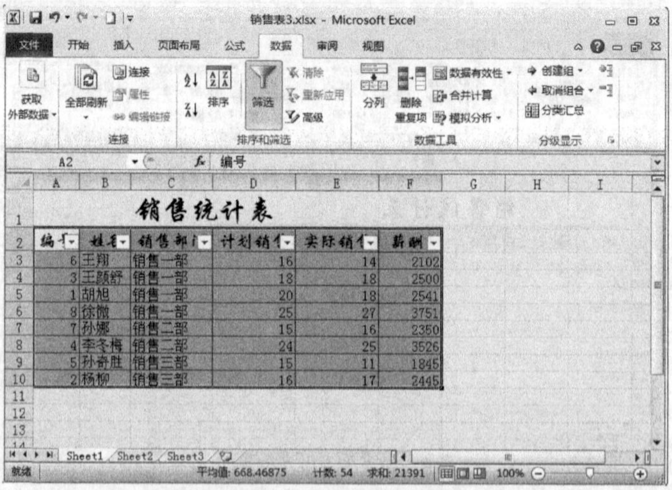

图 7-54　复原效果图

2. 自定义筛选

自定义筛选是指用户可以自定义设置筛选条件，从而可以进行更复杂、更多样化的筛选，筛选数据时也更加灵活。

对工作表中的数据进行自定义筛选的具体操作步骤如下。

步骤一：单击工作表中含有数据的任意一个单元格，切换到【数据】选项卡，在【排序和筛选】组中单击【筛选】按钮。

步骤二：此时即进入筛选状态，单击“实际销售”字段右侧的下箭头按钮，从弹出的下拉列表中选择【数字筛选】选项，然后在其级联菜单中选择【自定义筛选】选项，如图 7-55 所示。

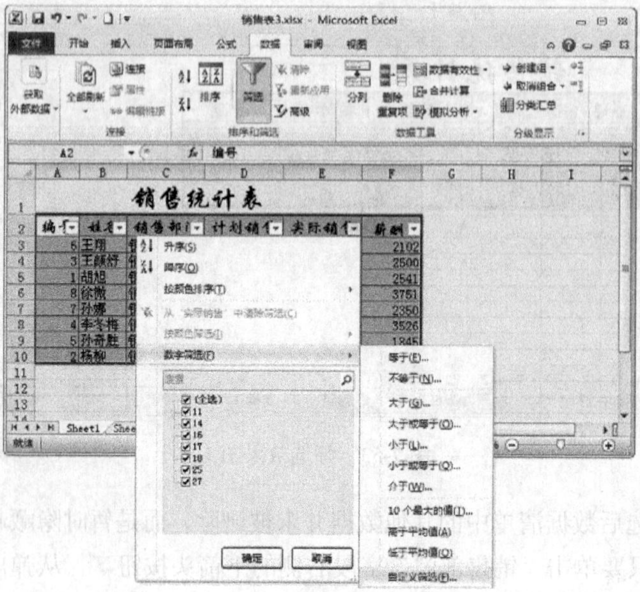

图 7-55　级联菜单

步骤三：打开【自定义自动筛选方式】对话框，在【实际销售额】组合框中的第一个下拉列表中选择【大于】选项，在其右侧的下拉列表文本框中输入 20，选中【与】单选钮，然后在下方的下拉列表中选择【小于】选项，在其右侧的下拉列表文本框中输入 30，然后单击【确定】按钮，如图 7-56 所示。

图 7-56 【自定义自动筛选方式】对话框

步骤四：返回工作表区域，此时系统开始对“实际销售”列中的数据按照用户自定义的条件进行筛选，并将符合条件的数据信息显示出来，如图 7-57 所示。

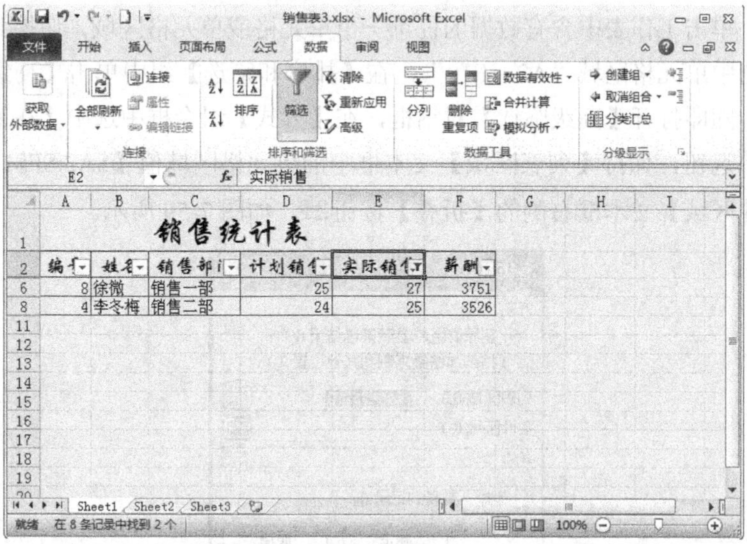

图 7-57 筛选效果图 2

3. 高级筛选

高级筛选是指用户可以在工作表中不含数据的区域设置一个筛选条件区域，然后根据该区域中的筛选条件对工作表中的数据进行筛选，可以筛选出同时满足两个或者两个以上条件的数据。对工作表中的数据进行高级筛选的具体操作步骤如下。

步骤一：切换到【数据】选项卡，在【排序和筛选】组中单击【筛选】按钮，在数据列表的空白区域中创建一个“薪酬大于等于 2000 且小于等于 3000”的条件区域，如图 7-58 所示。

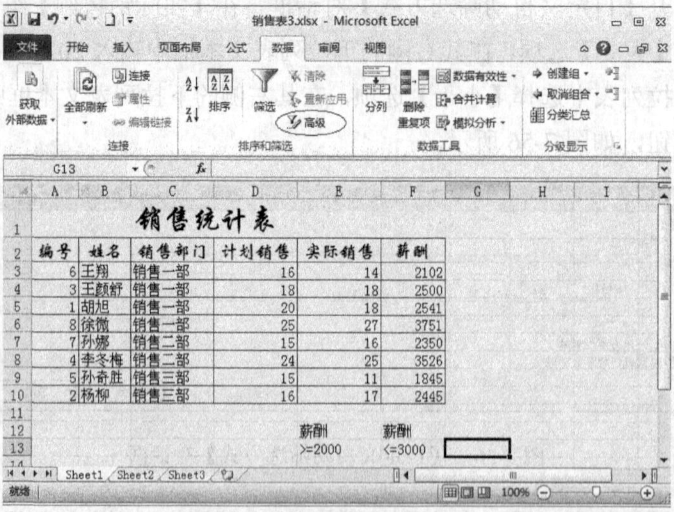

图 7-58　创建条件区域

步骤二：单击工作表中含有数据的任意一个单元格或单元格区域，切换到【数据】选项卡，这里选中单元格区域“A2：F10”，在【排序和筛选】组中单击【高级】按钮。

步骤三：随即打开【高级筛选】对话框，在【方式】组合框中选中【在原有区域显示筛选结果】单选钮，保持【列表区域】文本框中的单元格区域值【$A2:$F$10】不变，然后单击【条件区域】文本框右侧的【折叠】按钮，如图 7-59 所示。

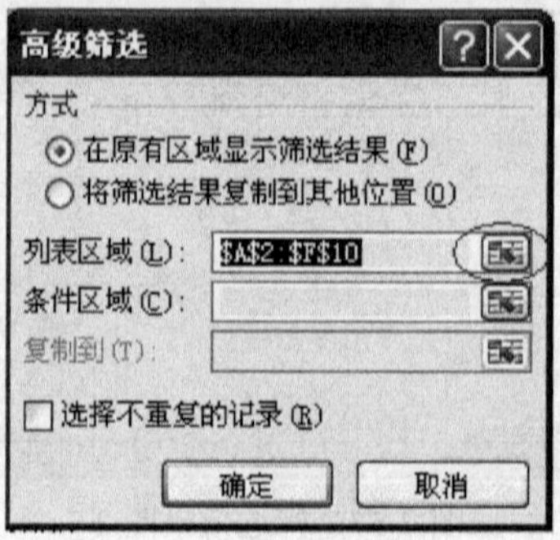

图 7-59　【折叠】按钮

步骤四：此时即可将该对话框折叠起来，在工作表区域拖曳鼠标选中筛选条件区域“E12：F13”，然后单击【高级筛选-条件区域】对话框中的【展开】按钮，如图 7-60 所示。

图 7-60　【展开】按钮

步骤五：此时即可展开【高级筛选】对话框，并在【条件区域】文本框中显示出条件区域的单元格范围，单击【确定】按钮，如图 7-61 所示。

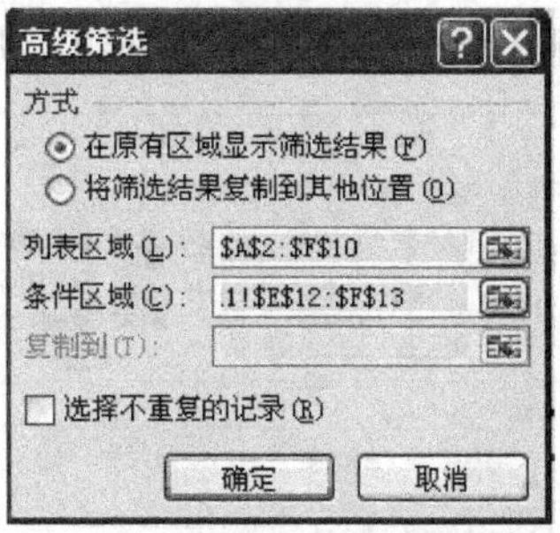

图 7-61　【高级筛选】对话框

步骤六：返回工作表区域，此时即可显示出符合条件的筛选结果，即工资大于等于 2000 并且小于等于 3000 的数据信息，如图 7-62 所示。

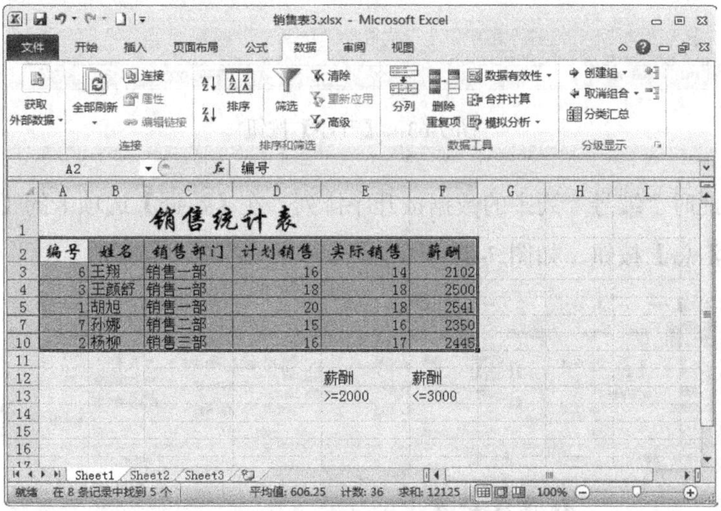

图 7-62　高级筛选效果图

用户在设置筛选条件时必须保证筛选条件中所添加的列标题与要进行筛选的单元格区域中的列标题一致，否则系统将无法进行筛选操作。

7.11　分类汇总

分类汇总是对数据表格进行管理的一种方法。汇总的内容由用户指定，既可以汇总同一类记录的记录总数，也可以对某些字段值进行计算。通过对数据进行汇总可以完成一些基本的统计工作。

简单分类汇总是对工作表中某一列的数据进行排序之后按照一种方式对其进行分类汇总的一种方法。对工作表中的数据进行简单分类汇总的具体操作步骤如下。

步骤一：单击需要进行排序的列中含有数据的任意一个单元格，这里单击单元格 A3，切换到【数据】选项卡，在【排序和筛选】组中单击【升序】按钮，如图 7-63 所示。

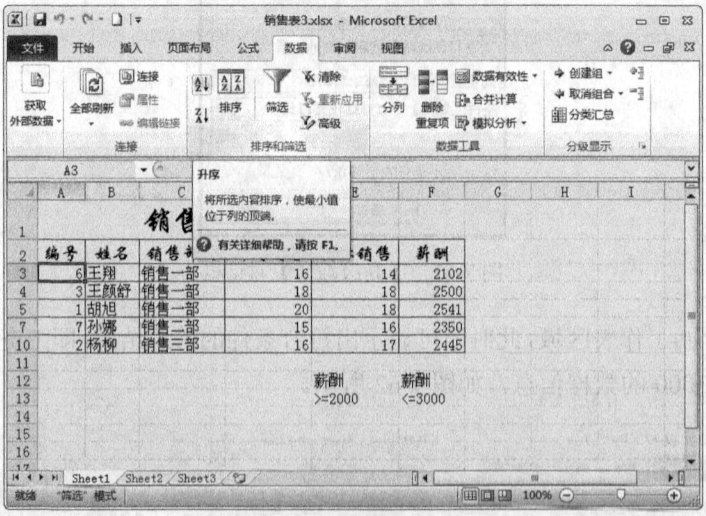

图 7-63　【升序】按钮

步骤二：此时“编号”列中的数据按升序排列，在【数据】选项卡的【分级显示】组中单击【分类汇总】按钮，如图 7-64 所示。

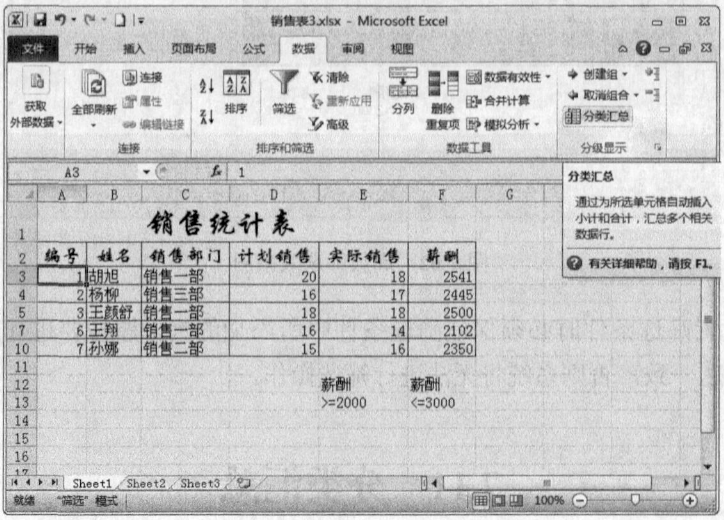

图 7-64　【分类汇总】 按钮

步骤三：随即打开【分类汇总】对话框，在【分类字段】下拉列表中选择【销售部门】选项，在【汇总方式】下拉列表中选择【求和】选项，在【选定汇总项】列表框中选中【薪酬】复选框，其他选项保持默认设置不变，然后单击【确定】按钮，如图 7-65 所示。

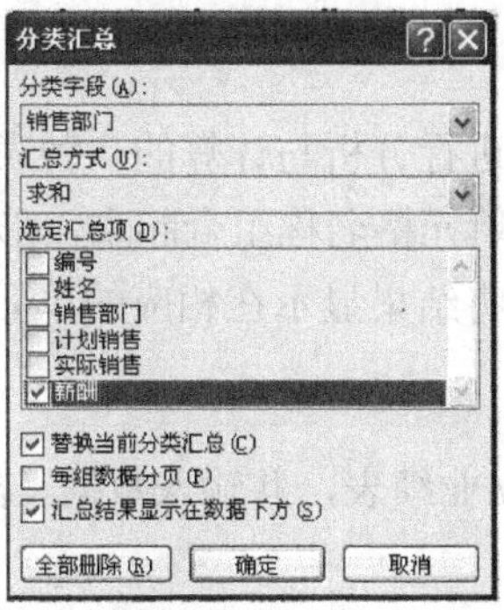

图 7-65　【分类汇总】对话框

步骤四：单击【确定】按钮，返回工作表，即可得到选定数据区域显示分类汇总的结果，如图 7-66 所示。

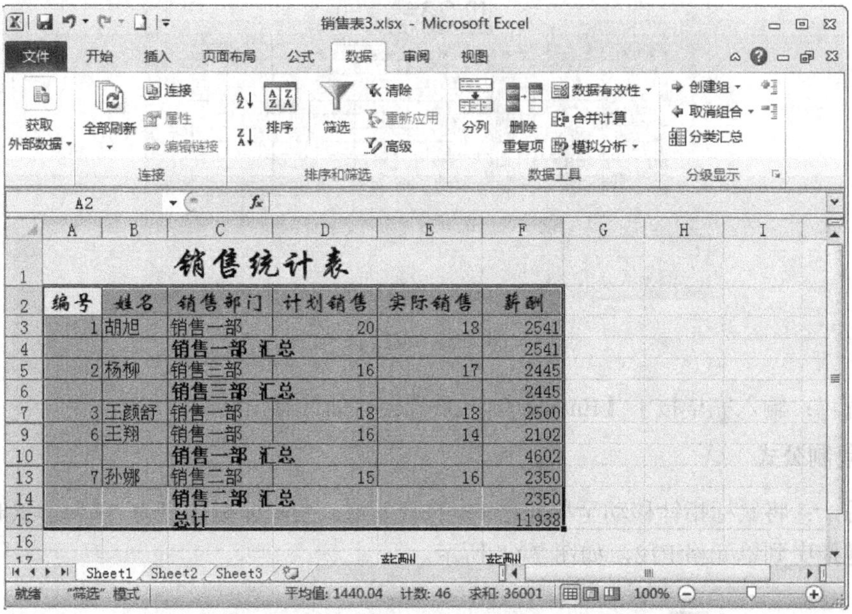

图 7-66　【分类汇总】效果图

如果用户不再需要显示分类汇总，则可以将其删除，打开【分类汇总】对话框，单击【全部删除】按钮即可。

7.12　公式与函数的使用

在 Excel 2010 中，用户可以使用公式与函数对数据进行各种复杂的计算。使用公式是计算工作表中数据最有效的方法，函数是公式在使用过程中的一种工具。熟练地使用公式与函数可以快速地对工作表中的数据进行各种处理与分析操作，有利于提高工作效率。

7.12.1　使用公式

公式是指对工作表中的数值进行分析与计算的一种表达式，通常是以等号开始的，然后运用各种运算符号将常量或者单元格名称组合起来，形成公式的表达式，Excel 2010 会自动地计算该表达式的结果，并将结果显示在相应的单元格中。

1. 输入公式

步骤一：按图 7-67 所示建立业绩表，并输入数据。然后在单元格 F3 中输入公式“=D3*E3”。

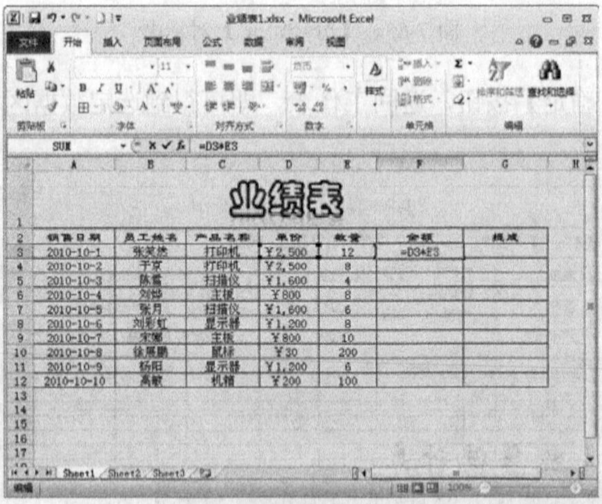

图 7-67　业绩表

步骤二：输入完毕按下【Enter】键，系统会自动计算出结果。

2. 复制公式

步骤一：将鼠标指针移动至单元格 F3 的右下角，当鼠标指针变为“+”形状时，按下鼠标左键拖曳到单元格 F12，如图 7-68 所示。

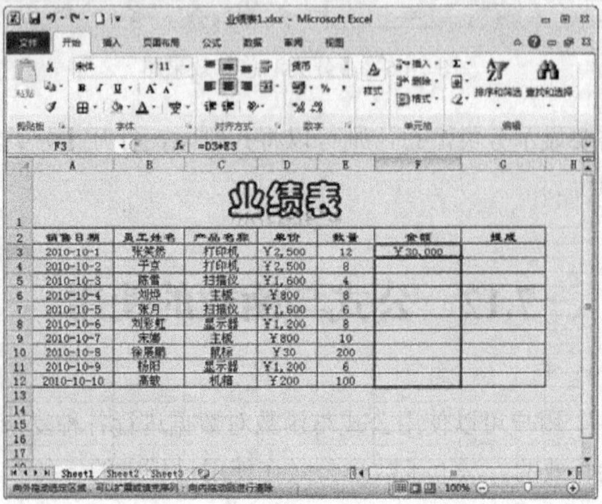

图 7-68　选定区域

步骤二：释放鼠标即可完成公式的复制，同时相应的计算结果显示在 Excel。

7.12.2 函数应用实例

函数是公式中可以使用的一种内部工具，是一些预定义的公式。使用函数可以简化公式，并完成很多复杂的计算。

1. 使用常用函数

Excel 2010 提供了大量的内置函数，按照其所属的类别可以将这些函数分为 10 类，分别是财务函数、逻辑函数、文本函数、日期与时间函数、查找与引用函数、数学和三角函数、统计函数、工程函数、多维数据集函数和信息函数，每一类函数中又包含不同的子类别函数。

(1) 日期与时间函数

日期和时间函数用来分析或者操作公式中与日期和时间有关的数值，主要有 DATE 函数、DATEVALUE 函数、DATEDIF 函数、DAY 函数、TIME 函数以及 HOUR 函数等。日期函数用于分析或操作公式中与日期有关的值；时间函数用于分析或操作公式中与时间有关的值。

(2) 查找与引用函数

在大量的数据中查找某些信息或者需要引用单元格、单元格区域或工作表时，则需要用到查找与引用函数。

步骤一：在单元格 E13 中输入“合计：”，然后选中单元格 F13，在编辑栏中输入“=”，然后输入求和函数“SUM()”。

步骤二：选中单元格区域“F3： F12”，此时即可看到在单元格 F13 中输入了完整的函数，如图 7-69 所示。

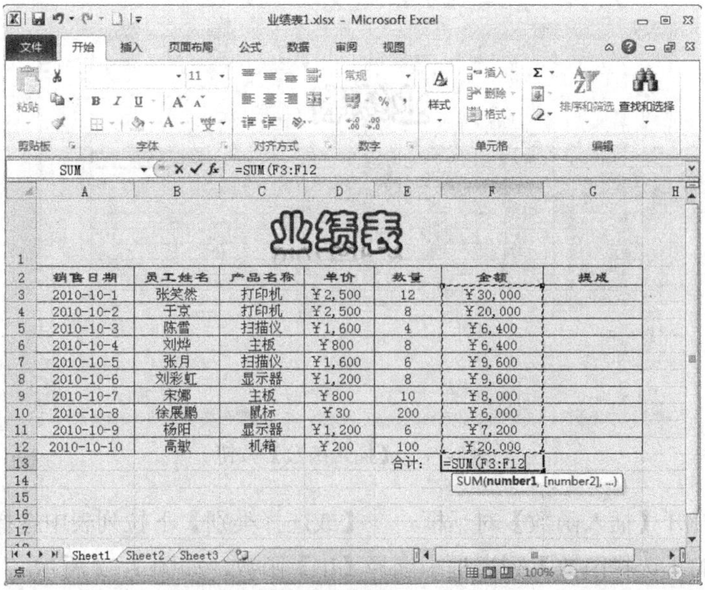

图 7-69 输入公式

步骤三：按下【Enter】键即可得出计算结果，如图 7-70 所示。

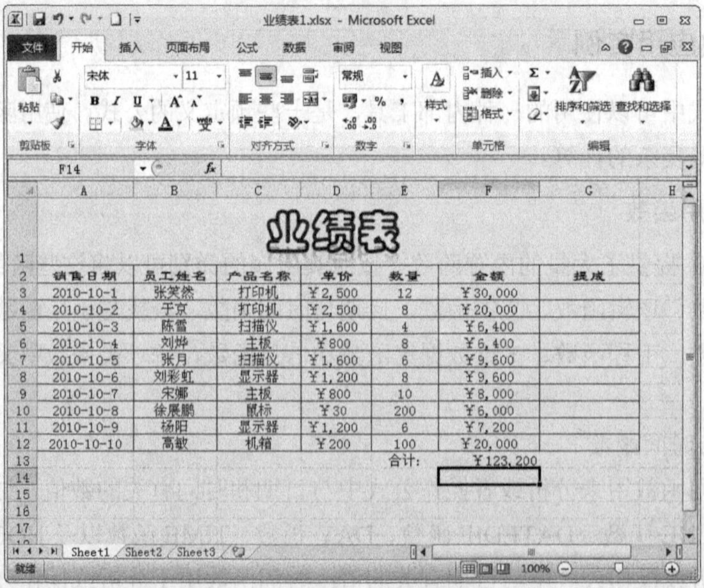

图 7-70　输入公式效果图

2. 输入嵌套函数

有时用户需要将某一个公式或者函数返回的值作为另外一个函数的参数来使用，这样的函数被称为嵌套函数。使用嵌套函数的具体操作步骤如下。

步骤一：选中单元格 G3，在编辑栏中单击【插入函数】按钮 fx，如图 7-71 所示。

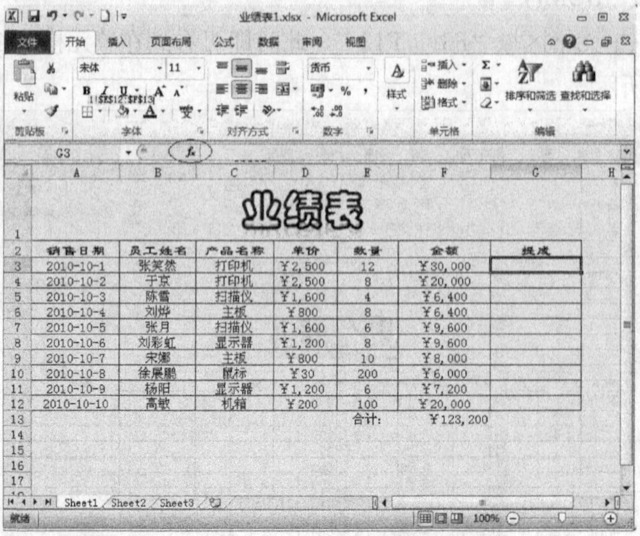

图 7-71　【插入函数】按钮

步骤二：打开【插入函数】对话框，在【或选择类别】下拉列表中选择【常用函数】选项，在下方的【选择函数】列表框中选择【IF】函数，如图 7-72 所示。

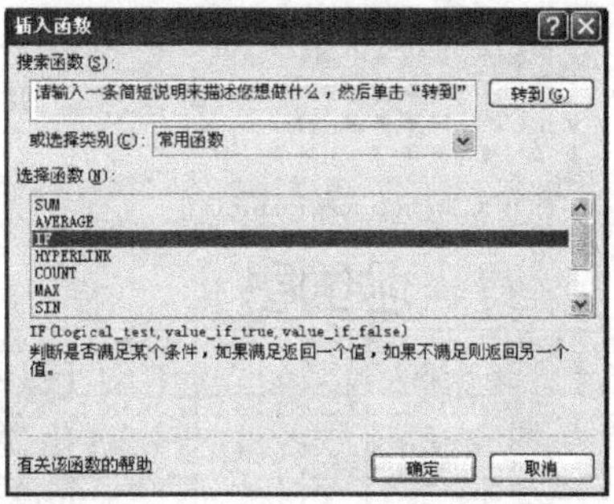

图 7-72　【输入公式】对话框

步骤三：单击【确定】按钮，打开【函数参数】对话框，在【Logical_test】文本框中输入"D3 * E3 > 6000"，在【Value_if_true】文本框中输入"D3 * E3 * 2 %"，在【Value_if_false】文本框中输入 100，如图 7-73 所示。

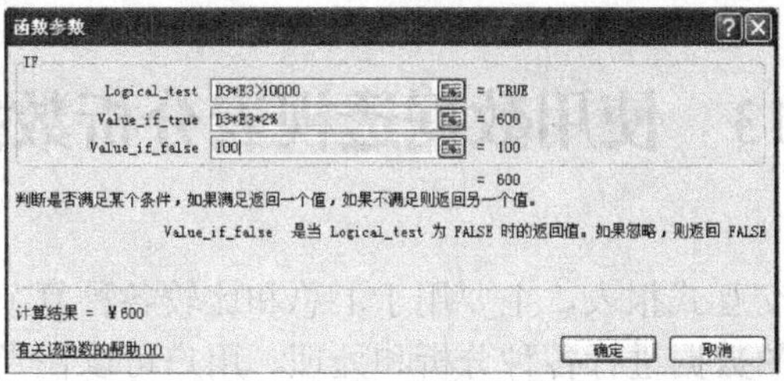

图 7-73　【函数参数】对话框

步骤四：单击【确定】按钮即可计算出结果，如图 7-74 所示。

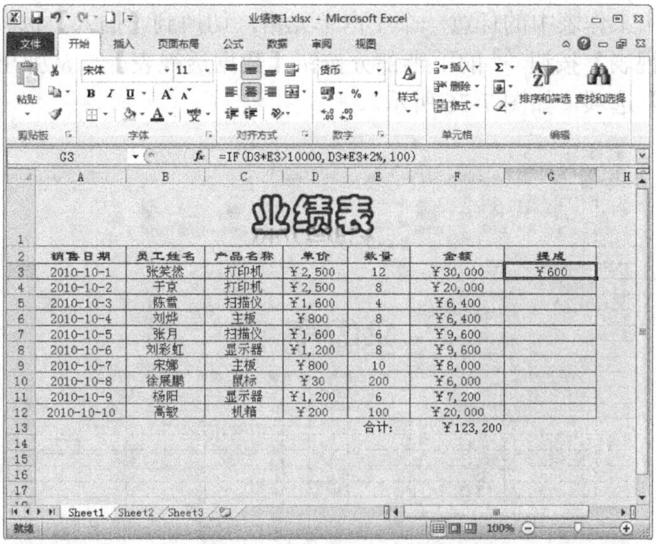

图 7-74　嵌套函数使用效果图

步骤五：将鼠标指针移至单元格 G3 的右下角，当指针变成"+"形状时按住左键向下拖曳至单元格 G12 中即可计算出其他单元格中的值，如图 7-75 所示。

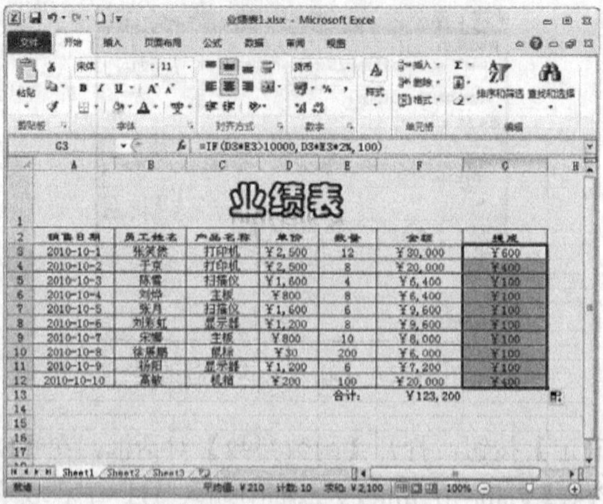

图 7-75　自动填充效果图

7.13　使用数据透视表分析数据

数据透视表是一种交互式报表，主要用于汇总和比较各种复杂的数据，用户可以使用数据透视表对工作表中的数据进行各种分析和处理。用户可以在当前工作表的基础上创建数据透视表，也可以根据实际需要选择需要显示在数据透视表中的工作表数据信息。

数据透视表的创建方法很简单，用户只要按照系统自带的提示功能逐步操作即可。创建数据透视表的具体操作步骤如下。

步骤一：选中工作表中的任意一个空白单元格，切换到【插入】选项卡，在【表】组中单击【数据透视表】按钮 的下半部分按钮【数据透视表】，从弹出的下拉列表中选择【数据透视表】选项，如图 7-76 所示。

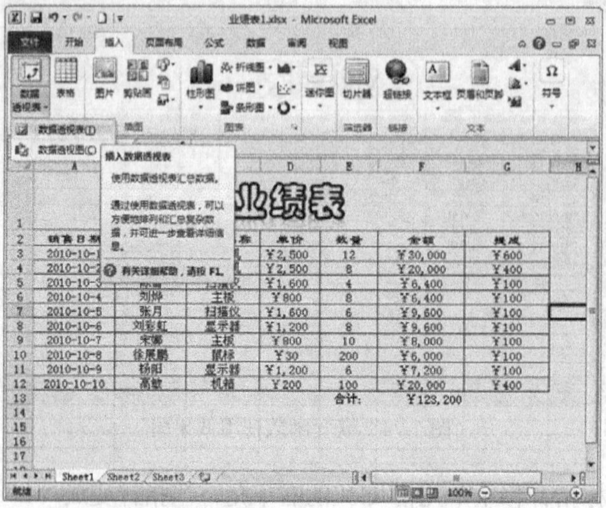

图 7-76　【数据透视表】按钮菜单

步骤二：随即打开【创建数据透视表】对话框，在【请选择要分析的数据】组合框中选中【选择一个表或区域】单选钮，然后单击【表/区域】文本框右侧的【折叠】按钮，如图 7-77 所示。

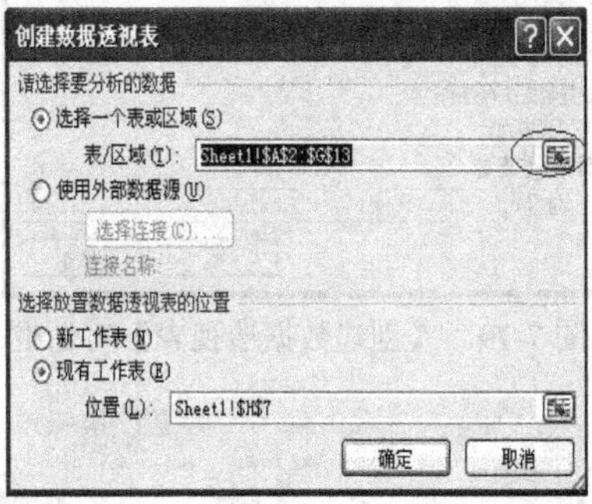

图 7-77　【创建数据透视表】对话框

步骤三：此时该对话框折叠起来，在工作表中拖曳鼠标选取需要进行分析的单元格区域“A2：G12”，然后单击【创建数据透视表】对话框中的【展开】按钮，如图 7-78 所示。

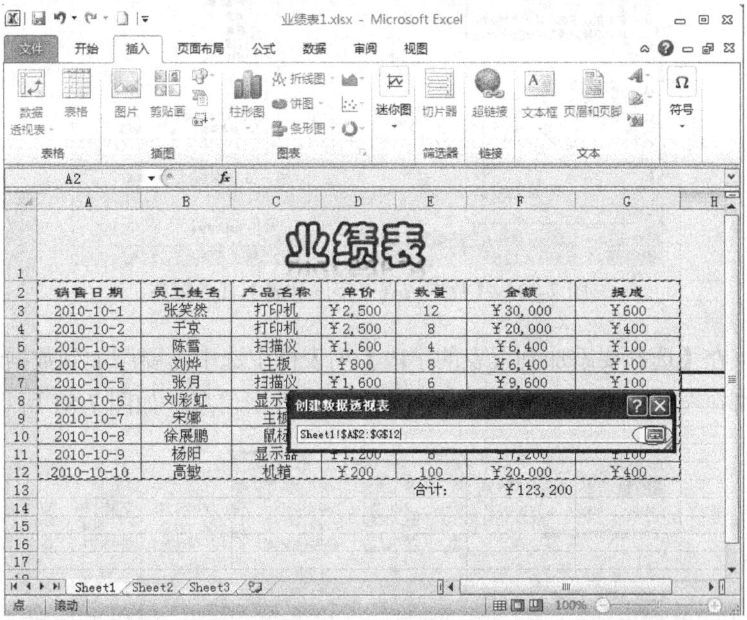

图 7-78　【展开】按钮

步骤四：展开【创建数据透视表】对话框，此时在【表/区域】文本框中显示出用户所选择的单元格区域，在【选择放置数据透视表的位置】选项组中选中【新工作表】单选钮，然后单击【确定】按钮。如图 7-79 所示。

步骤五：随即在当前工作簿中插入一个新工作表 Sheet4 ，并在该工作表中打开了【数据透视表字段列表】任务窗格，如图 7-80 所示。

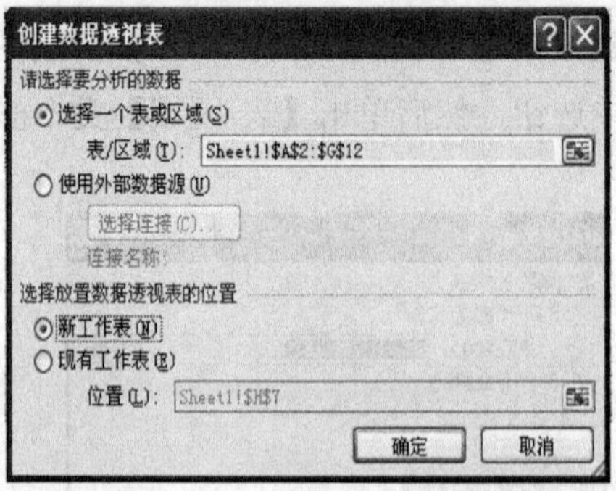

图 7-79　【创建数据透视表】对话框

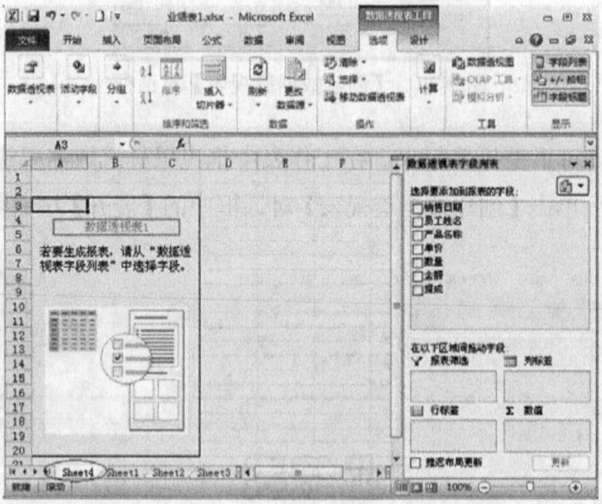

图 7-80　【数据透视表字段列表】任务窗格

步骤六：在【选择要添加到报表的字段】列表框中选中需要添加到数据透视表的字段复选框，即可在左侧的数据透视表中显示该字段的数据信息，如图 7-81 所示。

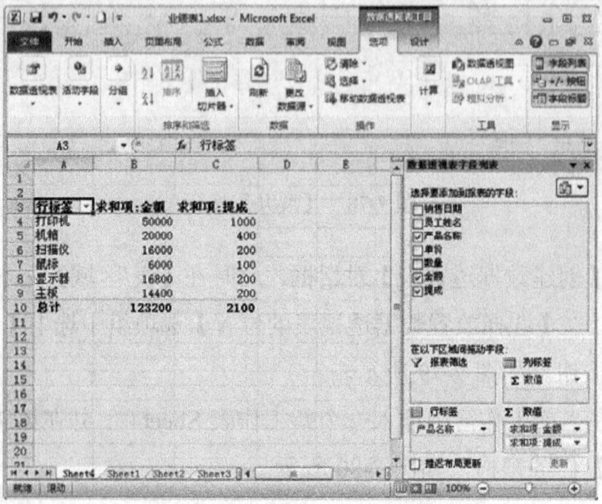

图 7-81　数据透视表效果图

7.14　习题

1. 在左起第一张工作表中完成如下数据录入：

	姓　　名	数　　学	物　　理	外　　语	计 算 机	总 成 绩
1	王天龙	67	78	73	69	
2	李晨	78	80	81	90	
3	程天天	86	98	88	94	
4	赵静雅	50	77	79	64	

要求：

(1) 第一行填充颜色为“茶色，背景 2，深色 10%”；

(2) 增加表格线，上表内所有文字居中，所有数据(包括第一列)右对齐(水平)；

(3) 利用公式计算每个学生的总成绩；

(4) 将全表按总成绩降序排列；

(5) 选定姓名、数学、物理、外语以及计算机五列数据，绘制一柱形图，图表标题为“本学期期末成绩单”。

注：不要更改“数学”、“物理”、“外语”、“计算机”、“总成绩”这些单元格内的文字内容。

2. 在左起第一张工作表中完成如下数据录入：

第二季度产量报表				
单位	四月	五月	六月	合计
甲	36	40	50	
乙	27.3	30.5	28.6	
丙	24.3	20.6	22.4	
丁	33.4	29.4	24.7	
戊	25.6	32.1	26.8	
最大值				
平均值				

要求：

(l) 第一行插入标题“第二季度产量报表”，标题字体为隶书，加粗 16 号，合并单元格(不能超出原表两端，在一行内合并多列，不能合并多行)并居中(水平和垂直，不能只单击工具栏中的“居中”按钮)；

(2) 增加表格线(包括标题)，上表所有文字和数据均居中(水平和垂直)；

(3) 第一列单元格底纹为黄色，“四月”、“五月”及“六月”三个单元格底纹为浅绿色；

(4) 统计每个产量(不包括“最大值”、“平均值”)的“合计”值，要求必须使用公式或函数计算，结果保留 1 位小数；

(5) 计算出各列(包括合计)的“最大值”和“平均值”，要求必须使用公式或函数计算，结果保留 2 位小数。

注：不要更改“单位”、“四月”、“五月”、“六月”和“合计”等单元格的文字内容。

3. 在左起第一张工作表中完成如下数据录入：

各类学生构成比例图		
学生类别	人数	占总学生数的比例
专科生	2050	
本科生	6800	
硕士生	1200	
博士生	500	
学生总数		

要求：

(1) 表的第一行键入“各类学生构成比例图”，字体设为隶书、加粗、浅蓝色，合并单元格(在一行内合并多列，两端和数据表两端对齐)并居于表的中央(水平和垂直，不能只单击工具栏中的“居中”按钮)；

(2) 增加表格线(包括标题)，上文所有文字及数据均居中(水平和垂直)；

(3) 计算各类学生比例(不包括学生总数)，以百分数形式表示，保留 2 位小数，必须用公式或函数计算；

(4) 计算“学生总数”一行(只包括人数)，必须用公式或函数计算；

(5) 选择第一列和第三列两列数据(不包括最后一行)，绘制分离式三维饼图；

(6) 编辑三维饼图：设置数据标志“显示百分比”，添加标题为“学生结构图”。

第8章　PowerPoint 2010的使用

PowerPoint 和 Word、Excel 等应用软件一样，都是 Microsoft 公司推出的 Office 系列产品之一。主要用于演示文稿的创建，即幻灯片的制作。它能帮助用户图文并茂地将所要表达的信息组织在一起。实际上 PowerPoint 的使用与 Word 有很多相同之处，本章主要针对 PowerPoint 的独特之处加以介绍。

8.1　PowerPoint 2010 基本操作

8.1.1　创建演示文稿

PowerPoint 提供了创建演示文稿的向导，用户可以根据向导的提示逐步完成创建。如果用户有特殊要求，还可以根据需要自己创建空白文档，或者使用设计模板来创建演示文稿。

1. 创建空的演示文稿

(1) 单击【文件】按钮，在弹出的下拉菜单中选择【新建】菜单项。

(2) 在【可用的模板和主题】面板中选择【空白演示文稿】选项，然后单击【创建】按钮，如图 8-1 所示。

图 8-1　空白演示文稿的创建

(3) 此时系统会自动创建一个空白演示文稿，用户可以在演示文稿中进行各种编辑操作。

2. 根据已安装的模板创建演示文稿

PowerPoint 2010 提供了强大的模板功能，为用户增加了比以往更加丰富的内置模板，因此用户可以根据已安装的内置模板创建新的演示文稿。

(1) 单击【文件】按钮，然后在弹出的下拉菜单中选择【新建】菜单项。在【可用的模板和主题】面板中选择【样本模板】选项。

(2) 在【样本模板】列表框中选择合适的模板，单击【创建】按钮，即可新创建一个基于该模板的演示文稿。

3. 创建主题演示文稿

PowerPoint 2010 不仅提供了一些模板，还提供了一些主题，用户可以依据主题，创建基于主题的演示文稿。使用主题创建演示文稿的具体步骤如下。

(1) 单击【文件】按钮，从弹出的下拉菜单中选择【新建】菜单项，在【可用的模板和主题】面板中选择【主题】选项；

(2) 在【主题】列表框中选择合适的模板，单击【创建】按钮，即可新创建一个基于该主题的演示文稿。

8.1.2　打开和关闭演示文稿

1. 打开演示文稿

(1) 启动 PowerPoint 2010，单击【文件】按钮，在打开的下拉菜单中选择【打开】菜单项。

(2) 随即打开【打开】对话框，从中选择要打开的工作簿。单击【打开】按钮即可打开该演示文稿，如图 8-2 所示。

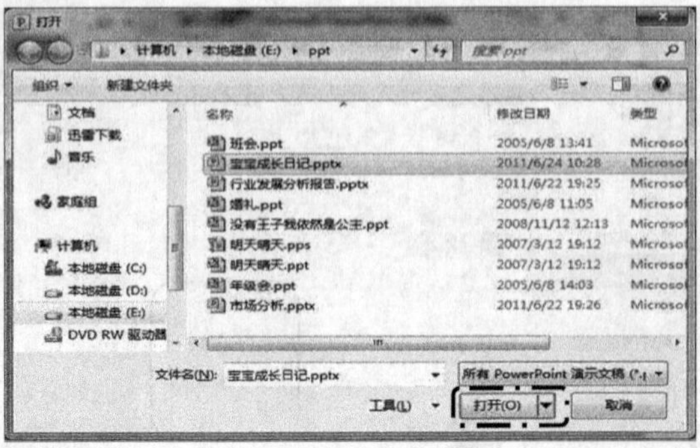

图 8-2　打开演示文稿

2. 关闭演示文稿

打开某个演示文稿后，若不需要对其进行操作则可以将其关闭。关闭演示文稿的方法也比较简单。用户可以通过单击标题栏最右侧的【关闭】按钮退出 PowerPoint 2010，还可以单击【文件】按钮，在打开的下拉菜单中选择【关闭】菜单项关闭演示文稿。或右键单击任务栏中的文件名，单击【关闭】按钮，逐个关闭文件来关闭 PowerPoint 2010。

8.1.3　保存演示文稿

演示文稿制作完成后应及时进行保存，避免因断电或没有制作完成就误将演示文稿关闭而造成不必要的损失，同时还能方便以后的操作，本节将介绍保存演示文稿的操作方法。

1. 直接保存演示文稿

用户可以直接单击【文件】按钮，在打开的下拉菜单中选择【保存】菜单项，当首次使用该菜单项时，系统会弹出【另存为】对话框，在其中改变文档的保存路径或文件名以及保存类型，来直接保存演示文稿。另外用户还可以单击快速访问工具栏中的【保存】按钮对文档进行保存。

2. 把演示文稿另存为副本

使用【另存为】按钮也可以对演示文稿进行保存，不过它保存的是演示文稿的副本。单击【文件】按钮，在打开的下拉菜单中选择【另存为】选项，此时系统会自动弹出一个级联菜单。移动光标至级联菜单中，选择【PowerPoint】菜单项，打开【另存为】对话框，在【保存位置】下拉列表中选择演示文稿需要保存的位置，在【文件名】文本框中输入文件名称，然后单击【保存】按钮即可。

8.2　幻灯片的基本操作

在演示文稿中，每一张幻灯片都如同一张新的文档资料，用户可以对其进行插入、移动、复制和删除等基本操作。下面介绍幻灯片的几种基本操作。

8.2.1　插入幻灯片

在【大纲/幻灯片浏览】窗格中的空白位置右击，在弹出的快捷菜单中选择【新建幻灯片】菜单项。此时即可在演示文稿中添加一张新的幻灯片，如图 8-3 所示。

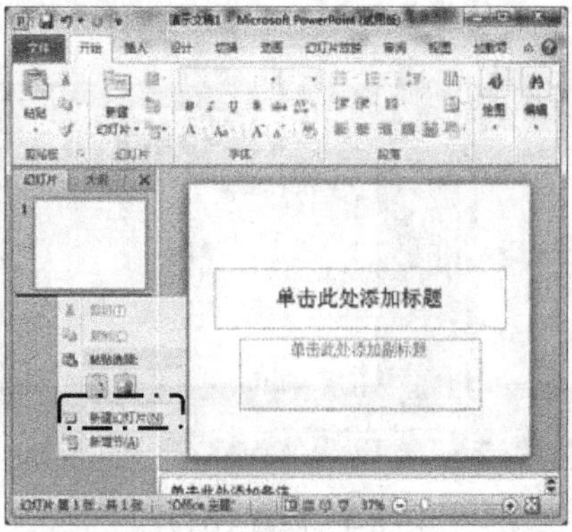

图 8-3　新建幻灯片

8.2.2　删除幻灯片

对于不需要的幻灯片可以将其删除，方法很简单，选中需要删除的幻灯片，在弹出的快捷菜单中选择【删除幻灯片】菜单项即可。

8.2.3　移动和复制幻灯片

在演示文稿的排版过程中，用户可以重新调整每张幻灯片的次序，也可以将具有较好版式的幻灯片复制到其他演示文稿中。

1. 移动幻灯片

选中要移动的幻灯片，然后按下鼠标左键直接拖拽幻灯片即可移动幻灯片。另外还可以单击窗口最下角的【幻灯片浏览】按钮切换到幻灯片浏览视图中，选中要移动的幻灯片，然后按住鼠标左键不放将其拖拽至合适的位置后释放鼠标可以实现幻灯片的移动操作。

2. 复制幻灯片

选中要复制的幻灯片，右击，在弹出的快捷菜单中选择【复制幻灯片】选项，即可在该幻灯片之后插入一张具有相同内容和版式的幻灯片。

8.2.4　隐藏幻灯片

对于制作好的演示文稿，如果希望其中的部分幻灯片在放映时不显示，用户可以将其隐藏起来。具体操作步骤如下：

(1) 选中需要隐藏的幻灯片，然后右击，在弹出的快捷菜单中选择【隐藏幻灯片】菜单项。

(2) 此时在幻灯片的标题上会出现一条删除斜线，表示该幻灯片已经被隐藏，如图 8-4 所示。

图 8-4　隐藏幻灯片

(3) 如果需要取消隐藏，只需选中相应的幻灯片，再进行一次上述操作即可。

8.2.5　输入与编辑文本内容

幻灯片制作完成后，接下来就应该在其中输入和编辑文本了。添加文本的方式有 4 种：版式设置区文本(占位符)、文本框、自选图形文本及艺术字。下面介绍使用占位符和文本框输入文本的操作方法。

1. 使用占位符输入文本

占位符是一种带有虚线或阴影线边缘的框，在这些框内可以放置标题及正文、图表、表格和图片等对象。在幻灯片中输入文本的方式之一是在占位符中输入文本。

启动 PowerPoint 2010 应用程序，默认新建一个演示文稿，其中自带一张幻灯片，如图 8-5 所示。在该幻灯片中可以看到包含两个边框为虚线的矩形，它们就是占位符。

当单击占位符内部区域时，初始显示的文字会消失，同时在占位符内部会显示一个闪烁的光标，即插入点。此时可以在占位符中输入文字，输入完毕后单击占位符外的任意位置可退出文本编辑状态。

图 8-5　包含两个占位符的幻灯片

当输入文本占满整个窗口时，可以看到在占位符的左侧有一个【自动调整选项】按钮，单击此按钮右侧的倒三角按钮，弹出一个下拉菜单，如图 8-6 所示。

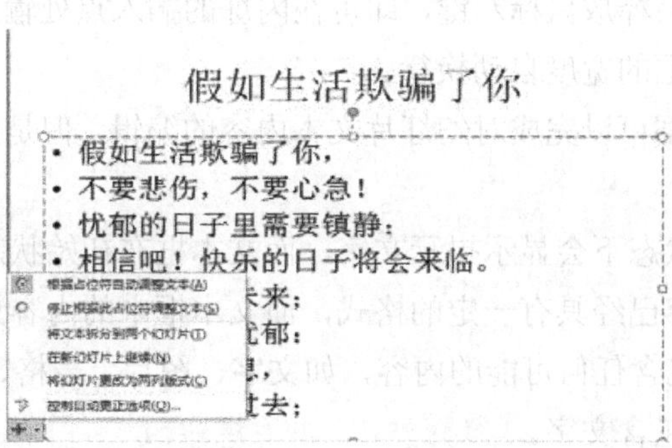

图 8-6　自动调整选项

下面介绍该菜单列表中各个选项的含义。

【根据占位符自动调整文本】：PowerPoint 自动调整文本的大小。

【停止根据此占位符调整文本】：PowerPoint 不自动调整文本的大小。

【将文本拆分到两个幻灯片】：将文本分配到两个幻灯片中。

【在新幻灯片上继续】：创建一张新的并且具有相同标题的空白幻灯片。

【将幻灯片更改为两列版式】：将原始幻灯片中的单列版式改为双列版式。

【控制自动更正选项】：关闭或者打开某种自动更正功能。

用户还可以选择【控制自动更正选项】选项，打开【自动更正】对话框。在该对话框中，如果选中某个选项前面的复选框，就表示该功能目前已经打开；如果要关闭某种功能，取消选中相应的复选框即可。这里取消选中【根据占位符自动调整标题文本】复选框，然后单击【确定】按钮，如图 8-7 所示。

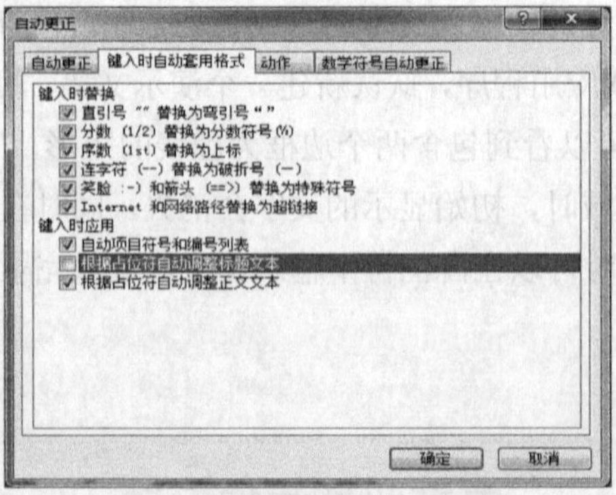

图 8-7　【自动更正】对话框

2. 使用文本框输入文字

添加文本框是输入文本的另一种方法。如果要在占位符以外的位置输入文本，就可以利用文本框来实现。

选中要添加文字的幻灯片，切换到【插入】选项卡，在【文本】组中单击【文本框】按钮，在弹出的下拉列表中选择一种文本排列方式，然后在要添加文本的位置按住鼠标左键拖拽出一个方框。

确认文本框的宽度后释放鼠标左键，即可在闪烁的插入点处输入内容，此时可以看到输入的文本会依照文本框的宽度自动换行。

通过以上两种方式都可以完成对幻灯片文本内容的编辑，但是两者之间也存在一些差异，具体包括以下几点：

(1) 占位符在初始状态下会显示提示文字，而文本框在初始状态下不显示任何内容；

(2) 占位符中的内容已经具有一定的格式，而文本框中的内容只是默认的普通格式；

(3) 占位符中可以包含任何可能的内容，如文字、图片、表格、图表以及 SmartArt 图形等，而文本框中只能包含文字。

用户在幻灯片中输入标题及文本后，这些文字、段落的格式仅限于模版所制定的格式。为了使幻灯片更加美观、易于阅读，可以重新设定文字和段落的格式，这可以利用【开始】选项卡中【字体】选项组和【段落】选项组来实现。除了对文字和段落进行格式化外，还可以对插入的文本框、图片、自选图形、表格及图表等其他对象进行格式化操作。具体操作方法与 Word 操作类似，在此不再详细介绍。

8.2.6　设置幻灯片的背景

可以根据幻灯片的内容为其搭配一款合适的背景，这样可以在演说时对幻灯片的内容起到一定的辅助补充作用。一款好的幻灯片背景不仅可以使幻灯片看起来更加充实，而且可以使一个演示文稿中的幻灯片看起来更加系统和专业。

单击功能区中的【设计】选项卡，在【背景】组中单击【背景样式】按钮，在打开的列表中选择一个背景图案，如图 8-8 所示。

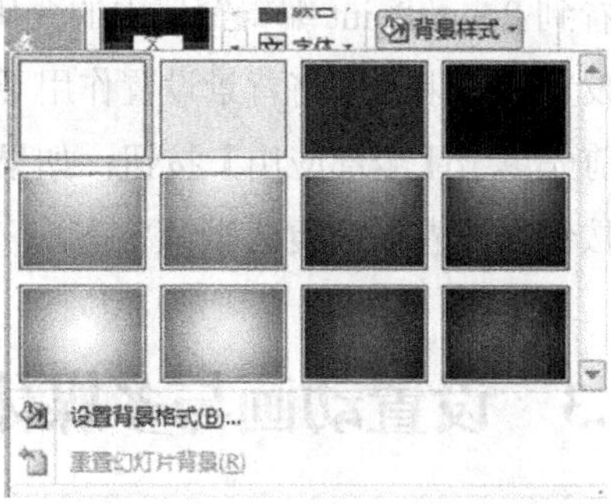

图 8-8　选择 PowerPoint 内置背景

选择了一种背景后，系统会将该背景作用于当前演示文稿中的所有幻灯片。如果希望只对当前幻灯片设置背景，只需右击待选择的背景，然后在弹出的快捷菜单中选择【应用于所选幻灯片】命令即可。

如果用户希望使用自己收集或处理好的图片作为幻灯片的背景，就需要对背景进行自定义设置。打开功能区中的【设计】选项卡，在【背景】选项组中单击【背景样式】按钮，在打开的列表中选择【设置背景格式】选项，打开【设置背景格式】对话框，如图 8-9 所示。此时默认情况下是以纯色进行背景填充的，通过单击【颜色】按钮并选择列表中的颜色可以改变背景。

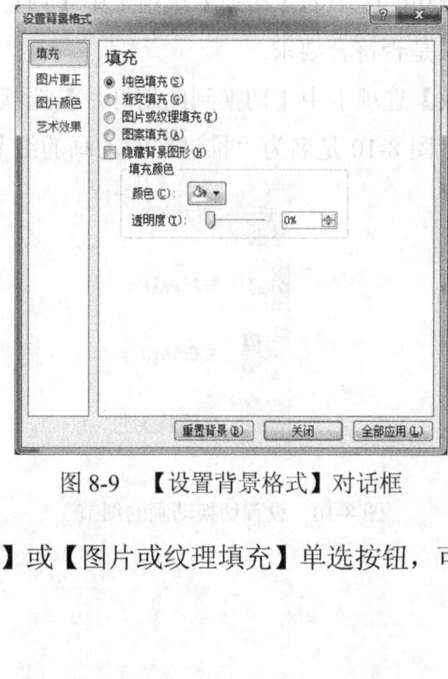

图 8-9　【设置背景格式】对话框

通过选中【渐变填充】或【图片或纹理填充】单选按钮，可以改变背景填充方式。设置渐变的诀窍在于根据渐变效果的需要设置数量不等的光圈。光圈设置的方法：指定光圈颜色、结束位置和透明度等，默认情况下会自动包含三个光圈，通过单击【添加渐变光圈】按钮和【删除渐变光圈】按钮来实现添加或删除光圈。

除了利用渐变效果来设置背景外，还可以制定图片或图案来作为幻灯片的背景。此时，需要单击【图片或纹理填充】单选按钮，在此界面中可以设置纹理图案以及选择剪贴画或者图片作为幻灯片背景。

在进行设置的同时可以看到 PowerPoint 编辑窗口中的变化，单击【关闭】按钮，即可对当前幻灯片应用已完成的设置。如果希望将背景设置作用于演示文稿中的所有幻灯片，需要在单击【关闭】按钮之前先单击【全部应用】按钮；如果发现对背景进行了错误的设置，可以单击【重置背景】按钮，将背景恢复为默认状态。

8.3 设置动画与多媒体

8.3.1 添加幻灯片的切换动画

幻灯片的切换动画是指从一张幻灯片跳转到下一张幻灯片之间的过渡效果，即切换时希望显示的特效。PowerPoint 2010 将幻灯片切换动画和对象动画这两类动画分离出来，各自置于不同的选项卡中。对于幻灯片切换动画而言，用户既可以为不同幻灯片设置互不相同的切换动画，也可以为演示文稿中的所有幻灯片设置统一的切换动画。

1. 设置幻灯片切换动画

PowerPoint 2010 提供了 34 种内置的幻灯片切换动画，可以为幻灯片之间的过渡设置丰富的切换效果。可以单击功能区中的【切换】选项卡中【预览】选项组中的【预览】按钮，播放动画效果以观察其是否符合要求。

在选择后可以在【切换】选项卡中【切换到此幻灯片】选项组中单击【效果选项】按钮来改变动画效果的细节。图 8-10 是名为“推进”的动画的细节设置。

图 8-10　设置切换动画的细节

2. 设置幻灯片之间的切换声音效果

通常在播放幻灯片时，如果能够配合一定的声音，会达到更好的播放效果。PowerPoint 2010 预置了很多可用于在切换幻灯片时播放的声音，只需打开功能区中的【切换】选项卡，在【计时】选项组中单击【声音】下拉按钮，然后在其列表中进行选择即可，如图 8-11 所示。

如果要用其他声音文件，则可以选择下图中的【其他声音】命令，打开【添加音频】对话框，从该对话框中可以选择电脑中已经保存的 WAV 格式的声音文件。

另外对于已经插入的声音还可以通过选择【播放下一段声音之前一直循环】命令来使声音持续播放，直到下一个声音播放前才停止。

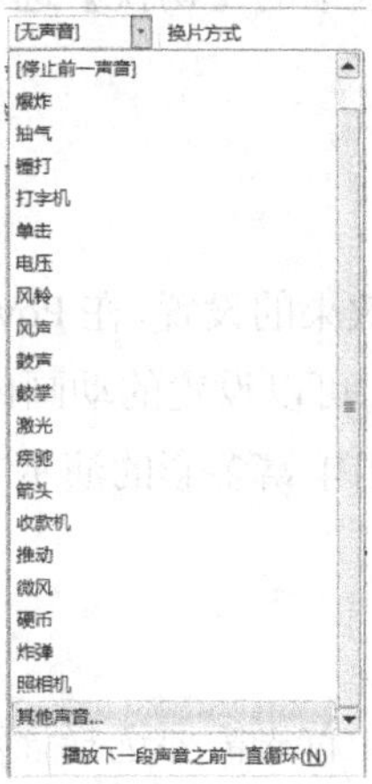

图 8-11　选择幻灯片切换时的声音效果

3. 设置幻灯片之间的切换速度

在【计时】选项组中还可以通过【持续时间】来控制幻灯片之间切换时动画的播放速度，默认情况下每两张幻灯片之间切换动画的间隔为 2 秒，可以根据实际情况修改该时间，如图 8-12 所示。

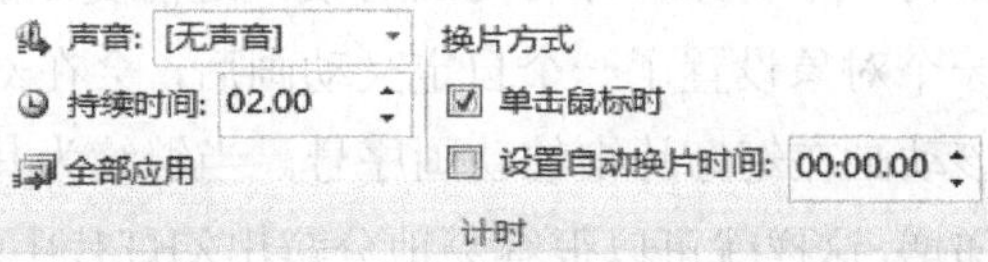

图 8-12　设置幻灯片切换动画的时间间隔

4. 设置幻灯片之间的切换方式

默认情况下，在播放演示文稿时，都是由演讲者通过单击鼠标手工从上一张幻灯片切换到下一张幻灯片。如果希望以固定的时间间隔自动切换幻灯片，实现演示文稿的自动放映，可以对切换方式进行设置。选择要设置的幻灯片，然后在功能区中的【切换】选项卡【计时】选项组中改变幻灯片的切换方式，具体分为【单击鼠标时】和【设置自动换片时间】两种情况。

5. 删除幻灯片之间的切换效果

如果希望去掉幻灯片中已设置好的切换动画和音效，只需在【切换】选项卡【切换到此幻灯片】选项组中选择【无】选项，去除切换时的动画效果；在【计时】选项组的【声音】下拉列表中选择【无声音】选项，去除切换时的声音效果。

6. 同时为所有幻灯片设置切换效果

如果希望所有幻灯片在切换时都使用同一个切换动画，可以先为演示文稿中的一张幻灯片设置好切换动画，然后选择功能区中的【切换】选项卡，在【计时】选项组中单击【全部应用】按钮。同理，如果希望删除演示文稿中所有幻灯片的切换效果，可以删除一张幻灯片的切换效果后，然后选择功能区中的【切换】选项卡，在【计时】选项组中单击【全部应用】按钮来完成设置。

8.3.2　添加对象的动画

前面介绍了幻灯片切换时动画效果的设置，在 PowerPoint 2010 中也可以为幻灯片中包含的不同类型的内容设置动画效果。可以设置的动画内容包括文字、图片、图形、SmartArt 图形以及图表等，这样就可以制作出丰富多彩的演示文稿，同时充分挖掘用户的想象，以获得一些意想不到的动画效果。

1. 为同一个对象设置单个动画

要为同一个对象设置动画效果，首先需要选择该对象，然后选择功能区中的【动画】选项卡，在【动画】组的下拉列表中选择一种动画效果。

2. 利用格式刷设置动画

PowerPoint 2010 新增了一个动画刷的功能，类似于 Word 中的格式刷，其功能是可以快速将一个对象上的动画效果复制到其他对象上。动画刷的操作很简单，单击包含要复制的动画效果的对象，然后打开功能区中的【动画】选项卡，在【高级动画】选项组中单击【动画刷】按钮，再单击另一个对象，即可为后者设置之前复制的动画效果。

当为幻灯片中的某一个对象设置了一个自定义动画后，会在幻灯片中该对象左侧显示一个数字，该数字表示该动画在幻灯片中的动画序号。当继续为其他对象设置动画后，后设置的动画编号将继续递增，这样就可以很容易地分辨出幻灯片中每个动画的播放次序了。

3. 为同一个对象设置多个动画

如果希望某个对象可以表现出多种动画效果，可以为该对象设置多个动画。设置方法与设置一个动画类似，只要在一个对象上设置好一个动画后，继续为该对象添加其他动画效果即可。需要注意的是，在使用【动画】下拉列表中的选项为同一个对象添加动画时，即使反复选择了多次动画效果，最终为对象设置的动画均为最后一次选择的动画，而不是将每次选择的动画叠加到该对象上，即使用列表中的选项只能为同一个对象设置一个动画。

如果需要在同一个对象上设置多个动画，则需要使用功能区【动画】选项卡【高级动画】组中的【添加动画】按钮，然后在打开的列表中为同一个对象添加多个动画。当为同一对象设置多个动画效果后，可以看到该对象左侧会有多个顺序编号的动画标记。

4.调整多个动画间的播放顺序

当为同一个对象设置多个动画，或在一张幻灯片中为多个不同的对象设置动画后，可能需要制定这些动画的播放顺序，从而达到预期的效果，这时可以在 PowerPoint 提供的动画窗格中调整动画之间的播放顺序。打开功能区中的【动画】选项卡，在其【高级动画】选项组中单击【动画窗格】按钮，打开动画窗格，如图 8-13 所示。在列表中显示了当前幻灯片中所有对象的动画效果，单击【播放】按钮将依次播放动画列表中的每一个动画。

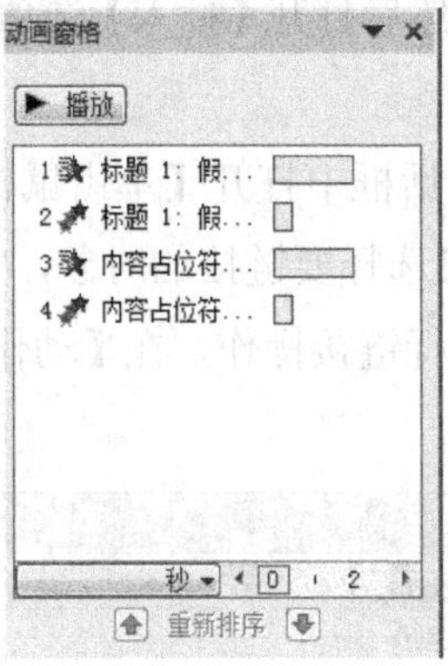

图 8-13　在动画列表中显示当前对象的动画

在动画列表中，每一个动画都有一个编号，该编号对应于幻灯片中对象左侧的动画编号，指明动画在幻灯片所有动画中的播放顺序。如果要调整动画的播放顺序，可以在动画列表中单击要调整顺序的动画，再单击或按钮将其向上或向下移动。也可以直接通过鼠标拖拽调整动画播放顺序。

5. 设置动画的细节

这里所说的“动画细节”是指在为对象设置动画后，根据实际情况可能需要进行调整的一些动画设置选项，可以通过下面两种方式完成。

(1) 在功能区中进行设置：当在动画列表中选择了一个动画后，可以激活功能区中【动画】选项卡中的【计时】组，可在其中设置动画的开始方式、持续时间、延迟时间以及动画的顺序等，如图 8-14 所示。

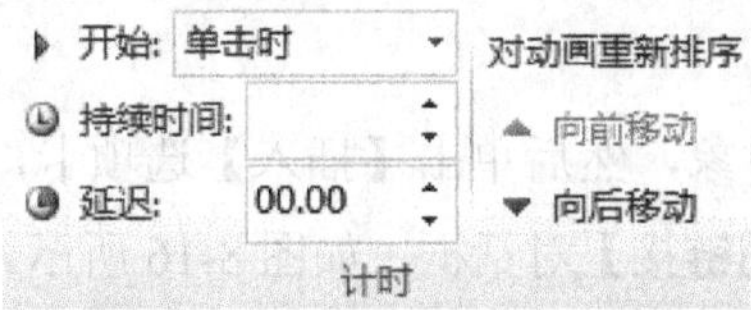

图 8-14　在【计时】组中设置动画

(2) 使用专门的动画设置对话框：右击动画列表中要设置的动画，在弹出的快捷菜单中选择【效果选项】或【计时】命令，然后在打开的对话框中对动画进行详细设置。

8.3.3 设置对象的动作与超链接

演示文稿一般按幻灯片的次序顺序播放，若要更改播放顺序，可以借助超链接的方法来实现。超链接可以跳转到同一文档的某张幻灯片上，或者跳转到其他的演示文稿、Word 文档、网页或电子邮件地址等。超链接有以下两种形式。

1. 设置对象的动作

可以设置当鼠标单击某个对象或者鼠标移过某个对象时幻灯片切换。操作方法如下：

(1) 选中要设置动作的对象，然后打开【插入】选项卡，在【链接】选项组中单击【动作】按钮；

(2) 在弹出的【动作设置】对话框中打开【单击鼠标】选项卡，并选中【超链接到】单选按钮，单击其下拉按钮，即可选择要链接的对象，如图 8-15 所示；

(3) 如果要设置鼠标移过时执行链接操作，在【动作设置】对话框中打开【鼠标移过】选项卡即可进行进一步设置。

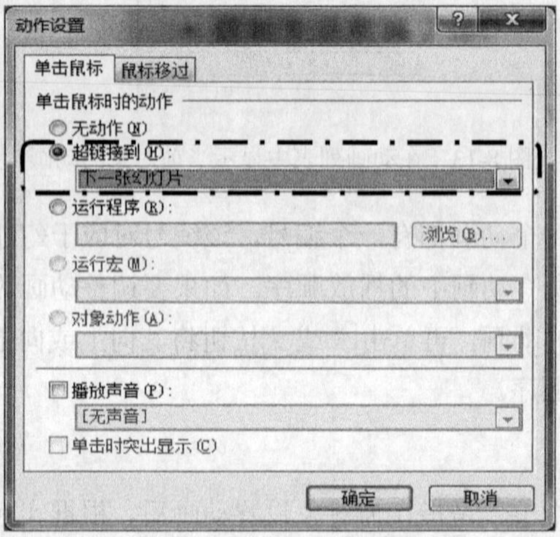

图 8-15　设置单击图片时的动作

2. 对象的超链接

除了可以使用动作的功能来实现幻灯片的切换和跳转外，还可以通过为对象设置超链接的方式来完成。

(1) 选中要设置动作的对象，然后单击【插入】选项卡，在【链接】组中的单击【超链接】按钮即可打开【插入超链接】对话框，如图 8-16 所示。在该对话框中选择链接到的位置，最后单击【确定】按钮即可。

(2) 也可以通过选中要设置超级链接的对象并右击，通过选择【超链接】命令来实现超链接的设置。

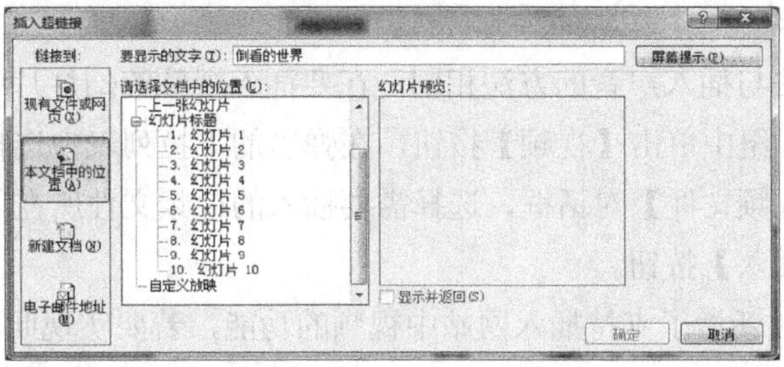

图 8-16　插入超链接对话框

完成超链接后的文本下面出现了下划线，并且颜色也发生了改变。放映时，鼠标若指向超链接，指针就变成小手形状，若单击，则跳转到预先设置好的位置。

8.3.4　插入多媒体内容

在播放演示文稿时可能需要配合一段背景音乐，如需要将某些已录制好的视频内容在演讲时放映给观众浏览，或需要在播放演示文稿时自动播放一些 Flash 动画，这些需求都可以很容易地在 PowerPoint 2010 中实现。

1. 插入声音

如果要在放映幻灯片的同时播放解说词或音乐，可以通过【插入】选项卡中的【媒体】选项组实现。具体操作方法如下。

(1) 选择要插入声音的幻灯片，切换到【插入】选项卡，在【媒体】组中单击【音频】按钮，在弹出的下拉列表中选择【文件中的音频】选项。

(2) 随即打开【插入音频】对话框，在【查找范围】下拉列表中选择素材声音所在的文件夹，然后选择需要插入的声音文件，最后单击【插入】按钮。

(3) 这样在幻灯片中就会插入声音图标，在幻灯片中将声音图标拖拽到合适的位置，并调整至合适大小。切换到【幻灯片放映视图】模式中，放映幻灯片时音乐就会自动播放。

(4) 默认情况下，当正在播放幻灯片中的声音时，如果此时切换到下一张幻灯片，声音将立刻停止。若需要背景音乐贯穿所有幻灯片，则需要做进一步设置。单击幻灯片中的声音图标，激活功能区中的【播放】选项卡，在图 8-17 所示的【音频选项】组中勾选【循环播放，直到停止】复选框，并将【开始】设置为【跨幻灯片播放】。

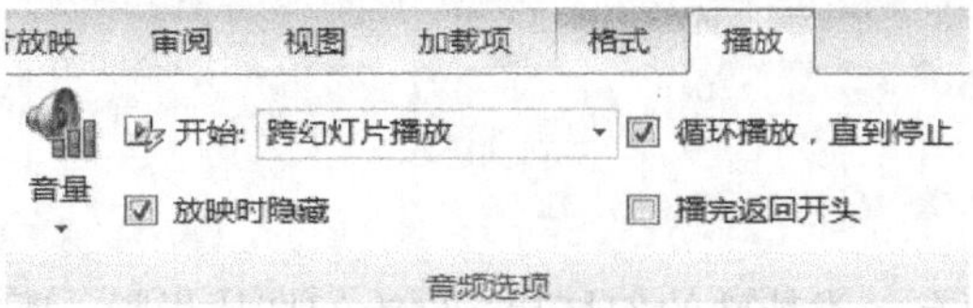

图 8-17　设置声音的循环播放

(5) 若要隐藏声音图标，只需取消选中【放映时】隐藏复选框即可。

2. 插入视频

插入视频的方法与插入声音的方法相同，在要插入视频的幻灯片中，切换到【插入】选项卡，在【媒体】组中单击【视频】按钮，在弹出的下拉列表中选择【文件中的视频】选项。打开【插入视频文件】对话框，选择需要插入的视频文件所在的文件夹，选中视频文件，然后单击【插入】按钮。

PowerPoint 2010 新增了支持插入网站中视频的功能，若要实现此功能只需在【媒体】选项组中单击【视频】按钮，在弹出的下拉列表中选择【来自网站的视频】选项，打开如图 8-18 所示的对话框，将网站中的视频嵌入代码复制到该对话框中即可。

如果希望在播放幻灯片中的视频时占满整个屏幕，可以在演示文稿设计阶段单击幻灯片中的视频，打开功能区中的【播放】选项卡，选中【视频选项】选项组中的【全屏播放】复选框，如图 8-19 所示。

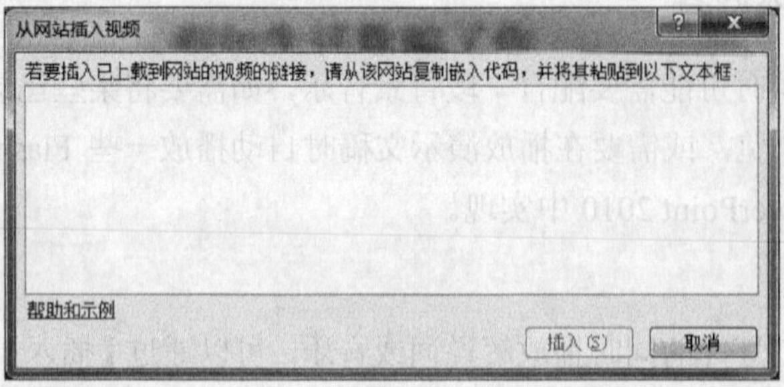

图 8-18　【从网站插入视频】对话框

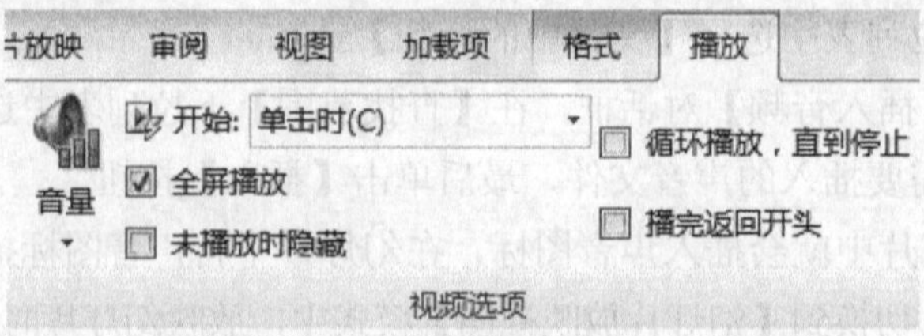

图 8-19　设置视频全屏播放

8.4　设计母版与版式

8.4.1　母版

PowerPoint 2010 中有一类特殊的幻灯片，称为幻灯片母版。所有幻灯片都具有幻灯片母板的特征。因此，幻灯片母板的作用是用于统一要创建的幻灯片的样式。如果要修改全部幻灯片的外观，只需在幻灯片母板上做一次修改，PowerPoint 2010 将自动更新所有的幻灯片。

每个相应的幻灯片视图都有与其相对应的母版，PowerPoint 2010 的母版分为：幻灯片母板(标题母板)、讲义母版和备注母版。幻灯片母版控制在幻灯片上键入的标题和文本的格式与类型；讲义母版用于控制幻灯片以讲义形式打印的格式；备注母版可以用来控制备注页的版式以及设置备注幻灯片的格式。

8.4.2　自定义主题

主题是指将一组设置好的字体、颜色以及外观效果组合到一起，形成多种不同的界面设计方案。可以在多个不同的主题之间进行切换，从而灵活地改变演示文稿的整体外观。PowerPoint 2010 内置了多种主题，用户可以根据实际需要创建自定义主题，然后使用自己设计的主题来装饰演示文稿的外观。Word 2010、Excel 2010 和 PowerPoint 2010 将共享相同的主题，即同一个主题可以分别在 Word、Excel 和 PowerPoint 中使用。这可以通过选择【设计】选项卡，在【主题】组中进行主题字体、主题颜色以及主题效果的设置。

8.4.3　设计模板

可能有的用户对母版和模板的概念有些模糊。母版只是包含多个幻灯片版式的组合，而模板则是一个演示文稿样板，它包括用户对演示文稿外观上的各种设置和修改。可以通过模板来批量重复创建外观格式一样或极其相似的多个演示文稿，以保证演示文稿格式上的统一。

1. 制作模板

若 PowerPoint 2010 提供的设计模板中没有完全符合用户需要的设计模板，用户可以重新建立新模板，也可以在现有的设计模板中选择一个比较接近用户需求的模板，并加以修改，设计出具有独特风格的模板。

创建模板很简单，在制作好一个作为样板的演示文稿后，单击【文件】按钮，从弹出的面板中选择【另存为】按钮，在弹出的对话框中将【保存类型】设置为【PowerPoint 模板】，然后在【文件名】输入框中输入模板的名称，最后单击【保存】按钮。

2. 使用模板

当创建好模板后，在以后新建演示文稿时，可以以模板为基础来创建演示文稿，以便获得一致的外观和格式。具体操作方法前面已经介绍过，在此不再重复介绍。

8.5　演示文稿的放映与发布

8.5.1　设置放映方式

1. 自定义放映

PowerPoint 2010 允许用户自行设置幻灯片放映顺序，可以通过选择【幻灯片放映】选项卡中的【开始放映幻灯片】选项组来实现。

(1) 在【开始放映幻灯片】选项组中单击【自定义幻灯片放映】按钮，在打开的菜单中选择【自定义放映】命令，即打开【自定义放映】对话框，如图 8-20 所示。

(2) 在【自定义放映】对话框中单击【新建】按钮，打开【定义自定义放映】对话框，在该对话框中设置【幻灯片放映名称】，在左侧的幻灯片列表中，按顺序选择要放映的幻灯片，逐一添加到右侧，如图 8-21 所示，最后单击【确定】按钮，完成操作。

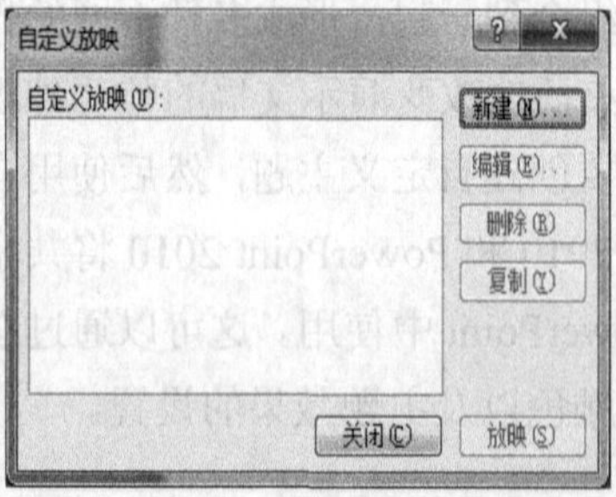

图 8-20 【自定义放映】对话框

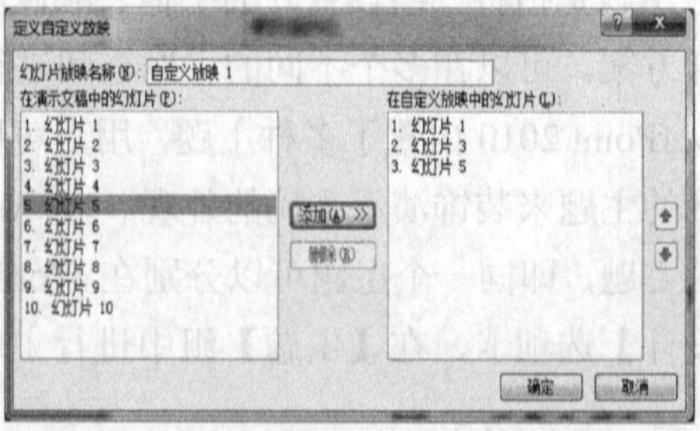

图 8-21 【定义自定义放映】对话框

2．幻灯片放映方式的设置

在放映前，选择功能区中的【幻灯片放映】选项卡，在【设置】选项组中单击【设置幻灯片放映】按钮，打开如图 8-22 所示的【设置放映方式】对话框，可以在该对话框中对放映方式进行设置。

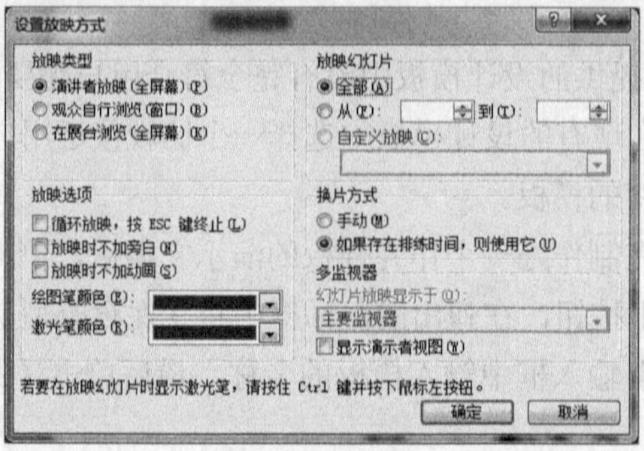

图 8-22 【设置放映方式】对话框

(1) 放映类型：可以在此选项组中指定演示文稿的放映方式。

【演讲者放映(全屏幕)】：以全屏幕形式显示，放映进程完全由演讲者控制，可用绘图笔勾画，适于会议或教学等。

【观众自行浏览(窗口)】：以窗口形式演示，使该放映方式不能通过单击鼠标切换幻灯片，但可以拖动垂直滚动条或按 PageDown/PageUp 键进行控制，适用于人数少的场合。

【在展台浏览(全屏幕)】：以全屏幕形式在展台上做演示用，演示文稿自动循环放映，观众只能观看不能控制。适用于无人看管的场合。采用该方法的演示文稿应按事先预定的或通过选择【幻灯片放映】选项卡【设置】选项组中的【排练计时】命令设置的时间和次序放映，不允许现场控制放映的进程。

(2) 放映选项：可以在此选项组中指定放映时的选项，包括循环放映时是否允许使用 Esc 键停止放映、放映时是否播放旁白和动画等。

(3) 放映幻灯片：可以在选项组中设置要放映的幻灯片的范围。如果已经设置了自定义放映，可以通过选中【自定义放映】单选按钮，选择已经创建好的自定义放映。

(4) 换片方式：可以通过使用手动单击的方式切换幻灯片，也可以使用预先设置好的排练计时来自动放映幻灯片。

3. 开始放映演示文稿

做好充分的准备后，就可以正式放映演示文稿了。通常启动放映方式有以下两种。

(1) 按 F5 键或选择【幻灯片放映】选项卡，在【开始放映幻灯片】组中单击【从头开始】按钮，将从第一张幻灯片开始播放。

(2) 按 Shift+F5 组合键或选择【幻灯片放映】选项卡，在【开始放映幻灯片】选项组中单击【从当前幻灯片开始】按钮，将从当前正在编辑的幻灯片开始播放。

8.5.2　打包演示文稿

如果需要将制作好的演示文稿在其他电脑中正常播放，最好的方法是将演示文稿打包，这样可以将与演示文稿相关的内容都集中在一起，便于移动和播放。具体操作如下。

(1) 打开要打包的演示文稿，打开【文件】选项卡，从弹出的面板中选择【保存并发送】命令，然后双击【将演示文稿打包成 CD】按钮，如图 8-23 所示。

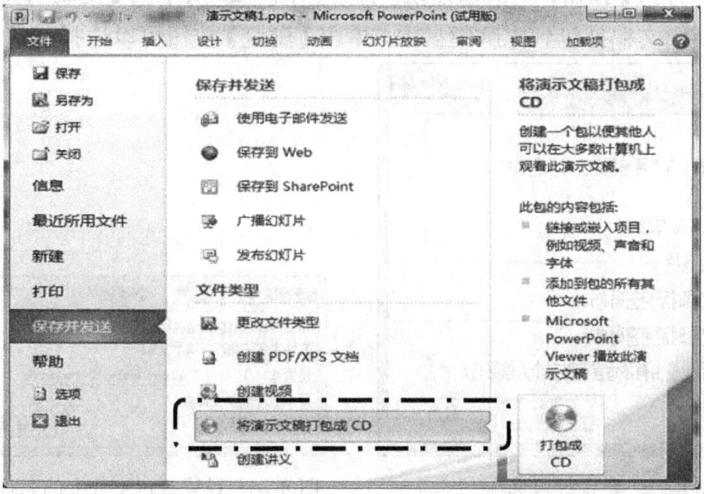

图 8-23　双击【将演示文稿打包成 CD】按钮

(2) 打开如图 8-24 所示的【打包成 CD】对话框。如果要直接将演示文稿打包到 CD 光盘中，可以修改【将 CD 命名为】文本框中的名称，然后单击【复制到 CD】按钮。

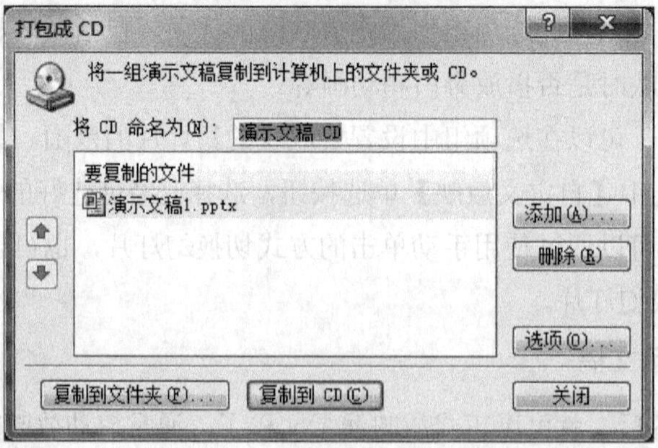

图 8-24　【打包成 CD】对话框

在【打包成 CD】对话框中可以执行以下不同的操作。

【添加】按钮：单击该按钮，将额外的演示文稿添加到当前的打包环境中，这样可以将多个相关的演示文稿打包在一起。

【删除】按钮：单击该按钮，将已经添加到打包队列中的无用文件删除。

【选项】按钮：单击该按钮，将在打开的对话框中设置与打包相关的一些选项，如图 8-25 所示。如果演示文稿中插入了外部的音频或视频文件，那么必须选中【链接的文件】复选框，否则在打包后将无法正常播放演示文稿中的音频或视频文件。另外，还可以设置打开和修改演示文稿的密码以及检查演示文稿中是否包含隐私数据。

【复制到文件夹】按钮：单击该按钮，打开如图 8-26 所示的【复制到文件夹】对话框，在这里可以将演示文稿打包到电脑硬盘中，单击【浏览】按钮可以选择打包后的具体位置。

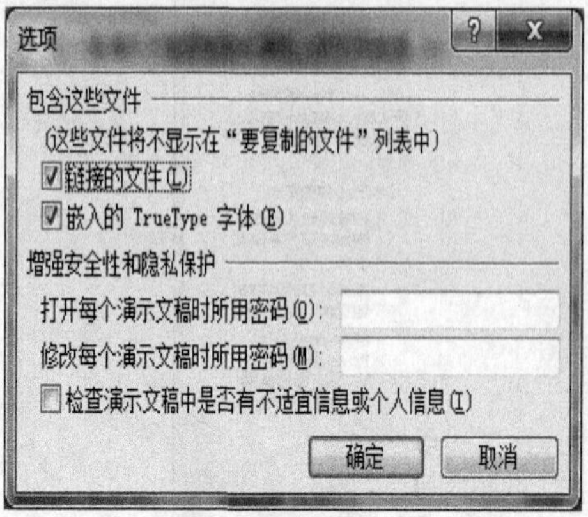

图 8-25　设置打包选项

图 8-26　设置打包文件夹的名称及存放位置

(3) 单击【确定】按钮，弹出一个链接复制的提示信息，单击【是】按钮即可开始对演示文稿打包，最后单击【关闭】按钮，关闭【打包成 CD】对话框。

8.5.3　创建视频演示文稿

PowerPoint 2010 提供了一种新式的发布演示文稿的方法——创建视频演示文稿。演示文稿制作者可以直接将制作好的演示文稿保存为视频文件，并可以控制视频的大小和质量，从而为用户提供一个高保真的演示文稿。可以在 PowerPoint 2010 中将演示文稿保存为 wmv 格式的视频文件，这样只要其他电脑中安装了 Windows Media Player 或等同的视频播放器，都可以正常观看演示文稿，即使用户的电脑中没有安装 PowerPoint 应用程序也可以播放，这是将演示文稿保存为视频的一个优势所在。

1. 将演示文稿创建为视频要注意以下几点

(1) 可以在视频中播放录制的语音旁白和激光笔运动轨迹。

(2) 可以在视频中播放动画和幻灯片切换效果。

(3) 可以在视频中播放演示文稿中嵌入的视频。

(4) 创建视频所需的时间长短由演示文稿的体积及其复杂程度而定。演示文稿越大，包含的内容及动画效果越多，则创建视频的时间越长。

(5) 以下几种类型的内容无法在视频中正常播放：早期版本 PowerPoint 中的插入媒体，QuickTime 媒体、宏以及 OLE/ActiveX 控件。

打开要创建为视频的演示文稿，选择【文件】选项卡，从弹出的面板中选择【保存并发送】命令，然后双击【创建视频】按钮，打开如图 8-27 所示的面板。

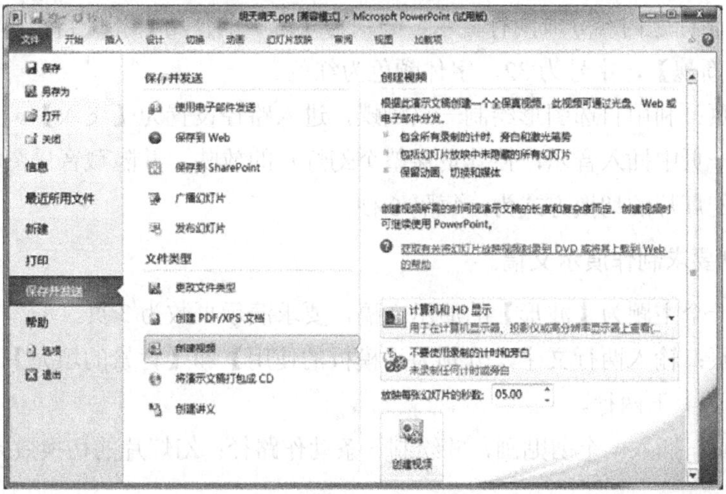

图 8-27　将演示文稿创建为视频

2. 选择创建视频的质量

在面板右侧包含三个选项，在第一个下拉列表中可以选择创建视频的质量，具体如下。

(1) 选择【计算机和 HD 显示】选项，将创建高质量的视频，该视频文件最大。

(2) 选择【Internet 和 DVD】选项，将创建中等质量的视频。

(3) 选择【便携式设备】选项，将创建低质量的视频，该视频文件最小。

3. 在视频中包含旁白和激光笔

在第二个下拉列表中可以选择在创建视频中是否包含已录制的旁白和激光笔动作，具体操作如下。

(1) 如果没有录制旁白等内容，或者不需要在视频中播放它们，则选择【不要使用录制的计时和旁白】选项。

(2) 如果已录制了旁白等内容，并需要在视频中播放，可以选择【使用录制的计时和旁白】选项。

最后，在【放映每张幻灯片的秒数】文本框中可以设定在视频中自动播放每张幻灯片的时间。全部设置好后，单击面板下方的【创建视频】按钮，在【另存为】对话框中输入视频名称并选择保存位置，单击【保存】按钮，即可将当前演示文稿创建为视频文件。

8.6 习题

1. 按下列要求制作演示文稿。

(1) 创建一个演示文稿，要求演示页数为 2 页。在幻灯片母版中插入一个剪贴画，并调整大小，使其置于幻灯片的右下角。

(2) 第一页：主标题为【幻灯片的制作】，字体为【华文行楷】，字号为 72，字体颜色为蓝黑色；副标题内容分成两行显示，分别为【母版的使用】和【自选图形的绘制】，字体为【华文新魏】，字号为 32，字体颜色为红色。

(3) 第二页：利用自选图形绘制一只蝴蝶，进入路径设置为【飞入】。

(4) 在第一页中插入音乐，使其贯穿整个幻灯片的放映，并隐藏音乐图标。

(5) 设置幻灯片的切换方式为：每隔 6 秒。

2. 按下列要求制作演示文稿。

(1) 创建一个主题为【波形】的演示文稿，要求演示页数为 3 页。

(2) 第一页：输入两行文字，分别为【模板的使用】和【背景的填充】，使其分别位于幻灯片中间的上下两行。

(3) 第二页：插入一个剪贴画，并绘制一条动作路径；幻灯片的切换效果为【华丽型】|【时钟】。

(4) 第三页：用户添加几行文字，字体为【隶书】，字号为 32，颜色为黑色，行距为 1.1，文字的进入效果为【温和型】|【中心旋转】；插入两幅剪贴画，动画效果分别设置为上浮和下浮。演播顺序为：自动显示第一个剪贴画，单击鼠标，3 秒后显示文字，再次单击鼠标，显示第二个剪贴画。

(5) 在第一页中制作超级链接，当单击鼠标【模板的使用】后，幻灯片进入第二页，当鼠标单击【背景的填充】时，幻灯片进入第三页。

第9章　多媒体技术

多媒体技术扩展了计算机的应用领域，也加速了计算机的家庭应用。多媒体技术通常情况下是对声音和图形(图像)处理技术的综合，本章介绍多媒体技术的内容，与多媒体技术相关的设备和常见的多媒体软件。

9.1　多媒体技术概述

多媒体技术的发展改变了计算机的使用领域，使计算机由办公室、实验室中的专用产品变成了信息社会的普通工具，广泛应用于工业生产管理、学校教育、公共信息咨询、商业广告、军事指挥与训练，乃至家庭生活与娱乐等领域。

9.1.1　媒体

在日常生活中，被称为媒体的东西有许多，如蜜蜂是传播花粉的媒体、苍蝇是传播病菌的媒体。但准确地说，这些所谓的“媒体”是传播媒体，并非人们所说的多媒体中的“媒体”，因为这些传播媒体传播的都是某种物质实体，而文字、声音、图像、图形这些都不是物质实体，它们只是客观事物某种属性的表面特征，是一种信息表示方式。在计算机和通信领域所说的“媒体”，是信息存储、传播和表现的载体，并不是一般的媒介和媒质。

从概念上准确地说，多媒体中的“媒体”应该是指一种表达某种信息内容的形式，同理，人们所指的多媒体，应该是多种信息的表达方式或者是多种信息的类型，因此可以用多媒体信息这个概念来表示包含文字信息、图形信息、图像信息和声音信息等不同信息类型的一种综合信息类型。

9.1.2　多媒体信息的类型

多媒体技术所处理的信息不是单一的信息类型，通常是多种信息的组合，可能应用于多媒体技术中的信息包括文本、图像、动画、声音和视频影像等。

1. 文本

文本是以文字和各种专用符号表达的信息形式，它是现实生活中使用最多的一种信息存储和传递方式。用文本表达信息给人充分的想象空间，它主要用于对知识的描述性表示，如阐述概念、定义、原理和问题以及显示标题、菜单等内容。

2. 图像

在计算机领域中，图像是由扫描仪、摄像机等输入设备捕捉实际的画面产生的数字图像，是由像素点阵构成的位图。图像是多媒体软件中最重要的信息表现形式之一，它是决定一个多媒体软件视觉效果的关键因素。

3. 动画

动画是利用人的视觉暂留特性，快速播放一系列连续运动变化的图形图像，也包括画面的缩放、旋转、变换、弹入、弹出等特殊效果。通过动画可以把抽象的内容形象化，使许多难以理解的教学内容变得生动有趣。合理使用动画可以达到事半功倍的效果。

4. 声音

声音是人们用来传递信息、交流感情最方便和最熟悉的方式之一。在多媒体课件中，按其表达形式，可将声音分为讲解、音乐和效果 3 类。

5. 视频影像

视频影像具有时序性与丰富的信息内涵，常用于交待事物的发展过程。视频类似于电影和电视，有声有色，在多媒体中充当着重要的角色。

9.1.3 多媒体技术

多媒体的英文单词是 multimedia，它由 multi 和 media 两部分组成，一般理解为多种媒体的综合。多媒体技术不是各种信息媒体的简单复合，它是一种把文本(Text)、图形(graphics)、图像(image)、动画(animation)和声音(sound)等形式的信息结合在一起，并通过计算机进行综合处理和控制，能支持完成一系列交互式操作的信息技术。

从计算机和通信设备处理信息的角度来看，可以将自然界和人类社会原始信息存在的数据、文字、有声的语言、音响、绘画、动画、图像(静态的照片和动态的电影、电视和录像)等，归结为 3 种最基本的媒体：声、图、文。传统的计算机只能够处理单媒体——“文”，电视能够传播声、图、文的集成信息，但它不是多媒体系统，因为通过电视，人们只能单向被动地接受信息，不能双向、主动地处理信息，没有交互性。可视电话虽然有交互性，但仅仅能够听到声音，见到谈话人的形象，也不是多媒体。对于多媒体，用户不再是一个被动的观众，用户可以控制，可以交互作用，可以让它按用户的需要去做。

多媒体技术把电视式的视听信息传播能力与计算机交互控制功能结合起来，创造出集文、图、声、像于一体的新型信息处理模型，使计算机具有数字化全动态、全视频的播放、编辑和创作多媒体信息功能，具有控制和传输多媒体电子邮件、电视会议等视频传输功能，使计算机标准化和实用化则是这场新技术革命的重大课题。数字声、像数据的使用与高速传输已成为一个国家技术水平和经济实力的象征。

9.1.4 多媒体技术的主要特点

和传统的技术相比，计算机的多媒体技术具有以下几个方面的特点。

1. 集成性

多媒体技术能够对多种类型的信息进行多通道统一获取、存储、组织与合成。

2. 控制性

多媒体技术是以计算机为中心，综合处理和控制多媒体信息，并按人的要求以多种媒体形式表现出来，同时作用于人的多种感官。

3. 交互性

交互性是多媒体应用有别于传统信息交流媒体的主要特点之一。传统信息交流媒体只能单向地、被动地传播信息，而多媒体技术则可以实现人对信息的主动选择和控制。

4. 非线性

多媒体技术的非线性特点将改变人们传统循序性的读写模式。以往人们的读写方式大都采用章、节、页的框架，循序渐进地获取知识，而多媒体技术将借助超文本链接(Hyper Text Link)的方法，以一种更灵活、更具变化的方式把内容呈现给读者。

5. 实时性

当用户给出操作命令时，相应的多媒体信息都能够得到实时控制。

6. 信息使用的方便性

用户可以按照自己的需要、兴趣、任务要求、偏爱和认知特点来使用信息，并可任取图、文、声等信息作为表现形式。

7. 信息结构的动态性

用户可以按照自己的目的和认知特征重新组织信息，增加、删除或修改节点，重新建立链接。

9.2　多媒体设备

和普通的商务计算机不同，多媒体计算机上会增加很多与多媒体信息有关的多媒体设备。从大的方面来分，可以将多媒体设备划分为多媒体输入设备和多媒体输出设备。

9.2.1　多媒体输入设备

多媒体输入设备是将多媒体相关的信息进行处理后存储在计算机中的设备，从这个方面来说，只要是可以将多媒体包含的媒体信息输入计算机的设备都可以看做是多媒体输入设备。

根据对多媒体信息处理的精度要求不同，多媒体设备的种类繁多。这里简要介绍常用的家用多媒体设备。

1. 扫描仪

扫描仪按种类可以分为手持扫描仪，台式扫描仪和滚筒式扫描仪(鼓形扫描仪)。扫描仪的主要性能指标有 X、Y 方向的分辨率、色彩分辨率(色彩位数)、扫描幅面和接口方式等。各类扫描仪都标明了光学分辨率(光学分辨率是指扫描仪的光学系统可以采集的实际信息量，也就是扫描仪的感光元件——CCD 的分辨率)和最大分辨率(又叫内插分辨率，它是在相邻像素之间求出颜色或者灰度的平均值从而增加像素数的办法)。最大分辨率只增加了像素数，但不能增添真正的图像细节，因此应更重视光学分辨率。

扫描仪与计算机之间采用的接口类型，有 USB 接口、SCSI 接口和并行打印机接口。SCSI 接口的传输速度最快，而采用并行打印机接口则更简便。

2. 数码摄像机

和普通摄像机比较，数码摄像机有以下几个特点。

图像分辨率高：数码摄像机一般为 500 线以上，而 VHS 摄录机为 200 线，S-VH 摄录机为 280~300 线，8 毫米摄录机为 380 线左右。

数码摄像机的色彩及亮度频宽比普通摄像机高 6 倍，而色彩、亮度带宽是影像精确度的首要决定因素，因而色彩极为纯正，达到专业级标准。

CCD(charge Coupled Device)即电荷藕合器件的缩写，它是一种特殊半导体器件，上面有很多感光元件，每个感光元件叫一个像素。

CCD 在摄像机里是一个极其重要的部件，它起到将光线转换成电信号的作用，类似于人的眼睛，因此其性能的好坏将直接影响到摄像机的性能。

3. 数码相机

数码相机是一种能够进行拍摄，并通过内部处理把拍摄到的景物转换成以数字格式存放的图像的特殊照相机。与普通相机不同，数码相机并不使用胶片，而是使用固定的或可拆卸的半导体存储器来保存获取的图像。数码相机可以直接连接到计算机、电视机或者打印机上。在一定条件下，数码相机还可以直接连接到移动式电话机或者手持 PC 机上。由于图像是内部处理的，所以使用者可以马上检查图像是否正确，而且可以立刻打印出来或通过电子邮件传送出去。

4. 摄像头

摄像头主要是由 DSP(主控 IC)、SENSOR(感光器材)、LENS(镜头)及周边电路加软件驱动组合而成的。其中，感光器件是主要的技术核心，其原理基本上与 DC、DV 相同。在当今的数码影像领域内，感光单元一般为 CCD 或者 CMOS，其中前者发展的时间比较长，在 DC 或者 DV 领域内应用得比较广泛；而常见的摄像头则多用价格相对低廉的 CMOS 为传感器。

5. 光笔

光笔是计算机的一种输入设备，结构简单、价格低廉、响应速度快、操作简便，常用于交互式计算机图形系统中。在图形系统中光笔将人的干预、显示器和计算机三者有机地结合起来，构成人机通信系统。利用光笔能直接在显示屏幕上对所显示的图形进行选择或修改。光笔的外形像一支笔，由笔体、透镜组、光导纤维、开关和导线等部件组成。

6. 触摸屏

随着多媒体信息查询的与日俱增，触摸屏得到广泛应用，因为触摸屏作为一种最新的电脑输入设备，它是目前最简单、最方便的输入设备，触摸屏具有坚固耐用、反应速度快、节省空间、易于交流等特点。利用该技术，只要用手指轻轻地指碰计算机显示器上的图符或文字就能实现对主机的操作，从而使人机交互更为简便，这种技术极大地方便了那些不常操作电脑的用户。这种人机交互的方式使得触摸屏的应用范围非常广阔，主要有公共信息的查询，如电信局、税务局、银行以及电力等部门的业务查询；城市街头的信息查询；此外它还广泛应用于办公、工业控制、军事指挥、电子游戏、点歌点菜、多媒体教学和房地产预售等领域。而且触摸屏必将在不久的将来逐步走入家庭。

触摸屏分为 4 种，分别为电阻式、红外线式、电容感应式以及表面声波式。

9.2.2　多媒体输出设备

可以将计算机中存储的多媒体信息输出到计算机外面的设备都可以移为多媒体的输出设备。与输入设备类似，输出设备同样有很多的专业设备，下面介绍几种家用的多媒体输出设备。

1. 打印机

打印机是计算机的输出设备之一，用来打印程序结果、图形和文字资料等。衡量打印机的指标是打印的分辨率、打印速度和打印噪声。

打印机的种类很多，常见的打印机有 3 大类：针式打印机、喷墨打印机和激光打印机。

喷墨打印机是在针式打印机之后发展起来的，采用非打击的工作方式。比较突出的优点是体积小、操作简单方便、打印噪音低、使用专用纸张时可以打出与照片相媲美的图片等。

激光打印机的一个突出优点是速度快，是任何喷墨打印机都不可比拟的，因为激光打印机的打印原理是复印，是一个半导体滚筒在感光后，刷上墨粉，然后在纸上滚一遍，最后用高温定型，完成一张纸的打印。激光打印机的反应能力很快，平均打印速度在一分钟 40~50 页左右，与印报纸速度类似，但比报纸效果好。激光打印机的打印密度非常大，耗材的粉末颗粒越小，印出来的图片分辨率就越大，同照片的效果很接近。

2. 显示器

显示器是计算机的显示输出设备，分为采用电子枪产生图像的 CRT(CathodeRayTube，阴极射线管)显示器和液晶显示器(Liquid Crystal Display，LCD)。顾名思义它应该是将一定的电子文件通过特定的传输设备显示到屏幕上再反射到人眼的一种显示工具。从广义上讲，街头的大屏幕、电视机的荧光屏、手机、快译通等器材的显示屏都属于显示器的范畴，但目前一般指与电脑主机相连的显示设备。显示器的应用非常广泛，大到卫星监测，小至 VCD，可以说在现代社会里，它的身影无处不在。显示器的结构一般为圆形底座加机身，随着彩显技术的不断发展，现在也出现了一些其他形状的显示器，但应用不多。

3. 光盘刻录机

刻录机就是可以把数据写到光盘上的机器，也可以当成光驱来用。

刻录机使用的光盘必须是 CD-R、DVD-R、CD-RW、DVD-RW4 种格式，RW 为可擦除光盘，即上面的数据可以使用刻录软件擦除，这样的光盘可以循环使用。CD-R 和 DVD-R 均为一次性使用的光盘，刻录后数据无法擦除。其所用的 CD 盘的容量一般为 650MB，DVD 盘的容量一般为 4.7G。

当刻录盘片的时候，刻录机会发出高功率的激光，聚焦在盘片某个特定部位上，使该部位的有机染料层产生化学反应，因而这个部位就不能反射光驱所发出的激光，这相当于传统 CD 光盘上的"凹面"，没有被高功率激光照到的地方可以依靠黄金层反射激光，这相当于传统 CD 光盘上的"非凹面"，这样刻制的光盘与普通 CD-ROM 的读取原理基本相同。

目前大部分刻录机除支持整盘刻写(Disk At Once，简称 DAO)方式外，还支持轨道刻写(Track At Once，TAO)方式。使用整盘刻写方式时，用户必须要将所有数据一次性写入 CD-R 盘。如果准备的数据较少，刻录一张盘势必会造成很大的浪费。而用轨道刻写方式就可以避免这种浪费，该方式允许一张 CD-R 盘在有多余空间的情况下进行多次刻录。

9.3　声音

声音效果是构成优良多媒体系统的基本要件之一，一个没有声音的多媒体系统可能无法吸引使用者的注意，有了声音将可使整个多媒体系统更加活泼，而优美的声音更可以为影像、影片和动画提供极大的辅助功能。

多媒体系统中，有关声音部分的基本配备为声效卡、扬声器和麦克风等，作为音频的输入、输出之用。在电脑声音格式中，常见的包括 WAV、MID、MP3 和 CD Audio 等，一般来说，经由音效卡输入电脑的声音，如录制个人的声音等，其最基本的格式就是 WAV；MID 是电脑音乐的档案格式，网络上许多网页的背景音乐几乎都是使用 MID；MP3 则是目前最流行的音乐格式，它把原来的 WAV 档案压缩为原文件的 1/10 大小，是未来声音档案的主流；CD Audio 则是一般音乐 CD 所使用的格式。

9.3.1　声音原理

空气中的分子在某些介质的作用下振动，形成声音，其振动过程可用一个连续的曲线表示，称为声波。声波有两个重要参数：振幅和周期，振幅反映声音的音量大小，周期指声音振动一次的时间。声波的频率由一秒钟内所出现的周期数决定，单位为 Hz，每秒声波振动 1000 次即为 1000 Hz。

1. 声音媒体在计算机中的表示

在计算机中声音是以数字形式存在的。数字声音是将一段声音以固定的时间间隔对声音波形进行采样、量化和编码，再将编码所获得的数值保存起来。

2. 声音媒体的要素

声音媒体的 3 个要素是：音调、音色、音强。声音的频率决定音调。声音的振幅决定音强。音色是由混入基音的泛音所决定的，每个基音又有固定的频率和不同音强的泛音，从而使每种声音具有特殊的听觉效果。

9.3.2 声波数字化的质量指标

评价一段声音数字化后的指标有 3 个，分别是采样频率、量化位数和声道数。

1. 采样频率

采样频率是 1 秒内对模拟信号采样的次数。采样频率越高，两次采样的时间间隔越小，在单位时间内获取的声音样本数就越多，这样进行数字化处理后的音频信号在播放时就会更加接近实际的声音信号，效果越好。随着采样频率的提高，存储数字化的声音文件所需的存储空间也就越大。

目前被广泛采用的 3 个标准采样频率分别为 44.1 Hz、22.05 Hz 和 11.025 Hz。

2. 量化位数

在对声音的每个采样点的声音样本进行量化的时候，表示采样值的二进制位数称为量化位数。该数值实际上是表达了声音幅度的数值，二进制位数的不同决定了可以表达的数据的范围和精度，目前通常采用的位数有 8 位和 16 位两种。显然，位数越多，可以表达的精度越高。如果采用 8 位表示，则将声音信号分为 256 个不同的量化数值，而用 16 位表示时则可以划分为 65535 个不同的量化值。

3. 声道数

声道数是一次采样所记录的声音波形的个数，目前有单声道和双声道两种模式。如果是单声道采样方式，则只产生一个声音波形，而双声道产生两个声音波形，也就是人们常说的立体声，其音质较好。

一般采用 44.1 Hz、16 位采样、双声道模式的数字音频信号就可以达到 CD 音质效果。

9.3.3 计算机声音的音源

从多媒体计算机扬声器中听到的声音是由不同的音源和不同的合成方式合成而来的。声卡、CD-ROM、电影卡的声音输出部分都是独立的音源。声音的合成方式主要包括 WAVE 合成和 MIDI 合成。

- WAVE 合成器：包括 A/D 转换器和 D/A 转换器，是录制和回放数字音频信号的核心部件。
- MIDI 合成器：用来合成 MIDI 音乐，控制 MIDI 合成器合成 MIDI 音乐的控制命令被存储在以 MID 为扩展名的文件中，这就是 MID 文件。合成方式有两种，分别是 FM(调频)和 Wave Table (波表)。

声卡上的 WAVE 合成器和 MIDI 合成器是两个独立的声音合成单元，它们之间没有关系。WAVE 音效处理与 MIDI 音乐的合成是声卡最重要的功能。

9.3.4 声音媒体格式

随着多媒体技术的发展，很多生产厂家纷纷建立了多种声音媒体的数据格式标准。每种标准的编码格式是不同的，因此同样长度的声音用不同的声音格式表示，所得到的文件大小也是不同的，当然播放后的效果也有一些差异。这也决定了不同的声音格式文件应用场合是不同的。常见的声音格式有 MP3、MIDI、MMF、WMA、WAV、AIF 以及 RM 等。

1. MIDI

MIDI(Musical Instrument Digital Interface)格式实际上是一种技术规范，是控制计算机与具有 MIDI 接口的设备之间进行信息交换的一整套规则。

MID 文件格式由 MIDI 继承而来。与其他格式的声音文件不同，MID 文件中存储的并不是一段录制好的声音，而是记录声音的信息，这些信息可以是在 MID 文件播放时命令声卡如何再现音乐的一组指令，所以 MID 文件重放的效果完全依赖声卡的档次：通常情况下，这样一个 MID 文件每存 1 分钟的音乐只用大约 5~10KB。现在 MID 文件主要用于原始乐器作品、流行歌曲的业余表演以及电子贺卡等。

MID 格式的最大用处是在电脑作曲领域。MID 文件可以用作曲软件写出，也可以通过声卡的 MIDI 口把外接音序器演奏的乐曲输入电脑里，制成 MID 文件。

2. MP3

MP3(Moving Picture Experts Group Audio Layer Ⅲ)是一种音频压缩技术。MP3 是利用 MPEG Audio Layer3 的技术，将音乐以 1:10 甚至 1:12 的压缩率，压缩成容量较小的文件。

MP3 能够在音质丢失很小的情况下把文件压缩到更小的程度，而且还可以非常好地保持原来的音质。一段 1 分钟长度的音乐的 MP3 格式只有 1MB 左右大小，这样每首歌的大小只有 3~4 MB。使用 MP3 播放器对 MP3 文件进行实时的解压缩(解码)，高品质的 MP3 音乐就播放出来了。

3. Real Audio

主要适用于在网络上的在线音乐欣赏，现在 Real 的文件格式主要有 RA (Real Audio)、RM (Real Media，即 Real Audio G2)、RMX(Real Audio Secured)等。有的下载站点会提示根据网络速率选择最佳的 Real 文件。这些格式的特点是可以随网络带宽的不同而改变声音的质量，在保证大多数用户听到流畅声音的前提下，令带宽较富裕的听众获得较好的音质。

4. VQF

VQF 即 TwinVQ(Transform-domain Weighted Interleave Vector Quantization)，是由 NTT (Nippon Telegraph and Telephone，日本电报电话)与 YAMAHA 公司共同开发的一种音频压缩技术。其核心是以减少数据流量但保持音质的方法来达到更高的压缩比。VQF 的音频压缩率比标准的 MPEG 音频压缩率高出近一倍，可以达到 1:18 左右，甚至更高。即把一首 4

分钟的歌曲(WAV 文件)压缩成 MP3 格式，大约需要 4MB 左右的硬盘空间，而同一首歌曲，如果使用 VQF 音频压缩技术的话，只需要 2 MB 左右的硬盘空间。

VQF 可以用 YAMAHA 的播放器播放。同时 YAMAHA 也提供从 WAV 文件转换到 VQF 文件的软件。

5. WMA

WMA(WindowsMedia Audio)由微软公司推出，其音质要优于 MP3 格式，更远胜于 RA 格式。

同 YAMAHA 公司开发的 VQF 格式一样，WMA 是以减少数据流量但保持音质的方法来达到比 MP3 压缩率更高的目的，WMA 的压缩率一般都可以达到 1:18 左右。

WMA 的另一个优点是内置了版权保护技术，可以限制播放时间，播放次数，甚至于播放的机器等，另外 WMA 还支持音频流(stream)技术，适合在网络上在线播放，作为微软抢占网络音乐的开路先锋可以说是技术领先、风头强劲，更方便的是无需安装额外的播放器，而 Windows 操作系统和 Windows Media Player 的无缝捆绑让用户只要安装了 Windows 操作系统就可以直接播放 WMA 音乐。

WMA 这种格式在录制时可以对音质进行调节。同一格式，音质好的可与 CD 媲美，压缩率较高的可用于网络广播。虽然现在网络上还不是很流行，但是在微软的大规模推广下已经得到了越来越多网站的承认和大力支持，在网络音乐领域中直逼 MP3，在网络广播方面，也正在瓜分 Real 的市场。因此，几乎所有的音频格式都感受到了 WMA 格式带来的冲击。

6. CD

CDA 格式，即 CD 音轨。标准 CD 格式也就是 44.1 K 的采样频率，速率 88 K/s, 16 位量化位数。

因为 CD 音轨可以说是近似无损的，因为它的声音基本上是忠于原声的，CD 光盘可以在 CD 唱机中播放，也能用电脑里的各种播放软件来播放。

一个 CD 音频文件是一个 CDA 文件，它只是一个索引信息，并不是真正的包含声音信息，所以不论 CD 音乐的长短，在电脑上看到的 CDA 文件大小都是 44B。另外，CD 格式的 CDA 文件不能直接复制到硬盘上播放，需要使用软件把 CD 格式的文件转换成 WAV。

9.4 图形和图像

9.4.1 基本概念

在计算机领域中，图形是指由外部轮廓线条构成的矢量图。即由计算机绘制的直线、圆、矩形、曲线以及图表等，也就是指由 GPU(显卡的核心，即图形处理芯片)运算生成的几何图形或几何图形的集合。图像是指由扫描仪、摄像机等输入设备捕捉实际的画面产生的数字图像，是由像素点阵构成的位图。或者说图像通常是指已经由软硬件处理过的图形。用不同的软件进行编辑后得到的图像文件不同，因为它们在计算机中存储的方式不同。

将一个模拟图像进行数字化的过程称为模拟图像的数字化。在这个过程中，首先要进行抽样。与 9.3 节讲过的声音采样模式类似，只不过是在对图像进行抽样的过程中按照图像的 X 方向和 Y 方向将图像分割成矩阵构成的网格状结构，当这些网格足够小的时候，就可以用网格中任何一个图像点来代表整个网格。图像数字化的第二个工作是量化。因为网格中的任何一个像素点都可以代表整个网格，所以对该像素点进行二进制编码就可以获得图像的数字化值。

9.4.2 目前常见的图形(图像)格式

一般来说，目前的图形(图像)格式大致可以分为两大类：一类为位图，另一类称为描绘类、矢量类或面向对象的图形(图像)。前者是以点阵形式描述图形(图像)的，后者是以数学方法描述的一种由几何元素组成的图形(图像)。一般说来，后者对图像的表达细致、真实，缩放后图形(图像)的分辨率不变，在专业级的图形(图像)处理中运用较多。

- 图形(图像)的一些相关技术指标：包括分辨率、色彩数和图形灰度。
- 分辨率：分为屏幕分辨率和输出分辨率两种，前者用每英寸行数表示，数值越大图形(图像)质量越好；后者衡量输出设备的精度，以每英寸的像素点数表示。
- 色彩数和图形灰度：用位(bit)表示，一般写成 2 的 n 次方，n 代表位数。当图形(图像)达到 24bit 时，可表现 1677 万种颜色，即真彩。灰度的表示法类似。
- 当前常见的图形(图像)文件格式：包括 BMP、DID、PCP、DIF、WMF、GIF、JPG、TIF、EPS、PSD、CDR、IFF、TGA、PCD 和 MPT。图形(图像)文件的存储格式有很多种，其原因在于各大公司的存储及图像处理数字化方式不同。通常是以文件的扩展名来区分。

1. BMP 格式

BMP(Bit Map Picture)格式的图像文件是 PC 机上最常用的位图格式，有压缩和不压缩两种形式，该格式可表现从 2 位到 24 位的色彩，分辨率也可从 480×320 至 1024×768。该格式在 Windows 环境下相当稳定，在文件大小没有限制的场合中运用极为广泛。

2. DIB 格式

DIB(Device Independent Bitmap)格式的文件描述图像的能力与 BMP 格式基本相同，并且可以运行于多种硬件平台，只是文件较大。

3. PCP 格式

PCP(PC Paintbrush)格式是由 ZSOFT 公司创建的一种经过压缩且节约磁盘空间的 PC 位图格式，它最高可表现 24 位图形(图像)。

4. DIF 格式

DIF(Drawing Interchange Format)格式文件是在 AutoCAD 软件中使用的图形文件格式。它以 ASCII 方式存储图形，所表现的图形在尺寸大小方面十分精确，可以被 CorelDraw 及 3DS 等大型软件调用和编辑。

5. WMF 格式

WMF (Windows Metafile Format)格式的文件是 Windows 系统中使用的图元文件，具有文件短小、图案造型化的特点。但该类图形比较粗糙，并只能在 Microsoft office 系列软件中调用和编辑。

6. GIF 格式

GIF(Graphics Interchange Format)格式的文件是一种在各种平台的各种图形处理软件上均可处理的经过压缩的图形格式。其缺点是存储色彩最高只能达到 256 种。

7. JPG 格式

JPG(Joint Photo graphics expert Group)格式的文件是一种可以大幅度压缩图形文件的格式。对于同一幅画面，JPG 格式存储的文件大小只是其他类型图形文件的 1/10 到 1/20，而且色彩数最高可达到 24 位，所以它被广泛应用于 Internet 上的 Home Page 或 Internet 上的图片库。

8. TIF 格式

TIF(Tagged Image file Format)格式的文件虽然体积庞大，但存储信息量也很大，细微层次的信息较多。该格式有压缩和非压缩两种形式，最高支持的色彩数可达 16M。

9. EPS 格式

EPS(Encapsulated Post Script)格式的文件是用 PostScript 语言描述的 ASCll 图形文件，在 Post Script 图形打印机上能打印出高品质的图形(图像)，最高能表示 32 位图形(图像)。该格式分为 Photoshop EPS 格式、Adobe Illustrator EPS 格式和标准 EPS 格式，其中标准 EPS 格式又可以分为图形格式和图像格式。

10. PSD 格式

PSD(Photo Shop Document)格式的文件是 Photoshop 软件中存储文件的标准文件格式，专门为 Photoshop 软件而优化的一种图像存储格式。

11. CDR 格式

CDR(Corel DRaw)格式的文件是 CorelDraw 软件中使用的的文件存储格式。当前 CDX 格式是所有 Corel Draw 应用程序均能使用的图形(图像)文件，是发展成熟的 CDR 文件。

12. IFF 格式

IFF(Image File Format)格式的文件通常只用于大型超级图形处理平台，如 AMIGA 机。好莱坞的特技电影多采用该图形格式处理。这种图形(图像)格式的文件有很好的表达效果，甚至色彩纹理等细微之处都可以达到逼真再现原景的程度。该格式耗用的内存、外存等计算机资源也十分巨大。

13. TGA 格式

TGA(Tagged GrAphic)格式的文件是 True Vision 公司专为其显示卡开发的图形文件格

式，创建时期较早，最高色彩数可达 32 位。另外一些格式如 VDA、PIX、WIN、BMX、ICB 等均属其旁系。

9.4.3 视频格式

影像是多媒体的重要组成部分。多媒体技术发展的早期，影像只能在本机上播放。随着网络技术的发展，网络传输速率逐步提高，使得目前网络影像技术已经成为多媒体影像的主要内容。

1. 本地影像视频

本地影像文件体积庞大，但图像清晰。常见的本地影像文件格式有 AVI、MPEG 以及 OVI 等。

(1) AVI 格式

AVI (Audio Video Interleaved)格式就是音频视频交错格式，于 1992 年由微软公司推出，随 Windows 3.1 一起被人们所认识和熟知。

音频视频交错是可以将视频和音频交织在一起进行同步播放。这种视频格式的优点是图像质量好，可以跨多个平台使用，缺点是体积过于庞大，而且压缩标准不统一，最普遍的表现就是高版本 Windows 媒体播放器无法播放采用早期编码编辑的 AVI 格式视频，而低版本 Windows 媒体播放器又无法播放采用最新编码编辑的 AVI 格式视频，所以在播放一些 AVI 格式的视频时常会出现由于视频编码问题而造成的视频不能播放，或即使能够播放，但存在不能调节播放进度和播放时只有声音没有图像等问题。如果用户在进行 AVI 格式的视频播放时遇到以上问题，可以通过下载相应的解码器来解决。

(2) nAVI 格式

nAVI 是 new AVI 的缩写，是由一个名为 Shadow Realm 的地下组织发展起来的一种新视频格式，虽然它的名字中也有 AVI，但这种文件格式与微软公司的 AVI 格式并没有太大联系。它是在 Microsoft ASF 压缩算法的基础上修改而来的，但是又与网络影像视频中的 ASF 视频格式有所区别，它通过增加帧率来大幅提高 ASF 视频文件的清晰度。

(3) DV-AVI 格式

DV(Digital video)格式是由索尼、松下和 JVC 等多家厂商联合提出的一种家用数字视频格式。目前的数码摄像机就是使用这种格式记录视频数据的。它可以通过电脑的 IEEE 1394 端口传输视频数据到电脑，也可以将电脑中编辑好的视频数据回录到数码摄像机中。这种视频格式的文件扩展名一般是“AVI”，所以也叫 DV-AVI 格式。

(4) MPEG 格式

MPEG(Moving Picture Expert Group)格式即运动图像专家组格式。平时常见的 VCD、SVCD、DVD 就是这种格式。

MPEG 文件格式是运动图像压缩算法的国际标准，它采用了有损压缩方法减少运动图像中的冗余信息，即 MPEG 的压缩方法根据相邻两幅画面绝大多数是相同的这个特点，把后续图像中和前面图像有冗余的部分去除，从而达到压缩的目的(其最大压缩比可达到

200:1)。目前 MPEG 格式有 3 个压缩标准，分别是 MPEG-1、MPEG-2 和 MPEG-4。另外，MPEG-7 与 MPEG-21 仍处在研发阶段。

MPEG-1 制定于 1992 年，它是针对 1.5 Mb/s 以下数据传输率的数字存储媒体运动图像及其伴音编码而设计的国际标准，也就是通常所见到的 VCD 制作格式。使用 MPEG-1 的压缩算法，可以把一部 120 分钟长的电影压缩到 1.2GB 左右大小。这种视频格式的文件扩展名包括 MPG、MLV、MPE、MPEG 及 VCD 光盘中的 DAT 文件等。MPEG-2 制定于 1994 年，设计目标为高级工业标准的图像质量以及更高的传输率。这种格式主要应用在 SVCD 和 DVD 的制作(压缩)，同时在一些 HDTV(高清晰电视广播)和一些高要求视频的编辑、处理上面也有较多的应用。使用 MPEG-2 的压缩算法，可以把一部 120 分钟长的电影压缩到 4~8GB 的大小。这种视频格式的文件扩展名包括 MPG、MPE、MPEG、MZV 及 DVD 光盘上的 VOB 文件等。

MPEG-4 制定于 1998 年，是为了播放流式媒体的高质量视频而专门设计的。它可利用很窄的带宽，通过帧重建技术，压缩和传输数据，以求使用最少的数据获得最佳的图像质量。目前 MPEG-4 最有吸引力的地方在于它能够保存接近于 DVD 画质的小体积视频文件。另外，这种文件格式还包含了以前 MPEG 压缩标准所不具备的比特率的可伸缩性、动画精灵、交互性甚至版权保护等一些特殊功能。这种视频格式的文件扩展名包括 ASF、MOV 和 DivX AVI 等。

MPEG-4 编码实际上就是大家熟悉的 MP3。

(5) DivX 格式

DivX 格式是由 MPEG-4 衍生出的另一种视频编码(压缩)标准，也就是通常所说的 DVDrip 格式。

它采用了 MPEG-4 的压缩算法，同时又综合了 MPEG-4 与 MP3 各方面的技术。这种格式的文件对影像的视频和音频采取分别处理后再合成的技术，一方面使用 DivX 压缩技术对 DVD 盘片的视频图像进行高质量压缩，同时用 MP3 或 AC3 技术对音频进行压缩，然后再将视频与音频合成并加上相应的外挂字幕文件而形成视频格式。其画质直逼 DVD 并且体积只有 DVD 的几分之一。这种编码对计算机的要求也不高，DivX 视频编码技术可以说是一种非常有前途的新生视频压缩格式。

(6) MOV 格式

MOV 格式是美国苹果(Apple)公司开发的一种视频格式，默认的播放器是苹果的 Quick Time Player。这种图像格式具有较高的压缩比率和较完美的视频清晰度等特点，其最大的特点是跨平台性，即不仅能支持 MacOS，同样也能支持 Windows 系列。

2. 网络影像视频

网络影像考虑到网络传输的带宽限制，通常都采用文件体积比较小的格式，因此和本地格式的文件相比，其图像质量会相对较低。

(1) ASF 格式

ASF(Advanced Streaming Format)格式是微软为了和现在的 Real Player 竞争而推出的

一种视频格式，用户可以直接使用 Windows 自带的 Windows Media Player 对其进行播放。

由于它使用了 MPEG-4 的压缩算法，所以压缩率和图像的质量都很比较好，高压缩率有利于视频流的传输，但图像质量会有损失，所以有时 ASF 格式的画面质量不如 VCD。

(2) WMV 格式

WMV(Windows Media Video)格式文件也是微软推出的一种采用独立编码方式并且可以直接在网上实时观看视频节目的文件压缩格式。

WMV 格式的主要优点包括：本地或网络回放、可扩充的媒体类型、部件下载、可伸缩的媒体类型、流的优先级化、多语言支持、环境独立性、丰富的流间关系以及扩展性等。

(3) RM 格式

RM(Real Media)格式是 Real Networks 公司所制定的音频视频压缩规范，用户可以使用 Real Player 或 Real One Player 对符合 Real Media 技术规范的网络音频或视频资源进行实况转播，并且 Real Media 可以根据不同的网络传输速率制定出不同的压缩比率，从而实现在低速率的网络上进行影像数据实时传送和播放。这种格式的另一个特点是用户使用 Real Player 或 Real One Player 播放器可以在不下载音频或视频内容的条件下实现在线播放。另外，RM 作为目前主流网络视频格式，它还可以通过 Real Server 服务器将其他格式的视频转换成 RM 视频并由 Real Server 服务器负责对外发布和播放。

RM 和 ASF 格式可以说各有优点，通常 RM 视频柔和，而 ASF 视频则相对清晰。

(4) RMVB 格式

RMVB 格式是一种由 RM 视频格式升级延伸出的新视频格式。它的先进之处在于 RMVB 视频格式打破了原先 RM 格式那种平均压缩采样的方式，在保证平均压缩比的基础上合理利用比特率资源，即静止和动作场面少的画面场景采用较低的编码速率，这样可以留出更多的带宽空间，而这些带宽会在出现快速运动的画面场景时将被利用。从而在保证了静止画面质量的前提下，大幅地提高了运动图像的画面质量，也使图像质量和文件大小之间达到了微妙的平衡。

相对于 DVDrip 格式，RMVB 视频也是有着较为明显的优势，一部大小为 700MB 左右的 DVD 影片，如果将其转录成同样视听品质的 RMVB 格式，其大小最多为 400MB 左右。不仅如此，这种视频格式还具有内置字幕和无需外挂插件支持等独特优点。要播放这种视频格式，可以使用 Real One Player 2.0 或 RealPlayer 8.0 加 RealVideo 9.0 以上版本的解码器形式进行播放。

(5) 3GP 电影

3GP 格式是一种 3G 流媒体的视频编码格式，主要是为了配合 3G 网络的高传输速度而开发的一种媒体格式。这种格式的文件具有很高的压缩比，特别适合于使用手机上观看电影，也是目前手机中最为常见的一种视频格式。

9.5　数据压缩和编码

经过数字化处理的多媒体信息数据量巨大，如果直接存储这些信息，所占有的存储空间很大，也不利于这些信息的交换，而且就目前的网络速度而言，传输数据量非常大的信息很困难，因此几乎所有的多媒体信息都要进行数据压缩处理。压缩后的多媒体数据必须按照一定的存储格式进行存储，这种特定格式就是多媒体信息的编码方式。

9.5.1　数据压缩

图像、音频和视频这些媒体具有很大的压缩潜力。因为在多媒体数据中，存在着空间冗余、时间冗余、结构冗余、知识冗余、视觉冗余、图像区域的相同性冗余、纹理的统计冗余等问题，它们为数据压缩技术的应用提供了可能的条件。因此在多媒体系统中必须采用数据压缩技术，该多媒体技术中一项十分关键的技术。

数据压缩是用最少的数码来表示信号。其作用是能较快地传输各种信号，如传真、Modem 通信等；在现有的通信干线并行开通更多的多媒体业务，如各种增值业务；紧缩数据存储容量，如 CD-ROM、VCD 和 DVD 等；降低发信机功率，这对于多媒体移动通信系统尤为重要。由此看来，通信时间、传输带宽、存储空间甚至发射能量，都可能成为数据压缩的对象。

数据压缩技术是对原始数据进行数据编码或压缩编码。目前常用的压缩编码有冗余压缩法(无损压缩法、熵编码)和帧压缩法(有损压缩法)两类。无损压缩是可逆的，此技术解码后的图像和原始图像完全一致，也就是说压缩的原始数据是完全可恢复的或没有偏差的；有损压缩是不可逆的，因为在压缩过程中损失一定的信息，虽然压缩后的数据不能完全恢复为原始数据，但所损失的部分对原始图像影响较小。

数据压缩技术有 3 个主要指标要求：一是压缩前后所需的信息存储量之比要大；二是实现压缩的算法要简单，压缩、解压缩速度要快，尽可能地做到实时压缩和解压缩；三是恢复效果要好，要尽可能地恢复原始数据。

实现数据压缩技术有两种方法。一是在信源编码过程中进行压缩，IEEE 的 MPEG 专家组已发展制订了 ISO/IEC 13818(MPEG-2)国际标准，MPEG-2 采用不同的层和级组合即可满足从家庭质量到广播级质量以及将要播出的高清晰度电视质量等不同的要求。MPEG-2 的应用面很广，它支持标准分辨率 16:9 宽屏及高清晰度电视等多种格式，从进入家庭的 DVD 到卫星电视、广播电视微波传输都采用了这一标准。二是改进信道编码，发展新的数字调制技术，提高单位频宽数据传送速率。如在欧洲 DVB 数字电视系统中，数字卫星电视系统(DVB-S)采用正交相移键控调制(OPSK)；数字有线电视系统(DVB-C)采用正交调幅调制(QAM)；数字地面开路电视系统(DVB-T)则采用更为复杂的编码正交频分复用调制(COFDM)。

9.5.2 数据编码

编码就是指通过特定的压缩技术，将某个视频格式的文件转换成另一种视频格式文件的方式。目前视频流传输中最为重要的编码标准有国际电联的 H.261、H.263，运动静止图像专家组的 M-JPEG 和国际标准化组织运动图像专家组的 MPEG 系列标准。此外在互联网上被广泛应用的还有 Real Networks 的 RealVideo、微软公司的 WMT 以及 Apple 公司的 QuickTime 等。

目前，被国际社会广泛认可和应用的通用压缩编码标准大致有如下 4 种：H.261、JPEG (Joint Photograph coding Experts Group，联合照片专家组)、MPEG (Moving Pictures Experts Group，即动态图像专家组)和 DVI。

1. H.261 标准

H.261 是由原 CCITT(国际电报电话咨询委员会)通过的，用于音频视频服务的视频编码解码标准(也称 Px64 标准)。它使用两种类型的压缩：一帧中的有损压缩(基于 DCT)和用于帧间压缩的无损编码，并在此基础上使编码器采用带有运动估计的 DCT(Discrote Co-sine Transform，离散余弦交换)和 DPCM(差分脉冲编码调制)的混合编码方式。这种标准与 JPEG 及 MPEG 标准间有明显的相似性，但关键区别在于它是为动态使用设计的。

2. JPEG

JPEG 是一种基于 DCT 的静止图像压缩和解压缩算法，它是由 ISO(国际标准化组织)和原 CCITT(国际电报电话咨询委员会)共同成立的联合图像专家组(Joint Photographic Experts Group)制定的标准，并在 1992 年成为国际标准。

这种编码算法是把冗长的图像信号和其他类型的静止图像去掉，甚至可以压缩到原图像的百分之一(压缩比 100:1)。

3. MPEG

MPEG 实际上是指一组由 ITU 和 ISO 制定发布的视频、音频、数据的压缩标准。它采用的是一种减少图像冗余信息的压缩算法，它提供的压缩比可以高达 200:1，同时图像和音响的质量也非常高。现在通常有 3 个版本：MPEG-1、MPEG-2、MPEG-4，分别适用于不同带宽和数字影像质量的要求。MPEG 的 3 个最显著优点是兼容性好、压缩比高、数据失真小。

4. DVI

DVI 格式的视频图像的压缩算法的性能与 MPEG-1 相当，即图像质量可达到 VHS 的水平，压缩后的图像数据率约为 1.5 Mb/s。为了扩大 DVI 技术的应用，Intel 公司最近又推出了 DVI 算法的软件解码算法，称为 Indeo 技术，它能把要压缩的数字视频文件压缩为原来大小的 1/5~1/10。

9.5.3 多媒体系统

一般的多媒体系统主要由如下 4 个部分的内容组成：多媒体硬件系统、多媒体操作系统、媒体处理工具软件和用户应用软件。

(1) 多媒体操作系统：也称为多媒体核心系统(Multimedia Kernel System)，具有实时任务调度、多媒体数据转换、多媒体设备的驱动和控制、以及图形用户界面管理等。

(2) 多媒体硬件系统：包括计算机硬件、声音/视频处理器、多种媒体输入/输出设备及信号转换装置、通信传输设备及接口装置等。其中，最重要的是根据多媒体技术标准而研制生成的多媒体信息处理芯片、光盘驱动器等。

(3) 媒体处理工具软件：或称为多媒体系统开发工具软件，是多媒体系统的重要组成部分。

(4) 用户应用软件：根据多媒体系统终端用户要求而定制的应用软件，它是面向用户的系统产品。

9.6　习题

1. 单选题

(1) 下列设备，不能作为多媒体操作控制设备的是(　　)。

A. 鼠标器和键盘　　B. 操纵杆
C. 触摸屏　　D. 话筒

(2) 媒体是指(　　)。

A. 表示和传播信息的载体　　B. 各种信息的编码
C. 计算机屏幕显示的信息　　D. 计算机的输入和输出信息

(3) 媒体不包括(　　)。

A. 文本　　B. 光盘　　C. 声音　　D. 图像

(4) 多媒体计算机是指(　　)。

A. 具有多种外部设备的计算机　　B. 能与多种电器连接的计算机
C. 能处理多种媒体的计算机　　D. 借助多种媒体操作的计算机

(5) 屏幕上每个像素都用一个或多个二进制位描述其颜色信息，256 种灰度等级的图像每个像素用(　　)个二进制位描述其颜色信息。

A. 1　　B. 4　　C. 8　　D. 24

(6) 图像数据压缩的目的是为了(　　)。

A. 符合 ISO 标准　　B. 减少数据存储量，便于传输
C. 图像编辑的方便　　D. 符合各国的电视制式

(7) 计算机在存储波形声音之前，必须进行(　　)。

A. 压缩处理　　B. 解压缩处理
C. 模拟化处理　　D. 数字化处理

(8) MIDI 标准的文件中存放的是(　　)。

A. 波形声音的模拟信号　　B. 波形声音的数字信号

C. 计算机程序　　D. 符号化的音乐

(9) 下面关于多媒体数据压缩技术的描述，说法不正确的是(　　)。

A. 数据压缩的目的是为了减少数据存储量，便于传输和回放

B. 图像压缩就是在没有明显失真的前提下，将图像的位图信息转变成另外一种能将数据量缩减的表达形式

C. 数据压缩算法分为有损压缩和无损压缩

D. 只有图像数据需要压缩

(10) 下列关于多媒体计算机的描述，正确的是(　　)。

A. 多媒体计算机不是 PC 机

B. 多媒体计算机是增加了声音、图像等多媒体处理的 PC 机

C. 多媒体计算机只能进行多媒体处理工作，而无法实现以往 PC 机所具有的功能

D. 多媒体计算机由多台 PC 机组成，每台机处理一种媒体

2. 不定项选择题

(1) 多媒体技术发展的基础是(　　)。

A. 通信技术　　B. 数字化技术

C. 计算机技术　　D. 操作系统

(2) 多媒体信息处理的特点是(　　)。

A. 多样化、集成化和交互性　　B. 多样化、集成化和顺序化

C. 多种信息的综合　　D. 有声音和图形

(3) 多媒体计算机中所说的媒体是指(　　)。

A. 报纸、杂志　　B. 文字、声音、图像、动画等

C. 收音机、录像机　　D. 卡拉 OK

(4) 将一场精彩的世界杯足球比赛录像(约 100 分钟)高质量地保存在一张盘片上，应使用(　　)。

A. DVD 光盘　　B. 2.5 英寸高密度软盘

C. VCD 光盘　　D. 5 英寸高密度软盘

3. 判断题

(1) 由于多媒体信息量巨大，因此多媒体信息的压缩与解压缩技术是最为关键的技术之一。(　　)

(2) 从理论上说，音箱的大小与音质的好坏有很大关系。(　　)

(3) 分辨率是计算机中显示器的一项重要指标，若某显示器的分辨率为 1024×768，则表示其屏幕上的总像素个数是 1024×768 个。(　　)

(4) 多媒体数据的传输速度是多媒体的关键技术。(　　)

(5) 放像机可播放多媒体节目，故放像机被称为多媒体机。(　　)

第10章　计算机网络基础

计算机网络技术的发展不仅使信息领域发生了日新月异的变化，而且改变了人们的生产、生活和社会活动方式。目前计算机网络已经广泛应用于政府、学校、企业、军事以及科学研究等领域。通过计算机网络，人们可以查找各种信息，共享远离本地的信息资源，分享各种网络服务等。一个国家的计算机网络发展水平已成为衡量其国力及现代化程度的重要标志之一。

本章从计算机网络基本概念入手，依次介绍计算机网络的基本组成、计算机网络体系结构、局域网等知识，通过本章的学习，可以初步了解计算机网络技术。

10.1　计算机网络概述

计算机网络是计算机技术与通信技术紧密结合的产物，它出现的时间虽然不长，发展却非常迅速。计算机网络目前已成为计算机应用的一个重要领域，它推动了信息产业的发展，对当今社会经济的发展起着非常重要的作用。

10.1.1　计算机网络的定义

计算机网络是指将地理位置不同的具有独立功能的多台计算机及其外部设备，通过通信线路连接起来，在网络操作系统，网络管理软件及网络通信协议的管理和协调下，实现资源共享和信息传递的计算机系统。

根据以上定义可以看到，计算机网络是计算机技术和通信技术相结合的产物。计算机网络的主要连接对象是计算机和数据终端设备(如银行自动柜员机)等。网络设备包括交换机、路由器以及服务器等网络设备，也包括调制解调器、光端机等通信设备。通信线路的传输介质有双绞线、光纤、微波等。计算机网络之间的通信必须遵守一系列的网络协议和通信标准，最常用到的标准和协议有 IEEE(国际电子电气工程师协会)标准、ITU-T(国际电信联盟标准化组)建议和 RFC(请求注解)文档等。计算机网络包括了网络硬件和网络线路之间互联，以及软件之间的连接。计算机网络的应用必须具有相应的网络软件，这些软件有网络操作系统(如 Windows Server、Linux 等)、网络服务器软件(如 IIS、Exchange Server 等)以及客户端软件(如 IE、QQ 等)。

计算机网络实现了资源共享和信息交流。这里的资源包括硬件资源和软件资源。硬件资源有网络交换设备、路由设备、网络存储设备、网络打印机、网络服务设备等，软件资源如网页、软件、数据、视频文件等。资源共享是指网络用户能分享网内的全部或部分资源，使网络中各地区的资源互通有无，分工协作，从而大大提高系统资源的利用率。例如，少数地点设置的数据库可为全网络服务；某些地方设计的专用软件可供其他用户调用；一些具有特殊功能的计算机和网络设备可以面向网络用户，对用户提供的数据进行处理，然后将结果返回给用户。

在计算机网络中，信息交流以交互方式进行，主要有网页、电子邮件、论坛、即时通信、IP 电话、视频点播等形式。计算机网络的资源共享和信息交流特性，也为远程教育、远程管理、协同工作等新的工作方式提供了一个很好的平台。

计算机网络虽然可以传输和处理文字、图形、声音和视频信号，但是所有这些信息在计算机中都必须转换为“数据”的形式进行处理，因此计算机网络是一种数据通信网络。但这些数据在传输过程中，既可以采用数字通信方式传输，也可以采用模拟通信方式传输。

10.1.2　计算机网络的产生与发展

计算机网络技术的发展速度与应用的广泛程度是人类科技发展史上的奇迹。计算机网络从形成、发展到广泛应用经历了近 50 年的历史，大致可以划分成以下阶段：

第一代计算机网络——远程终端联机阶段；

第二代计算机网络——计算机网络阶段；

第三代计算机网络——计算机网络互联阶段；

第四代计算机网络——国际互联网与信息高速公路阶段。

1. 面向终端的计算机通信网络

早期的计算机网络产生于 20 世纪 50 年代初，它是将一台计算机经通信线路与若干台终端直接相连，计算机处于主控地位，承担着数据处理和通信控制的工作；而终端一般只具备输入输出功能，处于从属地位。通常将这种具有通信功能的计算机系统称为第一代计算机网络——面向终端的计算机网络，如图 10-1 所示。

面向终端的计算机通信网络是一种主从式结构，这种网络与现在计算机网络的概念不同，只是现代计算机网络的雏形。

2. 分组交换网

现代计算机网络产生于 20 世纪 60 年代中期，其基本结构如图 10-2 所示。它是利用传输介质将具有独立功能的计算机连接起来的系统。其标志是美国国防部高级研究计划局研制的 ARPANET 网。美国军方要求这种网络必须具有很强的生存性，而且能够适应现代战争的需要。根据这一要求，一批专家提出了将通信中的分组交换技术应用于 ARPANET 网络中，分组交换技术的引入大大推动了计算机网络的发展。

分组交换网以交换网为中心，主机和终端都处在网络的外围，构成用户资源子网。用户通过分组交换网可共享资源子网的许多硬件和各种丰富的软件资源。分组交换网也称为通信子网。

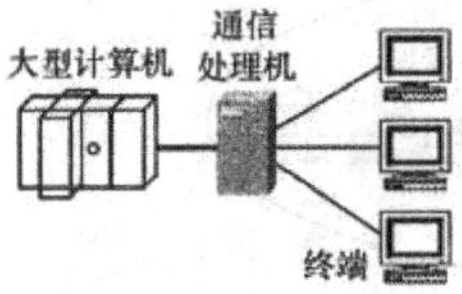

图 10-1 面向终端的计算机通信网络

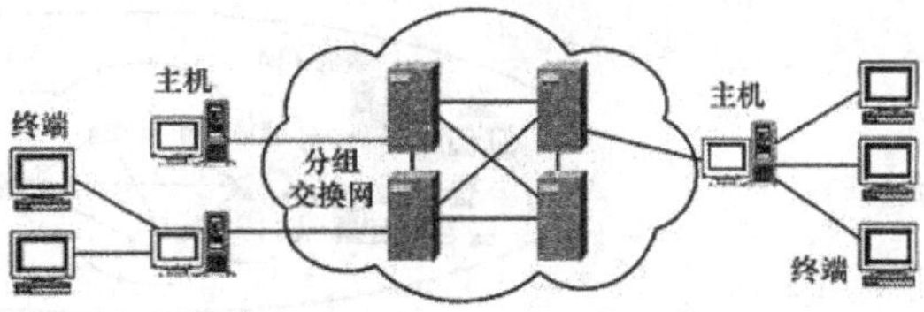

图 10-2 分组交换网的基本结构

3. 体系结构标准化的计算机网络

20 世纪 70 年代后期，各种商业网络纷纷建立，各个厂商提出了各自的网络体系结构。比较著名的有 IBM 公司于 1974 年公布的系统网络体系结构(System Network Architecture，SNA)，美国 DEC 公司于 1975 年公布的分布式网络体系结构(Distributing Network Architecture，DNA)。从而不断出现了一些按照不同概念设计的网络，有力地推动了计算机网络的发展和广泛使用。但是不同网络系统体系结构之间的产品很难实现网络互联，因此国际标准化组织(ISO)在 1984 年公布了 ISO/RM(开放式系统互联参考模型)国际标准化网络体系结构，为此计算机网络开始走上了标准化的道路。通常把网络体系结构标准化的计算机网络称为第三代计算机网络。

4. Internet 时代

目前，计算机网络的发展正处于第 4 阶段，该阶段计算机网络发展的特点是高效、互连、高速和智能化应用。

1983 年 TCP/IP 被批准为美国军方的网络传输协议。同年，ARPRNET 分化为 ARPANET 和 MILNET 两个网络。1984 年，美国国家科学基金会决定将教育科研网 NSFNET 和 ARPANET、MILNET 合并，运行 TCP/IP，向世界范围扩展，并命名为 Internet。Internet 的发展对世界经济、社会、科学以及文化等多个领域的发展产生了深刻的影响。

10.1.3 计算机网络系统的组成和功能

计算机网络是一个非常复杂的系统。网络的组成，根据应用范围、目的、规模、结构以及采用的技术不同而不尽相同，但计算机网络一般包括计算机系统、通信线路及通信设备、网络协议和网络软件 4 个部分。计算机网络提供的各种功能称为服务，最常见的服务有 Web 网页服务、FTP 文件下载服务和 E-mail 服务等。

1. 计算机网络系统的组成

网络中的计算机称为主机，处于不同位置、具有独立功能和不同资源的计算机系统，通过通信设备和线路连接起来，形成计算机网络，在网络协议的控制下实现不同用户对网络资源的共享。在计算机网络中，资源(指计算机系统、软件及数据)通过通信实现了共享，尽管用户建网的具体目的和网络的具体配置不同，但从网络逻辑功能角度，可以将计算机网络分为资源子网和通信子网，如图 10-3 所示。

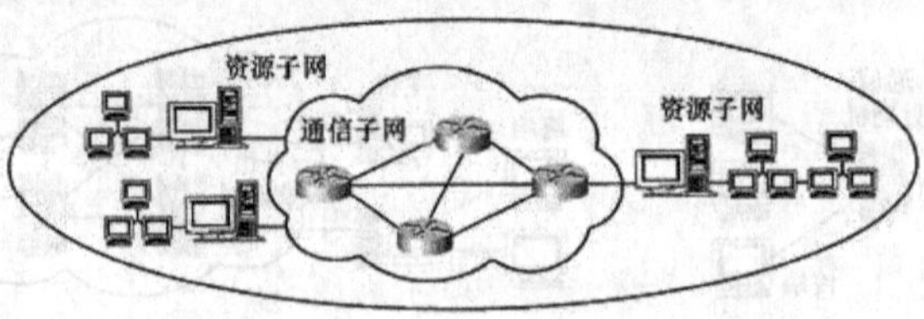

图 10-3 通信子网和资源子网

网络系统以通信子网为中心，它是由通信设备和通信线路组成的独立的数据通信系统，承担全网的数据传输、转接、加工和交换等通信处理工作，即将一台计算机的输出信息传送给另一台计算机。

资源子网也称为用户子网，处于网络的外围。资源子网由主机、终端、外设、各种软件资源和信息资源等组成，负责网络外围的数据处理，向用户提供各种网络资源和网络服务，它通过通信线路连接到通信子网。

计算机网络的基本组成可分为以下 4 个部分。

(1) 计算机系统。主要作用是负责数据的收集、处理、存储、传播和提供资源共享。网络中连接的计算机可以是巨型机、大型机、微机以及其他数据终端设备。

(2) 通信线路及通信设备。通信线路往往是指传输介质及其连接部件，如光缆、双绞线以及微波等。通信设备指网络互联设备，如服务器、交换机、集线器、中继器、防火墙、路由器以及调制解调器等。通信线路和通信设备负责控制数据的发送、接收或转发，它们需要进行信号转换、路由选择、信号编码和解码、差错校验、通信控制、网络管理等工作，以完成信息传输和交换。

(3) 网络协议。为了实现网络的正常通信，通信双方必须有一套彼此能够互相了解和共同遵守的规则和约定，即网络协议。

现代网络采用层次结构，协议规定了分层原则、层间关系、信息传输的方向、数据的分解与重组等约定。在网络上通信的双方必须遵守相同的协议，才能正确交流信息。

(4) 网络软件。网络软件是一种在网络环境下运行和管理网络工作的计算机软件。根据软件的功能，网络软件可分为网络系统软件和网络应用软件两大类。

网络系统软件用于控制和管理网络运行，提供网络通信和网络资源分配与共享功能，并为用户提供各种网络服务。网络系统软件主要包括网络操作系统、网络通信软件、网络服务器软件等。网络操作系统是一组对网络资源进行统一管理和调度的程序集合。同时，网络操作系统也是网络用户和网络系统之间的接口。无论是什么样的网络计算环境，都需要网络操作系统的支持。网络操作系统还提供网络环境下的通信、网络资源管理、网络服务等特定的网络功能。它是计算机网络软件的核心程序，是网络系统的基础。

网络应用软件是为了某一个应用目的而开发的网络软件，常用的网络应用软件有 IE 浏览器、QQ 即时通信软件、FlashGet(网际快车)网络下载软件等。

2. 计算机网络的功能

计算机网络的功能主要体现在资源共享、信息交换和分布式处理 3 个方面。

(1) 资源共享。计算机资源主要指计算机硬件资源、软件资源。计算机网络中的资源共享包括部分或全部网络中的硬件、软件，如网络中的大容量存储器、数据库等资源。通过资源共享，可使连接到网络中的用户对资源互通有无、分工协作，从而大大提高系统资源的利用率。

(2) 信息交换。信息交换功能是计算机网络最基本的功能，它主要完成网络中各个节点之间的通信。计算机网络提供了最快捷、最方便与他人交流信息的方式。人们可以在网络上收发邮件，发布消息，进行电子商务、远程教育、远程医疗等活动。

(3) 分布式处理。利用网络技术，可以将许多计算机连接成具有高性能的计算机系统，使其具有解决复杂问题的能力。这种协同工作、并行处理的方式，比单独购置高性能的大型计算机节省更多资源。当某台计算机负担过重时，网络可将任务转交给空闲的计算机来完成，这样就能均衡各台计算机的负载，提高处理问题的实时性。对于复杂的大型计算机问题，可以采用合适的算法，将计算任务分散到网络中不同的计算机上进行分布处理。这样不仅充分利用了网络资源，而且扩大了计算机的处理能力。

计算机网络作为传输信息、存储信息、处理信息的系统，在未来信息社会中将得到更加广泛的应用。计算机网络目前正在向高速化、多媒体化、多服务化等方向发展。未来通信的目标是实现 5W 的个人通信，即任何人(Who)，在任何时候(When)，在任何地方(Where)都可以与任何其他人(Whomever)传送任何信息(Whatever)。

10.1.4　计算机网络的结构与分类

计算机网络有不同的结构，各种结构的网络在性能、适用环境、建设成本以及通信技术等方面都有很大不同。网络有很多分类的方法，最常用的分类方法是按网络的地理范围进行划分。

1. 网络的通信方式

网络信号的传输方式有点对点和点对多点两种类型，由于点对多点网络往往采用广播工作方式，因此也称为广播式网络。

(1) 点对点通信方式

点对点通信方式是把各台计算机或网络设备(如路由器)以点对点方式连接起来，网络中的计算机或设备通过单独的链路进行数据传输，并且两个节点间可能会有多条单独的链路。如图 10-4(a)所示，A-B、C-D、E-F 等都是点对点通信方式。点对点通信方式主要用于城域网和广域网中。

端到端链路是指跨越多条链路的两个终端之间的链路。如图 10-4(b)所示，数据从 A 传输到 D，中间要经过 A→B→C→D，可见端到端是由无数的点对点实现和组成的。端到端是一个逻辑链路，这条链路可能经过了很复杂的物理线路。当两端的主机一旦通信完成，该连接就释放了，物理线路可能又被其他用户用来建立连接。

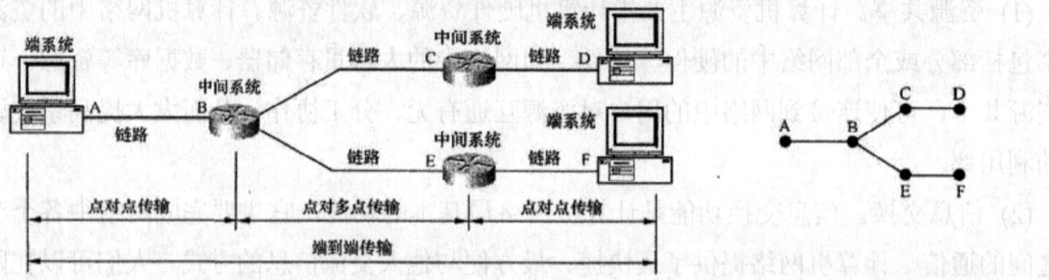

(a) 网络拓扑结构图　　(b) 抽象为点和线的网拓扑结构图

图 10-4　网络拓扑结构图

(2) 广播式网络

在广播式网络中，信号从发送计算机向通信电缆的两端传播，连接在电缆上的所有计算机都可以接收到网络中发生的信号。需要注意的是广播通信方式的网络，并不意味着多个数据信号可以同时传输。在一个信号传输过程中，某计算机发送的数据信号会占据整条电缆，其他计算机必须等待。在这个数据传输完成后，通信电缆才能传输其他信号。

广播式网络的工作原理：网络中所有节点共享一个信道，数据按照网络协议规定进行分组发送，网络中所有节点都会接收到这些数据信号。各个节点一旦收到数据，就对该数据进行检查，检查是否发送给本节点，如果是则接收，否则就丢弃掉这个数据。

广播式网络主要用于局域网中，广播式网络有 3 种信号传输方式：单播、多播和组播，如图 10-5 所示。单播即两台主机之间的点对点传输，如网段内两台主机之间的文件传输；多播是一台主机与整个网段内的主机进行通信，如地址广播；组播是一台主机与网段内的多台主机进行通信，如网络视频会议。

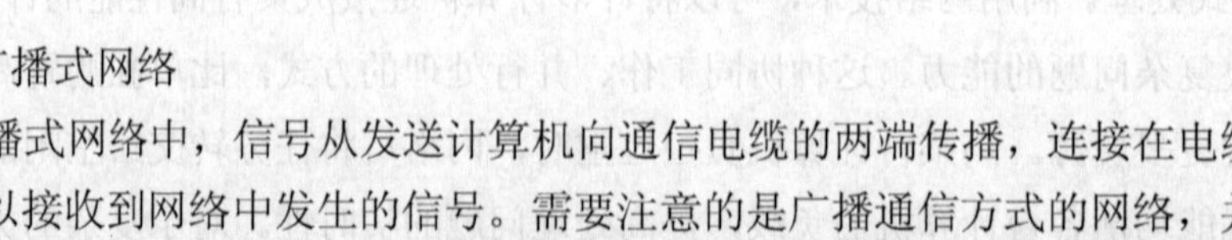

(a) 单播(一对一传播)　(b) 多播(一对全部传播)　(c) 组播(一对多传播)

图 10-5　广播通信方式中信号的 3 种传播方式

广播式网络的最大优点是在一个网段内，任何两个节点之间的通信，最多只需要“两跳”的距离(主机 A-交换机-主机 B)；它的缺点是网络流量大时，容易导致网络性能急剧下降。点对点式网络恰好相反，其优点是网络性能不会随数据流量的加大而降低；但网络中任意两个节点通信时，如果它们之间的中间节点较多，就需要经过多跳后才能到达，这延长了数据在网络传输中的时间。

2. 网络拓扑结构

拓扑(Topology)是从数学中的“图论”演变而来的概念，拓扑学是一种研究与大小和形状无关的点、线、面的数学方法。在计算机网络中，把计算机、服务器、交换机、路由器等网络设备抽象为“点”，把网络中的传输电缆等通信介质抽象为“线”。这样就可以将一个复杂的计算机网络系统，抽象成为由点和线组成的几何图形，称这种图形为网络的拓扑结构，如图 10-4(b)所示。

网络中进行信号处理的单元称为网络节点，简称为节点。节点是网络拓扑结构中的一个基本单元，它由网络系统中各种数据处理设备(如交换机)、通信控制设备(如路由器)、业务提供设备(如服务器)和计算机等终端设备组成。节点可以是某些具体的网络设备，在大型网络中，也可以将一个或多个子网简化为一个或几个节点。在网络拓扑图中，节点往往使用圆点或图标表示。

网络链路简称为链路，它是两个网络节点之间的通信线路。链路分为“物理链路”和“逻辑链路”两种，物理链路是指实际存在的通信线路，逻辑链路是指在逻辑上起作用的网络通路。链路容量是指每条链路在单位时间内可传输的最大信息量。

3. 网络拓扑结构的类型

网络的基本拓扑结构有总线型结构、星型结构、环型结构、树型结构、网状结构和蜂窝结构。在组建网络时，大量的网络都是这些基本拓扑结构的组合。网络基本拓扑结构如图 10-6 所示。

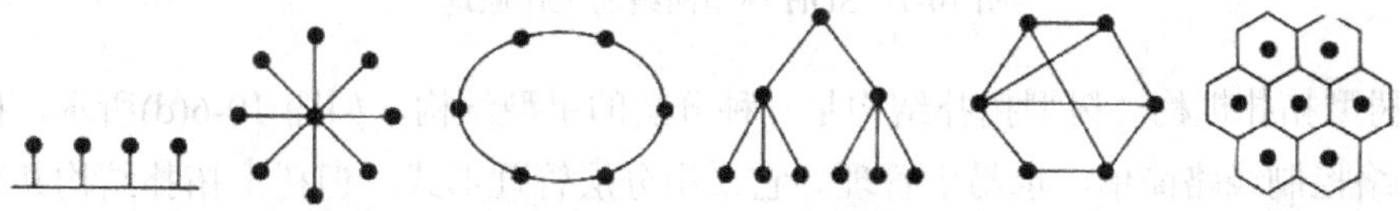

(a)总线型　(b) 星型　(c) 环型　(d) 树型　(e) 网状　(f) 蜂窝型

图 10-6　网络基本拓扑结构图

(1) 总线型拓扑结构。总线型拓扑结构是将网络中所有设备都通过一根公共总线连接，通信时信号沿总线进行广播式传送，如图10-(a)所示。总线型拓扑结构简单，增删节点容易，但是网络中任何节点发生故障时，都会造成全网的瘫痪，可靠性不高。

(2) 星型拓扑结构。星型拓扑结构是由一个中央节点和若干从节点组成，如图 10-6(b)所示。中央节点可以与从节点直接通信，而从节点之间的通信必须经过中央节点的转发。

星型拓扑结构简单，建网容易，传输速率高，每个节点独占一条传输线路，减少了数据传送冲突现象。一台计算机及接口产生故障时，不会影响到整个网络。而且星型网络扩展性好，配置灵活，网络易于管理和维护。但是星型网络的中央节点一旦出现故障，将导致全网瘫痪。目前星型网的中央节点多采用交换机等网络设备。常见的星型拓扑网络有 10Base-T、100Base-T 和 1000Base-T 等以太网。

(3) 环型拓扑结构。环型拓扑结构中，所有设备被连接成环，信号是沿着环传送的，如图 10-6(c)所示。在环形拓扑结构中，每一台设备只能和相邻节点直接通信(点对点)。与其他节点通信时，信号必须依次经过一些中间节点，如果节点较多，则容易造成网络时延过大。

环型拓扑结构传输路径固定，只需要简单的路由选择。环形网络的管理比较复杂，投资费用较高，目前仅用于城域网。当环形网络拓扑结构需要调整时，一般需要重新配置整个网络，因此环型网络灵活性较差，维护较困难。

早期的环形网络采用令牌来控制数据的传输，只有获得令牌的计算机才能发送数据，因此避免了冲突现象，现在这种网络已经淘汰。目前局域网极少采用环形网，环型网主要用于城域网和广域网中。目前广泛应用的环形网络有 SDH(数字同步系列)、密集波分复用(DWDM)等。SDH 网络采用光纤作为传输介质，一般采用双环结构，如图 10-7 所示。在 SDH 网的双环结构中，一个环路用于数据正常传输，另一个环路用于线路备份。当环型网络发生故障时，可迅速启用备用环，以提高环型网的可靠性。

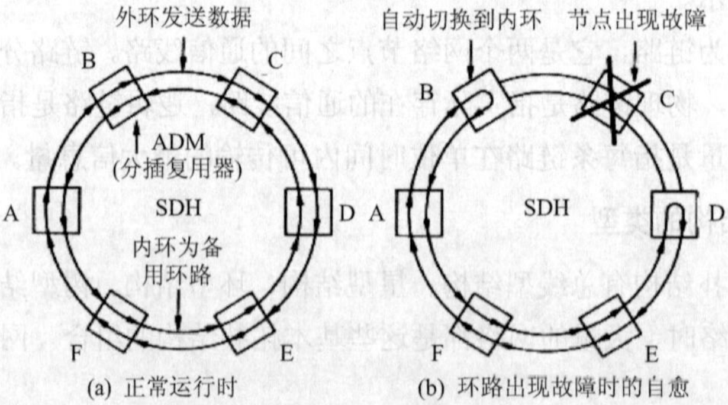

图 10-7　SDH 环型网络的工作原理

(4) 树型拓扑机构。树型拓扑结构是一种分层的星型结构，如图 10-6(d)所示，树型拓扑结构网络控制线路简单，也易于管理。它采用分层管理形式，但树形拓扑结构共享资源的能力较差。

(5) 网状拓扑结构。网状拓扑结构指将各网络节点与通信线路互联成不规则的形状，每个节点至少与其他两个节点相连，或者说每个节点至少有两条链路与其他节点相连，如图 10-6(e)所示。网状拓扑结构由于存在冗余链路，因此网络可靠性高，可选择最佳路由，可改善网络链路流量分配，提高网络性能。但这个优点同时也是缺点，它导致网络结构复杂，线路成本高，不易管理和维护，路由的选择也比较复杂。

(6) 蜂窝型拓扑结构。蜂窝型拓扑结构由圆形(为了表示方便，往往画成六边形)辐射小区组成，每个区域中心都有一个独立的节点，如图 10-6(f)所示。蜂窝型拓扑结构把微波覆盖区域分为大量相连的小区域，每个小区域都使用各自的、低功率的无线发送和接收基站(BS)或无线接入点(AP)，在 BS 或 AP 周围就会形成一个近似于圆形的无线电频率区，这个区域称为蜂窝，蜂窝的大小与 BS 或 AP 的发射功率有关。

蜂窝型拓扑结构早期用于移动语音通信中，随着无线通信技术的普及，蜂窝型拓扑结构正在广泛用于数据通信网络中，如 WLAN(无线局域网)、GPRS(通用分组无线业务)、3G(第三代通信系统)以及蓝牙等。蜂窝拓扑结构的优点在于用户使用网络方便、网络建设时间短、网络易于扩展。蜂窝拓扑结构的缺点是信号在一个蜂窝内无处不在，所以信号很容易受到环境或人为造成的干扰；其次，由于地理和距离上的限制，有时使得信号接收非常困难；另外，蜂窝结构的传输速率较低，投资成本较高。

4. 计算机网络的分类

IEEE(国际电子电气工程师协会)根据计算机网络地理范围大小进行了网络划分，分为局域网、城域网和广域网，如图 10-8 所示。

(a) 网络分类型　　(b) 各类网络之间的关系

图 10-8　IEEE 定义的网络类型

(1) 局域网(LAN)。局域网通常在一幢建筑物内或相邻几幢建筑物之间。局域网是结构复杂程度最低的计算机网络，也是目前应用最为广泛的一类网络。尽管局域网是最简单的网络，但并不意味着它们必定是小型网络。由于光通信技术的发展，局域网覆盖范围越来越大，往往将直径达数千米的一个连续的园区网(如大学校园网、智能小区网)也归纳到局域网的范围。

(2) 城域网(MAN)。城域网的覆盖区域为数十平方千米的一座城市内，城域网往往有许多大型局域网组成。城域网主要为个人用户、企业局域网用户提高网络接入，并将用户信号转发到因特网中。城域网信号传输距离比局域网长，信号更加容易受到环境的干扰。因此网络结构较为复杂，往往采用点对点、环型、树型和环形相结合的混合结构。由于数据、语音、视频等信号，可能都采用同一城域网络，因此城域网组网成本较高。

(3) 广域网(WAN)。广域网覆盖范围通常在数百平方千米以上，一般为多个城域网的互联(如 ChinaNet，中国公用计算机网)，甚至是全世界各个国家之间网络的互联(如 Internet)。因此广域网能实现大范围的资源共享。

广域网传输介质较为简单，一般采用光纤或卫星进行信号传输。网络主干线路数据传输速率非常高，网络结构较为复杂，往往是一种网状网或其他拓扑结构的混合模式。广域网由于需要跨越不同的城市、地区和国家，因此网络工程最为复杂，组网成本也非常高

10.2　计算机网络体系结构

计算机网络体系结构从整体角度抽象地定义了计算机网络的构成，再加上各个网络部件之间的逻辑关系和功能，给出了计算机网络协调工作的方法和必须遵守的规则。

10.2.1　计算机网络体系结构的基本概念

在研究计算机网络时，分层次的论述有助于清晰地描述和理解复杂的计算机网络系统。

当一位用户利用计算机向另一位网络中的计算机用户发送数据时，他所做的工作是输入数据，并通过相应的网络应用软件(如 QQ、E-mail、FTP 等)发送出去。只要网络正常运行，对方就可以接收到这些数据。这是计算机网络用户经常做的工作，但是计算机网络为完成这项任

务具体做了哪些工作呢？实际上为实现用户的任务，计算机所做的工作很多。例如，把用户需要传输的信息转换成二进制数，把这些二进制数转换成物理线路上能够传输的电信号，将电信号准确地发送到目标计算机，目标计算机准确地识别这些电信号，并把它们转换成计算机能识别的二进制信号，然后将这些信号再转换成用户能够理解的方式(如文字、图形等)。而且网络在传输用户数据时，还需要预防和解决各种错误与误差。

1. 网络协议

就数据发送方的计算机而言，为了把用户数据转换为能在网络上传送的电信号，需要对用户数据分步骤地进行加工处理，其中每一组相对独立的步骤可以看作是一个“处理层”。用户数据通过多个处理层的加工处理后，就会成为多个包含有对方地址、本地地址、用户数据段、数据校验信息等在内的，能在网络上传输的比特流(电信号)。在每一层中怎样加工处理这些数据，把它加工处理成什么形式，这种规范就是网络通信协议。

在计算机网络中用于规定信息的格式以及如何发送和接收信息的一套规则、标准或约定称为网络协议，简称协议。协议组成的 3 个要素是语法、语义和时序。

语法规定了进行网络通信时，数据的传输和存储格式，以及通信中需要哪些控制信息，它解决了“怎么讲”的问题。

语义规定了控制信息的具体内容，以及发送主机或接收主机所要完成的工作，它主要解决“讲什么”的问题。

时序规定计算机操作的执行顺序，以及通信过程中的速度匹配，主要解决“顺序和速度”问题。

如图 10-9 所示，下面以两个人打电话为例来说明协议的基本概念。

图 10-9　打电话的人工协议与网络协议的对比

假设 A 要打电话给 B，首先 A 拨 B 的电话号码，B 电话振铃，B 拿起电话，然后 A、B 开始通话，通话完毕后，双方挂断电话。在这个过程中，A 和 B 双方都遵守了打电话的人工协议。

其中，电话号码就是“语法”的一个例子，一般电话号码由 5~8 位阿拉伯数字组成，如果是长途则需要加拨区号，国际长途还有国家代码等；两人之间的谈话选择使用什么语言也是一种语法约定。

A 拨通 B 的电话后，B 的电话振铃，振铃是一个信号，表示有电话打进来，B 选择接电话并讲话。这一系列的动作包括了控制信号、响应信号、讲话内容等，此过程即为“语义”的例子。

“时序”的概念更易于理解，因为 A 拨了电话，B 的电话才会响，B 听到电话铃声后才考虑要不要接，这一系列事件的因果关系十分明确。

2. 数据封装

一台计算机要发送数据到另一台计算机，数据必须要先打包，打包的过程称为封装，如图 10-10 所示，封装就是在用户数据前面加上网络协议规定的头部和尾部，这些头信息包括数据包发送主机的源地址、数据接收主机的目的地址、数据包采用的协议类型、数据包大小、数据包的序号以及数据包的纠错信息等内容。在网络通信中，数据往往是多层次的封装的。

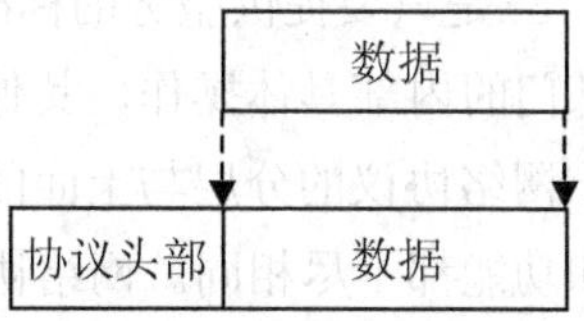

图 10-10　数据的封装

以人工收发邮件为例，用户的信件内容相当于数据，而写在信纸上的信件不能直接交到邮局传递，必须将信纸装入到信封中发送(数据封装)，信封(包头)上必须写有收信人姓名，收信人地址(目的地址)和发信人地址(源地址)，有时还要写明信件是否为航空或挂号等信息。

3. 网络协议的分层

为了减少网络协议的复杂性，技术专家们把网络通信问题划分为许多小问题，然后为每一个问题设计一个通信协议。这样使得每一个协议的设计、分析、编码和测试都比较容易。协议分层是按照信息的流动过程，将网络的整体功能划分为多个不同的功能层。每一层都建立在它的下层之上，每一层的目的都是向它的上一层提供一定的服务。

为理解协议分层概念，用图 10-11 加以说明。假设公司 A 有货物要发给公司 B，公司 A 按照公司之间发货的规章，给货物加了一个说明以识别该货物，然后公司 A 把加了说明的货物交到火车站货运处后，就无需其他管理了；火车站货运处按照规章发现货物太大，于是将货物分成许多个小包裹，并按照他们的规章给每个包裹加上个标签，并决定将其交由哪次列车运送(可能并不是一次列车)，并将其交给了车站搬运处；车站搬运处将每个包裹分别装进车厢，堆放在列车规定的位置；然后货物通过铁路运到目的地火车站。

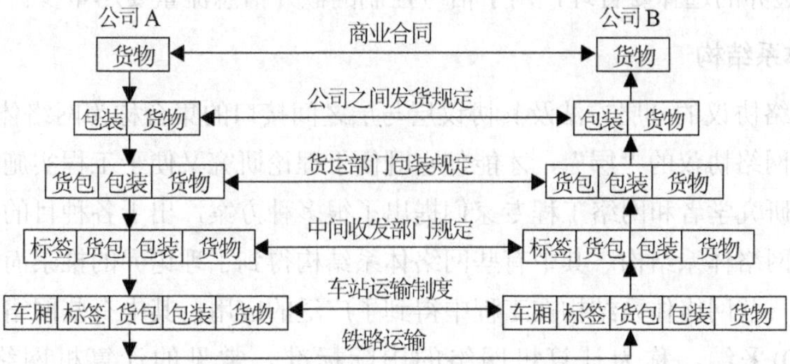

图 10-11　货物运输中层与层之间的关系

到目的地火车站后，按照上述过程的逆过程，逐层去掉封装，每向上传递一层，该层的包装就被剥掉，绝不会出现把下层的包装交给上层的情况(如把车厢连包裹一起交给货运处)，直到公司 B 拿到货物。

以上例子有几个特点，一是将一个复杂的任务分解成几个部门进行处理(分层)，大大降低了每个部门的复杂性；二是每个部门都提供标准的服务，使不同部门之间易于合作(接口)；三是只要提供服务的标准不变，每个部门内部的变化不影响其他部门(服务)；四是每个部门的内部具体操作，其他部门不必了解。

网络协议的分层与上面的例子类似，不同的网络，协议分层的数量、各层的名称、内容和功能都不尽相同。网络协议中不同功能层之间的通信规范称为接口，层间的接口定义了较低层向较高层提供的操作或服务。一台计算机上的第 N 层与另一台计算机上的第 N 层进行对话，对话的规则就是第 N 层的通信协议。

网络系统采用层次化的结构有以下优点。

(1) 各层之间相互独立，高层不必关心低层的实现细节，可以做到各司其职。

(2) 某个网站层次的变化不会对其他层次产生影响，因此每个网络层次的软件或设备可单独升级或改造，利于网络的维护和管理。

(3) 分层结构提供了标准接口，使软件开发商和设备生产商易于提供网络软件和网络设备。

(4) 分层结构的适应性强，只要服务和接口不变，层内实现方法可任意改变。

4. 分层原则

层次结构虽然有其自身优点，但是如果划分的不合理，反而会带来许多负面影响。通常要遵循如下一些原则。

(1) 网络协议层次的数量不能过多，真正需要的时候才能划分一个层次。

(2) 网络协议层次的数量也不能过少，层次的数量应该保证能够从逻辑上将功能分开，不同的功能不要放在同一层。

(3) 功能类似的服务应当放在同一层。

(4) 在技术经常变化的地方可以适当增加层次。

(5) 层次边界的选择要合理，用于信号控制的额外信息流量要尽量少。

5. 网络体系结构

计算机网络协议的分层方法及其协议层与层之间接口的集合称为网络体系结构。

如何划分网络协议的“层”，才能使它既便于理论研究又便于工程实施呢？国际上计算机网络理论研究学者和网络工程专家们提出了很多种方案，出于各种目的，他们制定和公布了各自的网络体系结构。其中有些网络体系结构得到了理论界的推崇而被不断地补充和完善；还有一些网络体系结构在工程中得到了广泛的应用；其中有些网络协议被国际标准化组织(ISO)采纳，称为计算机网络的国际标准。常见的计算机网络体系结构有 OSI/RM(开放系统互联参考模型)、TCP/IP(传输控制协议/网际协议)等。

10.2.2　OSI/RM 开放系统互联参考模型

计算机厂商在研究和发展计算机网络体系时，相继发表了本厂商的网络体系结构。为了把这些计算机网络互连起来，达到相互交换信息、资源共享、分布应用的目的，ISO(国际标准化组织)提出了 OSI/RM(开放系统互连参考模型)。该参考模型将计算机网络体系结构划分为 7 个层次，1982 年 4 月形成国际标准草案，作为发展计算机网络的指导性标准。图 10-12 所示为 OSI/RM 网络体系结构模型。

OSI/RM 定义的 7 个功能层分别为物理层、数据链路层、网络层、传输层、会话层、表示层和应用层，OSI/RM 还规定了每层的功能以及不同层之间进行通信协调的方式。

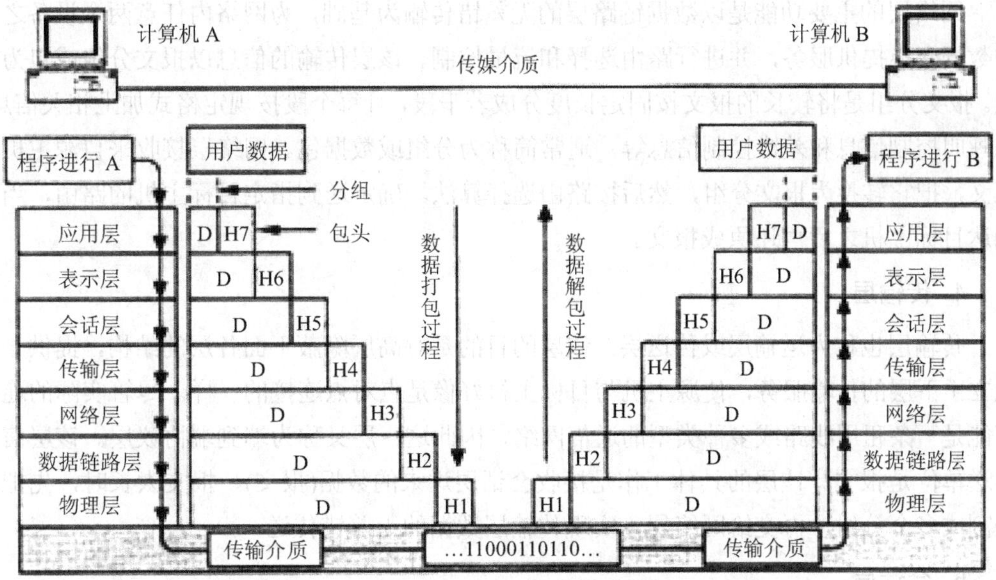

图 10-12　OSI/RM 网络体系结构模型

1. 物理层

物理层是 OSI/RM 的最低层，任务是为数据链路层提供物理链接。该层将信息按比特(bit)一位一位地从一台主机经传输介质送往另一台主机，实现主机之间的比特流传送。

物理层包括了传输介质和网络设备，以及信号从一个设备传输到另一个设备的规则。物理层的网络设备接口具有 4 个重要特性，即机械、电气、功能和规程特性。

2. 数据链路层

由于物理层仅提供原始的比特传输，所以数据链路层的主要功能是保证两个相邻节点之间数据以“帧”为单位的无差错传输，帧是一组字符组成的信息块，如图 10-13 所示，它包括用户数据和一些必要的控制信息。数据链路层接收来自上层的数据，并且给它加上差错校验位、数据链路协议控制信息和头、尾分界标志等信息。数据链路层还负责把帧转发到物理层，同时处理接收端的应答，重传出错和丢失的帧，保证按发送次序把帧正确地传送给对方。

帧头					数据		帧尾
7 字节	1 字节	6 字节	6 字节	2 字节	46～1500 字节		4 字节
PA 1010…1010 前导	SFD 10101011 帧起始	DA 目标 地址	SA 源地 址	L 数据字段 长度	DATA 数据	PAD 帧填充	FCS 帧校验

图 10-13　IEEE 802.3 标准规定的 Ethernet 帧结构

数据链路层为上层提供的主要服务是差错检测和控制。典型的数据链路层协议有HDLC(高级数据链路控制)、PPP(点对点协议)等。

3. 网络层

网络层的主要功能是以数据链路层的无差错传输为基础，为网络内任意两个设备之间的数据交换提供服务，并进行路由选择和流量控制。该层传输的信息以报文分组或包为单位。报文分组是将较长的报文按固定长度分成若干段，且每个段按规定格式加上相关信息，如呼叫控制信息和差错控制信息等，通常简称为分组或数据包。网络层接收来自源主机的报文，把它转换为报文分组，然后按路由选择算法，确定送到指定目标主机的路由，当它到达目标主机之后再还原成报文。

4. 传输层

传输层也称为运输层或传送层。该层的目的是对高层隐蔽下面各层的结构，提供一种独立于下层的传输服务，使源主机与目标主机好像是点对点连接的一样。尽管实际的连接可能是一条租用线路或多种类型的通信网络，因此这一层又称为端到端协议层。该层信息传送单位是报文。该层的具体工作是接收会话层送来的数据(报文)，报文太长时，先把它分割成多个分组，再交给网络层，实现传输层数据的无差错传送。

5. 会话层

会话层又称为对话层，其任务是为不同系统中的两个用户进程建立会话连接，并管理它们在该连接上的对话，使它们之间按顺序正确地完成数据交换。会话层要为用户提供可靠的会话连接。

6. 表示层

表示层主要处理用户信息的表示问题。表示层提供交换数据的语法，目的是解决用户数据格式和数据表示的问题。由于各种类型的计算机都有它们自己的内部数据格式，因此需要有某种转换机制来确保它们之间的相互理解。表示层的主要任务是把结构化的数据，从源主机的内部格式表示为适用于网络传输的比特流，然后在目的主机端将它们译码为所需要的表示内容。此外，该层具有完成数据压缩与恢复、数据加密与解密等功能。

7. 应用层

应用层是 OSI/RM 的最高层。该层的任务是负责两个应用程序进程之间的通信，即为网络用户之间的通信提供专用的应用程序，如电子邮件、文件传输以及数据库存取等。

需要说明的是，OSI/RM 本身不是网络体系结构的全部内容。因为它并未确切地描述用于各层的服务和协议，而仅仅说明每一层的任务。ISO 已经为各层制定了相应的国际标准。

OSI/RM 试图从理论上建立一个标准的网络体系结构，因此一直到 20 世纪 90 年代初，整套标准才被制定完善。尽管 OSI/RM 层次清晰，得到了计算机网络理论界的推崇，但是符合该模型的网络却从未被实现过。因为网络工程专家认为，OSI/RM 实施起来过于繁杂，运行效率太低。还有人认为 OSI/RM 层的划分不够精细，许多功能在不同层中有所重复，影响了网络的运行速度，而有些层的工作又过于繁多。OSI/RM 没能实现的原因也在于制定周期漫长，还有它追求理想化的做法不切实际。与此同时，TCP/IP 网络体系结构很快占领了计算机网络市场，并成为了事实上的国际标准。

10.2.3　TCP/IP

TCP/IP(传输控制协议和网际协议)是一个性能卓越的、获得广大用户认可的协议簇。1969 年随着 ARPANET 的出现，网络工程专家们开始制定 TCP/IP。此后，TCP/IP 和 ARPANET 取得了巨大的成功，从而使得 TCP/IP 在许多网络系统中被采用，ARPANET 也发展成为今天的 Internet。TCP/IP 由一系列协议组成，它是因特网协议的代名词。

TCP/IP 的层次结构如图 10-14 所示。从 TCP/IP 的分层结构可知，TCP/IP 的层次与 OSI/RM 的对应层在功能上并不完全对应，但在概念上是相似的。

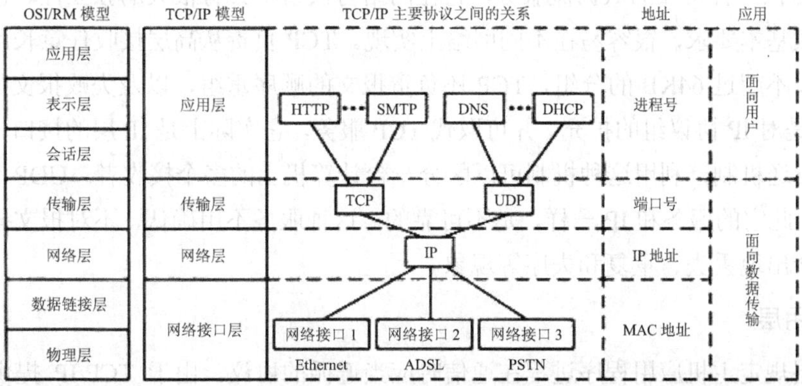

图 10-14　TCP/IPC 层次结构

从图 10-14 可以看出，TCP/IP 定义了 4 层。

1. 网络接口层

网络接口层是 TCP/IP 实现的物理基础，但是 TCP/IP 并没有定义网络接口层的具体内容，它直接采用 IEEE802 定义的协议系列。目前网络接口层常用的协议有：IEEE 802.3 系列以太网(Ethernet)协议、PSTN(公用电话网)的相关协议、ATM(异步传输模式)网络相关协议和 SDH(同步数字系列)网络协议等。

2. 网络层

网络层采用 IP 协议(网际协议)，其他协议有 ICMP(网际报文控制协议)、ARP(地址解析协议)和 RARP(反向地址解析协议)。

IP 是其中最重要的一个协议，它支持如下功能：维护一个 IP 路由表；基于此路由表发送数据；从上层协议接收数据并创建数据表；接收到达的数据，然后把数据送入网络或本地主机；支持 IP 到物理层的映射；报告网络中的路由错误。具体来说，IP 接收传输层送来的数据，并将其封装成 IP 数据包，然后把它们送入网络；同时接收网络连接层送来的数据，去掉 IP 包头，重新创建原来的数据，然后发送到目的主机上。

IP 提供的是一种不可靠的报文传送服务，因此在 IP 层中需要一种有特殊用途的报文机制，发送通知让目的主机采取相应措施，这就是 ICMP。分组接收主机利用 ICMP 通知 IP 发送主机在哪些方面需要修改，接收主机的 IP 还必须将所接收的各个数据包重新组合，保证不丢失数据段，并确保它们的顺序正确。

在 TCP/IP 网络环境下，每台主机都分配了一个 32 位的 IP 地址。为了让报文能够在物理网络上传送，必须要知道双方的地址，这样就要把 IP 地址变换为主机中网卡的物理地址，因此需要在网络层建立一组 ARP，将 IP 地址转换为相应的网卡物理地址。

无 IP 地址的站点可以通过 RARP 获得自己的 IP 地址。

3. 传输层

传输层由 TCP(传输控制协议)和 UDP(用户数据报协议)两个协议组成，TCP 提供可靠传输服务，但传输性能较低；UDP 提供不可靠传输服务，但传输性能较高。

TCP 提供一种可靠的数据流服务，它在网络协议组中具有很大的独立性。它对下层网络协议只做基本要求，很容易在不同网络上实现。TCP 负责从高层接收任意长度的报文，把它们分成不超过 64KB 的分组，TCP 还负责报文的顺序重组，以及失败报文的重发。

UDP 是对 IP 协议组的扩充，并可取代 TCP 服务，它实际上是 IP 层的接口，是一种增加的报文发送机制，利用这种机制可以区分一台计算机上的多个接收者。UDP 依靠 IP 传送报文，因此它的服务和 IP 一样，是不可靠的。这种服务不用确认，不对报文排序，UDP 报文可能会出现丢失、重复和失序等现象。

4. 应用层

应用层规定主机应用程序进程在通信时应当遵循的协议。由于 TCP/IP 提供的网络服务繁多，因此该层的网络协议也很多，常用的应用层协议有：DNS(域名服务)协议，主要用于 IP 地址与网络域名的相互解析；HTTP(超文本传输)协议主要用于网页传输；SMTP(简单邮件传送协议)主要用于邮件传输；FTP(文件传输)协议主要用于网络文件下载；Telnet(远程登录)协议主要用于网络远程管理等。

应用层的许多协议都是基于客户端和服务器方式。客户和服务器指通信中所涉及的两个应用程序进程，客户指网络服务请求方，服务器指网络服务提供方。客户端、服务器方式描述进程之间服务和被服务的关系。

5. 下一代的因特网协议 IPv6

目前市场上使用的 TCP/IP 为 IPv4(TCP/IP 第四版)，由于因特网的迅速发展，IPv4 暴露了许多问题，为了解决因特网中存在的问题，国际网络专家推出了 IPv6(TCP/IP 第 6 版)

网络协议，它具有以下优点。

(1) IPv4 的 IP 地址为 32 位，地址数量大约为 42 亿个，由于地址分配不合理，导致除美国外的其他国家都存在网络 IP 地址不够的问题。IPv6 将 IP 地址增大到了 128 位，其他地址空间约为 3.4×10^{38}，地址空间是 IPv4 的 296 倍。

(2) 与 IPv4 相比，IPv6 对 IP 数据报协议单元的头部进行了简化，仅包含 7 个字段(IPv4 为 13 个)，提高了数据传输效率。

(3) IPv6 的其他改进有安全性、优先级、支持移动通信等。

(4) IPv6 并没有完全抛弃原来的 IPv4，允许与 IPv4 在若干年内共存。我国电信网络运营商已于 2005 年开始向 IPv6 过渡，中国教育科研网(CERNET2)的大部分网络节点也在采用 IPv6 协议。

10.3 局域网技术

局域网是在一个较小范围(企业、机关、学校等单位)内的计算机网络，利用通信线路将众多计算机及外设连接起来，达到数据通信和资源共享的目的。局域网技术是当前计算机网络研究和应用的一个热点，也是目前技术发展最快的领域之一。局域网作为一种重要的基础网络已得到广泛的应用。

10.3.1 局域网概述

1. 局域网的组成

局域网由网络硬件和网络软件两部分组成。网络硬件用于实现局域网的物理连接，为连接在局域网上的计算机之间的通信，提供一条物理信道和实现局域网间的资源共享。网络软件主要用于控制并具体实现信息的传送和网络资源的分配与共享。这两部分互相依赖，共同实现局域网的通信功能。

局域网硬件设备包括网络服务器、网络工作站、网卡、交换机、路由器、防火墙、传输介质及介质连接部件等，简单的局域网组成如图 10-15 所示。

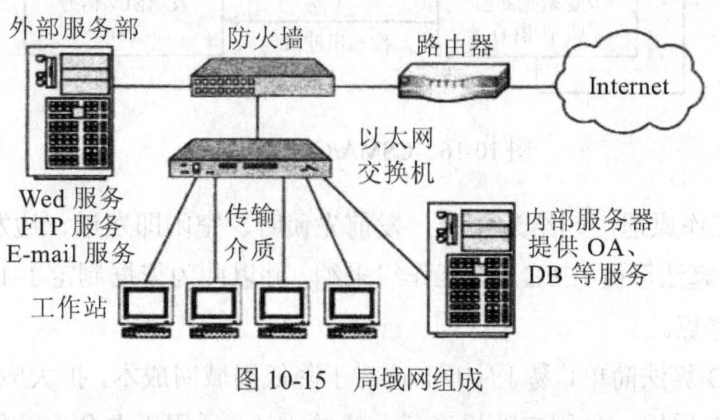

图 10-15 局域网组成

网络软件是在网络环境下运行和使用，或者控制和管理网络运行的计算机软件。它包括网络系统软件和网络应用软件。网络系统软件是指控制和管理网络运行、提供网络通信和网络资源分配的网络软件。网络系统软件主要包括网络操作系统、网络协议和网络通信软件等。网络应用软件是为应用目的而开发的网络软件，它为用户提供一些实际的网络应用功能。

2. 局域网的类型

早期的局域网有多种类型，如 Ethernet(以太)网、Token Ring(令牌环)网、FDDI(光纤分布式数据接口)网以及 ATM(异步传输模式)网等。以太网与其他局域网类型相比，具有性能高、成本低和易于维护管理等优点。目前世界上 90%以上的局域网都采用以太网技术，而其他局域网技术已经被市场淘汰。

局域网一般为一个单位所建，由所在单位或部门控制管理和使用，而广域网往往是面向一个行业或全社会服务。局域网一般是采用双绞线、光纤等传输介质，而广域网则采用光纤和微波进行信号传输。局域网与广域网的侧重点完全不同，局域网侧重于为企业内部提供信息共享服务；而广域网侧重于准确无误地传输用户传输的信息，并为全社会提供网络服务。

3. 局域网 CSMA/CD 工作原理

CSMA/CD(载波监听多点访问/冲突检测)工作原理如下。

每台主机在发送数据前，先监听信道是否空闲，若是，则发送数据，并继续监听，一旦监听到冲突，则立即停止发送，并在短时间内连续向信道发出一串阻塞信号强化冲突；如果信道忙，则暂不发送，退避一个随机时间后再尝试发送，如图 10-16 所示。

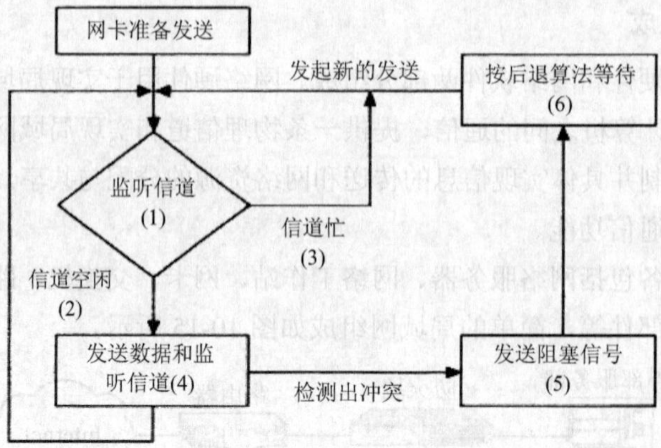

图 10-16　CSMA/CD 工作原理

CSMA/CD 工作原理可归结为 4 点：发前先侦听、空闲即发送、边发边检测、冲突时退避。CSMA/CD 算法已被 IEEE 802 工作组采纳，并以此为依据制定了 IEEE 802.3 系列标准，它具有以下特点。

(1) CSMA/CD 算法简单，易于实现。这对于降低局域网成本，扩大应用范围非常有利。

(2) CSMA/CD 采用一种用户随机竞争总线的方法，适用于办公自动化等对数据传输实时性要求不严格的网络应用环境。

(3) CSMA/CD 算法在网络通信负载较低时表现出较好的性能。但当网络通信负载增大时，由于冲突信号增加，会导致网络吞吐率下降，信号传输延迟增加。因此 CSMA/CD 技术一般用于通信负载较轻的网络应用环境。

4. IEEE 802 系列网络标准

以太网具有结构简单、成本低廉、带宽易于扩展等诸多优点，受到用户的极大关注。近年来吉比特以太网的实用化及与光纤技术的有机结合，出现了“光以太网”，使以太网信号可以实现长距离传输。这不但使以太网技术占领了局域网领域，而且以太网技术也在逐步应用于城域网设计。

IEEE 802 标准系列是由 IEEE 制定的关于局域网和城域网标准，IEEE 802 标准系列已被接纳为 ISO 标准，其编号命名为 ISO 8802。IEEE 802 系列标准如表 10-1 所示。

表 10-1　常用 IEEE 802 系列标准

标准名称	标准内容	标准状态
IEEE 802.1	局域网总体介绍和体系结构	正常
IEEE 802.2	LLC 逻辑链路控制	已停止活动
IEEE 802.3	以太网系列规范	正常
IEEE 802.4	令牌总线网技术规范(通用汽车公司提出)	已停止活动
IEEE 802.5	令牌环局域网技术规范(IBM 公司提出)	已淘汰
IEEE 802.6	分布式队列双总线规范(早期城域网)	已淘汰
IEEE 802.7	宽带局域网推荐规程	已停止活动
IEEE 802.8	FDDI 光纤局域网规范	已淘汰
IEEE 802.9	ISDN 综合话音数据局域网规范	已停止活动
IEEE 802.10	VLAN 虚拟局域网和安全性规范	已停止活动
IEEE 802.11	WLAN 无线局域网规范	正常
IEEE 802.12	局域网需求的优先级	已停止活动
IEEE 802.13	未使用	
IEEE 802.14	交互电视规范	已停止活动
IEEE 802.15	无线个人区域网络规范(蓝牙技术)	正常
IEEE 802.16	宽带固定无线网络规范(如 LMDS 等)	正常
IEEE 802.17	RPR 弹性分组环规范(以太无源光纤网)	正常
IEEE 802.18	无线管制技术专家顾问组	正常
IEEE 802.19	共存技术专家顾问组	正常
IEEE 802.20	MBWA 移动宽带无线接入规范	暂停活动
IEEE 802.21	媒质无关切换规范(不同 802 网站间的基站切换)	正常
IEEE 802.22	固定无线区域网络规范(WRAN)	正常

10.3.2　IEEE 802.3 以太网

1. IEEE 802.3 系列标准

在IEEE 802系列标准中，目前局域网使用最为广泛的是IEEE 802.3以太网标准和IEEE 802.11无线局域网标准。近年来，IEEE 802.3局域网已有了很大变化，早期的10Base-2、10Base-5等低速以太网已经被市场淘汰。1000base-T以太网技术目前已被广泛应用，使用单模光纤作为传输介质的以太网的传输速率达到了10Gb/s，节点之间的传输距离可以达到几十千米，成为当前局域网和城域网建设中的骨干网络的首选技术。千兆位以太网最大的优点是它对现有以太网的兼容，使广大的以太网用户能够在保留现有的应用程序、操作系统以及 TCP/IP 等协议及网络管理平台与工具的同时，可以对现有以太网进行平滑、无中断的升级。目前常用的IEEE 802.3以太网标准如表10-2所示。

表 10-2　IEEE 802.3 以太网标准

技术指导	10Base-T	100Base-TX	100Base-FX	1000Base-T	10Gase-L
数据速率	10Mb/s	100Mb/s	100Mb/s	1000Mb/s	10Gb/s
最大距离	100m	100m	550m/5km	100m	10km
传输介质	2 对 UTP3	2 对 UTP5	多模/单模光纤	4 对 UTP5+	单模光纤
拓扑结构	星型	星型	星型	星型	点对点

注：

UTP 为非屏蔽双绞线。

2. IEEE 802.3 以太网参考模型

由于以太网采用共享信道，当通信局限于一个网段内部时，任意两个节点之间都有唯一的链路，即网络层的部分功能可由数据链路层来完成。IEEE 802.3提出的以太网参考模型如图10-17所示。

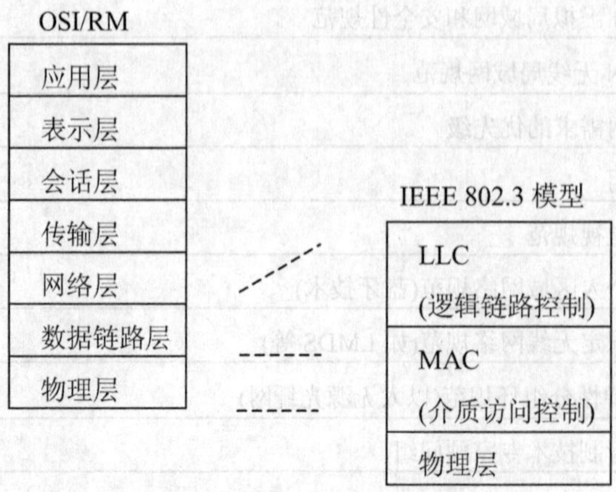

图 10-17　IEEE 802.3 以太网参考模型

与OSI/RM相比，IEEE 802.3以太网模型只相当于OSI/RM的最低两层。物理层用于建立物理连接；数据链路层把数据转换成帧来传输，并实现帧的顺序控制、差错控制及流量控制等功能，使不可靠的链路变为可靠的链路。

由于在 IEEE 802.3 工作组成立之前，局域网已经采用了不同的传输介质和拓扑结构，这些不同的介质访问控制方式，IEEE 802.3 标准无法用统一的方法取代它们，只能允许其存在。因而为每种介质访问方式制定一个标准，从而形成了多种介质控制(MAC)协议。为使各种介质访问控制方式能与上层接口互连并实现可靠传输，又在 MAC 子层上制定了一个单独的 LLC(逻辑链路控制)子层。

通过这种方法，仅 MAC 子层依赖于具体的物理介质和介质访问控制方法，而 LLC 子层与媒体无关，对上层屏蔽了下层的具体现实细节，使数据帧的传输独立于所采用的物理介质和介质访问方式。同时它允许继续完善和补充新的介质访问控制方式，适应已有的和未来发展的各种物理网络，使网络具有可扩充性。

3. MAC 地址

在以太网中，每台主机中的网卡都有一个硬件地址，硬件地址又称为物理地址或 MAC 地址(因为这种地址用在 MAC 帧中)，以太网使用 MAC 地址进行主机定位。IEEE 802.3 标准规定了一种 48 位的 MAC 地址，MAC 地址固化在网卡或计算机中。局域网中的每台计算机的网卡上都有一个全球唯一的 MAC 地址，用以标识局域网内不同的计算机。

MAC 地址有 6 个字节的信息，常用十六进制的数表示，前 3 个字节为网络设备生产厂商代号，后 3 个字节为网络设备厂商自定义的序列号，如果生产商用完了分配的序列号，它可以向 IEEE 申请新的前缀。MAC 地址表示方法如：00000CB40E1A 或 00-00-0C-B4-0E-1A。常见网络设备厂商的 MAC 地址标识前缀如表 10-3 所示。

表 10-3　MAC 地址标识前缀

网络设备厂商	Cisco	3COM	HP	Sun	IBM	Intel
MAC 地址前缀	00000C	02608C	080009	080020	08005A	00AA00

在 Windows 操作系统中，可以在【命令提示符】窗口下，通过键入【ipconfig/all】命令查看本机的 MAC 地址信息。如图 10-18 所示，【Physical Address】行后面的编号就是本机的 MAC。

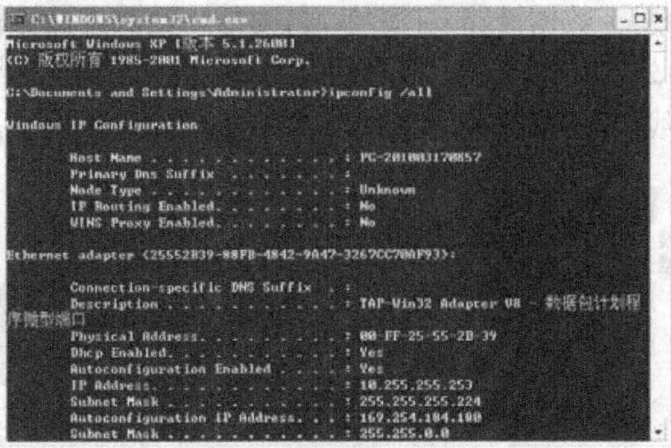

图 10-18　查看本机的 MAC 地址

4. 以太网的特性

图 10-19 说明了 IEEE 802.3 以太网标准的命名方式，其中 1000 表示网络最大传输速率为 1000Mb/s，Base 表示网络信号采用基带(脉冲信号)传输，T 表示采用非屏蔽双绞线作为传输介质。

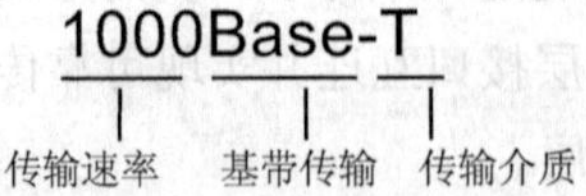

图 10-19　以太网标准命名方式

以太网有下列技术特性。

(1) 以太网采用基带传输技术。

(2) 以太网遵循 IEEE 802.3 标准，采用 CSMA/CD 方法，对单一信道的访问进行控制，以保证在同一时间内只有一个网络站点使用信道，避免发生冲突。

(3) 以太网是一种共享性网络，网络上的所有站点共享传输介质和带宽。

(4) 以太网拓扑结构主要有总线型和星型。星型拓扑结构在逻辑上也属于总线型，只是在物理结构上可以看成是星型的。

(5) 以太网有多种标准支持不同传输速率(如 10Mb/s、100Mb/s、1000Mb/s、10Gb/s)，并采用不同的传输介质，如 100Base-TX 以太网采用双绞线作为传输介质，100Base-FX 则采用光纤作为传输介质。

(6) 以太网采用可变长帧，以太帧长度为 64~1514Byte。

10.3.3　网络设备

网络在物理上依靠各种硬件设备相互连接而组成，这些网络设备的功能、性能、互连性等各种技术指标，直接影响着网络是否能够运行以及运行的质量。在网络技术的发展过程中，网络应用层软件化，其他各层硬件化的趋势越来越明显。因为当网络技术被集成到硬件芯片中时，性能会得到显著增加。常见的网络设备有网络适配器(网卡)、集线器、交换机、路由器、服务器和防火墙等。

1. 网络适配器

网络适配器(NIC)又称为网卡，它是插入到主板总线插槽上的一个硬件设备，用于将用户计算机与网络相连，属于数据链路层(第 2 层)设备。目前在计算机主板上都集成了标准的以太网卡，不需要另外安装网卡。但在服务器主机、防火墙等网络设备内，网卡还有它独特的作用。在组建无线局域网时，计算机也必须另外安装无线网卡。网卡如图 10-20 所示。

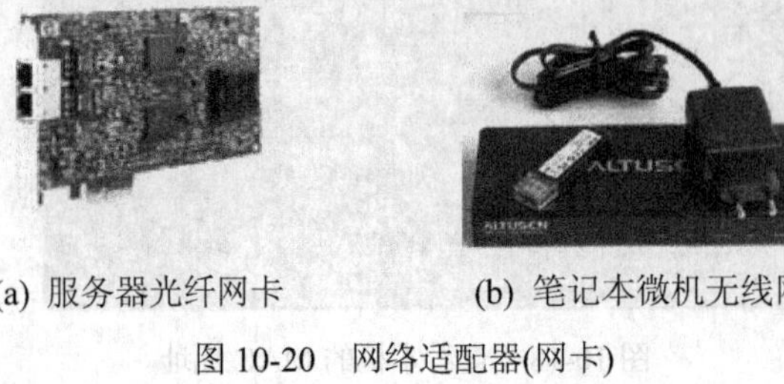

(a) 服务器光纤网卡　　(b) 笔记本微机无线网卡

图 10-20　网络适配器(网卡)

在接收数据时，网卡读入由其他网络设备传输过来的数据帧，通过检查帧中的 MAC 地址，来确定网络上的帧是不是发给本节点。如果是发往本节点的则接收，并将其转换为计算机可以识别的数据，通过主板上的总线将数据传输到所需的设备中；否则丢弃此帧。

发送数据时，网卡将计算机设备发送的数据打包后输送到传输介质中。

2. 集线器

集线器(Hub)属于物理层(第 1 层)网络互联设备，它是一种多端口的中继器。集线器外观与交换机相似，但它采用共享工作模式，性能大大低于交换机。由于交换机性能高，价格便宜，因此集线器已很少使用，正面临着市场的淘汰。

3. 交换机

交换机属于数据链路层(第 2 层)的互联设备，它是一种多端口的网桥设备，与集线器相比，交换机性能更好。交换机如图 10-21 所示。

图 10-21　交换机

(1) 交换机的定义

以太网交换机由网桥发展而来，在与交换机相关的 RFC(请求注释)文档和 IEEE 802 标准中，也不可避免地用到“桥接器”这一术语。我国通信行业标准 YD/T 1099-2001《千兆以太网交换机设备技术规范》中，对以太网交换机的定义是：“以太网交换机实质上是支持以太网接口的多端口网桥。交换机通常使用硬件实现过滤、学习和转发数据帧”。以太网交换机的每一个端口相当于一个网桥，每个端口提供一个唯一的网段和一个独立的冲突域。

从网络类型上看，包括以太网交换机、ATM 网交换机以及电话网程控交换机等。由于计算机网络主要采用以太网交换机，因此在大部分情况下都是指以太网交换机。

(2) 交换机工作原理

交换机对数据包的转发建立在 MAC 物理地址基础之上。交换机在转发数据包时，不知道也无须知道信源主机和目标主机的 IP 地址，只需知道 MAC 地址即可。交换机在操作过程中会不断收集信息去建立一个 MAC 地址表。该表很简单，它说明了某个 MAC 地址在交换机的哪个端口上被发现。当交换机收到一个 IP 的数据包时，就会检查该数据包的目的 MAC 地址，查对交换机地址表，确认该从哪个端口把数据包转发出去。由于这个过程比较简单，加上该功能由交换机中的专用集成电路芯片进行处理，因此速度相当快，一般只需要几十 μs，交换机便可决定一个 IP 数据包传送到哪里。如果交换机接收到一个不认识的数据包，即目的主机 MAC 地址不能在地址表找到时，交换机会把数据包向每一个端口进行广播。接收端口回应后，交换机就会“学习”新的地址，并把它添加到内部 MAC 地址表中。

(3) 交换机主要技术参数

背板带宽：交换机将每一个端口都挂在一条带宽很高的背板总线上，背板总线的传输速率即背板带宽。背板带宽标志了交换机总的数据交换能力，单位为 Gb/s，一般交换机的背板带宽从几 Gb/s 到上百 Gb/s 不等。交换机的背板带宽越高，处理数据的能力越强，但同时产品的价格也会越高。

端口速率：端口速率即端口每秒吞吐数据包的数量。交换机端口速率已经从 10Mb/s 提高到现在的 10Gb/s，10Mb/s 交换机已经淡出市场。越来越多的网络在主干上采用 1000Mb/s 以太网交换技术。

包转发速率：交换机有时采用数据包转发速率衡量交换机性能，数据包转发速率以 packet/s(包/秒)为单位。包转发速率一般以单位时间内(s)发送 64Byte 数据包(最小 IP 包)的个位数作为计算基准。

(4) 交换机与集线器的区别。

虽然集线器和交换机都起着局域网数据传送“枢纽”的作用，但是两者有着根本的不同。集线器是将某个端口传送来的信号经过放大后传输给所有的其他端口，而交换机能够通过检查数据包中的目标物理地址来选择目标端口。

因此，在同一时刻，一个通过集线器连接网段只能有一个网络接口设备(如网卡)发送信息，否则就会产生冲突。而交换机可以减少冲突的发生。例如，一个 24 端口的交换机理论上在同一时刻允许 12 对网络接口设备交换数据。在网络传输密集的场合，交换机的速率要远高于集线器。

从 OSI/RM 体系结构看。集线器工作在 OSI/RM 的第一层，是一种物理层的连接设备，因而它对数据的传输进行同步、放大和整形处理，不能对数据传输的短帧、碎片等进行有效地处理，不进行差错处理，不能保证数据的完整性和正确性。交换机工作在 OSI/RM 的第二层属于数据链路层的连接设备，不但可以对数据的传输进行同步、放大和整形处理，还提供数据的完整性和正确性的保证。

4. 路由器

路由器一般是一台专用的网络设备，但是路由器也可以由“通用计算机+路由软件”构成。路由器本身就是一台专用的计算机，也有 CPU、内存、主板和操作系统等。路由器如图 10-22 所示。

传输速率：10/100/1000Mbps

路由器类型：互联网路由器

路由器处理器：RM 7000 MIPS 处理器 + PXF 处理器

图 10-22　路由器

(1) 路由器定义

由于历史原因，许多 TCP/IP 技术文献将网络层次使用的路由器称为网关。根据我国 YD/T1156-2001《路由器测试规范-高端路由器》标准定义，路由器是工作在 OSI/RM 的第 3 层，网络层的数据包转发设备。路由器通过转发数据包实现网络互连。虽然路由器支持多种网络协议(如 TCP/IP、IPX/SPX、AppleTalk 等)，但是绝大多数路由器运行 TCP/IP。由于路由器技术复杂，相关技术标准大约有上百个。

(2) 路由器的功能

路由器主要有两大功能和其他一些辅助功能，路由器的第一个主要功能是对不同网络之间的协议进行转换，具体实现方案是数据包格式转换，即网关的功能。由于数据格式转换可以在网络层(第 3 层)进行，也可以在应用层(第 7 层)进行(如邮件网关)，因此路由功能也可以由软件完成，这也是早期将路由器称为网关的原因。路由器的第二大主要功能是网络节点之间的路由选择，通过选择最佳路径，将数据包传输到目的主机，而网关并不具备这一功能。

路由器还具有以下一些辅助功能。

① 网络连接功能：路由器可以连接相同的网络，或不同的网络。既可以连接两个局域网，也可以连接局域网与广域网，或者是广域网与广域网。

② 通信协议转换功能：路由器可以实现不同网络之间的通信协议转换，如 TCP/IP、PPP(点对点)、FR(帧中继)和 ATM(异步传输模式)等协议之间的转换。

③ 数据包转发功能：路由器可以在各个端口之间转发数据包。

④ 路由信息维护功能：路由器负责运行路由协议并维护路由表。常用路由协议有 RIP(距离向量路由协议)、OSPF(开放最短路径优先协议)和 BGP(边界网关协议)等。

⑤ 管理控制功能：路由器的管理功能有 Telnet(远处登录)服务器、本地管理、远端监控和管理和地址分配等功能。

⑥ 安全功能：路由器可以用于数据包过滤、地址转换、访问控制、数据加密和防火

墙等功能。

(3) 路由器性能指标

① 路由器吞吐量：吞吐量是衡量路由器包转发能力的重要技术指标，它与路由器端口数量、端口速率、数据包长度、数据包类型、路由器计算模式(分布或集中)以及测试方法等有关。宽带路由器的吞吐量指 LAN-WAN 之间的数据流量，而不是 LAN-LAN 之间的流量，是指在不丢包的情况下单位时间内通过的数据包数量。如果路由器吞吐量太小，就会使作为内外网之间的数据信道成为网络瓶颈，给整个网络传输的效率带来负面影响。

② 路由器丢包率：丢包率是传输中所丢失数据包数量占发送数据包数量的比率，丢包率与数据包长度以及数据包发送频率相关。路由器在轻载条件下(吞吐量 10%时)，丢包率一般小于 0.1%；路由器在重载条件下(吞吐量 80%时)，丢包率一般小于 0.3%。

③ 路由器时延：时延是指数据包第一个比特进入路由器，到最后 1 比特从路由器输出时间间隔。时延主要由两大因素造成，传输信道造成的链路传输时延和网络设备中的队列时延。链路传输时延主要取决于传输信道采用的物理介质(如光纤或无线传输等)，该时延是固定不变的；而队列时延很大程度上取决于网络节点设备的处理速度，即取决于路由器 CPU 的计算处理能力。

④ 路由表容量：路由表容量是指路由器运行中可以容纳的路由数量。执行 BGP 的路由器通常有数十万条路由表项，该指标也是路由器性能的重要体现。

(4) 路由器的连接端口

路由器的硬件连接由各种类型的端口实现，一般有局域网端口、广域网端口和配置端口。局域网端口用于不同局域网段进行连接；广域网端口用于对不同类型的广域网进行连接；配置端口用来与计算机连接，并通过特定的软件对路由器进行配置和管理。

① 局域网端口：目前局域网端口主要是 10/100/1000M 以太网接口，令牌环、令牌总线、FDDI(光纤分布式数据接口)和 ATM(异步传输模式)等。局域网插座主要为 RJ-45 或光纤接口等。

② 广域网端口：广域网端口有同步并口和异步串口之分，大部分路由器同时具备这两种端口。广域网接口有 10/100/1000M 以太网接口、ATM 接口(2/25/155/633M)、E1/T1 (2/1.5M)、E3/T3(34/43M)、通用串行口(支持 X.21、V.35、V.90、RS-232 等标准)等网络接口。插座类型有 RJ-45、高速同步串口和异步串口等。

③ 配置端口：配置端口有两个，分别是 Console 端口和 AUX 端口，插座类型是 RJ-45。路由器的操作与配置可以通过控制台、远程登录、网管工作站和 TFTP 服务器等方式进行 。

(5) 路由器产品

低端路由器生产厂商较多，高端路由器生产厂商主要有 Cisco(思科)、Juniper(杰科)、华为 3COM 等公司。Cisco 公司是路由器产品的主导厂商，它产品系列齐全，适用不同的网络要求和解决方案。

10.4　习题

1. 选择题

(1) 计算机网络是计算机技术与(　　)技术紧密结合的产物。

A. 通信　B. 电话　C. Internet　D. 卫星

(2) 通信线路的主要传输介质有双绞线、(　　)、微波等。

A. 电话线　B. 光纤　C. 1 类线　D. 3 类线

(3) 最常用到的通信标准和协议有(　　)文档、IEEE 标准、ITU-T 建议等。

A. ISO　B. ISO9002　C. OSI/RM　D. RFC

(4) 网络软件包括(　　)、网络服务器软件、客户端软件。

A. Windows　B. UNIX　C. 网络操作系统　D. 通信控制软件

(5) 计算机网络的目的在于实现(　　)和信息交流。

A. 资源共享　B. 远程通信　C. 网页浏览　D. 文件传输

(6) 计算机网络既可以采用数字通信方式，也可以采用(　　)通信方式。

A. 信号　B. 模拟　C. 基带　D. 卫星

(7) 通信双方必须共同遵守的规则和约定称为网络(　　)。

A. 合同　B. 协议　C. 规范　D. 文本

(8) 网络信号的传输方式有(　　)和点对多点两种通信方式。

A. 点对点　B. 端对端　C. PC 对 PC　D. ISP 对 ISP

(9) 点对多点网络往往采用(　　)工作方式。

A. 无线电　B. 广播　C. 单播　D. 端对端

(10) 广播式网络有 3 种信号传输方式：单播、多播和(　　)。

A. 无线电　B. 广播　C. 组播　D. 端对端

(11) (　　)拓扑结构由一个中央节点和若干从节点组成。

A. 总线型　B. 星型　C. 环形　D. 网状

(12) IEEE 将网络划分为 LAN、(　　)和 WAN.

A. PSTN　B. ADSL　C. MAN　D. ATM

(13) OSI/RM 的中文含义是(　　)。

A. 网络通信协议　B. 国家信息基础设施

C. 开放系统互联参考模型　D. 公共数据通信网

(14) 网络协议分层方法及其协议层与层之间接口的集合称为网络(　　)。

A. 服务　B. 通信　C. 关系　D. 体系结构

(15) TCP/IP 的网络接口层常用的协议有(　　)系列以太网协议。

A. IEEE 802　B. IEEE 802.3　C. IEEE 802.1　D. OSI/RM

(16) 在 TCP/IP 网络环境下，每台主机都分配了一个(　　)位的 IP 地址。

A. 4　B. 16　C. 32　D. 64

(17) IPv6 将 IP 地址增大打到了(　　)位。

A. 32　B. 64　C. 128　D. 256

(18) 局域网中每一台计算机的网卡上都有一个全球唯一的(　　)地址。

A. MAC　B. IP　C. 计算机　D. 网络

(19) 以太网采用可变长帧，帧长度为 64~(　　)Byte。

A. 1000　B. 1024　C. 1514　D. 10M

(20) 集线器属于(　　)层网络互联设备，它是一种多端口的中继器。

A. 物理　B. 链路　C. 网络　D. 会话

(21) 交换机属于(　　)层互联设备，它是一种多端口的网桥设备。

A. 物理　B. 链路　C. 网络　D. 会话

(22) 为了能在网络上正确地传送信息，制定了一整套关于传输顺序、格式、内容和方式的约定，称之为(　　)

A.OSI 参考模型　B.网络操作系统　C. 通信协议　D. 网络通信软件

(23) 衡量网络上数据传输速率的单位的每秒传送多少个二进制位，记为(　　)。

A. bit/s　B. OSI　C. Modem　D. TCP/IP

(24) 目前，局域网的传输介质主要是(　　)和光纤。

A. 电话线　B. 双绞线　C. 公共数据网　D. 通信卫星

(25) 以太网 100Base-T 代表的含义是(　　)。

A. 100Mb/s 基带传输的粗缆以太网　B.100Mbit/基带传输的双脚以太网

C. 100Mb/s 基带传输的细缆以太网　D. 100Mbit/频带传输的双脚以太网

(26) 一座办公大楼的各个办公室中的微机进行连网，该网络属于(　　)。

A. WAN　B. LAN　C.MAN　D. PAN

(27) 开放系统相互参考模型的基本结构分为(　　)层。

A. 4　B. 5　C. 6　D. 7

(28) 组建以太网时，通常都是用双绞线把若干台计算机连到一个“中心”的设备上，该设备叫做(　　)。

A. 网络适配器　B. 服务器　C. 交换机　D. 总线

(29) 路由选择是 OSI/RM 中(　　)层的主要功能。

A. 物理　B. 数据链路　C. 网络　D. 传输

(30) TCP/IP 的传输层主要有 YCP 和(　　)两个协议组成。

A. UDP　B. Ethernet　C. IEEE 802.3　D. DNS

2. 填空题

(1) 网络存储、网络打印、网络计算等都是一种网络________。

(2) 网络________资源包括网页、软件、数据等。

(3) 所有信息在计算机中都必须转换为________的形式进行处理。

(4) 网络协议组成的 3 个要素是语法、语义和________。

(5) 网络设备接口具有 4 个重要特性，即机械、电气、________和规程特性。

(6) 数据链路层的主要功能是保证两个相邻节点数据以________为单位的无差错传输。

(7) CSMA/CD 算法可归纳为：________空闲即发送、边发边检验和冲突时退避。

(8) 交换机对数据包的转发建立在________地址基础之上。

第11章 Internet及其应用

Internet 的中文译名为“因特网”，它是全球最大的、开放的、使用 TCP/IP 的、由众多网络互连而成的网络集合体。因特网拥有众多用户，而且用户数还在以惊人的速度增长。每一个因特网的成员都自愿加入并承担各自相应的各种费用，并且与网上其他成员和睦友好地进行数据传输，不受任何约束，各自遵守协议的全部规定。在因特网上，可实现全球信息资源共享，如信息查询、文件传输、远程登录以及电子邮件等。因特网的成功和发展，对人类社会产生了深刻的影响。

本章将介绍因特网的基本知识、常见的应用及信息安全基本知识。

11.1 因特网的发展

11.1.1 国外因特网的发展

因特网经历了 3 个阶段的发展，这 3 个阶段在时间划分上并非截然分开的，而有部分重叠。

1969 年美国国防部创建了 ARPANET，最初的 ARPANET 只是一个单个的分组交换网，并不是一个互联网。所有要连接在 ARPANET 上的主机都直接与就近的交换节点相连。ARPANET 问世后，网络规模快速扩大，到了 20 世纪 70 年代中期，人们已认识到不可能仅用一个单独的网络来解决所有的通信问题。于是专家们开始研究多种网络互联的技术，从而导致了互联网的出现。从 1983 年起，TCP/IP 成为 ARPNET 的标准通信协议。在 1983 年~1984 年之间，形成了因特网的雏形。

ARPNET 的发展使美国国家科学基金会(NSF)认识到计算机网络对科学研究的重要性，从 1985 年起，NSF 在当时 6 个大型计算机中心开始建设计算机网络。1986 年，NSF 建立了国家科学基金网(NSFNET)。NSFNET 是一个三级计算机网络，分为主干网、地区网和校园网，这种三级计算机网络覆盖了全美国主要的大学和研究所。截止到 1987 年，NSFNET 网络上的主机超过了 1 万台。最初，NSFNET 主干网的传输速率不高，仅为 56kb/s，而 1989 年 NSFNET 主干网的传输速率提高到了 1.544Mb/s。

1991 年，美国政府开始认识到，因特网必将扩大使用范围，不仅限于大学和研究机构使用。世界上许多商业公司纷纷接入到因特网，使网络上的通信量急剧增加，此时因特网的容量已不能满足人们的需要。于是美国政府决定将因特网的经营权转交给商业公司，商业公司开始对接入因特网的企业收费。1992 年，因特网上的主机超过了 100 万台。1993 年，因特网的主干网的传输速率提高到了 45Mb/s。不久，三级结构的因特网进步到了现在的多级结构因特网。因此，目前的因特网并不是某个单个组织或企业所拥有的网络。

提供因特网接入服务的商业公司也称为因特网服务提供商(ISP)，任何个人、企业或组织只要向 ISP 缴纳规定的接入费用，就可通过 ISP 接入到因特网。美国政府考虑到因特网商业化后可能会出现很多 ISP，为了使不同 ISP 经营的网络都能够互联互通，1944 年开始，在美国创建了 4 个网络接入点(NAP)，分别由 4 家大型电信公司经营。NAP 是用来交换因特网上信息流量的节点，在 NAP 中安装有性能很好的通信和网络设备，NAP 主要是向不同的 ISP 提供信息交换服务，使各家 ISP 之间能够互联互通。目前美国 NAP 的数量已达到数十个，因特网也逐渐演变成多级结构网络。

现在因特网已经成为世界上规模最大和增长速度最快的计算机网络，没有人能够准确说出因特网上连接的计算机数量。由于因特网用户数量的猛增，使得现有的因特网不堪重负。1996 年美国一些研究机构和 34 所大学提出研制和建造新一代因特网的设想，并计划实施“下一代因特网计划”，即“NGI (Next Generation Internet) 计划”。

NGI 计划要实现的第一个目标是开发下一代因特网技术(Internet 2)，比现有因特网提高 100 倍的传输速率，连接至少 100 个大型研究机构；比现有因特网提高 1000 倍的速率，连接 10 个大型网络节点；网络中端到端的传输速率达到 100~1000Mb/s。NGI 计划的第二个目标是使用更加先进的网络服务技术，开发许多革命性的应用，如远程医疗、远程教育、有关能源和地球系统的研究、高性能的全球通信、环境监测和预报以及紧急情况处理等。NGI 计划将使用超高速全光网络，实现更快速的信号交换和路由选择。NGI 计划的第三个目标是对整个因特网的管理、信息的可靠性和安全性等方面，做进一步的改进。

11.1.2 中国因特网的发展

中国早期因特网的建设是国际合作项目的成功典范。1983 年，联邦德国卡尔斯鲁大学(Karlsruhe Unoversity)的维纳 · 措恩(Werner zorn)教授出席了在北京举行的一次国际会议，会上认识了前中国机械电子部科学研究院副院长王运丰教授，两人就计算机应用和在中国推广计算机网络等问题进行了探讨。1984 年，措恩开始与王运丰教授寻求建立中－德计算机网络连接和电子邮件服务的设想，并商定中方合作单位为机电部下属的中国兵器工业计算机应用研究所(ICA)。

1985 年，中德之间还没有网络的物理连接，在北京电话局的帮助下，措恩的小组找到了一条德国－意大利－北京的租用线路。1986 年 8 月 26 日，中方成功地从北京登录到德方的 VAX 计算机上，并可查看电子信箱中的邮件。中德之间这一简单邮件系统的成功运行获得了巨大的瞩目，1986 年~1987 年间的中德大量技术交流都应用了该网络连接。中国科学院高能物理所的吴为民教授于 1986 年 8 月 25 日，在北京 710 所的 IBM-PC 机上远程登录到西欧核子研究中心，并收发了电子邮件。但这还不是真正的电子邮件系统，因为中方并没有自己的邮件服务中心，要真正实现邮件服务，中国必须建立自己的服务器，再加入国际计算机网络。

（发信日期）
Date: Mon, 14 Sep 87 21:07 China Time（1987年9月14日21:07中国时间）
Received: from Peking by unikal; Sun, 20 Sep 87 16:55 (MET dst)
（收信日期）
"Ueber die Grosse Mauer erreichen wir alle Ecken der Welt"
"Across the Great Wall we can reach every corner in the world"
（越过长城，我们可以到达世界的每一个角落）
Dies ist die erste ELECTRONIC MAIL, die von China aus ueber
Rechnerkopplung in die internationalen Wissen-schaftsnetze geschickt
wird.
This is the first ELECTRONIC MAIL supposed to be sent from China into
the international scientific networks via computer interconnection
between Beijing and Karlsruhe, West Germany
(using CSNET/PMDF BS2000 Version).　（这是第一封从中国到德国的电子邮件）

University of Karlsruhe
- Informatik
Rechnerabteilung -
(IRA)
Prof. Dr. Werner Zorn
Michael Finken
Stephan Paulisch
Michael Rotert
Gerhard Wacker
Hans Lackner
德国维纳·措恩教授等专家的签名

Institute for Computer Application
of State Commission of Machine
Industry
(ICA)
Prof. Wang Yuen Fung
Dr. Li Cheng Chiung
Qui Lei Nan
Ruan Ren Cheng
Wei Bao Xian
Zhu Jiang
Zhao Li Hua
中国专家王运丰教授、李澄炯博士等人的邮件签名

图 11-1　第一封从中国发出的电子邮件(打印版)

中方决定利用 BS2000 计算机建立与德国对等的节点机和独立的邮件服务器。1987 年夏天，措恩教授在北京出席会议，他带来了一个工作小组，与中国的同事们合作解决电子邮件的课题。同年 9 月 14 日中国专家和德国专家共同起草和发出了第一封电子邮件，其中写道："Across the Great Wall we can reach every corner in the world"(越过长城，我们可以到达世界的每一个角落)，"This is the First Electronic Mail from China to Germany"(这是第一封从中国到德国的电子邮件)，电子邮件的标题和内容全部由英德双语写成，这也是后来知名的"越过长城，走向世界"的电子邮件，如图 11-1 所示。在该电子邮件上署名的除了王运丰、措恩教授外，另外还有 11 个中德双方参与工作的人员，由于网络线路故障问题，这封邮件于 1987 年 9 月 20 日才穿越了半个地球到达德国。

中国第一封电子邮件的发送成功只是一个初步成果，CSNET(美国计算机科学网)仅仅非正式接受了这一连接作为一项实验，该连接是临时性的，没有任何保证。为了尽快获得正式批准，措恩教授与 CSNET 执行委员美国特拉华(Delaware)大学的代夫法伯尔(Dave Farber)教授和威斯康星(Wisconsin)大学的拉里兰维伯(Larry Landweber)教授联系，他们两人和与美国科学基金会(NFS)联系，经过努力，获得 NSF 的正式批准。1987 年 11 月 8 日，NSF 的主任斯特芬・沃尔夫(Stephen Wolff)表达了对中国进入国际计算机网络的欢迎，并将该批文在普林斯顿国际会议上转交给了中方代表杨楚泉先生。由此中国加入 CSNET 和 BITNET(美国大学网)。

1988 年 3 月底，中国计算机科技网(CSNET)在北京建立，中国科学家开始考虑让 CANET 加入新兴的因特网，并指派钱天白教授负责。1990 年 10 月 10 日，王运丰教授在卡尔斯鲁大学与措恩教授商讨了中国网络的应用，尤其是 CANET 和中国申请国际域名的问题。同年 11 月 26 日，措恩教授正式在国际互联网信息中心为 CANET 申请了".cn"顶级域名，他在"管理联系"栏目中填写了 ICA(中国兵器工业计算机应用研究所)的地址和

钱天白的名字。12 月 3 日，措恩教授收到通知，“.cn”域名申请得到了批准。由于当时中国尚未正式连入因特网，所以委托德国卡尔斯鲁大学运行.cn 域名服务器。一直到 1995 年 5 月中国和美国建立了直接的互联网后，.cn 域名服务器才落户中国。

在中国政府的支持下，互联网在中国的普及发展非常迅速，中国科学院高能物理研究所在 1989 年也接通了中美电子邮件的链接，1990 年德国科研网(DNF)和中国科研网(CRN)、清华大学校园网(TUNET)、加拿大的大不列颠哥伦比亚大学(UBC)等网络建立互连。1993 年 3 月 2 日，中国科学院高能物理研究所租用美国 AT&T 公司的国际卫星信道，接入美国斯坦福线性加速器中心(SLAC)，建立 64kbit/s 的 TCP/IP 连接，这种新型通信协议不仅可以用于电子邮件，而且支持文件传输(FTP)、远程登录(Telnet)等，这一成功也成为中国进入国际因特网的标志性事件。到 2005 年底中国互联网用户达到 1.23 亿户(中国互联网信息中心统计)，并创造了无法估计的市场价值。

11.2　中国互联网结构

网络互联是将两个以上的计算机网络，用多种通信设备和网络协议相互连接起来，构成更大的网络系统。计算机网络互联的目的是使网络上的用户能够访问其他计算机网络上的资源，使不同网络上的用户能够相互通信和交流信息，以实现更大范围的资源共享和信息交流。

11.2.1　中国主要互联网

目前中国计算机互联网已形成骨干网，大区网和省市网的三级体系结构。骨干网由政府有关部门批准成立的、拥有独立国际信道的、在全国拥有一级网络的“互联网服务商”建立。任何政府部门、企业、ISP(因特网服务提供商)和个人计算机用户等，如果要进行网络远程互连或接入因特网，都必须经过骨干网运营商。我国国家批准的大型骨干网有以下 9 个。

1. ChinaNet(中国公用计算机互联网)

ChinaNet 是由中国电信经营管理的，向全国公众开放的公用因特网，也是目前国内最大的计算机骨干网。自 1995 年建成以来，ChinaNet 网络规模有了较大的发展，实现了与国内大型骨干网络的互联。目前 ChinaNet 已覆盖到全国各省、自治区、直辖市以及地州、市县，甚至一些农村地区；并在全国 200 多个城市设有服务节点。

ChinaNet 在北京、上海、广州开设了 3 个国际出口局，目前主要国际电路有 3 条，国际出口带宽达 46Gb/s 以上(截止 2005 年底)，连接的国家有美国、加拿大、澳大利亚、英国、德国、法国、俄罗斯、日本、韩国等。

ChinaNet 骨干网在拓扑结构上分为 3 层，即核心层、区域层和边缘层。China Net 骨干网基本拓扑如图 11-2 所示。

ChinaNet 核心层由北京、上海、广州、沈阳、南京、武汉、成都和西安 8 个大区的中心节点构成，核心层主要负责提供国际出入口电路，核心层节点之间的中继电路，以及不同区域网的连接与转接等功能。

ChinaNet 将全国 31 个省级网络划分为 8 个大区，不同大区之间的连接需经过核心层。边缘层的省区域网由省内各个市、县的城域网组成。

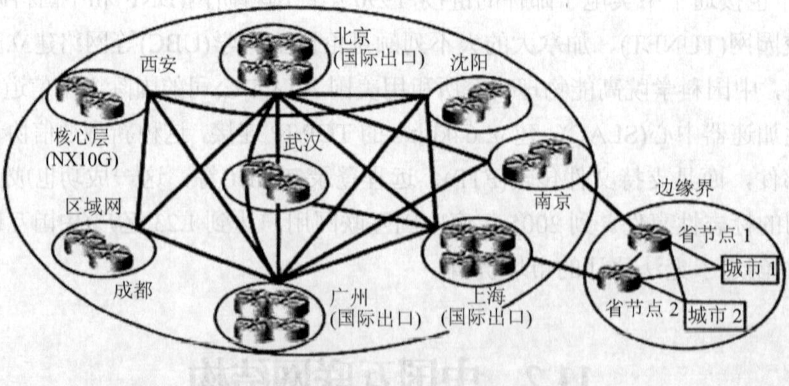

图 11-2 ChinaNet 骨干基本拓扑结构

2. CNCNet(中国网通宽带网)

CNCNet 是中国网通公司管理下的一个全国性互联骨干网，它以原 ChinaNet 北方 10 省互联网为基础，经过大规模的修改扩建，形成的一个全新结构的网络。由于原吉通公司并入中国网通公司，因此吉通公司管理的原中国公用经济信息通信网(ChinaGBN，金桥网)也并入 CNCNet 网络。原中国电信南北拆分后，出于商业原因，CNCNet 与 ChinaNet 之间的互访变得困难，为了解决该问题，网通公司在 CNCNet 的基础上组建了 China169(宽带中国)网络。

China169 网络覆盖全国 31 个省市的互联骨干网，覆盖南方 18 省所有主要城市的宽带城域网。China169 城域网采用多条 2.5Gb/s 的高速中断链路。国内主要城市之间采用 10Gb/s 的传输链路。China169 有北京和广州两个国际出口，China169 与美国大多数主要运营商均有多条直连互通链路，与其他国际因特网主要运营商提供服务。截至 2005 年，China169 国际出口宽带达到了 20Gb/s。China169 国内主要互联互通的网络有：ChinaNet、中国教育科研网(CERNet)、中国科技网(CSTNet)、中国联通(UNINet)、中国移动(CMNet)以及中国铁通(CRNet)等。

目前，中国网通公司可为政府机关、商业企业、住宅用户提供电话拨号接入、专线接入、ADSL 宽带接入、LAN 宽带接入、无线接入等基本网络业务，还可以提供虚拟专用网(VPN)、视频、数据中心、信息分发以及电子商务等应用服务。

3. CERNet(中国教育和科研计算机网)

CERNet 是由教育部主持建设和管理的全国性教育和科研计算机互联网络。CERNet 是全国最大的公益性互联网。CERNet 已建成由全国主干网、地区网和校园网在内的三级层次结构网络。CERNet 分 4 级管理，分别是全国网络中心、地区网络中心和地区主节点、省教育科研网和教育网。CERNet 全国网络中心设在清华大学，负责全国主干网的运行管理。地区网络中心和地区主节点分别设在清华大学、北京大学、北京邮电大学、上海交通大学、西安交通大学、华中科技大学、华南理工大学、电子科技大学、东南大学和东北大学等 10 所高校，负责地区网的运行管理和规划建设。

到 2006 年，CERNet 骨干网的传输速率已达到 10Gb/s，与美国、加拿大、英国、德国、日本和中国香港特区联网，国际出口总带宽在 1000Mb/s 以上。已经通达中国大陆的 160 个城市，联网的大学、中小学等教育和科研单位达 900 个以上。

4. CSTNet(中国科技信息网)

中国科技信息网始建于 1989 年，1994 年 4 月首次实现了我国与国际互联网络的直接连接，同时在国内管理和运行中国顶级域名 CN。CSTNet 是一个覆盖全国范围的大型计算机骨干网络。中国科技信息网为非营利、公益性的网络，主要为科技界、科技管理部门、政府部门和高新技术企业服务。目前中国科技信息网在全国范围内已接入农企、林业、医学、地震、气象、铁道、电力、电子、航空航天、环境保护和国家自然科学基金委员会、国家专利局、国家计委信息中心、高新技术企业以及中国科学院分布在京和全国 45 个城市的科研机构，共 1000 多家科研院所、科技部门和高新技术企业。

5. UNINet(中国联通计算机互联网)

UNINet 也称为中国联通 165 网，它主要面向 ISP(因特网服务提供商)和 ICP(因特网内容提供商)，骨干网已覆盖全国各省会城市，网络节点遍布全国 230 个城市。国际出入口带宽为 1645Mb/s。1995 年中国联通组建卫星公司以来，已在全国 18 个城市建设了 20 个卫星通信地球站，联通卫星通信干线可为用户提供以 2Mb/s 速率为基数的卫星数字长途电话。联通国内 VSAT 卫星通信网还可提供数据、话音、图像传输等业务。

6. CMNet(中国移动互联网)

CMNet 为我国计算机互联网络国际互联单位，主要提供无限上网服务，具有 355Mb/s 以上带宽的国际出口。CMNet 可提供 IP 电话、GPRS(通用无限分组业务)骨干网传输、手机上网(含 WAP 上网)、固定电话上网、专线上网、无线局域网(WLAN)、虚拟专用网(VPN)、带宽批发等服务。

7. CSNet(中国卫星集团互联网)

CSNet 隶属于国家信息产业部，主要承担国内各种卫星通信广播业务，拥有中星 6 号、中星 8 号两颗卫星。公司现经营的各种单、双向用户站已达 2000 多个，广泛服务于民航售票、海洋预报、地震监测、金融咨询、期货证券、话音通信以及无线寻呼和高速数据全国联网等业务。

8. CGWNet(中国长城网)

CGWNet 属于公益性互联网络，成立于 2000 年 1 月，目前正在建设中，已能连通全国 25 个城市。

9. CIETNet(中国国际经济贸易互联网)

CIETNet 为非经营性、面向全国外贸系统企事业单位的专用互联网。CIETNet 主要向企业用户，特别是中小企业提供网络专线接入和安全的电子商务解决方案，同时提供虚拟专网(VPN)和数据中心业务。

根据 CNNIC(中国互联网信息中心)统计，截止到 2006 年 6 月，我国大型互联骨干网国际出口带宽总容量为 214.175Gb/s(见表 11-1)，连接的国家有美国、俄罗斯、法国、英国、德国、日本、韩国和新加坡等。

表 11-1　我国大型互联骨干网国际出口带宽

骨 干 网	中 文 名 称	国际出口带宽	网 络 说 明
ChinaNet	中国公用计算机互联网	46268Mb/s	商业网，信息产业部主管
CNCNet	中国网络通信集团	19087Mb/s	商业网，信息产业部主管
CERNet	中国教育和科研计算机网	1022Mb/s	公益网，教育部主管
CSTNet	中国科技网	5275Mb/s	公益网，科技部主管
UNINet	中国联通互联网	1645Mb/s	商业网，信息产业部主管
CMNet	中国移动互联网	1130Mb/s	商业网，信息产业部主管
CIETNet	中国国际经济贸易互联网	2Mb/s	公益网，商务部主管
CGWNet	中国长城互联网	建设中	信息产业部主管
CSNet	中国卫星集团互联网	建设中	信息产业部主管

11.2.2　中国第二代互联网 CERNet2

1. CERNet 基本情况

CERNet(中国教育和科研网)是我国教育信息化的基础设施，也是国际上最大的国家级学术互联网。CERNet 自 1994 年底开始建设以来，先后经历了示范工程、骨干网升级工程、“211”一期工程、现代化远程教育工程等几个大型项目的建设。截止到 2004 年 12 月，CERNet 骨干网已连通全国 36 个省会城市和单列市，包括一个国家网络中心、8 个地区网络中心和 28 个地区网络主节点，通达全国 200 多个城市。CERNet 接入单位超过 1600 个，其中 10~1000Mb/s 速率接入的高校 300 所以上，连网主机数超过 200 万台，用户数量增长到 1200 万人。CERNet 拥有的 IP 地址数量超过了 600 万个。CERNet 与国内其他网络保持高速互连，同时与美国、英国、日本等国均保持高速互连。

2. CERNet2 第 2 代中国教育科研网

CERNet2 是 1998 年开始进行的中国下一代互联网(CNGI)研究项目，该项目由中国工程院负责，由清华大学等 25 所大学联合承担设计建设工作。2003 年 10 月，连接北京、上海和广州 3 个核心节点的 CERNet2 试验网开通，并投入试运行。2004 年 1 月 15 日，美国 Internet2 网、欧盟 GEANT 网和中国 CERNet2 三个全球最大的学术互联网同时开通了全球 IPv6 互联网服务。

CERNet2 是目前世界上最大规模的 IPv6 网络，骨干网尽可能地采用国产 IPv6 设备，并进行了以下研究：中国教育科研究网格(ChinaGrid)、高清晰度视频传输、无线移动技术、大规模点到点多媒体通信系统等。

3. CERNet2 总体结构

CERNet2 分为骨干网和用户网。CERNet2 骨干网由网络中心和分布在全国 20 个城市的核心节点组成，用户网包括高校、科研以及其他单位，CERNet2 全国网络中心位于清华大学。用户网通过城域网光缆或长途线路接入 CERNet2 的核心节点，称为用户接入网。通过国内/国际互连中心，CERNet2 与国内其他网络互连，并与国际下一代互联网互联。CERNet2 网络拓扑结构如图 11-3 所示。

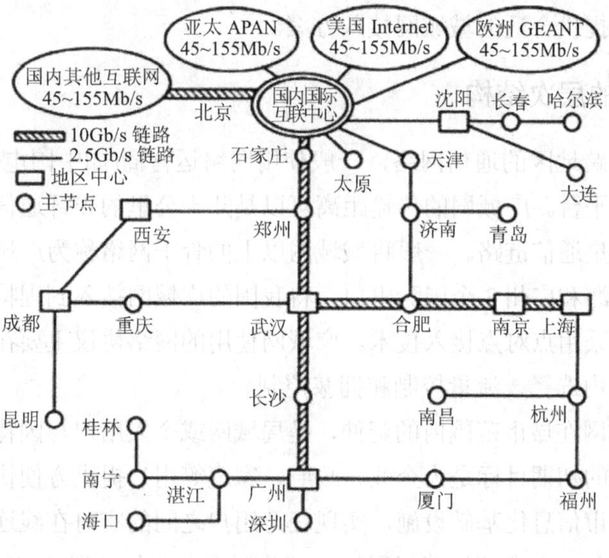

图 11-3　CERNet 网络拓扑结构

CERNet2 北京交换节点与美国 Internet2 的专线连接速率为 45~155Mb/s，CERNet 与在日本的 APAN(亚洲先进网络组织)网络之间的专线连接速率为 45~155Mb/s。CERNet2 以 2.5~10Gbit/s 连接了国内 20 个城市的 25 个核心节点，各个核心节点均具有支持用户网以 1~10Gbit/s 速率接入的能力。另外，CERNet2 分别以 1~10Gbit/s 的速率连接了中国电信、中国联通、中国网通、中科院、中国移动和中国铁通的核心网。

4. CERNet2 网络用户接入

CERNet2 骨干网采用纯 IPv6 协议，传输链路采用 DWDM(密集波分复用)，支持 IPv4 和 IPv6 的用户网接入。对于 IPv6、IPv6/IPv4 双栈和 IPv4 三种网络，采用以下 3 种方式支持用户端到端的应用。

(1) 用户为纯 IPv6 网络时，使用 BGP+(IPv6 下的外部网关协议)路由协议或静态路由协议进行网络互连，实现 IPv6 端到端的连接。

(2) 用户为 IPv6/IPv4 双栈网络时，使用 BGP+路由协议或静态路由联网。用户使用 IPv4

应用时，利用 IPv4 over IPv6 隧道技术，通过 CERNet2 骨干网实现 IPv4 端到端的高性能连接。

(3) 用户为 IPv4 网络时，通过网络地址转换(NAT)技术，实现基于 IPv6 骨干网的 IPv4 接入网互联，从而实现与现有网络的互联互通及资源共享。

11.3 因特网接入

建立城域网的目的是实现任意用户之间的实时在线连接，以及无障碍信息沟通。由于用户类型的不同，如家庭用户、商业办公楼用户、小区用户、小型企业用户、跨地区或跨国大公司用户等，有不同的用户需求和资金预算，因此网络专家必须根据技术能力与用户资金投入，为用户提供合适的城域网接入方案。

11.3.1 城域网的层次结构

广域网是一种跨地区的通信网络，一般使用网络运营商(如中国电信)提供通信设备作为数据处理与传输平台。广域网的传输距离可以是几千公里的光纤通信链路，也可以是几万公里的点对点卫星通信链路。一般将城域网以上的骨干网络称为广域网。我国目前的广域网通过北京、上海和广州 3 个国际出口，将我国的广域网接入到因特网中。受经济条件限制，广域网一般采用点对点接入技术。广域网使用的网络协议主要在网络层，广域网主要解决的问题是路由选择、流量控制和拥塞控制。

城域网是广域网在城市范围内的延伸，是局域网或个人用户与因特网介入的一个中间层次。城域网建设的初期目标是为企业、政府、家庭等用户提供方便快捷的网络连接，其长远目标是建设城市信息化基础设施，实现任意用户之间的实时在线连接，以及无障碍的信息沟通。城域网是一个电信运营级网络，因此要求在业务类型(CoS)、服务质量(QoS)、可靠性以及安全性等方面有较高的保证。在城域网中，根据网络功能可以将城域网结构划分为核心层、汇聚层和接入层 3 个层次，如图 11-4 所示。

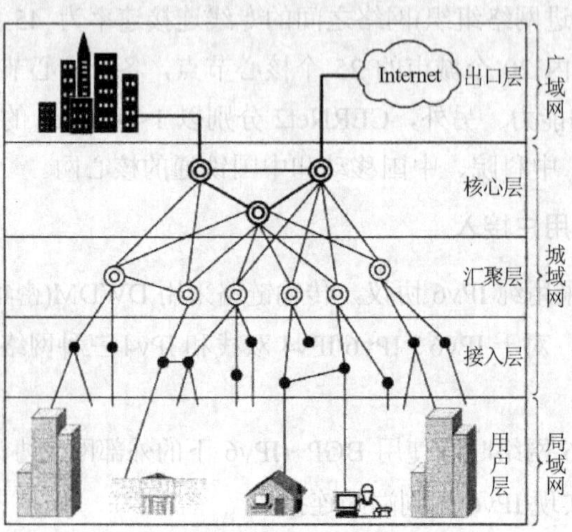

图 11-4　城域网层次结构图

城域网的核心层负责进行数据快速转发，实现广域骨干网之间的互联，并提供城域网的高速数据出口。核心层的节点一般设置在省会城区中心交换局内，核心节点位置的选择应根据网络业务的分布、机房条件、光纤布放以及城市规划等情况综合考虑。在一般情况下，对大城市核心节点一般控制在 3~6 个，对于普通城市一般控制在 2~4 个。核心节点一般采用全网状或半网状结构。

城域网汇聚层负责汇聚分散的接入点，同时具有数据交换、流量控制和用户管理等功能。汇聚层节点的数量和位置与城市光纤分布和业务开展有关，汇聚层节点一般设置在中心城市和县市一级。汇聚层节点之间一般采用星型结构，为了保障网络传输的冗余性，每个节点最好与两个核心层节点连接。

城域网接入层的功能是为不同的用户提供各种类型的因特网接入方案，而且在必要时进行用户流量控制。接入层是城域网中非常重要的组成部分，它往往有多个接入点，为不同地理位置的用户提供快速接入主干网的服务，接入点可以根据用户业务需求、地理位置、用户数量、用户分布密度等因素进行设置。用于提供用户窄带接入(网络传输速率在 2Mb/s 以下)的技术方案有 PSTN(公用电话网)、X.25(分组交换网)、DDN(数字数据网)等，提供用户宽带接入(网络传输速率在 2Mb/s 以上)的技术方案有 ADSL(非对称数字环路)、Ethernet(以太网)、HFC(同轴电缆光纤混合网)等。

11.3.2 单机接入因特网

1. 单机接入因特网的基本方式

个人用户可以利用公用电话网(PSTN)接入因特网，该接入方法称为 PSTN 接入，如图 11-5 所示。PSTN 接入的最大传输速率可以达到 56kb/s，能满足话音通信和低数据传输的要求。对于用户，只需要有一条电话线路、一台普通计算机和一台调制解调器(Modem)就可以将计算机接入到因特网，这些设备和线路连接好后，在 Windows 操作系统中进行简单的设置就可以上网了。上网时只需要输入特定的电话号码(如 16300、16900 等)，就可以通过电信运营商的网络接入到因特网，这种接入方式一般按小时计费。

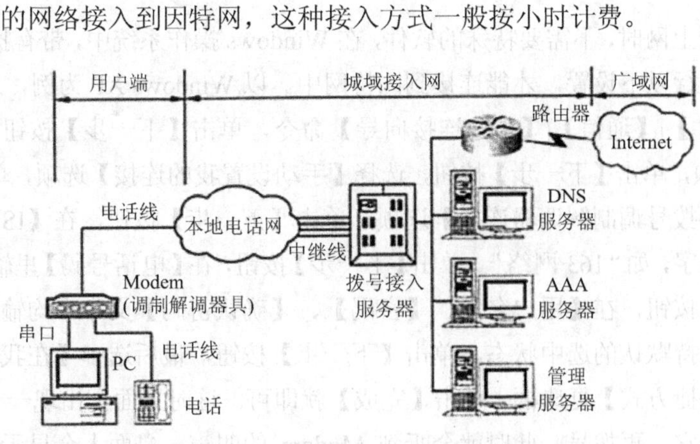

图 11-5 PSTN 窄带拨号接入方法

电信网内部基本都是数字网络，它们支持很高的传输率。但 PSTN 拨号上网连接速率都很低，这是由于电话与电信局之间的连接线路为模拟网络。PSTN 是为语音通信而设置的，因此技术专家人为地把声音频谱限制在 4kHz 的频率范围内，这样可以降低每个电话呼叫所需的带宽，从而可以增加同时通话的用户数量。尽管这种方法对话音通信卓有成效，但它对数据通信增加了限制。

采用 PSTN 接入因特网简单易行，但是在上网的同时不能拨出或接入电话，而且通信费用较高。因此，目前大量个人用户采用电话线和 ADSL Modem 接入因特网。在这种接入方式中，用户可以同时打电话和上网，它们之间相互没有影响，而且网络传输速率在理论上可以达到 8Mb/s 的下行速率。但是采用这种接入方式时，电信运营商的设备和线路必须进行改造，电信运营商的投入较大，并且不是所有地方都适合该接入方式。

2. 拨号上网需要的硬件设备

如果用户住地没有计算机网络，或者用户在外地出差需要上网，可以利用电话线路接入因特网。对于用户来说，需要有一台计算机和一台 MODEM(调制解调器)。

Modem 的作用是将计算机输出的数字信号与音频载波组合，调制出适合在电话线上传输的音频信号，分离出计算机能够接受的数字信号。Modem 分为外置式、内置式和 PC 卡式 3 种，外置式 Modem 与计算机的外部串行接口连接，如图 11-5 所示；内置式 Modem 直接插在计算机的总线插槽中；PC 卡式 Modem 一般是笔记本计算机所采用的，直接插在笔记本计算机的标准 PCMCIA 插槽中。为了便于上网，大部分笔记本计算机都内置了 Modem，不需要另外安装。

Modem 的性能直接关系到联网后传输信息的速度，Modem 的速率有多种，目前 56kb/s 的速率 Modem 使用较为普遍，Modem 一般采用 ITU-T(国际电信联盟标准化部门)规定的 V.34(或 V.90)标准，最大特点是“自适应速率传输”，即在信号传输过程中，Modem 可根据当地用户线路的质量好坏，自动调节传输速率。以笔记本计算机上网为例，直接将电话线连接到笔记本的 RJ-11 接口(Modem 接口)上就可以了。

3. 拨号上网的软件设置

利用电话线上网时，不需要特殊的软件，在 Windows 操作系统中，带有拨号上网软件。但是用户需要进行以下设置，才能连接到因特网中。以 Windows XP 为例，选择【开始】|【程序】|【附件】|【通信】|【新建连接向导】命令，单击【下一步】按钮，选择【连接到 Internet】选项，单击【下一步】按钮，选择【手动设置我的连接】选项，单击【下一步】按钮，选择【用拨号调制解调器连接】选项，单击【下一步】按钮，在【ISP 名称】下面任意输入一个名字，如“163 网络”，单击【下一步】按钮，在【电话号码】里输入“16300”，单击【下一步】按钮，在【用户名】、【密码】、【确认密码】文本中均输入“16300”，下面三个选项保持默认的选中状态，单击【下一步】按钮，最后选中【在我的桌面添加一个到此连接的快捷方式】复选框，单击【完成】就即可。这时桌面会出现一个【163 网络】链接图标，双击它，再拨号，此时就会听到 Modem 的叫声，桌面上会显示正在连接，正在核对用户名和密码之类的信息，然后桌面右下角会出现一个由两个显示器组成的小图标，并跳出一信息框，告诉用户连接已经建立。这时双击桌面上的【Internet Explorer】图标，

即可打开浏览器上网。

4. 窄带拨号上网的方式

电话线路上网也称为“窄带拨号接入业务”，指用户通过电话网拨叫特定的电话号码接入因特网，它的上网方式包括注册账号业务、主叫计费业务和上网卡业务。

(1) 注册账号业务：注册账号业务是中国电信为用户提供的使用固定账号上网的一种方式，由用户到当地电信营业厅申请办理，获得拨号上网的账号及密码，用户根据该账号和密码利用电话线路上网，通过认证获得动态 IP 地址接入因特网。用户可以在全国漫游使用，部分国外地区可实行漫游。这种上网方式较为麻烦，一般为小型企业单位使用，个人用户很少使用。

(2) 主叫计费业务(如 16300、16900)：主叫计费业务是指用户无需办理任何上网手续，使用公共账号和密码。通过中国电信的固定电话拨号上网的特殊服务电话号码(特服号)是 16300，密码也是 16300，中国网通的特服号是 16900，密码也是 16900。上网费用为“网络使用费+电话通信费”，一般在每小时 5 元以下，在用户的主叫电话上收取。

(3) 上网卡业务：用户可以购买上网卡，通过上网卡提供的账号和密码，进行电话拨号上网。用户可以在当地电信营业厅购买上网卡，网络费直接从卡上扣除。上网卡上提供了用户名和密码，密码部分是封起来的，由用户刮开。使用方法：打开原来的【拨号连接】图标，在用户名处输入新的用户名，在密码处直接输入新密码即可。注意上网卡有有效日期，超过有效期即使卡内还有余额也不能使用了。

11.3.3 局域网接入因特网

大部分政府机关、企业、学校都建立了单位的局域网，这些局域网在接入到因特网时，对网络传输速率、网络安全、服务质量等都有较高的要求。局域网接入因特网的技术有很多，早期主要采用 FR(帧中继)，DDN(数字数据网)等技术实现局域网的接入。但是这样接入技术成本高，网络传输速率低，因此目前大部分局域网主要采用 Ethernet(以太网)技术接入因特网。

1. 局域网接入因特网的基本方法

传统的以太网技术不属于接入网范畴，但随着千兆以太网的成熟和万兆以太网的出现，以太网开始进入城域网领域。如果接入网也采用以太网技术，将从局域网到城域网全部是以太网结构，这样就可以采用统一的以太帧格式，各网络之间可以实现无缝连接，中间不需要任何数据格式转换，将大大提高网络运行速率，方便网络管理，降低运营成本。

Ethernet 接入网由 ISP 的局端设备和企业用户端的设备组成，用户网络设备一般位于企业内部建筑物内，也有托管在 ISP 中心机房的情况。用户端设备一般包括交换机，路由器，光纤收发器，防火墙等设备。企业 Ethernet 接入网基本结构如图 11-6 所示。

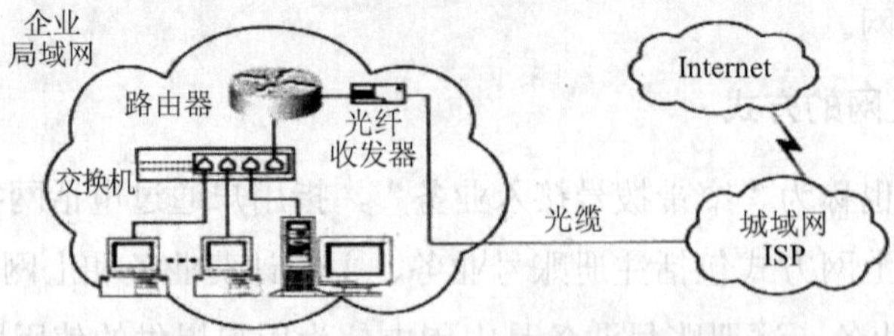

图 11-6 企业 Ethernet 接入网基本结构

在 IP 城域网中设置多个市区接入点，市区接入点由 3 层交换机，宽带接入服务器(BAS)等设备组成，市区接入点可以通过吉比特以太网、ATM 网和 SDH 网等上连到城域网。每个市区接入点由若干个园区节点构成，每个园区节点由 3 层以太网交换机或路由器等设备组成。园区节点通过单模光纤上连到市区接入点交换机，园区节点通过多模或单模光纤连接到园区的各个楼宇 2 层交换机，成为楼宇用户的网络入口。

2. 宽带接入方式

(1) ADSL 接入方式：ADSL(非对称数字用户线)是利用现有的双绞线(即普通电话线)，以上、下行不对称的传输速率接入因特网，上行(从用户到网络服务商)为低速传输，一般为 1Mb/s；下行(从网络服务商到用户)为高速传输，传输速率可达 8Mb/s。目前 ADSL 可提供虚拟拨号接入和专线接入两种接入方式。

(2) VDSL 接入方式：VDSL(甚高比特率数字用户线)被视为 ADSL 的下一代接入方式，在短距离内(1.5km 左右)，它在一对普通电话线上提供上下行对称的 10Mb/s~30Mb/s 的传输速率。VDSL 是中国电信给用户提供的一种高速接入因特网的一种服务。

(3) LAN 接入方式：LAN(局域网)接入主要采用以太网技术，以信息化小区的形式为用户提供因特网接入服务。在小区中心节点，一般采用高速交换机，为用户提供 FTTX(光纤到小区)+LAN(网线到户)的宽带接入。用户只需一台计算机和一块网卡就可以高速接入因特网，绝大部分计算机都带有局域网接口。

(4) WLAN 接入方式：WLAN(无线局域网)接入方式是对有线宽带接入的延伸和补充，它包括了为计算机配置的无线网卡、能够通过无线收发数据的接入点(AP)设备，以及其他一些接入控制设备。个人用户只需在计算机中插入一块无线网卡，然后安装一个配备软件，就可在覆盖范围内进行移动宽带上网。

3. 专线接入方式

专线接入方式是指用户通过 DDN(数字数据网)、FR(帧中继)以及 ATM(异步传输模式)等多种方式接入中国公用宽带互联网(ChinaNet)，一般采用固定 IP 地址的形式。

(1) DDN 专线接入：DDN 专线上网方式是指中国公用数字数据网(ChinaNet)接入中国公用宽带互联网(ChinaNet)的专线接入形式。

(2) FR 专线接入方式：FR 专线上网是指通过 FR 网，接入 ChinaNet 的专线接入方式，一般采用固定 IP 地址的方式。

(3) 光纤接入：光纤接入是指 ChinaNet 局端与客户端之间完全或部分以光纤作为传输

媒体。光纤接入网有多种方式，最主要的有光纤到路边(FTTC)、光纤到大楼(FTTB)和光纤到家庭(FTTH)。

(4) 城域网专线接入：宽带城域网是在城市范围内，以 IP 或 ATM 电信技术为基础，以光纤作为传输媒体，集数据、语音和视频服务于一体的高宽带、多功能、多业务的通信网络。城域网专线上网是通过城域网，接入到 ChinaNet 的专线接入方式，一般采用固定 IP 地址的形式。

11.4　IP 地址与域名系统

IP 地址是每台连接在因特网上的主机分配的一个在全世界范围内唯一的 32 位的标识符，它相当于通信时每台主机的名字。按照 TCP/IP 规定，IP 地址用二进制表示，每个 IP 地址长 32 位，即 4Byte。例如，某个采用二进制表示的 IP 地址是“00001010 00000000 0000000 00000001”，地址过长，不易于理解。为了方便人们的使用，IP 地址经常被写成十进制的形式，不同的字节之间使用“.”分开。从而上面的 IP 地址可以表示为“10.0.0.1”。IP 地址的这种表示方法称为点分十进制表示法，同二进制相比更易于识记。

11.4.1　IP 地址的分类

1. IP 地址的基本分类

IP 地址的格式由因特网标准文档 RFC(请求注解)进行规定，IP 地址的分配由“因特网网络号分配机构”(IANA)组织来统一管理。

IP 地址分为网络地址和主机地址两部分。处于同一处网络内的主机，网络地址部分是相同的，主机地址部分则标识了该网络中的某个具体节点，如工作站、服务器、路由器等。

IP 地址分为 A、B、C、D、E 五类，其中 A、B、C 类地址是主类地址，D 类地址为组播地址，E 类地址保留给将来使用，如图 11-7 所示。

图 11-7　IP 地址的分类

A 类地址的网络地址空间为 7 位，可供使用的网络号范围为 0~127，可用地址为 126 个(2^7-2)。这里减 2 的原因是网络地址部分全 0 的 IP 地址是保留地址，意思是“本网络”；而网络号为 127 的地址保留作为本机回路测试之用。A 类地址可提供的主机地址为 1677214(2^{24}-2)个，这里减 2 的原因是主机地址部分全 0 表示“本主机”，而全 1 用于广播地址，A 类地址适用于拥有大量主机的大型网络。

B 类地址的网络地址空间为 14 位，允许有 16384(2^{14})个不同的 B 类网络。B 类地址中的，每一个网络的最大主机数是 65534(2^{16}-2)，一般用于中等规模的网络。

C 类地址的网络地址空间地址为 21 位，允许 2097152(2^{21})个不同的 C 类网络。C 类地址中每一个网络的最大主机数是 254(2^{8}-2)个，用于规模较小的局域网。

例如，某大学中的一台计算机分配到的地址为 222.240.210.100，如图 11-8 所示，地址的第一个字节在 192~223 范围内，因此它是一个 C 类地址，按照 IP 地址分类的规定，它的网络地址为 222.240.210，其主机地址为 100。

C 类地址

222.240.210.100

网络地址　主机地址

图 11-8　地址实例

2. 特殊 IP 地址

RFC 标准文档还规定了两种类型的 IP 地址，一种是在因特网上使用的 IP 地址，称为公网地址或外网地址，这类地址不允许出现重复。另一种 IP 地址允许在不同企业的局域网内部重复使用(注意：同一局域网 IP 地址不能重复)，但是这些 IP 地址不能在因特网上使用，这些 IP 地址称为私网地址或内网地址。例如，192.168.0.0~192.168.255.255 均为 C 类私网地址。使用私网 IP 地址的计算机需要访问因特网时，需要经过网络地址转换(NAT)，由路由器或其他网络设备将私网 IP 地址转换成为公网 IP 地址。RFC 规定的一些特殊 IP 地址如表 11-2 所示。

表 11-2　特殊 IP 地址

地 址 类 型	IP 地址范围	说　明
A 类公网地址	1.0.0.0~126.255.255.255	126 个网络号，每个网络 16777214 台主机
B 类公网地址	128.0.0.0~191.255.255.255	16384 个网络号，每个网络 65534 台主机
C 类公网地址	192.0.0.0~223.255.255.255	2097152 个网络号，每个网络 254 台主机
D 类公网地址	224.0.0.0~239.255.255.255	用于组播或已知的多点传送
E 类公网地址	240.0.0.0~254.255.255.255	实验地址，保留给将来使用
A 类私网地址	10.0.0.0~10.255.255.255	用于企业局域网，不能在因特网上使用
B 类私网地址	172.16.0.0~172.31.255.255	用于企业局域网，不能在因特网上使用
C 类私网地址	192.168.0.0~192.168.255.255	用于企业局域网，不能在因特网上使用
A 类保留地址	0.0.0.0、126.255.255.255	网络号和广播地址
B 类保留地址	128.0.0.0、191.255.255.0	网络号和广播地址
C 类保留地址	192.0.0.0、223.255.255.0	网络号和广播地址
D 类保留地址	224.0.0.0~224.0.0.255	用于本地管理特别站点的组播
D 类保留地址	239.0.0.0~239.255.255.255	用于管理和系统级路由等

(续表)

地 址 类 型	IP 地址范围	说　　明
保留测试地址	127.0.0.0~127.255.255.255	用于本机测试
保留网络地址	0.0.0.0	表示所有不清楚的主机和目的网络地址
保留广播地址	255.255.255.255	表示本网段内的所有主机
保留组播地址	224.0.0.1	特指组播中的所有主机
保留组播地址	224.0.0.2	特指组播中的所有路由器

在大多数分情况下，一台计算机只需要分配一个 IP 地址，但是在网络服务器、路由器和防火墙等设备中，可以根据需要，指定一台网络设备具有多个 IP 地址，因此在访问因特网时，不能认为一个 IP 地址就是一台计算机。另外，通过特定的技术，也可以使多台服务器共用一个 IP 地址，这些服务器在用户看起来如同一台服务器。

11.4.2　子网及子网掩码

1. 子网

子网是指在 IP 地址上生成的逻辑网络。由于 A、B、C 三类网络的地址资源很有限，而且许多用户根本就用不完一个网络内的所有主机地址。把一个网络划分成多个子网，分配给多个物理网络使用，可以充分利用这些地址资源。把一个网络划分成多个子网是通过子网掩码实现的。

子网通过把 IP 地址中的主机号分成两个部分，为每个子网生成一个唯一的网号。一部分用于标识子网，另一部分用于标识子网中的主机，这样原来的 IP 地址结构变成了如图 11-9 所示的结构。

网络地址	子网地址	主机地址

图 11-9　IP 地址结构

这样做的好处是充分利用了 IP 地址。这时可借助子网掩码，将网络进一步划分成若干个子网，由于 IP 地址的“网络地址”部分相同，则局域网的路由器能区分不同的子网，而外部网络的路由器则将这些子网看成同一个网络。

2. 子网掩码

子网掩码与 IP 地址一样，是一个 32 位的 IP 地址，子网掩码由前面连续的 1 和后面连续的 0 组成。子网掩码往往与 IP 地址一同使用。表 11-3 为各类 IP 地址的默认子网掩码，其中为 1 的位用来确定网络号，为 0 的位用来确定主机号。

表 11-3　各类 IP 地址的默认子网掩码

地 址 类 型	子网掩码(十进制表示)	子网掩码(二进制表示)
A	255.0.0.0	11111111 00000000 00000000 00000000
B	255.255.0.0	11111111 11111111 00000000 00000000
C	255.255.255.0	11111111 11111111 11111111 00000000

子网掩码的作用：一是用于屏蔽 IP 地址的一部分，以区别网络号和主机号；二是用来将网络分割为多个子网；三是判断目的主机的 IP 地址是在本地局域网还是在远程网络。

值得注意的是，表 11-3 中的默认的子网掩码可以根据需要改变。例如，某个 C 类网络的子网掩码为 255.255.255.192 时，可以划分为 4 个子网，其中 2 个子网可用；如果子网掩码为 255.255.255.224 时，可以划分为 8 个子网，其中 6 个子网可用。

例如，某台主机的 IP 地址为 192.168.10.33，子网掩码为 255.255.255.0 时，说明这台主机的 IP 地址是一个 C 类的私网地址，网络地址为 192.168.10，主机地址为 33。由于它是一个私网地址，因此这台计算机访问因特网时，需要经过路由器进行网络地址转换(NAT)。由于其子网掩码为 255.255.255.0，因此它只划分了 1 个子网，该子网最多允许 254 台计算机或网络设备。

11.4.3　域名系统

在因特网上访问网站、收发文件和下载文件时，如果都需要输入 IP 地址，对于众多的以数字表示的一长串 IP 地址，不利于识记。为此，引入了域名系统(DNS)的概念。通过为每台主机建立 IP 地址与域名之间的映射关系，用户在网上可以使用域名来唯一标识网上的计算机。域名和 IP 地址之间的关系就像是某人的姓名和此人身份证号码之间的关系，显然记住某人的姓名比记住身份证号码容易多。

在因特网早期，整个网络上的计算机只有几百台，那时使用一个对照文件，列出所有主机名称与对应的 IP 地址，用户只要输入主机的名称，计算机就可以很快地将其转换成 IP 地址。随着因特网规模的扩大，主机的数量也在迅速的增加，仅使用一台域名服务器来负责域名到 IP 地址的转换已不可行。其原因有两方面，一是域名服务器的负荷过重；二是如果服务器出现故障，域名解析将全部瘫痪。因此，自 1983 年起，因特网开始采用一种树状、层次化的主机命名系统，即域名系统。

域名系统是一个遍布在因特网上的分布式主机信息数据库系统，采用客户机/服务器工作模式。域名系统的基本任务是将文字表示的域名，如“www.baidu.com”翻译成 IP 能够理解的 IP 地址格式，如 220.181.38.5，该工作过程称为域名解析。域名解析工作通常由域名服务器来完成。域名服务器负责管理存放主机名和 IP 地址的数据库文件，以及域中的主机名和 IP 地址映射。域名服务器分布在不同的地方，它们之间通过特定的方式进行联络，这样可以保证用户可以通过本地域名服务器查找到因特网上所有的域名信息。

域名系统是一种包含主机信息的逻辑结构，它并不反映主机所在的物理位置。同 IP

地址一样，因特网上主机的域名具有唯一性。按照因特网域名管理系统规定，入网的计算机应具有类似于下列结构的域名(不是固定的)：节点名.三级域名.二级域名.顶级域名。

域名各部分之间用“.”隔开。例如百度搜索引擎的域名为 www.baidu.com.cn。

所有顶级域名都由 INIC(国际因特网信息中心)控制。顶级域名目前分为两类：行业性的和地域性的。行业顶级域名如表 11-4 所示。

表 11-4 行业顶级域名

顶级域名	行业
.com	商业企业
.edu	教育机构
.gov	政府机构
.mil	军事部门
.org	民间团体等组织
.net	网络服务机构

此外，还有像 arts(娱乐)、firm(商号)、info(信息)、web 等顶级域名。国际因特网组织为各个国家和地区分配了一个国别或地区的顶级域名，通常用两个字母来表示，如表 11-5 所示。

表 11-5 部分国家的顶级域名

国家顶级域名	国家名称
au	澳大利亚
ca	加拿大
cn	中国
jp	日本
ru	俄罗斯

美国没有其国别顶级域名，通常见到的是采用行业领域的顶级域名。

顶级域名由国际因特网中心负责管理，在国别顶级域名下的二级域名由各个国家自行确定。我国顶级域名由 CNNIC(中国互联网信息中心)负责管理，在“cn”顶级域名下，可由经国家认证的域名注册服务机构注册二级域名。我国将二级域名按照行业类别或行政区域来划分。行业类别大致分为.ac(科研机构)、.com(商业企业)、.edu(教育机构) 、.gov(政府部门)、.net(网络机构)等；行政区域二级域名适用于各省、自治区、直辖市，共 34 个，采用省市名的简称。如 bj 为北京市，sh 为上海市，gd 为广东省等。自 2003 年开始，在我国国家顶级域名 cn 下也可以直接申请注册二级域名，由 CNNIC 负责管理。

因特网域名系统是逐层、逐级由大到小划分的，如图 11-10 所示，这样既提高了域名解析的效率，同时也保证了主机域名的唯一性。DNS 域名树的最下面的节点为单个的计算机，域名的级数通常不多于 5 级。

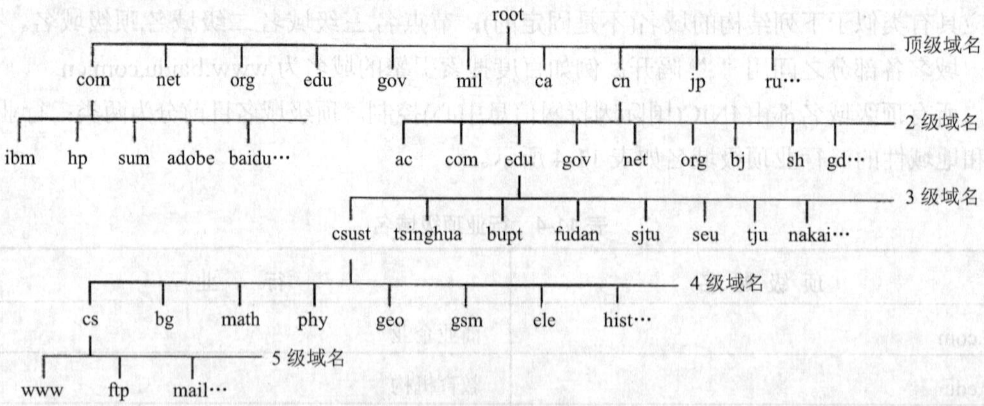

图 11-10　因特网域名系统

11.5　因特网的基本服务

11.5.1　WWW 服务

WWW(World Wide Wed，万维网)一般简称为 Web 服务。Web 服务以超文本标记语言(HTML)与超文本传输协议(HTTP)为基础，能够以友好的用户界面提供因特网信息查询服务。这些信息资源分布在全球数千万个 Web 服务器站点上，并由提供信息的专门机构进行管理和更新。用户通过浏览器软件，就可浏览 Web 站点上的信息，并可单击标记为“超链接”的文本或图形，随心所欲地转换到世界各地的其他 Web 站点，访问 Web 站点上丰富的信息资源。

1. Web 网站与 Web 网页

Web 网站采用客户机/服务器工作模式，所用的客户端和 Web 服务器统一使用 TCP/IP，使得客户端和服务器的逻辑连接变成简单的端对端连接，用户只需要提出查询要求即可自动完成查询操作。

可以形象地将 Web 服务器视为因特网上一个大型的图书馆，Web 站点上的信息资源就像图书馆中的一本本图书，而 Web 网页则是书中的某一页，Web 站点的信息资源由许多的 Web 网页文档组成。这些网页不仅有文本形式，还有音频、动画、视频等多媒体内容，因此也把这种增强的超级文本称为超媒体。每个 Web 网站的资源都有一个起始页面，通常称为首页。

Web 网页采用超文本格式，即每个 Web 文档除包含自身信息外，还包含指向其他 Web 网页的超链接，可以将超链接理解为指向其他 Web 网页的“指针”，由超链接指向的 Web 网页可能在用户近处的一台计算机上，也可能是远在万里之外的一台计算机上，但对用户来说，通过单击网页上的超链接，所需的信息立刻显现，非常方便。Web 网站的超链接访问过程如图 11-11 所示。

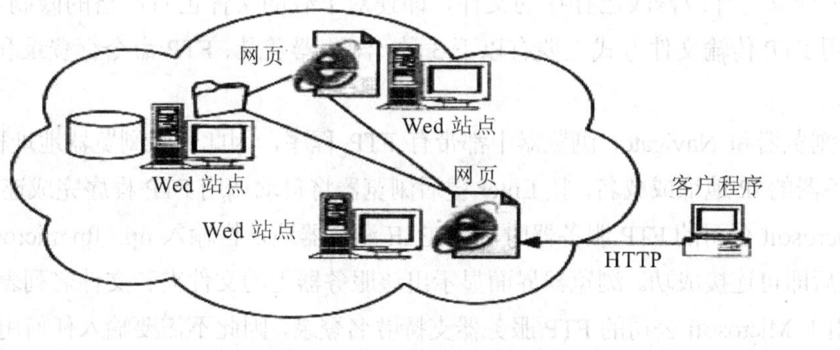

图 11-11　Web 网页的超链接访问过程

2. URL 和 HTTP

因特网中的 Web 服务器上，每一个信息资源，都有统一的、在网上唯一的地址，该地址被称为 URL(全球统一资源定位)地址。URL 用来确定因特网上信息资源的位置，它采用统一的地址格式，以方便用户通过 WWW 浏览器查阅因特网上的信息资源。URL 地址的完整格式为“资源类型://域名:端口号/路径/文件名”，如图 11-12 所示。

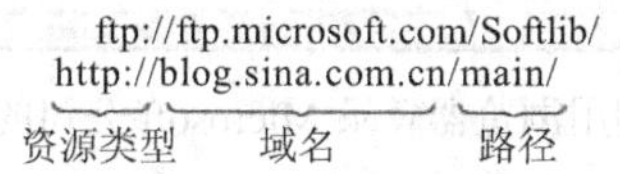

图 11-12　URL 的组成

用户在浏览器中输入 URL 时，如果是查找网页文件，只需要输入域名即可，其他部分可以省略，这时浏览器将打开 Web 站点的首页。

HTTP(超文本传输协议)是 Web 服务器与浏览器间如何传送所要求的文件的协议。HTTP 以客户机和服务器彼此互相发消息的方式进行工作，客户机通过应用程序(如 IE)向服务器发出请求，并访问服务器上的数据，服务器通过设定的公用网关接口(CGI)程序返回数据。

11.5.2　FTP 服务

文件传输协议(FTP)是因特网上使用广泛的文件传送协议。FTP 能屏蔽计算机所处位置、连接方式以及操作系统等细节，使因特网上的计算机之间实现文件的传送。用户输入网站 FTP 地址(如图 11-13)后，就可以登录到远程计算机的公共目录下，搜索需要的文件或程序，然后复制到本地计算机上，也可以将本地计算机上的文件上传到远程 FTP 计算机上。操作过程与在本机上复制文件过程完全一致，但大部分 FTP 站点不允许用户任意删除文件。

不管是 UNIX 还是 Windows 操作系统都包含了 FTP，FTP 采用客户机/服务器工作方式，用户计算机称为 FTP 客户端，远程提供 FTP 服务的计算机称为 FTP 服务器。FTP 服务是一种实时联机服务，用户在访问 FTP 服务器之前需要进行注册。该因特网上大多数 FTP 服务器都支持匿名服务，即以“anonymous”作为用户名，以用户的电子邮件地址作为口令登录。当然匿名 FTP 服务有很大的限制，匿名用户一般只能下载文件，不能在远程计算机上建立文件或修改已存在的文件，即使对下载的文件也有严格的限制。

利用 FTP 传输文件方式主要有以下 3 种：浏览器登录、FTP 命令行登录和 FTP 下载工具登录。

IE 浏览器和 Navigator 浏览器中都带有 FTP 程序，因此可在浏览器地址栏中直接输入 FTP 服务器的 IP 地址或域名，按 Enter 键后浏览器将自动调用 FTP 程序完成连接。例如，要访问 Microsoft 公司的 FTP 服务器时，可在 IE 浏览器地址栏输入 ftp://ftp.microsoft.com/，按 Enter 键后即可连接成功。浏览器界面显示出该服务器上的文件夹和文件名列表，如图 11-13 所示。由于 Microsoft 公司的 FTP 服务器支持匿名登录，因此不需要输入任何用户名和口令。

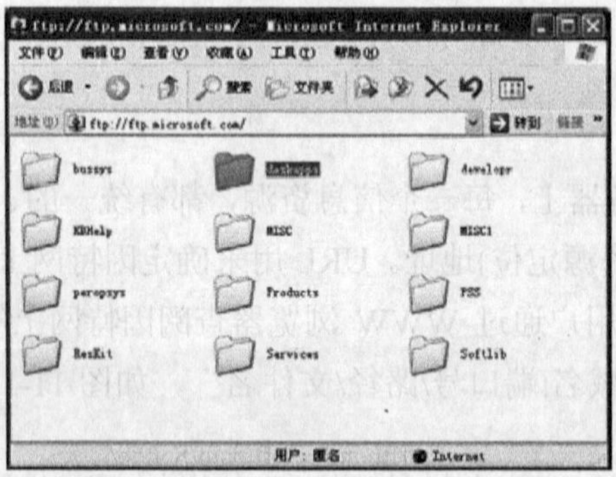

图 11-13　利用浏览器登录 Microsoft 公司的 FTP 服务器

11.5.3　E-mail 服务

电子邮件是一种利用计算机网络交换电子信件的通信手段，它是因特网上最受欢迎的一种服务之一。电子邮件服务可以将用户邮件发送到收信人的邮箱中，收信人可随时进行读取。电子邮件不仅使用方便，而且还具有传递迅速快和费用低廉的优点。电子邮件不仅能传递文字信息，还可以传递图像、声音以及动画等多媒体信息。

1. 电子邮件收发过程

电子邮件系统采用客户机/服务器工作模式，由邮件服务器端与邮件客户端两部分组成。邮件服务器包括接收邮件服务器和发送邮件服务器。发送邮件服务器一般采用为 SMTP(简单邮件传输协议)，当用户发出一份电子邮件时，发送方邮件服务器按照电子邮件地址，将邮件发送到收信人的接收邮件服务器中。接收方邮件服务器为每个用户的电子邮箱开辟了一个专用的硬盘空间，用于存放对方发来的邮件。当收件人将自己的计算机连接到接收邮件服务器并发出接收操作后，接收方可以通过 POP3(邮局协议版本 3)或 IMAP(交换式邮件存取协议)读取电子信箱内的邮件。当用户采用 Web 网页方式进行电子邮件收发时，用户必须登录到邮箱后才能收发邮件；如果用户采用邮件收发程序，则邮件收发程序会自动登录邮箱，将邮件下载到本地计算机中。图 11-14 所示为电子邮件的收发过程。

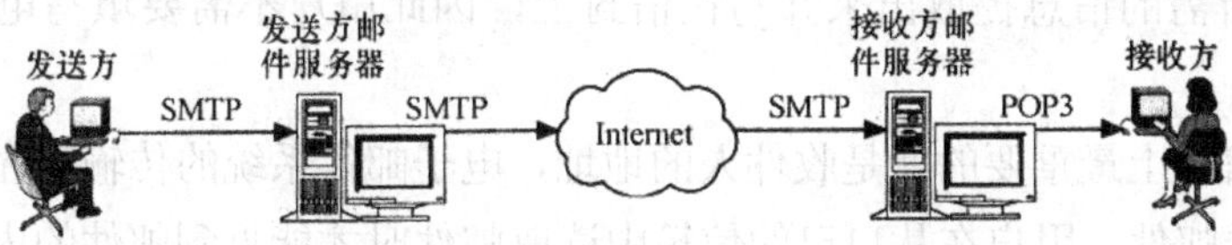

图 11-14　电子邮件的收发过程

2. 电子邮件地址

每一个电子邮箱都有一个 E-mail 地址，E-mail 地址的统一格式为：收件人邮箱名@邮箱所在主机的域名。

其中，符号@读作 at，表示"在"的意思。收件人邮箱名是用户在向电子邮件服务机构注册时获得的用户名，它必须是唯一的。例如，abc@163.com 就是一个用户的 E-mail 地址。

3. 收发电子邮件的客户端软件

收发电子邮件的客户端软件有 Microsoft 公司的 Outlook Express，以及国内开发的共享软件 Foxmail。图 11-15 所示为进入 Outlook Express 邮件系统的主界面。

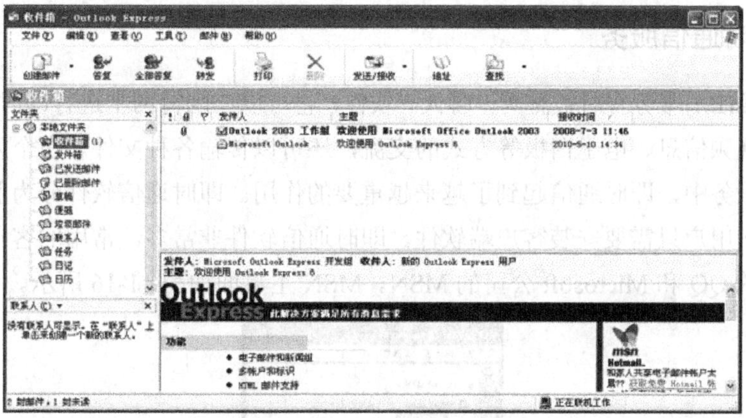

图 11-15　Outlook Express 邮件系统的主界面

目前，电子邮件客户端软件几乎可以运行在任何硬件平台上。它们提供的功能基本相同，都可以完成以下操作：建立和发送电子邮件；接收、阅读和管理电子邮件；账号、邮箱和通讯簿管理等。

其中，Outlook Express 能实现多用户、多账户、多 POP3 支持，能进行自动拨号，能设置邮件过滤功能，除了直接查看 HTML 格式外，还可以阅读和收发 Big5 码的电子邮件，具有远程管理信箱、数字签名和邮件加密功能，以及反垃圾邮件功能，能准确识别垃圾邮件和非垃圾邮件。

4. 电子邮件的格式

电子邮件由两部分组成，即信封和内容。RFC 822(国际因特网小组标准文档)只规定了邮件内容中的首部格式，而邮件的主体部分则由用户自由撰写。首部包含发件人的地址邮件发送的日期和时间、收件人的地址、邮件和主题等。用户写好首部后，邮件系统将自动将信封所需的信息提取出来并写在信封上，因此用户不需要填写电子邮件信封上的信息。

在邮件的信封上最重要的就是收件人的地址，电子邮件系统的传输程序根据邮件信封上的信息来传送邮件。用户在从自己的信箱中读取邮件时才能见到邮件的内容。电子邮件系统不但可传输各种文字信息，而且能传输图像、语音与视频等多种信息。

5. 邮件账号设置

要发送与接收电子邮件，必须先拥有一个合法的电子邮箱。当前电子邮箱主要有两种类型：收费电子邮箱和免费电子邮箱。收费电子邮箱要求用户每年要交纳一定费用，邮箱一般安全性较好。当前提供免费邮件的服务商较多，很多门户网站都能申请到。例如“网易”门户网站提供的 163 免费电子邮箱，存储空间达到了 3GB，而且免费提供网络硬盘空间，免费邮件杀毒等服务。

当从邮件服务商处申请到邮箱后，在 Outlook Express 或 Foxmail 等客户端软件进行设置后，就可以发送和接收电子邮件了。当然也可以直接进入邮件服务商 Web 网站，输入用户名和密码登录后，进行邮件收发等工作。

11.5.4　即时通信服务

即时通信(IM)服务有时被称为“聊天”软件，它可以在因特网上进行即时的文字信息、语音信息、视频信息、电子白板等方式的交流，还可以传输各种文件。在个人用户和企业用户的网络服务中，即时通信起到了越来越重要的作用。即时通信软件分为服务器软件和客户端软件，用户只需要安装客户端软件。即时通信软件非常多，常用的客户端软件主要有腾讯公司的 QQ 和 Microsoft 公司的 MSN。MSN 主界面如图 11-16 所示。

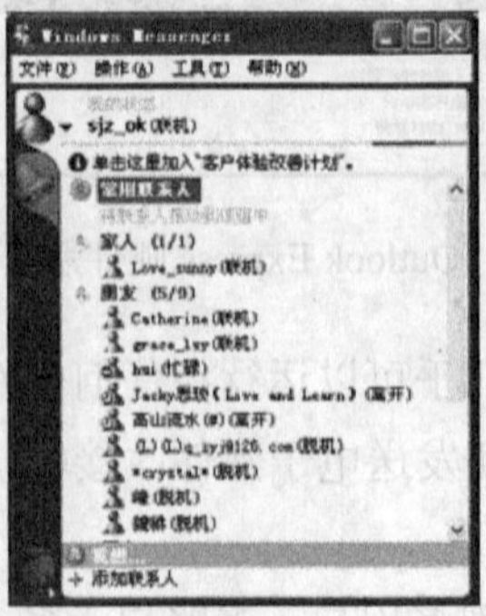

图 11-16　MSN 即时通信软件界面

QQ 是深圳腾讯计算机系统有限公司开发的一款即时通信客户端软件，它是因特网的中文即时通信软件。通过 QQ 可以实现与好友的文字、语音和视频即时交流，QQ 还具有网上寻呼、手机短信服务、聊天室、语音邮件以及视频电话等功能。QQ 是目前国内应用最广泛的中文即时通信软件之一。

11.5.5　搜索引擎服务

信息检索是将杂乱无序的信息整理成有序化的信息集合，并根据用户需要从信息集合中查找出特定信息的过程。如何在因特网的上千万个网站中快速有效地找到所需信息是一个非常突出的问题，搜索引擎正是为了解决用户的信息查询问题而产生的一种工具。

1. 搜索引擎

搜索引擎是某些网站免费提供的用于网上查找信息的程序，是一种专门用于定位和访问 Web 网页信息，获取用户希望得到的资源的导航工具。搜索引擎通过分类查询方式或关键词查询方式获取特定的信息。搜索引擎并不即时搜索整个因特网，搜索的内容是预先整理好的网页索引数据库。为了保证用户搜索到最新的网页内容，搜索引擎的大型数据库会定时进行内容更新，得到相关网页的超链接。用户通过搜索引擎的查询结果，了解信息所处的站点，再通过单击超链接，就可以转接到用户需要的网页上。

当用户在搜索引擎中输入某个关键词(如“计算机”)并单击搜索后，搜索引擎数据库中所有包含这个关键词的网页都将作为搜索结果列表显示出来。用户可以判断需要打开那些超链接的网页。常用的搜索引擎有百度(http://www.baidu.com)、谷歌(http://www.google.com)、雅虎(http://cn.yahoo.com)等。谷歌搜索引擎界面如图 11-17 所示。

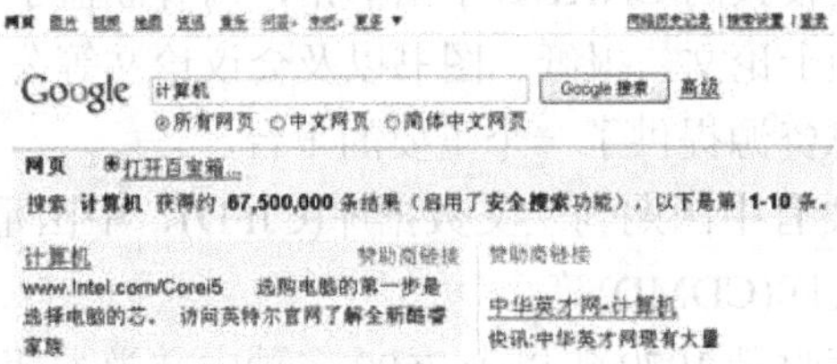

图 11-17　谷歌(google)搜索引擎界面

要利用搜索引擎全面、准确、快速地从网络上获取所需要的信息，还需要掌握相应的方法。通常情况下，搜索引擎通过搜索关键词来查找包含此关键词的文章或网址。这是使用搜索引擎查询信息的最简单的方法，但返回的结果往往不能令人满意。如果要得到最佳的搜索效果，就需要使用搜索引擎提供的高级搜索方法，它可以缩小搜索的范围，提高搜索的效率，如图 11-18 所示。

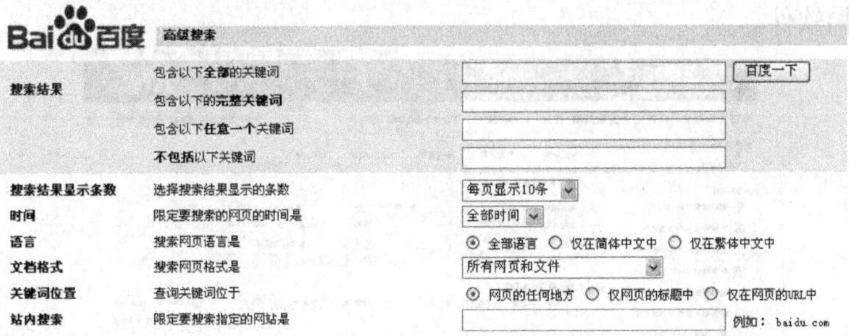

图 11-18　百度搜索引擎高级搜索页面

2. 网页保存

通过搜索，通常会找到许多有价值的信息，这些信息可以保存在本地计算机上，以便日后使用。可以保存整个Web页，或者只保存其中的部分内容，如文本、图片或链接等。保存搜索信息的步骤如下。

(1) 如果要将当前网页存储到硬盘中，选择【文件】|【另存为】命令，打算【保存网页】对话框后，指定当前网页的文件名、文件位置等。保存类型可以是HTML文件或文本文件。

(2) 如果保存为文本文件，则浏览器保存的仅仅是当前网页中的文本信息，图片以及其他网页元素都能够不保存。

(3) 如果只需要保存当前网页中的图片，可用鼠标选择要保存的图片右击，然后从弹出的快捷菜单中选择【图片另存为】命令，打开【另存为】对话框，选择保存位置，单击【保存】按钮即可。

11.5.6　中国知网的使用

中国知识基础设施工程简称为CNKI工程，是以实现全社会知识信息资源共享为目标的国家信息化重点工程。中国知网(以前称为中国期刊网)作为CNKI的一个重要组成部分，已建成了中文信息量规模较大的CNKI数字图书馆，内容涵盖了自然科学、工程技术、人文与社会科学期刊、博硕士论文、报纸、图书以及会议论文等公共知识信息资源。为在因特网条件下共享知识信息资源提供了一个重要的平台。

中国知网数据库主要有中国期刊全文数据库(CJFD)、中国重要报纸全文库(CCND)和中国优秀博硕士论文全文库(CDMD)等。

中国期刊全文数据库收录1979年以来7600多种中文学术期刊、其中全文收录的文献有2810多万篇，包括理工A、理工B、理工C、农业、医药卫生、文史哲、经济政治与法律、教育与社会科学、电子技术与信息科学9个专辑(截至2007年2月)。

中国重要报纸全文库收录2000年6月以来全国公开发行的重要报纸1000种。中国优秀博硕士论文全文收录2000年以来我国优秀硕/博士论文5万余份(截至2007年2月)。

打开IE浏览器，在地址栏中键入http://www.cnki.net/，即可进入中国知网(CNKI)数字图书馆，如图11-19所示。中国期刊全文数据库(CJFD)主要以CAJ格式和PDF文件格式提供文献，因此用户需要在计算机中预先安装好CAJViewer浏览器，或Adobe Reader(读取PDF格式文件)软件。

图 11-19　CNKI 中国知网

11.6　信息系统安全

信息系统安全一直是计算机专家努力追求的目标，但是从冯·诺依曼计算机理论模型来看，目前的计算机在理论上还无法消除病毒的破坏和黑客攻击。最好的情况是尽量减少这些攻击对系统核心造成的破坏。因此防止计算机病毒、防止恶意软件、防止黑客攻击将是一项长期性的工作。

11.6.1　信息系统中存在的安全问题

1. 信息安全的定义

信息安全主要涉及信息存储的安全、信息传输的安全以及对网络传输信息内容的审计3 方面。从广义上看，凡是涉及信息的完整性、保密性、真实性、可用性和可控性的相关技术和理论，都是信息安全所要研究的领域。

网络安全是指网络系统的硬件、软件及其系统中的数据受到保护，不受偶然的或者恶意的原因而遭到破坏、更改、泄漏，系统能连续、可靠地正常运行，网络服务不中断。

2. 软件设计中存在的安全问题

由于程序的复杂性和编程方法的多样性，加上软件设计还是一门相当年轻的科学，因此很容易留下一些不容易被发现的安全漏洞。软件漏洞包括如下几个方面：操作系统、数据库、应用软件、TCP/IP、网络软件和服务、密码设置等的安全漏洞。这些漏洞平时可能不会表现出来，但是一旦遭受病毒和黑客攻击就会带来灾难性的后果。随着软件系统规模的扩大，复杂程度的提高，系统中的安全漏洞或“后门”不可避免，而且有越来越大的趋势。

(1) 操作系统中设计的漏洞：Windows 操作系统一贯强调的是易用性、集成性和兼容性，而系统安全性设计考虑不足。虽然 Windows2000/XP/2003 操作系统比 Windows 9x 的安全性好，但是由于整体设计思想的限制，造成了 Windows 操作系统的漏洞不断。在一个安全的操作系统中，最重要的安全概念就是权限。每个用户有一定的权限，一个文件有一定的权限，而一段代码也有一定的权限，特别是对于可执行的代码，权限控制更为严格。只有系统管理员才能执行某些特定程序，包括生成一个可以执行程序等。

(2) 程序设计违背最小授权原则：最小授权原则认为，要在最少的时间内授予程序代码所需的最低权限。除非必要，否则不要允许使用管理员权限运行应用程序。部分程序开发人员在编制程序时，没有注意到程序代码运行的权限，较长时间地打开系统核心资源，这样会导致用户有意或无意的操作对系统造成的严重破坏。

(3) 网页中易被攻击的 CGI 程序：大多数 Web 服务器都支持 CGI(公用网关接口)程序，以实现一些网页的交互功能。事实上，大多数 Web 服务器都安装了简单的 CGI 程序。黑客们可以利用 CGI 程序来修改 Web 页面，窃取信用卡账号，为未来的攻击设置后门等。

(4) RPC 服务缓冲区溢出：RPC(远程请求)允许一台机器上的程序执行另一台机器上的

程序。它被广泛用来提供网络服务(如文件共享)，由于 RPC 缺陷导致的弱点正被黑客和病毒(如冲击波病毒)广泛使用。有证据显示，大部分拒绝服务型攻击都是通过有 RPC 漏洞的机器上执行的。

(5) 信任用户的任何输入：如果程序设计人员总是假设用户输入的数据是有效的，并且没有恶意，那么就会造成很大的安全隐患。大多数攻击者向服务器提供恶意编写的数据，信任输入正确性可能会导致缓冲区溢出、跨站点脚本攻击等。

(6) 缓冲区溢出：当攻击者提供的数据长度大于应用程序的预期时，就会发生缓冲区溢出，这时数据会溢出到内存空间。程序开发人员没有预料到外部提供的数据会比内部缓冲区大。溢出导致了内存中其他数据结构的破坏，这种破坏通常会被攻击者利用，以运行恶意软件。

3. 用户使用中存在的安全问题

(1) 操作系统的默认安装：为了简化系统安装过程，大多数操作系统、应用程序、安装程序等激活了尽可能多的功能，通常安装了大多数用户不需要的组件。软件开发商的设计思想是最好先激活所有软件功能，而不是让用户在需要时再去安装额外组件。这种方法虽然方便了用户，但却产生了很多危险的安全漏洞。因为用户可能不会主动给不使用的软件打补丁程序，很多系统安全漏洞就是因为用户根本不知道安装了这些程序。

(2) 没有口令或使用弱口令的账号：大多数系统都把口令作为第一层和唯一的防御线。易猜的口令或默认口令同样存在安全隐患，但更严重的问题是有些账号根本没有口令。实际上，所有使用弱口令、默认口令和没有口令的账号都应从系统中清除。选择口令最常见的建议是选取一个短语或一句话，将这些短语的非数字单词的第一或第二个字母，加上一些数字来组成口令，在口令中加入一些标点符号将使口令更难破解。

(3) 没有备份或者备份不完整：一些用户虽然经常做备份，但不去确认所作备份是否有效。

11.6.2 计算机病毒及防治

1. 计算机病毒的定义

20 世纪 80 年代早期出现了第一批计算机病毒，这些早期计算机病毒大部分是试验性的。1994 年 2 月 18 日，我国正式颁布实施的《中华人民共和国计算机信息系统安全保护条例》第 28 条中明确指出：“计算机病毒是指编制或者在计算机程序中插入的破坏计算机功能或者破坏数据，影响计算机使用并且能够自我复制的一组计算机指令或者程序代码”。

计算机病毒(以下简称为病毒)具有传染性、隐蔽性、破坏性、未经授权性等特点，其中最大特点是具有传染性。病毒可以入侵到计算机的软件系统中，而每个受感染的程序有可能成为一个新的病毒，继续将病毒传染给其他程序，因此传染性成为判定一个程序是否为病毒的首要条件。

2. 计算机病毒的表现形式

病毒潜伏在系统内，一旦激发条件满足，病毒就会发作。由于病毒程序设计不同，病毒的表现形式往往是千奇百怪，没有一定的规律，令用户很难判断。但病毒总的原则是破坏系统文件或用户数据文件，干扰用户正常操作。以下几种不正常的现象往往是病毒的表现形式。

(1) 不正常的信息：系统文件的时间、日期和大小发生变化。病毒感染文件后，会将自身隐藏在原文件后面，文件大小一般会有所增加，文件的修改日期和时间也会被修改为病毒感染时的时间。

(2) 系统不能正常操作：硬盘灯不断闪烁。硬盘灯闪烁说明有磁盘读写操作，如果用户当前没有对硬盘文件进行读写操作，而硬盘灯不断闪烁，这可能是病毒在对硬盘写入许多垃圾文件，或反复读取某个文件。

(3) Windows 桌面图标发生变化：把 Windows 默认的图标改成其他样式的图标，或将应用程序的图标改成 Windows 默认图标样式，起到迷惑用户的作用。

(4) 文件目录发生混乱：如破坏系统目录结构、将系统目录扇区作为普通扇区或填写一些无意义的数据。

(5) 用户不能正常操作：经常发生内存不足的错误。某个以前能够正常运行的程序，在程序启动时报告系统内存不足，或使用程序中某个功能时报告内存不足。这是病毒驻留后占用了系统大量的内存空间，使得可用内存空间减小。

(6) 数据文件破坏：有些病毒在发作时会删除或破坏硬盘上的文档，造成数据丢失。有些病毒利用加密算法，将加密密钥保存在病毒程序体内或其他隐蔽的地方，而被感染的文件被加密。

(7) 无故死机或者重启：计算机经常性的无缘无故地死机。病毒感染了计算机系统后，将自身驻留在系统内并修改了中断处理程序等，引起系统工作不稳定。

(8) 操作系统无法启动：有些病毒修改了硬盘引导扇区的关键内容(如主引导记录、文件分配表等)，使得硬盘无法启动。某些病毒发作时删除了系统文件，或者破坏了系统文件，使得无法正常启动计算机系统。

(9) 运行速度变慢：在硬件设备没有损坏或更换的情况下，本来运行速度很快的计算机，运行同样的应用程序，速度明显变慢，而且重启后依然很慢。这可能是病毒占用了大量的系统资源，并且自身的运行占用了大量的处理器时间，造成系统资源不足，正常程序载入时间比平常久，运行变慢。

(10) 磁盘可利用空间突然减少：在用户没有增加文件的正常情况下，硬盘空间应维持在一个固定的大小。但有些病毒会疯狂地进行传染繁殖，造成硬盘可用空间减小。

3. 计算机病毒的检测技术

只有某一段病毒代码被编制出来之后，才能断定这段代码是不是病毒，从而去检测或清除这种病毒。从理论上考察，杀毒软件要做到预防全部未知病毒是不可能的。因为目前计算机硬件和软件的智能水平还远远不能达到图灵测试的程度。但是从局部意义上探讨，利用人工智能防范部分未知病毒是可能的，这种可能性建立在很多先决条件之下。

所有杀毒软件要解决的第一个任务是如何发现一个文件是否被感染。因此杀毒软件必须对常用的文件类型进行扫描，检查是否含有特定的病毒字符串(病毒代码)。这种病毒扫描软件由两部分组成：一部分是病毒代码库，含有经过特别筛选的各种计算机病毒的特定字符串；另一部分是扫描程序，扫描程序能识别的病毒数目完全取决于病毒代码库内所含病毒种类的多少。这种技术的缺点是随着硬盘中文件数量的剧增，扫描的工作量巨大，而且容易造成硬盘的损坏。目前的病毒检测和清除技术有特征码技术、覆盖技术、驻留式软件技术、特征码过滤技术、自身加密的开放式反病毒数据库技术、智能广谱扫描技术、虚拟机技术、启发扫描技术、病毒疫苗、网络在线升级与更新等功能。

4. 瑞星杀毒软件

瑞星公司是国内最早的专业杀毒软件生产商之一，拥有自主知识产权的杀毒核心技术：病毒行为分析判断技术、文件增量分析技术、自动高效数据拯救技术、共享冲突文件杀毒技术、实时内存监控技术、支持 NTFS 和 DOS 文件格式等。瑞星杀毒软件主界面如图 11-20 所示。

图 11-20　瑞星杀毒软件界面

瑞星杀毒软件有如下技术特点。

(1) 智能解包还原技术，可以有效地对各种自解压程序进行病毒检测。

(2) 行为判断查杀未知病毒技术，可查杀 DOS、电子邮件、脚本以及宏病毒等未知病毒。

(3) 通过对实时监控系统的全面优化集成，使文件系统、内存系统、协议层邮件系统、因特网监控系统等，有机地融合成单一系统，有效地降低了系统资源消耗，提升了监控效率。

(4) 瑞星杀毒软件在传统的特征码扫描技术基础上，增加了行为模式分析和脚本判定两项查杀病毒技术。3 个杀毒引擎相互配合，保证了系统的安全。

(5) 瑞星杀毒软件采用压缩技术，无需用户干预，定时自动保护微机系统中的核心数据，即使在硬盘数据遭到病毒破坏，甚至格式化硬盘后，都可以迅速恢复硬盘中的数据。

(6) 计算机在运行屏幕保护程序的同时，杀毒软件进行后台杀毒，充分利用计算机空闲时间。

在安装瑞星杀毒软件时，程序会自动扫描内存中是否存在病毒，以确保其安装在完全无毒的环境中。而且用户还可以选择需要嵌入的程序，如 FlashGet(网际快车)等，以实时杀毒。

5. Norton Anti Virus 杀毒软件

Norton AntiVirus(诺顿杀毒软件)是 Symantec(赛门铁克)公司推出的杀毒软件，它可以检测已知和未知的病毒，每当开机时，自动防护程序会常驻在系统中，当用户从磁盘、网络、电子邮件等操作中打开文件时，就会自动检测文件的安全性，若文件内含病毒，会立即警告，并做适当的处理。诺顿杀毒软件简单易用，比较注重实效，虽然系统资源占用较多，但发现的病毒基本上可以安全地进行处理。

6. Kaspersky 杀毒软件

Kaspersky(卡巴斯基)杀毒软件来源于俄罗斯，它是世界优秀网络杀毒软件之一。卡巴斯基查杀病毒的性能很好，支持反病毒扫描、驻留后台监视、脚本检测以及邮件检测等，而且能够实现带毒杀毒。卡巴斯基在病毒查杀技术上具有领先技术，不足的方面是需要占用太多的系统资源。

11.6.3 恶意软件及防治

计算机病毒是一种具有自我繁殖和传染能力的程序，但近几年出现的一些特洛伊木马程序和运行在浏览器环境下的脚本代码，不具有自我繁殖的特性，从严格的意义上说，它们不能称为病毒，所以人们采用“恶意软件”这个新名词进行描述。确定一段程序是不是恶意软件的基本原则：做了用户没有明确同意的事情，并且对用户或系统构成了恶意损害。

1. 恶意软件的定义

中国互联网协会 2006 年 11 月公布的恶意软件定义为：恶意软件是指在未明确提示用户或未经用户许可的情况下，在用户计算机或其他终端上安装运行，侵害用户合法权益的软件，但不包含我国法律法规规定的计算机病毒。

具有下列特征之一的软件可以被认为是恶意软件：

(1) 强制安装：未明确提示用户或未经用户许可，在用户计算机上安装软件的行为。

(2) 难以卸载：未提供通用的卸载方式，或在卸载后仍然有活动程序的行为。

(3) 浏览器劫持：未经用户许可，修改用户浏览器或其他相关设置，迫使用户访问特定网站或导致用户无法正常上网的行为。

(4) 广告弹出：未经用户许可，利用安装在用户计算机上的软件弹出广告的行为。

(5) 恶意收集用户信息：未明确提示用户或未经用户许可，恶意收集用户信息的行为。

(6) 恶意卸载：未明确提示用户，未经用户许可，或误导、欺骗用户卸载其他软件的行为。

(7) 恶意捆绑：指在软件中捆绑已被认定为恶意软件的行为。

(8) 其他侵害用户软件安装，使用和卸载知情权，选择权的恶意行为。

2. 恶意软件的类型

目前，越来越多的恶意软件直接利用操作系统或应用程序的漏洞进行攻击，进行自我传播，而不再像病毒那样需要依附于某个程序。服务器主机和网络设施越来越多地成为攻击目标。

目前恶意软件数量和类型繁多，大致可以分为以下类型。

(1) 特洛伊木马程序：特洛伊木马程序(以下简称木马程序)一般被用来进行远程控制，木马程序分为服务器端和客户端两个部分，服务端程序一般被伪装在受害者计算机中，以后程序将随该计算机每次运行而自动加载，而客户端程序一般安装在控制者(黑客)计算机中。

木马程序是一个独立的程序，通常并不传染其他文件。一个木马程序可以用来做正常的远程网络管理工作，也可以被一些恶意人员利用做非法的事情。木马程序与远程控制的基本区别在于：远程控制程序是在用户明确授权后运行的，并在用户计算机上有明显的控制图标，而木马程序则是隐蔽运行的。

恶意的木马程序通常伪装成可以执行的电子邮件、下载软件、免费软件、游戏或贺卡等。木马程序通过网络传输给用户，然后引诱用户进行安装。黑客也可以通过系统软件的漏洞，主动将木马程序安装在用户计算机上。木马程序的意图是干扰用户的工作或系统的正常运行，实现非授权的网络访问。木马程序可能在系统中提供后门，使黑客可以窃取用户数据或更改用户主机设置。木马程序一般会修改注册表的启动项，或修改打开文件的关联而获得运行机会。

(2) 逻辑炸弹：逻辑炸弹是以破坏数据和应用程序为目的的恶意软件程序。它一般是由组织内部雇员或黑客植入，当某种条件被满足时，就会发作。逻辑炸弹对操作系统和用户数据有很大的破坏性。

(3) 破解和嗅探程序：口令破解，网络嗅探和网络漏洞扫描是黑客经常使用的恶意软件程序，它们取得非法的资源访问权限，进行隐蔽的攻击。

(4) 键盘记录程序：某些用户或企业使用键盘记录程序监视操作者的使用过程，防止雇员不当地使用资源，或者收集犯罪证据。黑客也经常使用这种程序进行信息刺探和网络攻击。

(5) 垃圾邮件：垃圾邮件是指那些未经用户同意的，用于某些产品广告的电子邮件，因特网上垃圾邮件数量的飞速增长已经成为一个公害问题，这会导致用户工作效率降低，因为用户每天必须花费时间去查看并删除这类邮件。许多专家认为，垃圾邮件已经威胁到了世界电子邮件通信的健康状况。但垃圾邮件除了增加邮件服务器的负担之外，并不能自行复制或威胁某个企业计算机系统的健康运行。

(6) 广告软件：广告软件通常与一些免费软件结合在一起，用户如果希望使用某个免费软件，就必须同意接受免费软件中的广告，这些广告软件通常在用户许可协议中进行说明。广告软件虽然不会影响到系统功能，但弹出式广告常常令人不快。另外，有些用户可能并没有完全阅读或理解许可协议中的条款，这些广告软件会收集用户的一些信息，从而会导致泄露用户的隐私问题。

(7) 跟踪软件：跟踪软件也称为间谍软件，它往往与商业软件有关。有些商业软件在安装到用户机器上时，未经用户授权就通过因特网进行连接，让用户方软件与开发商软件进行通信。跟踪软件可以用来在后台记录下所有用户的活动，如网站访问、程序运行、网络聊天记录、键盘输入(包括用户名和密码)以及桌面截屏快照等。有的则可以截取所有用户名、密码、电话号码等。

3. 恶意软件的攻击行为

恶意软件在某些情况下会触发它的执行，有时用户在执行某些操作时(如复制文件)，恶意软件会触发执行；有些恶意软件会自动触发执行；另外一些恶意软件会定时执行操作。一旦恶意软件被触发，它通常会执行以下操作。

(1) 后门：这种类型的软件允许对计算机进行未经授权的访问。它可以提供完全访问权限，例如，通过计算机上的网络端口 21 启用文件传输协议(FTP)服务。

(2) 数据破坏或删除：最具破坏性的是删除数据的恶意软件。这些恶意软件编写者通常采用两种方法：一种是将恶意软件设计为快速执行，它极具破坏性，但是很容易被杀毒软件发现；另一种方法是在感染的计算机中(以木马程序的形式)保留一段时间，从而使用户警觉不到它的存在。

(3) 信息窃取：信息窃取是一种特别的恶意行为，它提供一种将用户信息传回恶意软件作者的机制，如用户名和密码。另一种机制是在用户计算机上提供一个后门，使攻击者可以远程控制用户的计算机，或直接获取用户计算机的文件。

(4) 拒绝服务(DOS)：一种最简单的攻击行为是拒绝服务，DOS 攻击使网络服务超负荷或停止网络服务，DOS 攻击的目的是使特定服务在一段时间内不可用。

(5) 宽带占用：因特网的大多数服务都通过有限宽带的网络进行传输，如果恶意软件使用虚假的负载填满网络带宽，则使合法用户无法连接到因特网中。

(6) 邮件炸弹：攻击者使用某个巨型邮件发送到用户邮箱中，试图中断合法用户的电子邮件程序或使接受者无法再收到其他信息。

11.6.4　黑客攻击的防治

1. 黑客攻击的类型

网络安全威胁可以分为无意失误和恶意攻击，恶意攻击是网络面临的最大威胁，如图 11-21 所示。

图 11-21　黑客对网络安全的攻击

(1) 报文窃听：报文窃听是指攻击者使用报文获取软件或设备，从传输的数据流中获取数据，并进行分析，以获取用户名、口令等敏感信息。在因特网数据传输过程中，存在时间上的延迟，更存在地理位置上的跨越，要避免数据不受窃听，基本是不可能的。在共享式的以太网环境中，所有的用户都能获取其他用户所传输的报文。对付报文窃听主要采用加密技术。

(2) 用户名/口令失密：在行业网络中经常使用拨号线路进行联网，拨号线路一般采用PPP，PPP 需要用户名、口令认证。如果用户名、口令丢失，其他用户就可以伪装成该用户登录内部网络。对于口令失密的情况，可以采用 CallBack(回呼)技术解决。通过 CallBack，可以保证是与设定的对方进行通信。

(3) 流量攻击：流量攻击是指攻击者发送大量无用报文占用宽带，使得网络业务不能正常开展。例如，接入到城域网中的链路是 10Mb/s 带宽，而上行到网络中心是采用 DDN(如2M 的线路)，则有可能接收到来自城域网的大量无用报文，正常业务报文发送受到阻碍，因此必须采用访问控制技术来限制非法报文。

(4) 拒绝服务攻击：拒绝服务(DOS)攻击是指攻击者为达到阻止合法用户对网络资源访问的目的，而采取的一种攻击手段。流量攻击也属于拒绝服务攻击的一种。如 SYN Flooding(同步洪水)攻击，该攻击以多个随机的源主机地址，向目的主机发送大量的请求连接报文(SYN 包)，但是收到目的主机的同步确认(SYN ACK)信号后并不回应，使目的主机长期处于一种链接等待状态，不能响应其他用户的服务。对于 SYN Flooding 攻击，可以通过应用层报文过滤技术进行防御。

(5) IP 地址欺骗：IP 地址欺骗是指攻击者通过改变自己的 IP 地址，伪装成内部网用户或可信任的外部网用户，发送特定的报文，以扰乱正常的网络数据传输；或伪造一些可接受的路由报文来更改路由，以窃取信息。

对于伪装成内部网用户的情况，可采用访问控制技术进行限制。对于外部网络用户，可以通过应用层的身份认证方式进行限制。

2. 防止黑客攻击的策略

(1) 数据加密：加密的目的是保护信息系统的数据、文件、口令和控制信息等，同时也可以提高网上传输数据的可靠性，这样即使黑客截获了网上传输的信息包，一般也无法得到正确的信息。

(2) 身份认证：通过密码或特征信息等来确认用户身份的真实性，只对确认了的用户给予相应的访问权限。

(3) 访问控制：系统应当设置入网访问权限、网络共享资源的访问权限、目录安全等级控制、网络端口和节点的安全控制、防火墙的安全控制等，通过各种安全控制机制的相互配合，才能最大限度地保护系统免受黑客的攻击。

(4) 审计：把系统中和安全有关的事件记录下来，保存在相应的日志文件中，如记录网络上用户的注册信息，如注册来源、注册失败的次数等；记录用户访问的网络资源等各种相关信息，当遭到黑客攻击时，这些数据可以用来帮助用户调查黑客的来源，并作为证据来追踪黑客；也可以通过对这些数据的分析来了解黑客攻击的手段以找出应对的策略。

(5) 入侵检测：入侵检测技术是近年来出现的新型网络安全技术，目的是提供实时的入侵检测及采取相应的防护手段，如记录入侵证据，用于跟踪和恢复、断开网络连接等。

(6) 其他安全防护措施：不运行来历不明的软件，不随便打开陌生人发来的电子邮件中的附件。要经常运行专门的反黑客软件，可以在系统中安装具有实时检测、拦截和查找黑客攻击程序用的工具软件，经常检查用户的系统注册表和系统启动文件中的自启动程序项是否有异常，做好系统的数据备份工作，及时安装系统的补丁程序等。

11.6.5　防火墙技术

防火墙是为了防止火灾蔓延而设置的防火障碍。网络系统中的防火墙的功能与此类似，用于防止网络外部恶意攻击的安全防护设施。在计算机网络安全中，防火墙技术得到了广泛应用。

1. 防火墙的功能

防火墙是由软件或硬件设备构成的网络安全系统，用来在两个网络之间实施访问控制策略。防火墙内部的网络称为可信任网络，而防火墙外部的网络称为不可信任网络。防火墙可用来解决内网和外网之间的安全问题。一个好的防火墙系统应具备以下几个方面的特性和功能：

(1) 所有内部网络和外部网络之间交换的数据都可以而且必须经过防火墙。

(2) 只有防火墙安全策略允许的数据，才可以自由出入防火墙，其他数据一律禁止通过。

(3) 防火墙本身受到攻击后，应当仍然能稳定有效地工作。

(4) 防火墙应当可以有效地记录和统计网络的使用情况。

(5) 防火墙应当有效地过滤、筛选和屏蔽一切有害的服务和信息。

(6) 防火墙应当能隔离网络中的某些网段，防止一个网段的故障传播到整个网络。

2. 防火墙的类型

硬件防火墙可以是一台独立的硬件设备，也可以在一台路由器上经过软件配置成为一台具有安全功能的防火墙。防火墙还可以是一个纯软件，如瑞星杀毒软件附带的个人防火墙软件、Windows XP 自带的防火墙软件等。一般来说，软件防火墙功能强于硬件防火墙，硬件防火墙性能高于软件防火墙。

防火墙可分为包过滤型防火墙、代理型防火墙或混合型防火墙。企业级的包过滤防火墙型产品有以色列的 Checkpoint 防火墙、美国 Cisco 公司的 PIX 防火墙，企业级代理型防火墙的典型产品有美国 NAI 公司的 Gauntlet 防火墙。

目前市场上大多数企业级防火墙都是硬件产品，这些硬件防火墙大部分采用 PC(个人计算机)架构，它们和普通的 PC 没有太大区别。这些 PC 架构的计算机上运行一些经过裁剪和简化的操作系统，最常用的操作系统有 Linux 和 FreeBSD 等。值得注意的是，这类防火墙采用的是别人的操作系统内核，因此依然会受到操作系统本身的安全性影响。硬件防火墙主要产品有 Cisco PIX 防火墙、美国杰科公司的 NetScreen 系列防火墙、中国天融信公司的网络卫士防火墙等。

(1) 包过滤型防火墙

包过滤型防火墙工作在 OSI/RM 的网络层和传输层，它根据数据包头源地址、目的地址、端口号和协议类型等标志确定是否允许通过。只有满足过滤条件的数据包才会被转发到相应的目的地，其余数据包则被从数据流中丢弃，如图 11-22 所示。

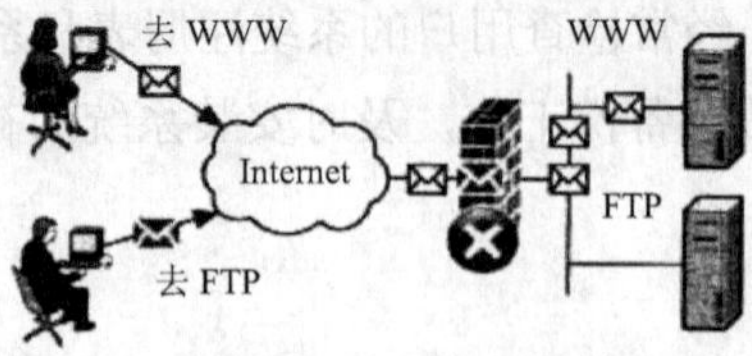

图 11-22　包过滤型防火墙

包过滤是一种通用、廉价和有效的安全手段。它不针对各个具体的网络服务采取特殊的处理方式，因此适用于所有网络服务。包过滤型防火墙之所以廉价，是因为大多数路由器都提供包过滤功能，所以这类防火墙多数是路由器集成的。

(2) 代理型防火墙

代理型防火墙工作在 OSI/RM 的应用层。特点是完全阻隔了网络通信流，通过对每种应用服务编制专门的代理程序，实现监视和控制应用层通信流的作用，其工作过程如图 11-23 所示。

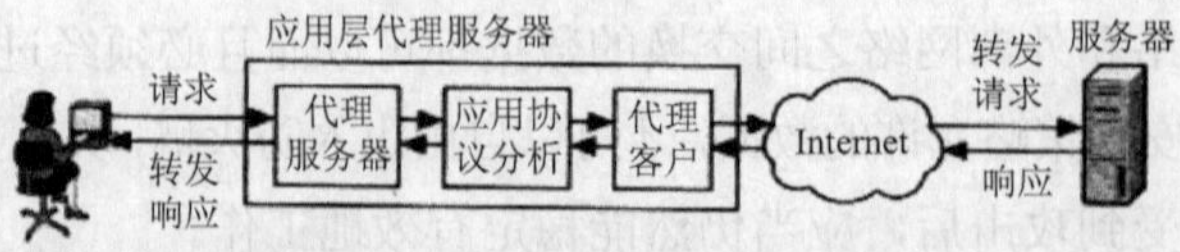

图 11-23　代理型防火墙工作过程

代理型防火墙最突出优点是安全，由于它工作于最高层，所以它可以对网络中任何一层的数据通信进行筛选保护，而不像包过滤，只是对网络层的数据进行过滤。

代理型防火墙的最大缺点是速度相对较慢，当用户网关吞吐量要求比较高时，代理型防火墙就会成为内部网络与外部网络之间的瓶颈。因为防火墙需要为不同的网络服务建立专门的代理服务，所以给系统性能带来了一些负面影响。

3. 利用防火墙建立 DMZ 网络结构

DMZ 这一术语来自于军事领域，原意为禁止任何军事行为的区域，即非军事区(也可翻译为隔离区或屏蔽子网)。在计算机网络领域，DMZ 的目的是把敏感的内部网络和提供外部服务的网络分离开，为网络层深度防御。防火墙设置的安全策略和访问控制系统，定义和限制了通过 DMZ 的全部通信数据。相反，企业内部网络之间的通信数据通常不受限制。由防火墙构成的 DMZ 网络安全结构如图 11-24 所示。

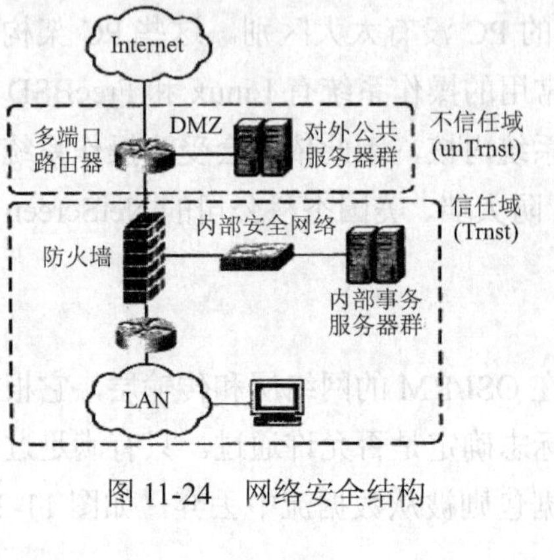

图 11-24　网络安全结构

DMZ 内通常放置一些不含机密信息的公用服务器，如 Web、E-mail、FTP 等服务器。这样来自外网的访问者可以访问 DMZ 中提供的服务，但不能接触到存放在内网中的公司机密或私人信息等，即使 DMZ 中服务器受到破坏，也不会对内网中的机密信息造成影响，但 DMZ 并不是网络组成的必要部分。

4. 防火墙的不足

防火墙技术不能解决所有的安全问题，它存在以下不足之处。

(1) 防火墙不能防范不经过防火墙的攻击。例如，内部网络用户如果采用拨号上网的接入方式(如 PSTN、ADSL)，则绕过了防火墙系统所提供的安全保护，从而造成了一个潜在的后门攻击渠道。

(2) 防火墙不能防范恶意的知情者或内部用户错误操作造成的威胁，以及由于口令泄露而受到的攻击。

(3) 防火墙不能防止受病毒感染的软件或木马程序文件的传输。由于病毒、木马程序、文件加密、文件压缩的种类繁多，而且更新很快，所以防火墙无法逐个扫描每个文件以查找病毒。

(4) 由于防火墙不检测数据的内容，因此防火墙不能防止数据驱动式的攻击。有些表面看来无害的数据或电子邮件在内部网络主机上被执行时，可能会发生数据驱动式攻击。例如，一种数据驱动式攻击可以修改主机系统与安全有关的配置文件，从而使入侵者下一次更容易攻击这个系统。

(5) 另外，物理上不安全的防火墙设备、配置不合理的防火墙以及防火墙在网络中的位置不当等，都会使防火墙形同虚设。

11.7 习题

1. 选择题

(1) Internet 的中文译名为(　　)。

A. 因特网　　B. 万维网　　C. 互联网　　D. 广域网

(2) (　　)年 9 月 14 日，中国专家和德国专家共同起草和发出了第一封“越过长城，走向世界”的电子邮件。

A. 1984　　B. 1987　　C. 1998　　D. 1990

(3) 第一封中国到德国的电子邮件上署名的有(　　)、措恩教授，还有 11 个中德双方参与工作的人员。

A. 王运丰　　B. 钱天白　　C. 王选　　D. 清华大学

(4) 1990 年 12 月 3 日，中国的(　　)域名申请得到了批准。

A. CN　　B. COM　　C. EDU　　D. NET

(5) 1993 年 3 月 2 日，中国科学院高能物理研究所与美国斯坦福线性加速器中心，建立了 64Kbit/s 的(　　)连接。

A. X.25　B. PSTN　C. ADSL　D. TCP/IP

(6) 到 2005 年底中国因特网用户达到(　　)。

A. 5000 万　B. 8000 万　C. 1 亿　D. 大于 1.2 亿

(7) 目前中国计算机因特网已形成(　　)网、大区网和省市网的三层体系结构。

A. 电话　B. 骨干　C. 计算机　D. 接入

(8) (　　)是由中国电信经营管理，向全国公众开放的中国公用因特网。

A. ChinaNet　B. CERNET　C. CNCNET　D. DDN

(9) ChinaNet 在北京、上海、(　　)开设了 3 个国际出口局。

A. 西安　B. 沈阳　C. 广州　D. 深圳

(10) ChinaNet 网络将全国 31 个省级网络划分为(　　)个区域，不同区域网之间的连接需经过核心层。

A.3　B. 8　C. 31　D.大于 31

(11) CNCNet 是中国(　　)公司管理下的一个全国性互联骨干网。

A. 联通　B. 电信　C. 长城　D. 网通

(12) (　　)是由教育部主持建设和管理的全国性教育和科研计算机互联网络。

A. CERNet　B. CNCNet　C. ChinaNet　D. Internet

(13) CERNet 已建成由全国主干网、地区网和校园网在内的(　　)级层次结构网络。

A. 3　B. 4　C. 5　D. 大于 5

(14) 到 2006 年，CERNet 骨干网的传输速度已达到(　　)b/s。

A. 100M　B. 1G　C. 10G　D. 100G

(15) CERNet2 是目前世界上最大规模的纯(　　)网络。

A. IP　B. IPv6　C. 教育　D. 科研

(16) CERNet2 骨干网传输链路采用(　　)，支持 IPv4 和 IPv6 的用户网接入。

A. PSTN　B. DDN　C. DWDM　D. WAN

(17) 受经济条件限制，广域网一般采用(　　)接入技术。

A. 点对点　B. 点对多点　C. 端对端　D. 广播

(18) 城域网(　　)层的功能是为不同用户提供各种类型的因特网接入方案，而且在必要时进行用户流量控制。

A. 接入　B. 汇聚　C. 核心　D. 骨干

(19) 提供用户窄带接入的技术方案有：PSTN、X.25、(　　)等。

A. ADSL　B. DDN　C. HFC　D. Ethernet

(20) 提供用户宽带接入的技术方案有：ADSL、(　　)、HFC 等。

A. PSTN　B. ISDN　C. X.25　D. Ethernet

(21) Ethernet 接入网用户端设备一般包括交换机、路由器、(　　)以及防火墙等设备。

A. 光纤收发器　B. 程控交换机　C. ATM 交换机　D. 基站

(22) IP 地址长度是(　　)个字节。

A. 4　　B. 32　　C. 64　　D. 128

(23) IP 地址分为(　　)地址和主机地址两部分。

A. 子网　　B. 网络　　C. A 类　　D. C 类

(24) IP 地址分为 A、B、C 等(　　)类。

A. 3　　B. 4　　C. 5　　D. 大于 5

(25) 以下地址中(　　)为私网地址。

A. 192.168.10　　B. 190.168.0.0　　C. 255.255.255.0　　D. 168.192.1.1

(26) 使用私网地址的计算机访问因特网时，需要经过(　　)转换。

A. FTP　　B. HTTP　　C. PSTN　　D. NAT

(27) (　　)用来确定因特网上信息资源的位置，它采用统一的地址格式。

A. IP 地址　　B. URL　　C. MAC 地址　　D. HTTP

(28) (　　)是 Web 服务器与浏览器间如何传送所要求的文件的协议。

A. HTTP　　B. HTML　　C. FTP　　D. URL

(29) (　　)服务可以在因特网上进行即时的文字信息、语言信息、视频信息和电子白板等方式的交流，还可以传输各种文件。

A. IM　　B. FTP　　C. Web　　D. E-mail

(30) 即时通信软件主要有我国腾讯公司的 QQ 和美国 Microsoft 公司的(　　)。

A. MSN　　B. Word　　C. IE　　D. Outlook

(31) (　　)是一种专门用于定位和访问 Web 网页信息，获取用户希望得到的资源的导航工具。

A. IE　　B. QQ　　C. MSN　　D. 搜索引擎

2. 填空题

(1) 广域网使用的网络协议主要在________层。

(2) 广域网主要解决的问题是________、流量控制和拥塞控制。

(3) RFC 规定了两种类型的 IP 地址，一种称为公网地址或外网地址，另一种称为________或内网地址。

(4) 域名系统是一种包含________的逻辑结构，它并不反映主机所在的物理位置。

(5) 域名系统是逐层、逐级由大到小划分的，这样既提高了域名解析的效率，同时也保证了________的唯一性。

(6) 发送邮件服务器采用为________通信协议。

(7) 接收邮件服务器采用________或 IMAP。

(8) 用户可以采用 Web 网页进行电子邮件收发时，也可以采用________收发邮件。

(9) 搜索引擎并不真正搜索因特网，它搜索的是预先整理好的网页索引________。

(10) 信息安全主要涉及信息存储的安全、信息传输的安全以及对网络传输信息内容的________3 方面。

(11) Windows 操作系统一贯强调的是________、集成性、兼容性，没有把系统的安全性作为重要的设计目标。

(12) ________原则认为，要在最少的时间内授予代码所需的最低权限。

(13) 计算机病毒是指编制或者在计算机程序中插入的破坏计算机功能或者破坏数据，影响计算机使用并且能够自我复制的一组计算机指令或者________。

(14) 计算机病毒具有：________、隐蔽性、破坏性、未经授权性等特点。

(15) 确定一段程序是不是恶意软件的基本原则是：做了用户没有明确同意它做的事情，并且对用户或系统构成了________。

(16) 木马程序与远程控制程序的基本区别在于，远程控制程序是在用户________后运行的，并在用户计算机上有明显的控制图标，而木马程序则是隐蔽运行的。

(17) ________攻击使网络服务超负荷或停止网络服务，攻击的目的是使特定服务在一段时间内不可用。

(18) 防火墙是由软件或硬件设备构成的网络安全系统，用来在两个网络之间实施________。

(19) 在计算机网络领域，________的目的是把敏感的内部网络和其他提供服务的网络分离开，为网络层提供深度防御。

(20) DMZ 内通常放置一些不含机密信息的________，如 Web、E-mail 和 FTP 等服务器。

第12章　数据结构

12.1　数据结构的主要研究内容

数据结构是相互之间存在一种或多种特定关系的数据元素的集合。数据结构作为计算机的一门学科，主要研究和讨论以下 3 个方面的问题。

1. 数据集合中各数据元素之间所固有的逻辑关系，即数据的逻辑结构

数据的逻辑结构是从逻辑关系上描述数据，与数据的存储无关，是独立于计算机的。可以将数据的逻辑结构看作是从具体问题抽象出来的数学模型。数据的逻辑结构包含以下两项。

(1) 表示数据元素的信息。

(2) 表示各数据元素之间的前后件关系。

2. 各数据元素在计算机中存储关系，即数据的存储结构

数据的存储结构有顺序、链接和索引等。数据的存储结构是逻辑结构用计算机语言的实现(亦称为映象)，它依赖于计算机语言。对机器语言而言，存储结构是具体的。一般只在高级语言的层次上讨论存储结构。

3. 对各种数据结构进行的运算

数据的运算定义在数据的逻辑结构上，每种逻辑结构都有一个运算的集合。最常用的检索、插入、删除、更新以及排序等运算实际上只是在抽象的数据上所施加的一系列抽象的操作。抽象的操作是指只知道这些操作是“做什么”，而无须考虑“如何做”。只有确定了存储结构之后，才考虑如何具体实现这些运算。

讨论以上问题的主要目的是为了提高数据处理的效率，即时间效率和空间效率。

12.2　数据结构基本概念

12.2.1　数据

数据是指所有能输入到计算机中并被计算机程序处理的符号的总称。数据是信息的载体，它能够被计算机识别、存储和加工处理，是计算机程序加工的“原料”。随着计算机应用领域的扩大，数据可以分为两大类：一类是整数、实数等数值数据；另一类是图形、图像、声音以及文字等非数值数据。这里要注意数据并不等同于数字，数字是隶属于数据的。

12.2.2 数据元素与数据项

数据元素也称为元素、结点、顶点或记录，是数据的基本单位，在计算机程序中通常作为一个整体进行考虑和处理。一个数据元素可由若干个数据项组成，数据项是数据的最小单位。数据元素具有广泛的含义，一般来说，现实世界中客观存在的一切个体都可以是数据元素。例如在表 12-1 中，整个表记录的是学生成绩数据，每个学生的记录行是其中一个数据元素，即该表由 4 个数据元素构成，而某一个数据元素(记录行)又由 5 个数据项组成。例如语文成绩 67 则是表中第一个数据元素(记录行)中的数据项。数据项是不可再分的数据内容。

表 12-1 学生成绩表

学 号	姓 名	语 文	数 学	英 语
04060101	李丽	67	87	83
04060102	张鹏	92	82	64
04060103	刘海	78	72	76
04060104	金玉	56	68	71

数据对象是性质相同的数据元素的集合。如上例中一个班级的成绩表可以看作一个数据对象。一般来说，人们不会同时处理特征完全不同且互相之间没有任何关系的各类数据元素，对于具有不同特征的数据元素总是分别进行处理。

12.2.3 数据结构

数据元素都不是孤立存在的，它们之间存在某种特定的关系，这种数据元素相互之间的关系称为结构。在数据处理领域中，通常把数据元素之间这种固有的关系简单地用前后件关系(或直接前驱与直接后继关系)来描述。

例如，在考虑一年四个季节的顺序关系时，则“春”是“夏”的前件(即直接前驱)，而“夏”是“春”的后件(即直接后继)。同样，“夏”是“秋”的前件，“秋”是“夏”的后件；“秋”是“冬”的前件，“冬”是“秋”的后件。

前后件关系是数据元素之间的一个基本关系，但前后件关系所表示的实际意义会随具体对象的不同而不同。一般来说，数据元素之间的任何关系都可以用前后件关系来描述。

12.2.4 数据的逻辑结构

通俗地说，数据结构是指带有结构的数据元素的集合。在此，结构实际上是指数据元素之间的前后件关系。数据元素之间的前后件关系即指它们之间的逻辑关系，而与数据元素在计算机中的存储位置无关。数据的逻辑结构是指反映数据元素之间逻辑关系的数据结构。

如对表 12-1 而言，表中的每一行是一个数据元素(或记录、结点)，它由学号、姓名和各科成绩等数据项组成。表中数据元素之间的逻辑关系是：对表中任一个结点，与它相邻的直接前趋(Immediate Predecessor)最多只有一个；与表中任一结点相邻的直接后继(Immediate Successor)也最多只有一个。表中只有第一个结点没有直接前趋，故称为开始结点；也只有最后一个结点没有直接后继，故称之为终端结点。上述结点间的关系构成了这张学生成绩表的逻辑结构。

逻辑结构主要可分为线性结构(线性表、栈和队列)和非线性结构(树、图和集合)。如图 12-1 所示。

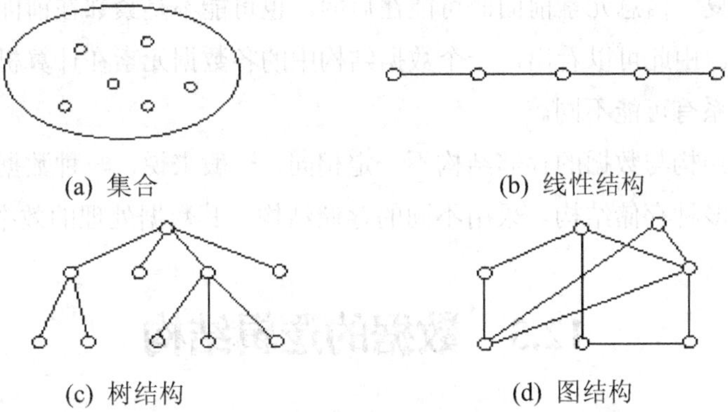

图 12-1 数据的逻辑结构

12.2.5 数据的存储结构

数据的存储结构又称为物理结构，是数据及其逻辑结构在计算机中的表示。在数据的存储结构中，不仅要存放各数据元素的信息，还存放元素之间的前后件关系的信息。数据的存储结构属于具体实现的视图，是面向计算机的，其基本目标是将数据及其逻辑关系存储到计算机的内存中。

一般来说，一种数据的逻辑结构根据需要可以表示成多种存储结构，常用数据的存储结构有如下 4 种。

1. 顺序存储方式

每一个存储结点只含有一个数据元素；所有的存储结点相继存储在一个连续的存储区里；用存储结点之间的位置关系表示数据元素之间的逻辑关系。

2. 链式存储方式

每一个存储结点不仅含有各数据元素，还包括指针。每一个指针指向一个与本结点有逻辑关系的结点，即用指针表示逻辑关系。

3. 索引存储方式

每一个存储结点仅含有一个数据元素，所有的存储结点都连续存放。此外，增设一个索引表。

4. 散列存储方式

每一个存储结点仅含有一个数据元素，数据元素按散列函数确定存储位置。

在实际运行数据处理时，被处理的数据元素总是被存放在计算机的存储空间中，并且各数据元素在计算机存储空间中的位置关系与其逻辑关系不一定相同，而且一般也不可能相同。例如，在前面提到的一年四个季节的数据结构中，“春”是“夏”的前件，“夏”是“春”的后件,但在对它们进行处理时，在计算机存储空间中，数据元素“春”的信息不一定被存储在“夏”信息元素前面而可能在后面，也可能不是紧邻在前面，而是中间被其他的信息所隔开。由此可以看出，一个数据结构中的各数据元素在计算机存储空间中的位置关系与逻辑关系有可能不同。

数据的逻辑结构与数据的存储结构不一定相同。一般来说，一种数据的逻辑结构根据需要可以表示成多种存储结构。采用不同的存储结构，其数据处理的效率不相同。

12.3　数据的逻辑结构

12.3.1　逻辑结构的表现方式

数据的逻辑结构有两个要素：一是数据元素的集合；二是各数据元素之间的前后件关系。对这两个要素的表示可有两种方式：一是用二元关系表示；二是用图形表示。

在二元关系表示中，将数据元素的集合记为 D，反映 D 中各数据元素之间的前后件关系记为 R。一个数据结构就可以表示成 B=(D, R)的二元组关系，其中 B 表示数据结构。例如：假设 a 和 b 是 D 中的两个数据，则二元组(a，b)表示 a 是 b 的前件，b 是 a 的后件。因此，在 D 中的每两个元素之间的关系都可以用这种二元组来表示。

在数据结构的图形表示中，对于数据集合 D 中的每一个数据元素用中间标有元素值的方框表示，一般称之为数据结点，并简称为结点。为了进一步表示各数据元素之间的前后件关系，对于关系 R 中的每一个二元组，用一条有向线段从前件结点指向后件结点。例如，一年四季的数据结构可以用如图 12-2 所示的图形来表示。

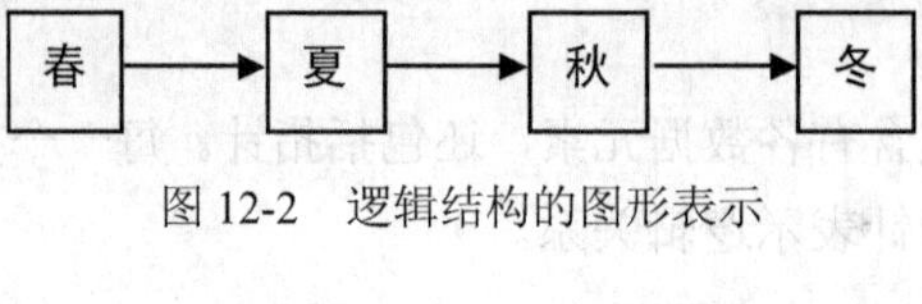

图 12-2　逻辑结构的图形表示

12.3.2 线性逻辑结构

1. 线性结构

如果一个非空的数据结构满足下列两个条件。

(1) 有且只有一个根结点。

(2) 每一个结点最多有一个前件，也最多有一个后件。

则称该数据结构为线性结构，线性结构又称线性表。

2. 线性结构逻辑特征

线性结构逻辑是有以下 4 个特征。

(1) 存在唯一的一个被称作“第一个”的数据元素。

(2) 存在唯一的一个被称作“最后一个”的数据元素。

(3) 除第一个之外，集合中的每个数据元素均只有一个前驱。

(4) 除最后一个之外，集合中的每个数据元素均只有一个后继。

在线性结构中，各数据元素之间的前后关系很简单。如上述的一年四季这个数据结构，即属于线性结构。线性表是一个线性结构。

特别需要说明的是在一个线性结构中插入或删除任何一个结点后还应是线性结构。如果一个数据结构满足上述两个条件，但当在此数据结构中插入或删除任何一个结点后不满足这两个条件，则该数据结构不能称为线性结构。如果一个数据结构不是线性结构，则称之为非线性结构。

12.3.3 非线性逻辑结构

非线性结构的逻辑特征是一个结点可能有多个直接前驱和直接后继。例如，树和图都是非线性结构。线性结构与非线性结构都可以是空的数据结构。一个空的数据结构究竟是属于线性结构还是属于非线性结构，要根据具体情况来确定。如果对该数据结构的运算是按线性结构的规则来处理的，则属于线性结构，否则属于非线性结构。

12.4 线性表及其顺序存储结构

12.4.1 线性表的基本概念

线性表是最基本、最简单、也是最常用的一种数据结构。线性表中数据元素之间的关系是一对一的，即除了第一个和最后一个数据元素之外，其他数据元素都是首尾相接的。线性表的逻辑结构简单，便于实现和操作。因此，线性表在实际应用中是一种被广泛采用的数据结构。

具有相同数据类型的 n(n≥0)个数据元素组成的有限序列称为线性表(Linear List)，可表示为 L=($a_1, a_2, a_3, \cdots, a_{i-1}, a_i, a_{i+1}, \cdots, a_n$)，其中：n 为线性表长度(n=0 时称为空表)，表中相邻元素之间存在着顺序关系。a_1 是表头元素；a_n 是表尾元素；a_{i-1} 称为 a_i 的直接前驱；a_{i+1} 称为 a_i 的直接后继；a_i (i=1,2,…,n)是属于数据对象的元素，通常也称其为线性表中的一个结点。

线性表中数据元素的含义很广泛，在不同的具体情况下，可以有不同的含义。例如，某小学从 1996 到 2002 年的计算机拥有量可表示为线性表：(123，234，333，444，456，567，677)，26 个英文字母 (A,B,C……,Z)等。线性表中的数据元素要求具有相同数据类型，其数据类型可以根据具体情况而定，它可以是一个数、一个字符或一个字符串，也可以由若干个数据项组成。例如，某班的学生成绩表是一个复杂的线性表，表中每一个学生的成绩就组成了线性表中的每一个元素，每一个数据元素包括学号、姓名、数据结构、英语、操作系统、离散 6 个数据项，如表 12-2 所示。在这种复杂的线性表中，由若干数据项组成的数据元素称为记录(record)，而由多个记录构成的线性表又称为文件(file)。因此上述学生情况登记表就是一个文件，其中每一个学生的情况就是一个记录。

表 12-2　学生成绩表

学　号	姓　名	数据结构	英　语	操作系统	离　散
010701	张明	78	86	65	98
010702	李可	43	76	67	87
......	......	......	......	......	......
010731	王特	65	76	76	98

线性结构特点如下。

(1) 有且仅有一个开始结点(表头结点) a_1，它没有直接前驱，只有一个直接后继。

(2) 有且仅有一个终端结点(表尾结点) a_n，它没有直接后继，只有一个直接前驱。

(3) 其他结点都有一个直接前驱和直接后继。

(4) 元素之间为一对一的线性关系。

需要注意的是线性表中数据元素的相对位置是确定的，如果把一个线性表中的数据元素的位置做改动，那么变动后的线性表与原来的线性表是两个不同的线性表。在实现线性表数据元素的存储方面，一般可用顺序存储结构和链式存储结构两种方法。

12.4.2　线性表的顺序存储结构

线性表的顺序存储是指用一组地址连续的存储单元依次存储线性表中的数据元素，从而使得逻辑上相邻的两个元素在物理位置上也相邻，如图 12-3 所示。在这种存储方式下，存储逻辑关系无须占用额外的存储空间。

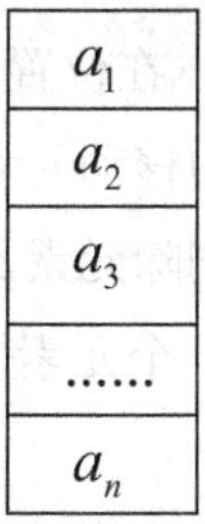

图 12-3　线性表的顺序存储结构

一般来说，以 Loc(a_1)表示线性表中第一个元素的存储位置，则在顺序存储结构中，第 i 个元素 a_i 的存储位置为：

$$Loc(a_i)=Loc(a_1)+(i-1)\times L$$

其中 L 是表中每个元素所占空间的大小。根据该计算关系，可随机存取表中的任意一个元素。

1. 线性表的顺序存储结构基本特点

(1) 线性表中所有元素所占的存储空间是连续的。

(2) 线性表中各数据元素在存储空间中按逻辑顺序依次存放。

由此可以看出，在线性表的顺序存储结构中，其前后件两个元素在存储空间中是紧邻的，且前件元素一定存储在后件元素的前面。

线性表采用顺序存储结构的优点是可以随机存取表中的元素，查找元素的速度很快。

2. 线性表的顺序存储结构存在以下几方面的缺点

(1) 在一般情况下，要在顺序存储的线性表中插入一个新元素或删除一个元素时，为了保证插入或删除后的线性表仍然为顺序存储，则在插入或删除过程中需要移动大量的数据元素。因此，对于大的线性表，特别是元素的插入或删除很频繁的情况下，采用顺序存储结构很不方便，插入与删除运算的效率都很低。

(2) 在顺序存储结构下，线性表的存储空间不便于扩充。当为一个线性表分配顺序存储空间后，如果出现线性表的存储空间已满，但还需要插入新的元素时，就会发生“上溢”错误。在这种情况下，如果在原线性表的存储空间后找不到与之连续的可用空间，则会导致运算的失败或中断。

(3) 线性表的顺序存储结构不便于对存储空间的动态分配。在实际应用中，往往是同时有多个线性表共享计算机的存储空间。如果将存储空间平均分配给各线性表，则有可能造成有的线性表的空间不足，而有的线性表的空间闲置或未充分利用，这就使得在有的线性表空间无用而处于空闲的情况下，另外一些线性表的操作由于“上溢”而无法进行。如果对每一个线性表的存储空间进行动态分配，则为了保证每一个线性表的存储空间连续且顺序分配，会导致在对某个线性表进行动态分配存储空间时，必须要移动其他线性表中的数据元素。

在表长为 n 的线性表中插入新元素时，共有 n+1 个插入位置。在位置 1(元素 a_1 所在位置之前)插入元素时，需要移动 n 个元素；在位置 n+1(元素 a_n 所在位置之后)插入元素时，不需要移动元素。等概率下插入元素平均移动元素的次数为 n/2。在表长为 n 的线性表中删除元素时，共有 n 个可删除的元素。删除元素 a_1 时需要移动 n－1 个元素，删除元素 a_n 时不需要移动元素，因此等概率下删除一个元素平均的移动元素次数为(n-1)/2。

12.4.3　线性表的链式存储结构

1. 线性链表的基本概念

线性表的链式存储结构称为线性链表。为了适应线性表的链式存储结构，计算机存储空间被划分为多个小块，每一小块占若干字节，通常称这些小块为存储结点。为了存储线性表中的每一个元素，一方面要存储数据元素的值，另一方面要存储各数据元素之间的前后件关系。为此，将存储空间中的每一个存储结点分为两部分：一部分用于存储数据元素的值，称为数据域；另一部分用于存放下一个数据元素的存储序号(存储结点的地址)，称为指针域。线性链表的存储结构如图 12-4 所示。

存储地址	数据域	指针域
1	LI	43
7	QIAN	13
13	SUN	1
19	WANG	NULI
25	WU	37
31	ZHAO	7
37	ZHENG	19
43	ZHOU	25

图 12-4　线性链表的存储结构

一般来说，在线性表的链式存储结构中，各数据结点的存储序号是不连续的，并且各结点在存储空间中的位置关系与逻辑关系也不一致。线性链表的逻辑结构如图 12-5 所示。在线性链表中，各数据元素之间的前后件关系由各结点的指针域来指示。指向线性表中第一个结点的指针 HEAD 称为头指针。当 HEAD=NULL(或 0)时称为空表。对于栈和队列，除了采用顺序存储结构外，还可采用链式存储结构。

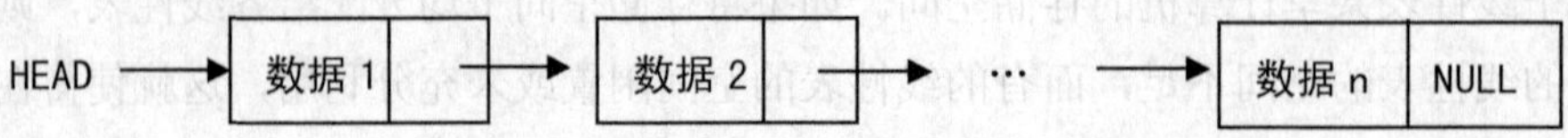

图 12-5　线性链表的逻辑结构

2. 线性链表及其基本运算

(1) 在线性链表中查找指定元素

在非空线性链表中寻找包含指定元素值 x 的前一个结点 p 的基本方法如下：从头指针

指向的结点开始往后沿指针进行扫描，直到后面已没有结点或下一个结点的数据域为 x。因此由这种方法找到的结点 p 有两种可能：当线性链表中存在包含元素 x 的结点时，则找到的 p 为第一次遇到的包含元素 x 的前一个结点序号；当线性链表中不存在包含元素 x 的结点时，则找到的 p 为线性链表中的最后一个结点序号。

(2) 线性链表的插入

线性链表的插入是指在链式存储结构下的线性表中插入一个新元素。前面主要讨论了线性表的顺序存储结构。线性表的顺序存储结构具有简单、运算方便等优点，特别是对于小线性表或长度固定的线性表，采用顺序存储结构的优越性更为突出。但线性表的顺序存储结构在某些情况下显得不方便，运算效率不高。因此，对于大的线性表，特别是元素变动频繁的大线性表不宜采用顺序存储结构，而是采用上面介绍的链式存储结构。

假设要在线性表的两个数据元素 a 和 b 之间插入一个数据元素 x，已知 p 为其链表存储结构中指向结点 a 的指针，如图 12-6(a)所示。

为插入数据元素 x，首先要生成一个数据域为 x 的结点，然后插入在链表中。根据插入操作的逻辑定义，还需要修改结点 a 中的指针域，令其指向结点 x，而结点 x 中的指针域应指向结点 b，从而实现 3 个元素 a、b 和 x 之间逻辑关系的变化。插入后的链表如图 12-6(b)所示。

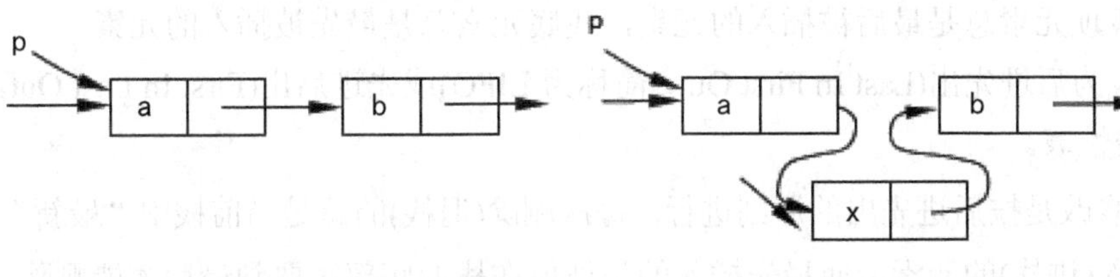

(a) 插入前　　　　　　　　(b) 插入后

图 12-6　链表的插入操作

反之，在线性表中删除元素 b 时，为在链表中实现元素 a、b 和 c 之间逻辑关系的变化，仅需修改结点 a 中的指针域即可，如图 12-7 所示。

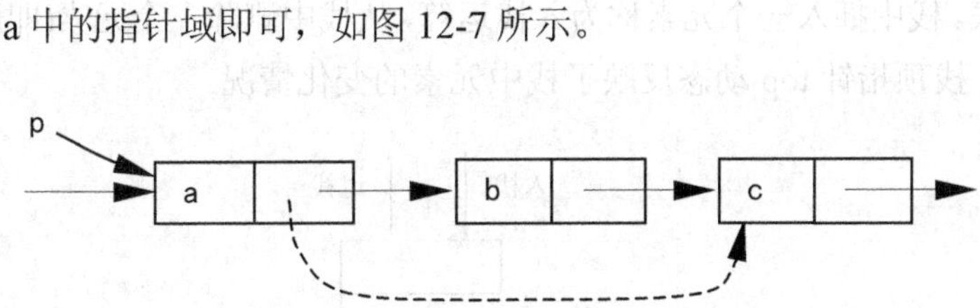

图 12-7　链表的删除操作

线性链表分为单链表、双向链表和循环链表 3 种类型。在单链表中，每一个结点只有一个指针域，因此在这种线性链表中，只能沿指针向链尾方向进行扫描，这对于某些问题的处理会带来不便。因为在这种链接方式下，由某一个结点出发，只能找到它的后件，而为了找出它的前件，必须从头指针开始重新寻找。因此，在某些应用中，对于线性链表中的每个结点设置两个指针，一个称为左指针(Llink)，指向其前件结点；另一个称为右指针

(Rlink)，指向其后件结点，这种链表称为双向链表。循环链表与单链表的区别仅仅在于其尾结点的链域值不是空，而是一个指向头结点的指针。循环链表的主要优点是从表中任一结点出发都能通过后移操作而扫描整个循环链表。但对单链表来说，只有从头结点开始才能扫描表中全部结点。

12.5 栈和队列

栈和队列是两种特殊的线性表，它们的逻辑结构和线性表相同，只是其运算规则较线性表有更多的限制，故又称运算受限的线性表。栈和队列被广泛应用于各种程序设计中。

12.5.1 栈及其基本运算

1. 栈的基本概念

栈(Stack)是限制仅在表的一端进行插入和删除运算的线性表。

(1) 通常称插入、删除的一端为栈顶(Top)，另一端称为栈底(Bottom)。

(2) 当表中没有元素时称为空栈。

(3) 栈顶元素总是最后被插入的元素，栈底元素总是最先被插入的元素。

(4) 栈为后进先出(Last In First Out，简称为 LIFO)或先进后出(First In Last Out，简称为 FILO)的线性表。

栈的修改是按后进先出的原则进行。每次删除(退栈)的总是当前栈中“最新”的元素，即最后插入(进栈)的元素，而最先插入的是被放在栈的底部，要到最后才能删除。例如元素是以 a_1，a_2，…，a_n 的顺序进栈，退栈的次序却是 a_n，a_{n-1}，…，a_1。在顺序存储结构下，对这种类型线性表的插入与删除运算是不需要移动表中其他数据元素的。

栈的顺序存储结构示意图如图 12-8 所示。通常用指针 top 来指示栈顶的位置，用指针 bottom 指向栈底。栈中插入一个元素称为入栈运算，从栈中删除一个元素(即删除栈顶元素)称为退栈运算。栈顶指针 top 动态反映了栈中元素的变化情况。

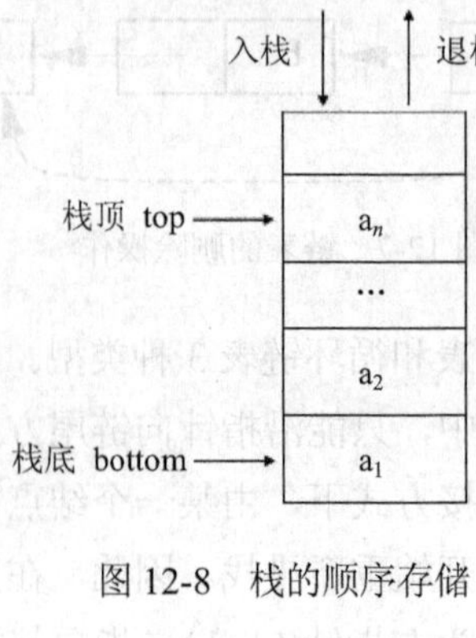

图 12-8 栈的顺序存储

与一般的线性表一样，在程序设计语言中，用一维数组 S(1:m)作为栈的顺序存储空间，其中 m 为栈的最大容量。通常，栈底指针指向栈空间的低地址一端(即数组的起始地址这一端)。在栈的顺序存储空间 S(1:m)中，S(bottom)通常为栈底元素(在栈非空的情况下)，S(top)为栈顶元素。top=0 表示栈空，top=m 表示栈满。

2. 栈的基本运算

栈具有记忆作用，栈的基本运算主要包括入栈、退栈及读栈顶元素 3 种。

(1) 入栈运算：指在栈顶位置插入一个新元素。该运算有两个基本操作：首先将栈顶指针进一(即 top 加 1)，然后将新元素插入栈顶指针指向的位置。当栈顶指针已经指向存储空间的最后一个位置时，说明栈空间已满，不能再进行入栈操作。这种情况称为栈“上溢”错误。

(2) 退栈运算：是取出栈顶元素并赋给一个指定的变量。该运算有两个基本操作。首先将栈顶元素(栈顶指针指向的元素)赋给一个指定的变量，然后将栈顶指针退一(即 top 减 1)。当栈顶指针为 0 时，说明栈空，不可能进行退栈操作。这种情况称为栈“下溢”错误。

(3) 读栈顶元素：是指将栈顶元素赋给一个指定的变量。必须注意，该运算不删除栈顶元素，只是将它的值赋给一个变量，因此在这个运算中，栈顶指针不会改变。当栈顶指针为 0 时，说明栈空，读不到栈顶元素。

图 12-9、图 12-10、图 12-11 分别表示了栈的初始、入栈及退栈的过程。

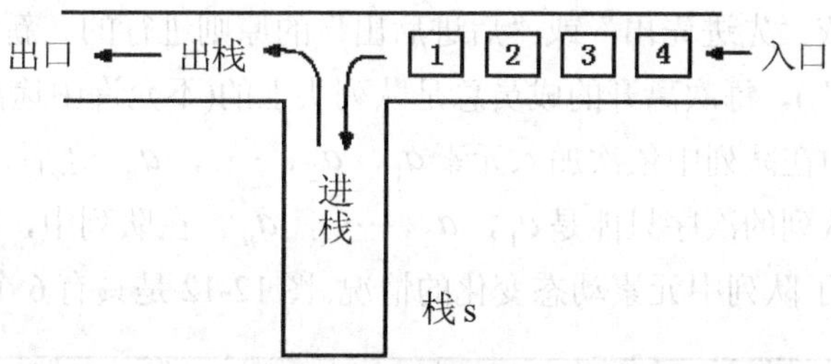

图 12-9　栈的初始示意

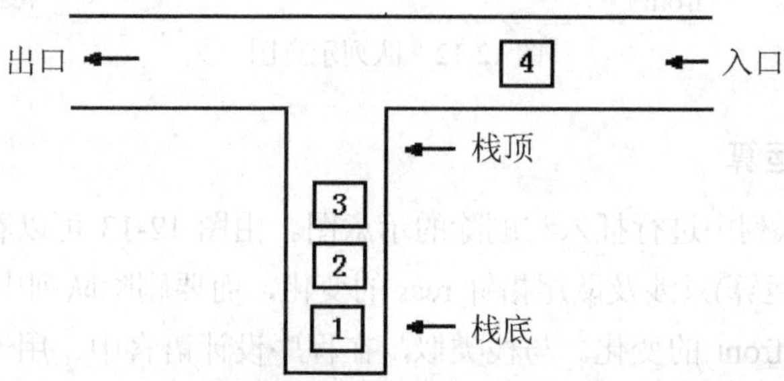

图 12-10　入栈操作

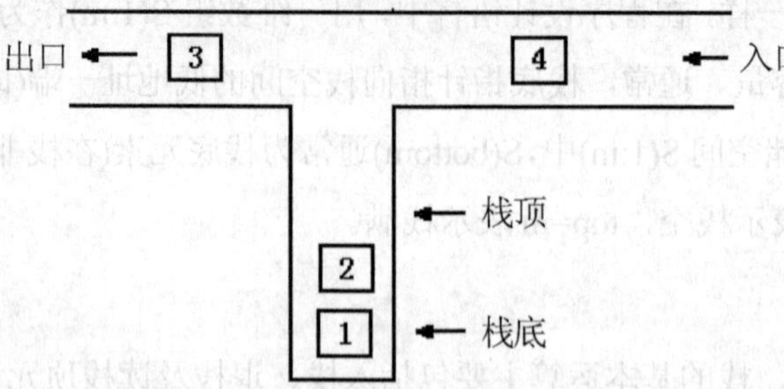

图 12-11　出栈操作

为了更好地理解入栈与退栈操作，假设有 4 个元素 a、b、c、d 依次入栈，入栈过程中允许出栈，则所有可能的出栈序列为 abcd、abdc、acbd、acdb、adcb、bacd、badc、bcad、bcda、bdca、cbad、cbda、cdba、dcba，读者可自行分析其结果。

12.5.2　队列及其基本运算

1. 队列的基本概念

队列(Queue)是只允许在一端进行插入，而在另一端进行删除的运算受限的线性表。

(1) 允许删除的一端称为队头，通常也用一个排头指针(front)指向排头元素的前一个位置。

(2) 允许插入的一端称为队尾，通常用一个称为尾指针(rear)的指针指向队尾元素，即尾指针总是指向最后被插入的元素。

(3) 当队列中没有元素时称为空队列。

(4) 队列亦称作先进先出(First In First Out)的线性表，简称为 FIFO 表。

队列的修改是依“先进先出”或“后进后出”的原则进行的。新来的成员总是加入队尾(即不允许“加塞”)，每次离开的成员总是队列头上的(不允许中途离队)，即当前“最老的”成员离队。例如在队列中依次加入元素 a_1，a_2，…，a_n 之后，a_1 是队头元素，a_n 是队尾元素。退出队列的次序只能是 a_1，a_2，…，a_n。在队列中，队尾指针 rear 与排头指针 front 共同反映了队列中元素动态变化的情况。图 12-12 是具有 6 个元素的队列示意图。

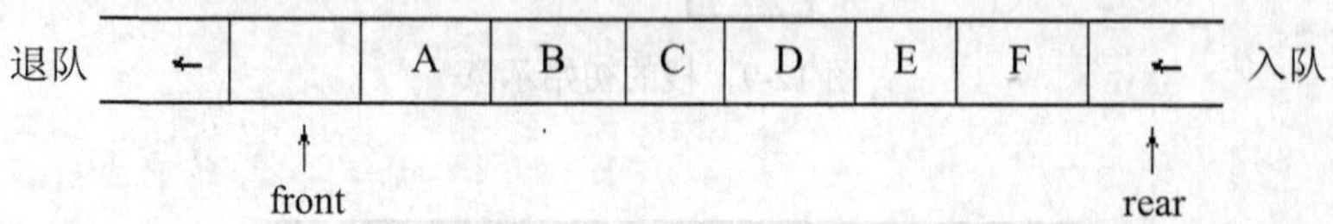

图 12-12　队列示意图

2. 队列的基本运算

图 12-13 是在队列中进行插入与删除的示意图。由图 12-13 可以看出，在队列的末尾插入一个元素(入队运算)只涉及队尾指针 rear 的变化，而要删除队列中的排头元素(退队运算)只涉及排头指针 front 的变化。与栈类似，在程序设计语言中，用一维数组作为队列顺序存储空间。

和栈一样，队列也可以采用顺序存储或链式存储的方式。对于顺序存储的队列，主要有入队和出队操作。队列的队头和队尾的位置是变化的，设置两个指针 front 和 rear 分别指示队头元素和队尾元素。在向量空间中的位置，它们的初值在队列初始化时均应置为 0。

入队时：将新元素插入 rear 所指的位置，然后将 rear 加 1。

出队时：删去 front 所指的元素，然后将 front 加 1 并返回被删元素。

操作时应注意到以下两点。

(1) 当头尾指针相等时，队列为空。

(2) 在非空队列里，队头指针始终指向队头元素，尾指针始终指向队尾元素的下一位置。

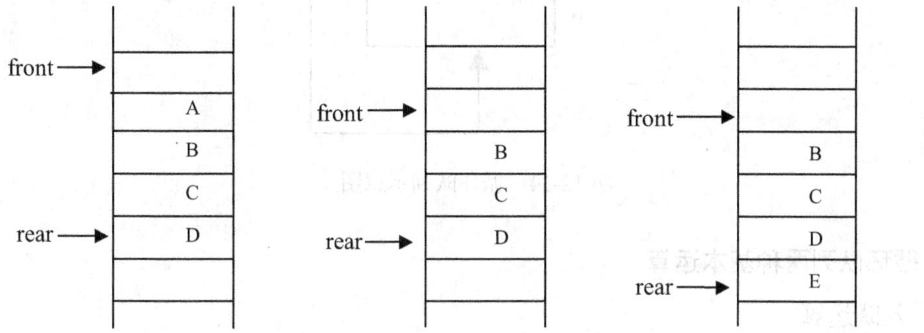

(a) 一个队列　(b) 删除一个元素后的队列　(c) 插入元素 E 后的队列

图 12-13　插入与删除示考图

3. 顺序队列在操作过程中“溢出”现象

(1) “下溢”现象：当队列为空时，做出队运算产生的溢出现象。“下溢”是正常现象，常用作程序控制转移的条件。

(2) “真上溢”现象：当队列满时，做入队运算产生空间溢出的现象。“真上溢”是一种出错状态，应设法避免。

(3) “假上溢”现象：由于入队和出队操作中，头尾指针只增加不减小，致使被删元素的空间永远无法重新利用。当队列中实际的元素个数远远小于向量空间的规模时，也可能由于尾指针已超越向量空间的上界而不能作入队操作，该现象称为“假上溢”现象。其解决办法有两种：一是将队列元素向前“平移”(占用 0 至 rear-front-1)；另一种是将队列看成首尾相连，即循环队列(0...m-1)。

12.5.3　循环队列及其运算

在实际应用中，队列的顺序存储结构一般采用循环队列的形式。所谓循环排列，就是将队列存储空间的最后一个位置绕到第一个位置，形成逻辑上的环状空间，供队列循环使用，如图 12-14 所示。

在循环队列结构中，当存储空间的最后一个位置已被使用而再要进行入队运算时，只要存储空间的第一个位置空闲，便可将元素加入到第一个位置，即将存储空间的第一个位置作为队尾。

在循环队列中，用队尾指针 rear 指向队列中的队尾元素，用排头指针 front 指向排头元素的前一个位置，因此从排头指针 front 指向的后一个位置直到队尾指针 rear 指向的位置之间所有的元素均为队列中的元素。循环队列的初始状态为空，即 rear=front=m。

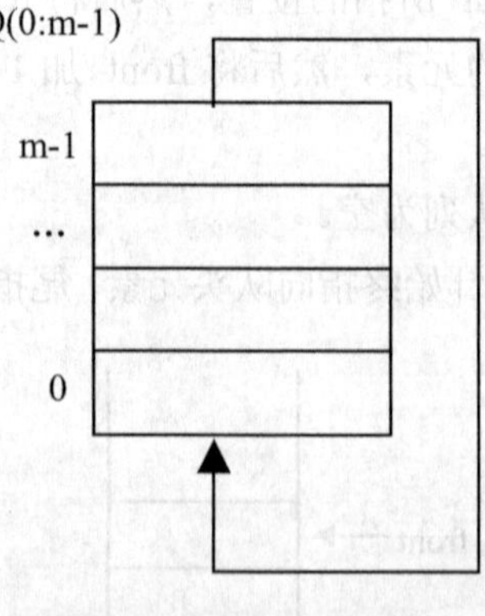

图 12-14　循环队列示意图

1. 循环队列两种基本运算

(1) 入队运算

每进行一次入队运算，队尾指针就进一。当队尾指针 rear=m+1 时，则置 rear=1。

(2) 退队运算

每进行一次退队运算，排头指针就进一。当排头指针 front=m+1 时，则置 front=1。

在实际使用循环队列时，为了便于区分队列满还是队列空，通常还需增加一个标志 s，s 值的定义如下：

$$s=\begin{cases}0 & \text{表示队列空}\\1 & \text{表示队列非空}\end{cases}$$

由此可知：

当 s=0 时，队列为空。

当 s=1 且 front=rear 时，队列为满。

2. 循环队列入队与退队的算法(假设循环队列的初始状态为空，即：s=0，且 front=rear=m。)

(1) 入队运算

入队运算是指在循环队列的队尾加入一个新元素。该运算有两个基本操作：首先将队尾指针进一(即 rear=rear+1)，并当 rear=m+1 时置 rear=1；然后将新元素插入到队尾指针指向的位置。当循环队列非空(s=1)且队尾指针等于排头指针时，说明循环队列已满，不能进行入队运算，这种情况称为“上溢”。

(2) 退队运算

退队运算是指在循环队列的排头位置退出一个元素并赋给指定的变量。这个运算有两个基本操作：首先将排头指针进一(即 front=front+1)，并当 front=m+1 时置 front=1；然后将排头指针指向的元素赋给指定的变量。当循环队列为空(s=0)时，不能进行退队运算，这种情况称为“下溢”。

3. 循环链表两个特点

(1) 在链表中增加了一个表头结点，其数据域为任意或者根据需要来设置，指针域指向线性表的第一个元素的结点，而循环链表的头指针指向表头结点。

(2) 循环链表中最后一个结点的指针域不是空，而是指向表头结点。即在循环链表中，所有结点的指针构成了一个环状链，如图 12-15 所示，其中图(a)是一个非空的循环链表，图(b)是一个空的循环链表。

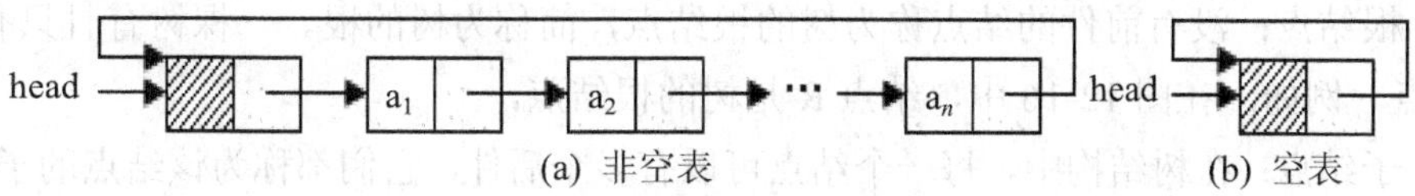

图 12-15　循环链表示意图

12.6　树与二叉树

12.6.1　树的基本概念

树是一种重要的非线性数据结构，直观地看，它是数据元素(在树中称为结点)按分支关系组织起来的结构，很像自然界中的树。

树在计算机领域中也得到广泛应用，如在编译源程序时，可用树表示源程序的语法结构。又如在数据库系统中，树型结构也是信息的重要组织形式之一。

一切具有层次关系的问题都可用树来描述。从图 12-16 中可以看出，在用图形表示树这种数据结构时，像一棵倒长的树，因此这种数据结构就用“树”来命名。

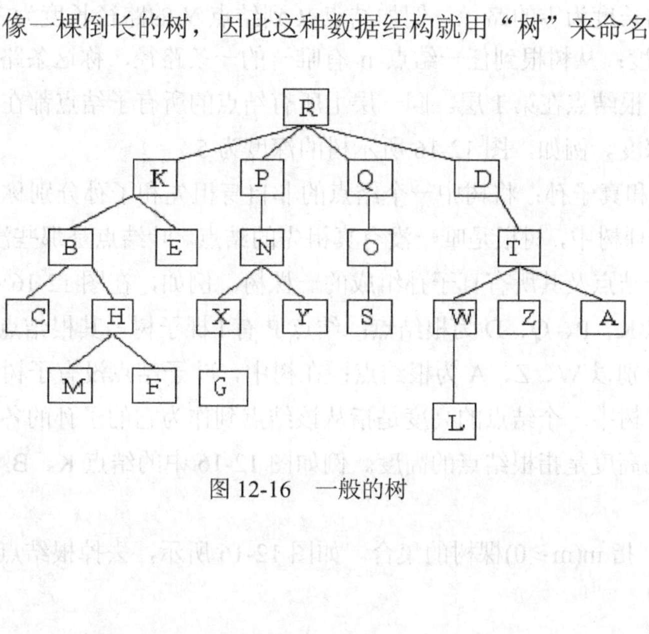

图 12-16　一般的树

1. 树的定义

树是由一个或多个结点组成的有限集合，其有以下两个特点。

(1) 必有一个特定的称为根(ROOT)的结点。

(2) 剩下的结点被分成 n≥0 个互不相交的集合T_1、T_2、……T_n，而且这些集合的每一个都是树。树T_1、T_2、……T_n被称作根的子树(Subtree)。

2. 树结构的基本术语。

(1) 父结点：在树结构中，每一个结点的前件称为父结点，且每个树结构中只有一个父结点。

(2) 根结点：没有前件的结点称为树的根结点，简称为树的根。一棵树有且只有一个树根结点。例如，在图 12-16 中，结点 R 是树的根结点。

(3) 子结点：在树结构中，每一个结点可以有多个后件，它们都称为该结点的子结点。其中没有后件的结点称为叶子结点，也称为终端结点。例如，在图 12-16 中，结点 C、M、F、E、X、G、S、Y、Z、A 均为叶子结点。

(4) 子孙(后裔)：如果在树中存在一条从结点 K 到结点 M 的路径，则称结点 K 是结点 M 的祖先，也称结点 M 是结点 K 的子孙。

(5) 结点的度：在树结构中，一个结点所拥有的后件个数称为该结点的度。例如，在图 12-16 中，根结点 R 的度为 4；结点 T 的度为 3；结点 K、B、N、H 的度为 2：结点 P、Q 、D、O、Y、W 的度均为 l；叶子结点的度为均为 0，因为叶子结点没有后件结点。

(6) 树的度：在树中，所有结点中的最大的度称为树的度。例如，图 12-16 所示的树的度为 4。

(7) 路径长度：如果存在树中的一个结点序列$K_1,K_2,..,K_j$，使得结点K_i是结点K_{i+1}的父结点(1≤i≤j)，则称该结点序列是树中从结点K_1到结点K_j的一条路径或道路。称这条路径的长度为 j-1，它是该路径所经过的边(即连接两个结点的线段)的数目。树中任一结点有一条到其自身的长度为零的路径。例如结点 R 到结点 Y 的路径长度为 3。

(8) 结点深度：从树根到任一结点 n 有唯一的一条路径，称这条路径的长度为结点 n 的深度或层数。根结点在第 1 层。同一层上所有结点的所有子结点都在下一层。树的最大层次称为树的深度。例如，图 12-16 所示树的深度为 5。

(9) 真祖先和真子孙：将树中一个结点的非自身祖先和子孙分别称为该结点的真祖先和真子孙。在一棵树中，树根是唯一没有真祖先的结点。叶结点是那些没有真子孙的结点。子树是树中某一结点及其所有真子孙组成的一棵树。例如，在图 12-16 中结点 R 有 4 棵子树，它们分别以 K、P、Q、D 为根结点；结点 P 有 1 棵子树，其根结点为 N；结点 T 有 3 棵子树，它们分别以 W、Z、A 为根结点；在树中，叶子结点没有子树。

(10) 高度：树中一个结点的高度是指从该结点到作为它的子孙的各叶子结点的最长路径的长度。树的高度是指根结点的高度。例如图 12-16 中的结点 K、B 和 C 的高度分别为 3、2 和 0。

(11) 森林：指 m(m≥0)棵树的集合。如图 12-16 所示，去掉根结点 R，其原来的 4 棵子树 K、P、Q、D 的集合{K，P，Q，D}即为森林。

12.6.2　二叉树及其基本性质

1. 二叉树的基本概念

二叉树(binary tree)是一种很有用的非线性结构。二叉树不同于前面介绍的树结构，但它与树结构很相似，并且树结构的所有术语都可以用到二叉树这种数据结构上。它具有以下两个特点。

(1) 非空二叉树只有一个根结点。

(2) 每一个结点最多有两棵子树。

两棵子树分别称为该结点的左子树与右子树。图 12-17 所示即为一棵二叉树。根据二叉树的特点可知，二叉树的度可以为 0(叶结点)、1(只有一棵子树)或 2(有 2 棵子树)，也就是说在二叉树中，每一个结点的度最大为 2，即所有子树(左子树或右子树)也均为二叉树，而树结构中的每一个结点的度可以是任意的。

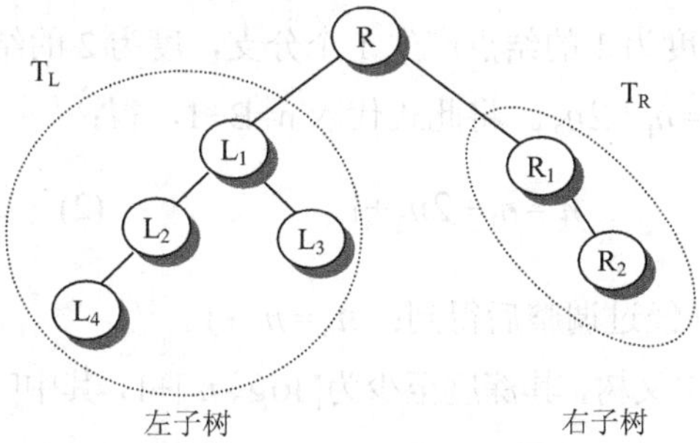

图 12-17　二叉树结构

在二叉树中，一个结点可以只有左子树而没有右子树，也可以只有右子树而没有左子树。当一个结点既没有左子树也没有右子树时，该结点即是叶子结点。注意：一棵只有根结点的树是二叉树，没有结点的树也是二叉树。二叉树的 5 种基本形态如图 12-18 所示。

图 12-18　二叉树的 5 种基本形态

2. 二叉树的基本性质

二叉树具有以下几个性质。

(1) 在二叉树的第 i 层上，最多有 $2^{i-1}(i\geq1)$个结点。

叉树的第 1 层只有一个根结点，所以，i=1 时，$2^{i-1}=2^{1-1}=2^0=1$ 成立。

假设对所有的 j，$1\leqslant j<i$ 成立，即第 j 层上最多有 2^{j-1} 个结点成立。若 j=i-1，则第 j 层上最多有 $2^{j-1}=2^{i-2}$ 个结点。由于在二叉树中，每个结点的度最大为 2，所以可以推导出第 i

层最多的结点个数就是第 i-1 层最多结点个数的 2 倍，即 $2^{i-2}\times 2=2^{i-1}$。

(2) 深度为 m 的二叉树最多有 2^m-1 个结点。

深度为 m 的二叉树是指二叉树共有 m 层。根据性质(1)，只要将第 1 层到第 m 层上的最大的结点数相加，就可以得到整个二叉树中结点数的最大值，即：

$$2^{1-1}+2^{2-1}+\cdots+2^{m-1}=2^m-1$$

(3) 对于任意一棵二叉树 BT，如果度为 0 的结点个数为 n_0，度为 2 的结点个数为 n_2，则 $n_0=n_2+1$。

证明：假设度为 1 的结点个数为 n_1，结点总数为 n，B 为二叉树中的分支数。

因为在二叉树中，所有结点的度均小于或等于 2，所以结点总数为：

$$n=n_0+n_1+n_2 \qquad (1)$$

再查看一下分支数。在二叉树中，除根结点之外，每个结点都有一个从上向下的分支指向，所以，总的结点个数 n 与分支数 B 之间的关系为：n=B+1。

又因为在二叉树中，度为 1 的结点产生 1 个分支，度为 2 的结点产生 2 个分支，所以分支数 B 可以表示为：$B=n_1+2n_2$。将此式代入 n=B+1，得：

$$n=n_1+2n_2+1 \qquad (2)$$

用(1)式减去(2)式，并经过调整后得到：$n_0=n_2+1$。

(4) 具有 n 个结点的二叉树，其深度至少为$[\log_2 n]+1$，其中$[\log_2 n]$表示取$\log_2 n$的整数部分。

12.6.3 满二叉树与完全二叉树

满二叉树与完全二叉树是两种特殊形态的二叉树。

1. 满二叉树

所谓满二叉树是指这样的一种二叉树：除最后一层外，每一层上的所有结点都有两个子结点。这就是说，在满二叉树中，每一层上的结点数都达到最大值，即在满二叉树的第 k 层上有 2^k-1 个结点，且深度为 m 的满二叉树有 2^m-1 个结点。图 12-19 分别是深度为 2、3、4 的满二叉树。

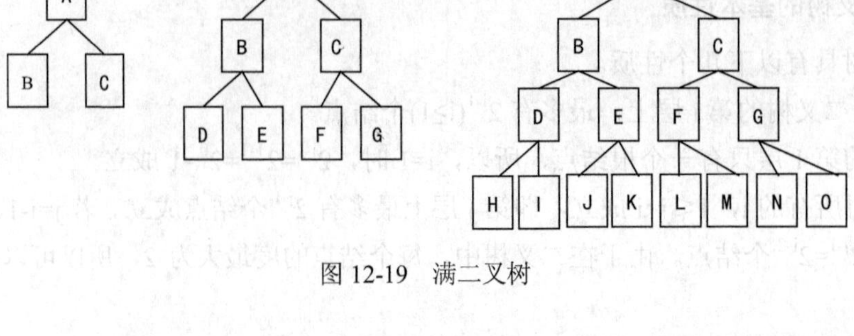

图 12-19　满二叉树

2. 完全二叉树

有一棵深度为 h、具有 n 个结点的二叉树，若将它与一棵同深度的满二叉树中的所有结点按从上到下，从左到右的顺序分别进行编号，且该二叉树中的每个结点分别与满二叉树中编号为 1 至 n 的结点位置一一对应，则称该二叉树为完全二叉树。

对于完全二叉树来说，叶子结点只可能在层次最大的两层上出现：对于任何一个结点，若其右分支下的子孙结点的最大层次为 p，则其左分支下的子孙结点的最大层次或为 p，或为 p+l。图 12-20 所示为深度为 3 的完全二叉树及非完全二叉树。

由满二叉树与完全二叉树的特点可以看出，满二叉树也是完全二叉树，而完全二叉树一般不是满二叉树。

完全二叉树还具有以下两个性质。

(1) 具有 n 个结点的完全二叉树的深度为 $[\log_2 n]+1$。其中，$[\log_2 n]$的结果为不大于$\log_2 n$的最大整数。

证明：假设具有 n 个结点的完全二叉树的深度为 K，则根据性质(2)可以得出：

$$-1<n\leqslant 2^k-1$$

将不等式两端加 1 得到：

$$\leqslant n<2^k$$

将不等式中的三项同取以 2 为底的对数，并经过化简后得到：

$$K-1\leqslant \log_2 n<K$$

由此可以得到：$[\log_2 n]=K-1$。整理后得到：$K=[\log_2 n]+1$。

(2) 对于有 n 个结点的完全二叉树中的所有结点按从上到下，从左到右的顺序进行编号，则对任意一个结点 i (1≤i≤n)，都有如下特征。

① 如果 i=1，则结点 i 是这棵完全二叉树的根，没有双亲；否则其双亲结点的编号为[i/2]。

② 如果 2i>n，则结点 i 没有左孩子；否则其左孩子结点的编号为 2i。

③ 如果 2i+1>n，则结点 i 没有右孩子；否则其右孩子结点的编号为 2i+1。

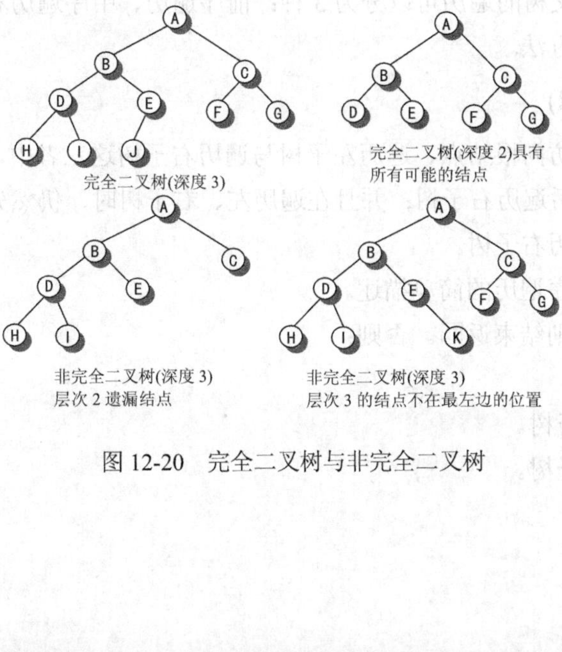

图 12-20　完全二叉树与非完全二叉树

12.6.4　二叉树的存储结构

二叉树也可以采用两种存储方式：顺序存储结构和链式存储结构。

1. 二叉树的顺序存储结构

该存储结构适用于完全二叉树。其存储形式为：用一组连续的存储单元按照完全二叉树的每个结点编号的顺序存放结点内容。

2. 二叉树的链式存储结构

在顺序存储结构中，利用编号表示元素的位置及元素之间孩子或双亲的关系，因此对于非完全二叉树，需要将空缺的位置用特定的符号填补，若空缺结点较多，势必造成空间利用率的下降。在这种情况下，就应该考虑使用链式存储结构。

常见的二叉树结点结构如图 12-21 所示。

Lchild	item	Rchild

图 12-21　常见的二叉树结点结构

其中，Lchild 和 Rchild 是分别指向该结点左孩子和右孩子的指针，item 是数据元素的内容。

12.6.5　二叉树的遍历

二叉树是一种非线性的数据结构，在对它进行操作时，总是需要逐一对每个数据元素实施操作，这样就存在操作顺序问题，由此提出了二叉树的遍历操作。遍历二叉树是按某种顺序访问二叉树中的每个结点一次且仅一次的过程。这里的访问可以是输出、比较、更新或查看元素内容等各种操作。

二叉树的遍历方式分为两大类：一类按根、左子树和右子树 3 个部分进行访问；另一类按层次访问。

在遍历二叉树的过程中，一般先遍历左树，再遍历右树。在先左后右的原则下，根据访问结点的顺序，二叉树的遍历可以分为 3 种：前序遍历、中序遍历和后序遍历。下面分别介绍这 3 种遍历的方法。

1. 前序遍历(DLR)

前序遍历是指在访问根结点、遍历左子树与遍历右子树这三者中，首先遍历根结点，然后访问左子树，最后遍历右子树；并且在遍历左、右子树时，仍然先遍历根结点，然后访问左子树，最后遍历右子树。

下面是二叉树前序遍历的简单描述。

若二叉树为空，则结束返回。否则：

(1) 访问根结点。

(2) 前序遍历左子树。

(3) 前序遍历右子树。

2. 中序遍历(LDR)

中序遍历是指在访问根结点、遍历左子树与遍历右子树三者中，首先遍历左子树，然后访问根结点，最后遍历右子树；并且在遍历左、右子树时，仍然先遍历左子树，然后访问根结点，最后遍历右子树。下面是二叉树中序遍历的简单描述。

若二叉树为空，则结束返回。否则：

(1) 中序遍历左子树。

(2) 访问根结点。

(3) 中序遍历右子树。

3. 后序遍历(LRD)

后序遍历是指在访问根结点、遍历左子树与遍历右子树这三者中，首先遍历左子树，然后遍历右子树，最后访问根结点，并且在遍历左、右子树时，仍然先遍历左子树，然后遍历右子树，最后访问根结点。下面是二叉树后序遍历的简单描述。

若二叉数为空，则结束返回。否则：

(1) 后序遍历左子树。

(2) 后序遍历右子树。

(3) 访问根结点。

例如图 12-22 中的二叉树，其 3 种遍历结果如下。

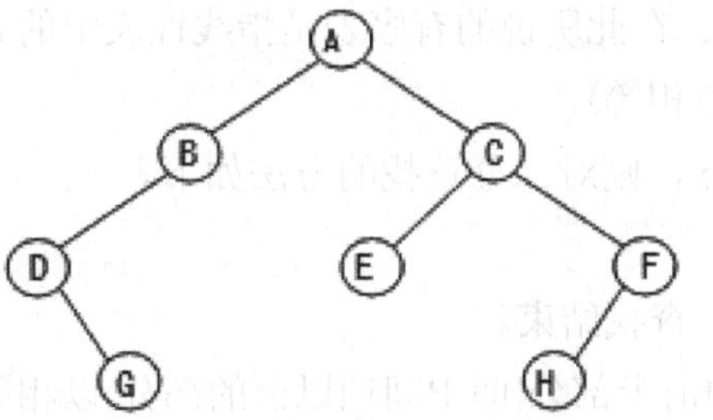

先序序列：	ABDGCEFH
中序序列：	DGBAECHF
后序序列：	GDBEHFCA

图 12-22　二叉树的遍历

12.7　查找技术

查找是数据处理领域中的一项重要内容，查找的效率将直接影响到数据处理的效率。查找是指在一个给定的数据结构中查找某个指定的元素。通常不同的数据结构应采用不同的查找方法。

12.7.1　顺序查找

顺序查找又称顺序搜索。顺序查找一般是指在线性表中查找指定的元素，其基本方法是从线性表的第一个元素开始，依次将线性表中的元素与被查元素进行比较，若相等则表示找到(即查找成功)；若线性表中所有的元素都与被查元素进行了比较但都不相等，则表示线性表中没有要找的元素(即查找失败)。

1. 顺序查找过程

(1) 如果线性表中的第一个元素即为被查找元素，则只需做一次比较就查找成功，查找效率最高。

(2) 如果被查的元素是线性表中的最后一个元素，或者被查元素根本不在线性表中，则为了查找该元素需要与线性表中所有的元素进行比较，这是顺序查找的最坏情况，在这种情况下需要比较 n 次。

(3) 在平均情况下，利用顺序查找法在线性表中查找一个元素，大约要与线性表中一半的元素进行比较。因此顺序查找一个具有 n 个元素的线性表，其平均复杂度为 O(n)。

2. 其他情况下的顺序查找

对于大的线性表来说，顺序查找的效率很低。但在下列两种情况下只能采用顺序查找。

(1) 如果线性表为无序表(即表中元素的排列是无序的)，则不管是顺序存储结构还是链式存储结构，都只能用顺序查找。

(2) 即使是有序线性表，如果采用链式存储结构，也只能来用顺序查找。

12.7.2 二分法查询

二分法查找只适用于顺序存储的有序表。在此所说的有序表是指线性表中的元素按值非递减排列(即从小到大，但允许相邻元素值相等)。

设有序线性表的长度为 n，被查元素为 x，则对二分查找的方法如下。

(1) 将 x 与线性表的中间项进行比较。

(2) 若中间项的值等于 x，则说明查到，查找结束。

(3) 若 x 小于中间项的值，则在线性表的前半部分(即中间项以前的部分)以相同的方法进行查找。

(4) 若 x 大于中间项的值，则在线性表的后半部分(即中间项以后的部分)以相同的方法进行查找。

这个过程一直进行到查找成功或子表长度为 0(说明线性表中没有这个元素)为止。

显然，当有序线性表为顺序存储时才能采用二分法查找，并且二分法查找的效率远高于顺序查找。可以证明，对于长度为 n 的有序线性表，在最坏情况下，二分查找只需要比较 $\log_2 n$ 次，而顺序查找需要比较 n 次。

注意：

二分法查找只适用于顺序存储的线性表，且表中元素必须按关键字有序(升序)排列。对于无序线性表和线性表的链式存储结构只能采用顺序查找。

12.8 排序技术

排序也是数据处理的重要内容之一。排序是指将一个无序序列整理成按值非递减顺序排列的有序序列。排序的方法很多，排序可以在各种不同的存储结构上实现。本节主要介绍一些常用的排序方法。其排序的对象一般认为是顺序存储的线性表，在程序设计语言中就是一维数组。

12.8.1 交换类排序法

交换类排序法是指借助数据元素之间的互相交换进行排序的一种方法。冒泡排序法与快速排序法都属于交换类的排序方法。

1. 冒泡排序法

冒泡排序法是一种最简单的交换类排序方法，它是通过相邻数据元素的交换逐步将线性表变成有序。

冒泡排序法的基本过程如下。

首先，从表头开始往后扫描线性表，在扫描过程中逐次比较相邻两个元素的大小。若相邻两个元素中，前面的元素大于后面的元素，则将它们互换，称之为消去了一个逆序。显然，在扫描过程中，不断地将两相邻元素中的大的元素后移，最后就将线性表中的最大的换到了表的最后，这也是线性表中最大元素应有的位置。

然后，从后到前扫描剩下的线性表，同样，在扫描过程中逐次比较相邻两个元素的大小。若相邻两个元素中，后面的元素小于前面的元素，则将它们互换，这样就又消去了一个逆序。显然，在扫描过程中，不断地将两相邻元素中的小者往前移动，最后就将剩下线性表中的最小者换到了表的最前面，这也是线性表中最小元素应有的位置。

对剩下的线性表重复上述过程，直到剩下的线性表变空为止，此时的线性表已经变为有序。

在上述排序过程中，对线性表的每一次来回扫描后，都将其中的最大元素沉到了表的底部，最小元素像气泡一样冒到表的前头。冒泡排序由此而得名，且冒泡排序又称下沉排序。

假设线性表的长度为 n，则在最坏情况下，冒泡排序需要经过 n/2 遍的从前往后的扫描和 n/2 遍的从后往前的扫描，需要的比较次数为 n(n-1)/2。但该工作量不是必需的，一般情况下要小于这个工作量。

2. 快速排序法

在前面所讨论的冒泡排序法中，由于在扫描过程中只对相邻两个元素进行比较，因此，在互换两个相邻元素时只能消除一个逆序。如果通过两个(不是相邻的)元素的交换，能够消除线性表中的多个逆序，就会显著加快排序的速度。下面介绍的快速排序法可以实现通过一次交换而消除多个逆序。

快速排序法也是一种互换类的排序方法，但由于它比冒泡排序法的速度快，因此称之为快速排序法。

快速排序法的基本思想如下。

(1) 从线性表中选取一个元素，设为 T，将线性表后面小于 T 的元素移到前面，而前面大于 T 的元素移到后面，结果就将线性表分成了两部分(称为两个子表)，T 插入到其分界线的位置处，该过程称为线性表的分割。

(2) 通过对线性表的一次分割，就以 T 为分界线，将线性表分成了前后两个子表，且前面子表中的所有元素均不大于 T，而后面子表中的所有元素均不小于 T。如果对分割后的各子表再按上述原则进行分割，并且这种分割过程可以一直做下去，直到所有子表为空为止。则此时的线性表就变成有序表。

(3) 由此可知，快速排序法的关键是对线性表进行分割。

在对线性表或子表进行实际分割时，可以按如下步骤进行。

首先在表的第一个、中间一个与最后一个元素中选取分割中项，设为 P(k)，并将 P(k)赋给 T，再将表中的第一个元素移到 P(k)的位置上。

然后设置两个指针 i 和 j 分别指向表的起始与最后的位置。反复操作以下两个步骤。

① 将 j 逐渐减小，并逐次比较 P(j)与 T，直到发现一个 P(j)<T 为止，将 P(j)移到 P(i)的位置上。

② 将 i 逐渐增大，并逐次比较 P(i)与 T，直到发现一个 P(i)>T 为止，将 P(i)移到 P(j)的位置上。

上述两个操作交替进行，直到指针 i 与 j 指向同一个位置(即 i=j)为止，此时将 T 移到 P(i)的位置上。

在快速排序过程中，随着对各子表不断地进行分割，划分出的子表会越来越多，但一次又只能对一个子表进行再分割处理，需要将暂时不分割的子表记忆起来，这就要用一个栈来实现。在对某个子表进行分割后，可以将分割出的后一个子表的第一个元素与最后一个元素的位置压入栈中，而继续对前一个子表进行再分割；当分割出的子表为空时，可以从栈中退出一个子表(实际上只是该子表的第一个元素与最后一个元素的位置)进行分割。该过程直到栈空为止，此时说明所有子表为空，没有子表再需要分割，排序就完成了。

12.8.2 插入类排序法

冒泡排序法与快速排序法本质上都是通过数据元素的交换来逐步消除线性表中的逆序。本小节讨论另一类排序的方法，即插入类排序法。有一个已经有序的数据序列，要求在这个已经排好的数据序列中插入一个数，但要求插入后此数据序列仍然有序，此时需要用到插入排序法，插入排序的基本操作就是将一个数据插入到已经排好序的有序数列中，从而得到一个新的、个数加一的有序数列，算法适用于少量数据的排序，是稳定的排序方法。

1. 简单插入排序法

插入排序是指将无序序列中的各元素依次插入到已经有序的线性表中。

可以想象，在线性表中，只包含第 1 个元素的子表显然可以看成是有序表。接下来的问题是，从线性表的第 2 个元素开始直到最后一个元素，逐次将其中的每一个元素插入到前面已经有序的子表中。一般来说，假设线性表中前 j－1 个元素已经有序，现在要将线性表中第 j 个元素插入到前面的有序子表中，插入过程如下。

首先将第 j 个元素放到一个变量 T 中，然后从有序子表的最后一个元素(即线性表中第 j－1 个元素)开始，往前逐个与 T 进行比较，将大于 T 的元素均依次向后移动一个位置，直到发现一个元素不大于 T 为止，此时就将 T(即原线性表中的第 j 个元素)插入到刚移出的空位置上，有序子表的长度将变为 j。

图 12-23 给出了插入排序的示意图。图中画有方框的元素表示刚被插入到有序子表中。

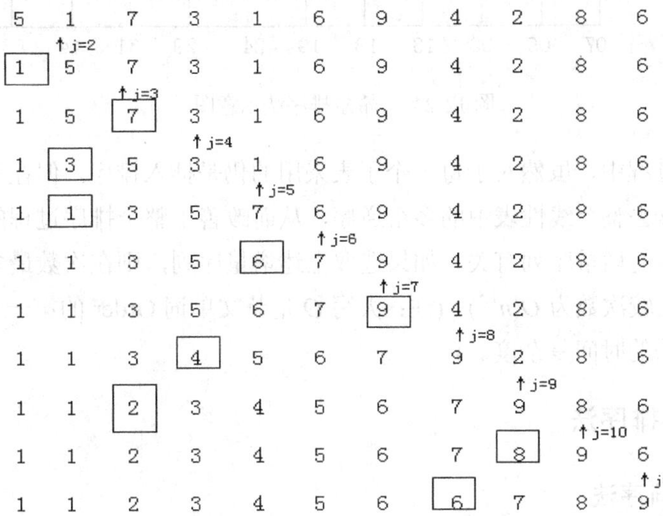

图 12-23　插入排序示意图

在简单插入排序法中，每一次比较后最多移掉一个逆序，因此，这种排序方法的效率与冒泡排序法相同。在最坏情况下，简单插入排序需要 n(n-1)/2 次比较。

2. 希尔排序法

希尔排序法(Shell Sort)属于插入类排序，但它对简单插入排序做了较大的改进。

希尔排序法的基本思想是将整个无序序列分割成若干小的子序列分别进行插入排序。子序列的分割方法如下。

将相隔某个增量 h 的元素构成一个子序列。在排序过程中，逐次减小该增量，最后当 h 减到 1 时，进行一次插入排序，排序就完成。

增量序列一般取 $h=n/2^k$ (k=1，2，…，$[\log_2 n]$)，其中 n 为待排序序列的长度，图 12-24 为希尔排序法的示意图。

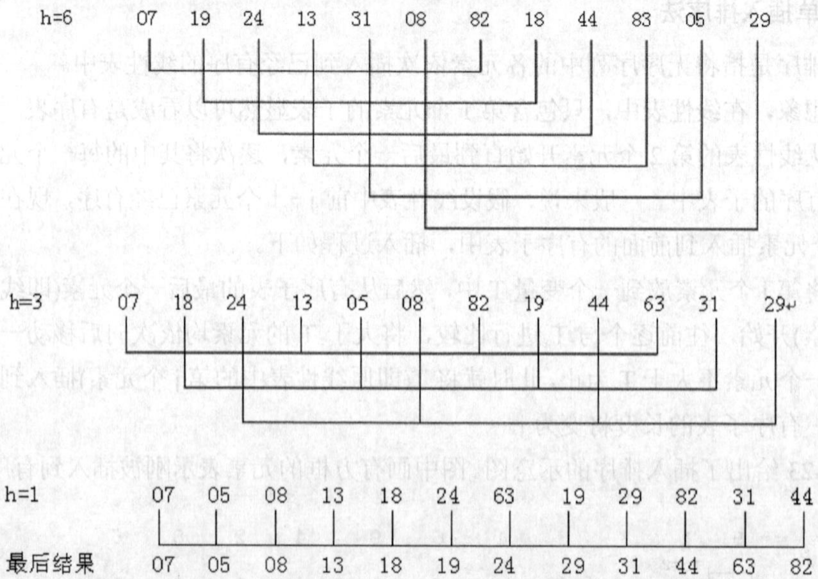

图 12-24　希尔排序法示意图

在希尔排序过程中，虽然对于每一个子表采用的仍是插入排序，但在子表中每进行一次比较就有可能移去整个线性表中的多个逆序，从而改善了整个排序过程的性能。希尔排序的效率与所选取的增量序列有关。如果选取上述增量序列，则在次数最多的情况下，希尔排序所需要的比较次数为 $O(n^{1.5})$。(注：大写 O 是英文单词 Order 的第一个字母，即数量级，这里表示算法的时间复杂度。)

12.8.3　选择类排序法

1. 简单选择排序法

选择排序法的基本思想是扫描整个线性表，从中选出最小的元素，将它交换到表的最前面(这是它应有的位置)；然后对剩下的子表采用同样的方法，直到子表变空为止。

对于长度为 n 的序列，选择排序需要扫描 n-1 遍，每一遍描述均从剩下的子表中选出最小的元素，然后将该最小的元素与子表中的第一个元素进行交换。简单选择排序法在最多情况下需要比较 n(n-1)/2 次。

2. 堆排序法

堆排序法属于选择类的排序方法。

堆的定义如下：

具有 n 个元素的序列(h_1，h_2，…，h_n)，当且仅当满足

$$\begin{cases} h_i \geqslant h_{2i} \\ h_i \geqslant h_{2i+1} \end{cases} \quad 或 \quad \begin{cases} h_i \leqslant h_{2i} \\ h_i \leqslant h_{2i+1} \end{cases}$$

(i=1，2，…，n/2)时称之为堆。

本节只讨论满足前者条件的堆。由堆的定义可以看出，堆顶元素(即第一个元素)必为最大项。在实际处理中，可以用一维数组 H(1:n)来存储堆序列中的元素，也可以用完全二叉树来直观地表示堆的结构。例如序列(91,85,53,36,47,30,24,12)是一个堆，它所对应的完全二叉树如图 12-25 所示。

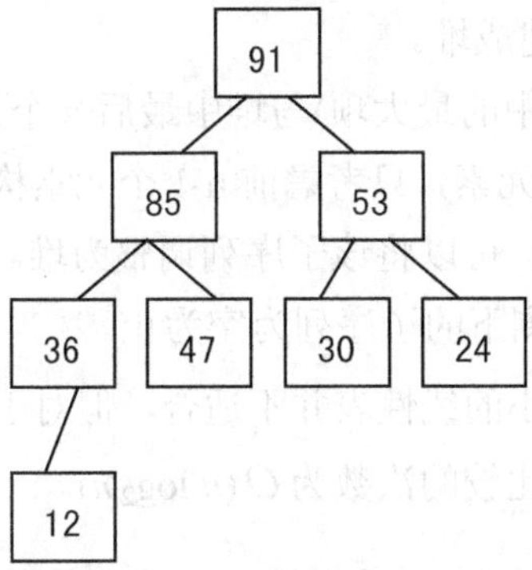

图 12-25 堆顶元素为最大的堆

由图 12-25 可以看出，在用完全二叉树表示堆时，树中所有非叶子结点值均不小于其左、右子树的根结点值，因此堆顶(完全二叉树的根结点)元素必为序列的 n 个元素中的最大项。

在具体讨论堆排序法之前，先讨论这样一个问题。

在一棵具有 n 个结点的完全二叉树(用一维数组 H(1:n)表示)中，假设结点 H(m)的左右子树均为堆，现要将以 H(m)为根结点的子树也调整为堆。这是调整建堆的问题。

如假设图 12-26(a)是某完全二叉树的一棵子树。在这棵子树中，根结点 47 的左、右子树均为堆。现在为了将整个子树调整为堆，首先将根结点 47 与其左、右子树的根结点值进行比较，此时由于左子树根结点 91 大于右子树根结点 53，且它又大于根结点 47，因此根据堆的条件，应将元素 47 与 91 交换，如图 12-26(b)所示。经过这一次交换后，破坏了原来左子树的堆结构，需要对左子树再进行调整，将元素 85 与 47 进行交换，调整后的结果如图 12-26(c)所示。

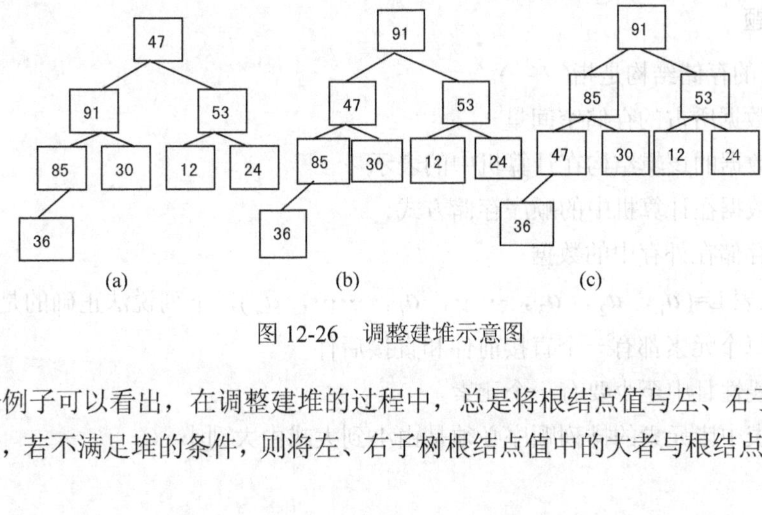

图 12-26 调整建堆示意图

由这个例子可以看出，在调整建堆的过程中，总是将根结点值与左、右子树的根结点值进行比较，若不满足堆的条件，则将左、右子树根结点值中的大者与根结点值进行交换。

该调整过程一直做到所有子树均为堆为止。

利用调整建堆的算法可以将一个无序序列建成为堆。假设无序序列 H(1:n)以完全二叉树表示。从完全二叉树的最后一个非叶子结点开始，直到根结点(即第一个元素)为止，对每一个结点进行调整建堆，最后就可以得到与该序列对应的堆。

根据堆的定义，可以得到堆排序的方法如下。

(1) 首先将一个无序序列建成堆。

(2) 然后将堆顶元素(序列中的最大项)与堆中最后一个元素交换(最大项应该在序列的最后)。不考虑已经换到最后的元素，只考虑前 n-1 个元素构成的子序列，显然该子序列已不是堆，但左、右子树仍为堆，可以将该子序列调整为堆。

(3) 反复做步骤(2)，直到剩下的子序列为空为止。

堆排序的方法对于规模较小的线性表并不适合，但对于较大规模的线性表很有效。在次数最多情况下，堆排序需要比较的次数为$O(n\log_2 n)$。

表 12-3　各种排序方法的比较表

类　别	排 序 方 式	基 本 思 想	时间复杂度
交换类	冒泡排序	相邻元素比较，不满足条件时交换	n(n-1)/2
	快速排版	选择基准元素，通过交换，划分成两个序列	O(nlog₂n)
插入类	简单插入排序	待排序的元素看成为一个有序表和一个无序表，将无序表中元素插入到有序表中	n(n-1)/2
	希尔排序	分割成若干个子序列分别进行直接插入排序	$O(n^{j-1})$
选择类	简单选择排序	扫描整个线性表，从中选出最小的元素，将它交换到表的最前面	n(n-1)/2
	堆排序	选择堆，然后将堆顶元素与堆中最后一个元素交换，再调整为堆	$O(n\log_2 n)$

12.9　习题

1. 选择题

(1) 数据的存储结构是指(　　)。

A. 数据所占的存储空间量

B. 数据的逻辑结构在计算机中的表示

C. 数据在计算机中的顺序存储方式

D. 存储在外存中的数据

(2) 线性表 L=(a_1，a_2，a_3，……，a_i，……，a_n)，下列说法正确的是(　　)。

A. 每个元素都有一个直接前件和直接后件

B. 线性且中至少要有一个元素

C. 表中诸元素的排列顺序必须是由小到大或由大到小

D. 除第一个元素和最后一个元素外，其余每个元素都有一个且只有一个直接前件和直接后件

(3) 以下数据结构中不属于线性数据结构的是( )。

A. 队列　　B. 线性表

C. 二叉树　　D. 栈

(4) 下列关于栈的叙述中正确的是( )。

A. 在栈中只能插入数据　　B. 在栈中只能删除数据

C. 栈是先进先出的线性表　　D. 栈是先进后出的线性表

(5) 一个栈的入栈顺序为 ABCDE，则不可能的输出顺序是( )。

A. DECBA　　B. DCEAB

C. ABCDE　　D. EDCBA

(6) 已知二叉树后序遍历序列是 dabec，中序遍历序列是 debac，它的前序遍历序列是( )。

A. cedba　　B. acbed

C. decab　　D. deabc

(7) 树是结点的集合，它的根结点数目是( )。

A. 有且只有 1　　B. 1 或多于 1

C. 0 或 1　　D. 至少 2

(8) 假设线性表的长度为 n，则在最坏情况下，冒泡排序需要的比较次数为( )。

A. $\log_2 n$　　B. n2

C. O(n1.5)　　D. n(n-1)/2

(9) 在下列几种排序方法中，要求内存量最大的是( )。

A. 插入排序　　B. 选择排序

C. 快速排序　　D. 归并排序

(10) 希尔排序法属于哪一种类型的排序法( )。

A. 交换类排序法　　B. 插入类排序法

C. 选择类排序法　　D. 建堆排序法

2. 填空题

(1) 数据结构包括数据的________结构和数据的存储结构。

(2) 顺序存储方法是把逻辑上相邻的结点存储在物理位置________的存储单元中。

(3) 长度为 n 的顺序存储线性表中，当在任何位置上插入一个元素概率都相等时，插入一个元素所需移动元素的平均个数为________。

(4) 栈和队列通常采用的存储结构是链式存储和________。

(5) 设一棵完全二叉树共有 700 个结点，则在该二叉树中有________个叶子结点。

第13章　数据库设计基础

13.1　数据库系统的基本概念

数据库的建设规模、数据库信息量的大小和使用频度已成为衡量一个国家信息化程度的重要标志。

13.1.1　数据、数据库和数据库管理系统

1. 数据(Data)

数据是数据库中存储的基本对象，实际上就是描述事物的符号记录。可以是数字、文字、图形、图像、声音或语言等。

数据的特点是具有一定的结构，有型与值之分。数据的型给出了数据表示的类型，如整型、实型以及字符型等。数据的值给出了符合给定型的值，如整型(INT)值 15。

如在学生档案中，学生的姓名、性别、年龄、出生年、籍贯、所在系别、入学时间可以描述为：(李明，男，21，1986，江苏，计算机系，2007)。

2. 数据库(简称 DB)

数据库是长期存储在计算机内的、有组织的、可共享的数据集合。具有统一的结构形式并存放于统一的存储介质内，是多种应用数据的集成，并可被各个应用程序所共享。

数据库存放数据是按数据所提供的数据模式存放的，具有集成与共享的特点，亦即是数据库集中了各种应用的数据，进行统一的构造和存储，而使它们可被不同应用程序所使用。

3. 数据库管理系统(简称 DBMS)

数据库管理系统是一种系统软件，负责对数据库中的数据进行统一管理和控制。它位于应用程序和操作系统中间，是整个数据库系统的核心。

可以把数据库看成是一个仓库，存放着各种数据。把数据库管理系统看成仓库的保管员，负责数据的搬进、整理和搬出。具体地说，保管员要检查仓库的数据是否被允许(数据的定义问题)，如何摆放最好(数据的结构问题)，如何更快地找到用户所需要的数据并提取出来(数据的操纵问题)，如何保证数据不被非法用户提走(数据的安全性问题)等。有些时候可能会有多个人来提货，为了提高效率那么就可以一次拿几张单子，把需要的数据都取出来(并发控制问题)。保管员所做的事情正是数据库管理系统需要做的事情。

在人们所熟悉的数据库管理软件中，像 Visual Foxpro 和 Access 等只具备数据库管理系统的一些简单功能，为小型的数据库管理软件。而 ORACLE、PowerBuilder 和 SQLServer

等为严格意义上的 DBMS 系统，具备数据库管理系统的全部功能，包括数据组织、数据操纵、数据维护、控制及保护和数据服务等。

4. 数据库管理员(DBA)

数据库管理员负责全面管理和控制数据库系统。具体的职责包括决定数据库的信息内容和结构、定义数据的安全性要求和完整性约束条件、监督和控制数据库的使用和运行、数据库系统的改进和重组。

5. 数据库系统(简称 DBS)

数据库系统是由数据库(数据)、数据库管理系统(软件)、数据库管理员(人员)、硬件平台(硬件)以及软件平台(软件)5 个部分构成的运行实体。

6. 数据库应用系统

数据库应用系统由数据库系统、应用软件及应用界面三者组成。

数据库技术的根本目标是解决数据的共享问题。

13.1.2　数据库系统的基本特点

数据库系统的基本特点包括如下 4 个方面。

1. 数据的高集成性

数据结构化是数据库与文件系统的根本区别。

2. 数据的共享性高，冗余度低，易扩充

数据库系统可以减少数据冗余。数据库系统从整体角度看待和描述数据，数据是面向整个系统。除了可以减少数据冗余，节约存储空间，数据库系统还可避免数据之间的不相容性与一致性，但无法避免一切冗余。在一个集合中的重复数据称为数据冗余。所谓数据的不一致性是指同一个数据不同拷贝的值不同。

3. 数据独立性

数据独立性是数据与程序间的互不依赖性，即数据库中数据独立于应用程序而不依赖于应用程序。即数据的逻辑结构、存储结构与存取方式的改变不会影响应用程序。

数据独立性一般分为物理独立性与逻辑独立性两级。

(1) 物理独立性：指用户的应用程序与存储在磁盘上的数据库中数据是相互独立的。物理独立性即是数据库的物理结构(如 DB 的物理位置、物理设备、存取方式等)的变化不影响数据库的逻辑结构(应用结构)，从而也就不能影响其相应的应用程序。

(2) 逻辑独立性：指用户的应用程序与数据库的逻辑结构是相互独立的。数据库总体逻辑结构的变化，如数据类型的修改、增加、改变各表之间的联系等，都不会导致应用程序的修改。

4. 数据由 DBMS 统一管理和控制

数据库的共享是并发的共享，即多个用户可以同时存取数据库中的数据甚至可同时存

取数据库中的同一个数据。数据统一管理与控制主要包含以下 3 个方面。

(1) 数据的完整性检查。检查数据库中数据的正确性、有效性和一致性以保证数据的完整。

(2) 数据的安全性保护。指保护数据以防止不合法的使用造成的数据的泄密和破坏。

(3) 并发控制。对这种并发操作施行控制，排除和避免这种错误的发生，保证数据的正确性。

(4) 数据库故障恢复。DBMS 必须具有将数据库从运行时出现物理或逻辑上的错误状态恢复到某一已知的正确状态的功能。

13.1.3　数据库系统内部结构

1. 数据库系统的三级模式

(1) 逻辑模式：是数据库中全体数据的逻辑结构和特征的描述，是所有用户的公共数据视图。一个数据库只有一个逻辑模式。

视图是从一个或几个基本表(或视图)导出的表，它与基本表不同，是一个虚表。数据库中只存放视图的定义，而不存放视图对应的数据，这些数据仍然存放在原来的基本表中。

(2) 外模式：也称为子模式或用户模式，是数据库用户能够看见和使用的局部数据的逻辑结构和特征的描述，是数据库用户的数据视图，是与某一应用有关的数据的逻辑表示。一个数据库可以有多个外模式。

(3) 内模式：又称物理模式或存储模式，是数据物理结构和存储方式的描述，是数据在数据库内部的表示方式。一个数据库只有一个内模式。内模式的物理性主要体现在操作系统及文件级上，它还未深入到设备级上(如磁盘及磁盘操作)。内模式对一般用户是透明的，但其设计直接影响数据库的性能。

2. 数据库系统的两级映射

(1) 逻辑模式/内模式的映射：具有唯一性。它定义了数据库全局逻辑结构与存储结构之间的对应关系。当数据库的存储结构发生变化时，通过修改相应的逻辑模式/内模式的映射，使得数据库的逻辑模式不变，其外模式不变，应用程序不用修改，从而保证数据具有很高的物理独立性。

(2) 外模式/逻辑模式的映射：实现了外模式到逻辑模式之间的相互转换。当逻辑模式发生变化时，通过修改相应的外模式/逻辑模式映射，使得用户所使用的那部分外模式不变，从而应用程序不必修改，保证数据具有较高的逻辑独立性。

13.2　数据模型

13.2.1　数据模型基本知识

1. 数据模型(Data Model)概念

数据模型是现实世界中数据特征的抽象，一组严格定义的模型元素的集合。这些模型元素精确地描述了系统的静态特性、动态特性以及完整性约束条件等，为数据库系统的信息表示与操作提供一个抽象的框架。

2. 数据模型组成

数据模型所描述的内容有 3 个部分，它们是数据结构、数据操作与数据约束。

(1) 数据结构：主要描述数据的类型、内容、性质以及数据间的联系等，主要表达为实体和属性。数据结构是数据模型的基础，数据操作和约束都建立在数据结构上。不同的数据结构具有不同的操作和约束。

(2) 数据操作：是对数据库中各种对象(型)的实例(值)允许执行的操作的集合，包括操作的含义、符号、操作规则及实现操作的语句等。用于描述系统的动态特性，主要表达为实体中的记录的插入、删除、修改、查询等操作。

(3) 数据的约束条件：是一组完整性规则的集合。主要描述数据结构内数据间的语法、词义联系、它们之间的制约和依存关系，以及数据动态变化的规则，以保证数据的正确、有效和相容。主要表达为数据的自身完整性约束(如数据类型、检查、规则等)和数据间的参照完整性约束(如联系、继承联系等)。

3. 数据模型按不同的应用层次分为概念模型、逻辑数据模型和物理数据模型 3 类

(1) 概念数据模型(Conceptual Data Model)：简称概念模型，是面向数据库用户的实现世界的模型，主要用来描述世界的概念化结构及它们之间的内在联系的刻画。概念数据模型中最常用的是 E-R 模型、扩充的 E-R 模型、面向对象模型及谓词模型。

(2) 逻辑数据模型(Logical Data Model)：又称数据模型，是一种面向用户、面向数据库系统的模型，该模型着重于在数据库系统一级的实现。逻辑数据模型中最常用的是层次模型、网状模型、关系模型以及面向对象模型等。

(3) 物理数据模型(Physical Data Model)：又称物理模型，它是一种面向计算机物理表示的模型，描述了数据在储存介质上的组织结构，与具体的 DBMS、操作系统和硬件均有关。

13.2.2　实体—联系模型(E-R 模型)

E-R 模型由 P.P.Chen 于 1976 年首先提出。它提供不受任何 DBMS 约束的面向用户的表达方法，在数据库设计中被广泛用作数据建模的工具。

1. E-R 模型的基本概念

(1) 实体：也称为实例，客观世界中能够相互区分的“事件”或“事物”。

(2) 属性：用来描述实体特征的一组性质，其中每一个特征就称为实体的一个属性。

(3) 实体集：是具有相同类型及相同性质实体的集合。

(4) 实体型：是实体集中每个实体所具有的共同性质的集合。

(5) 联系：是实体集之间或实体集内部实例之间的连接。实体集的关系有一对一、一对多、多对多的联系。

E-R 模型的基本组成是实体型(实体)、属性和联系。

2. E-R 模型的图示法

(1) 实体型：用矩形表示，矩形框内写明实体名。

(2) 属性：用椭圆形表示，椭圆框内写明属性名。

(3) 联系：用菱形表示，菱形框内写明联系名。

(4) 实体型与属性间的联系关系：用带联系的类型的无向线段表示。

(5) 实体型与联系间的联系关系：用带联系的类型的无向线段表示。

3. 实现 E-R 模型的步骤

(1) 确定实体及实体的属性。

(2) 确定实体之间的联系及联系的类型。

(3) 为实体和联系加上属性。关于学生和课程的联系的 E-R 模型如图 13-1 所示。

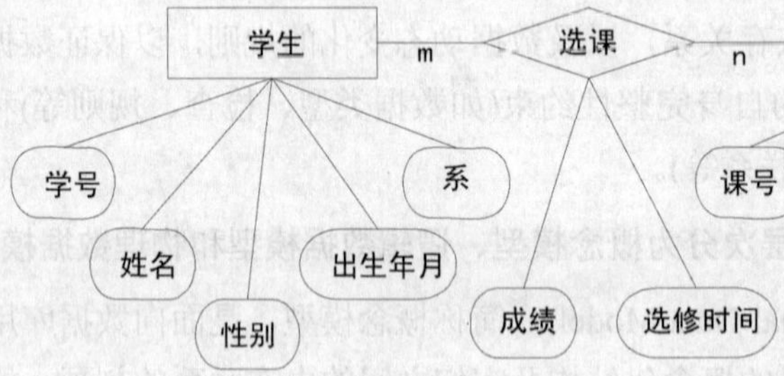

图 13-1 学生和课程的 E-R 模型图

学生和课程作为实体集；一个学生可以选修多门课程，而一门课程有多个学生选修，所以学生和课程之间是多对多的联系。

13.2.3 层次模型、网状模型和关系模型

数据库管理系统常见的数据模型有层次模型、网状模型和关系模型三种。层次模型是最早发展起来的数据库模型。

1. 层次模型

层次模型的数据结构类似一棵倒置的树，每个节点表示一个记录类型，记录之间的联系是一对多的联系，基本特征：(1) 每棵树有且仅有一个无双亲的根结点；(2) 除根结点以外的其他结点有且仅有一个父结点。层次模型结构简单，容易实现，对于某些特定的应用系统效率很高，但如果需要动态访问数据时，效率并不高。层次模型示例见图 13-2 所示。

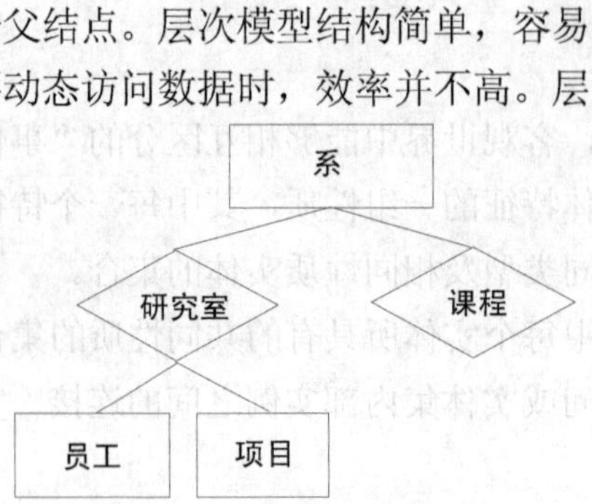

图 13-2 层次模型示例图

2. 网状模型

网状模型可以看作是层次模型的一种扩展。它采用网状结构表示实体及实体之间的联系。网状结构的每一个节点代表一个记录类型，记录类型可包含若干字段，联系用链接指针表示，去掉了层次模型的限制。网状模型与层次模型相比，提供了更大的灵活性，能更直接地描述现实世界，性能和效率也比较好。网状模型的缺点是结构复杂，不易于用户掌握，记录类型联系变动后涉及链接指针的调整、扩充和维护都比较复杂，网状模型示例见图 13-3。

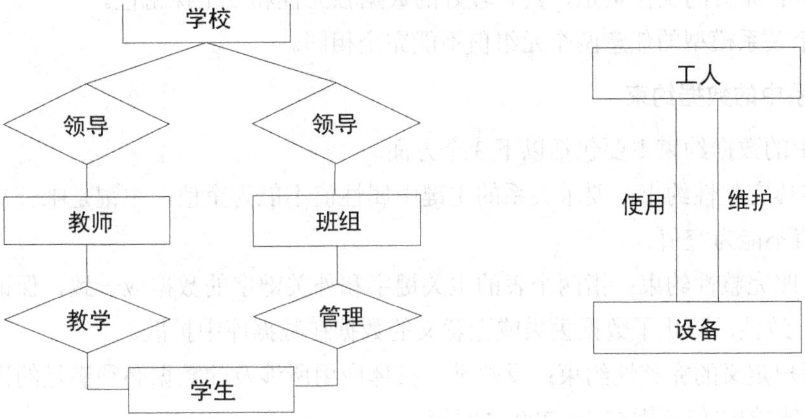

(a) 教学关系 E-R　　(b) 工作与设备

图 13-3　网状模型示例图

3. 关系模型

关系模型是目前应用最多、也最为重要的一种数据模型。关系模型采用二维表来表示实体和实体之间的联系，简称表，由表框架及表的元组组成。二维表由行和列组成，一个二维表就是一个关系。

二维表中的一列为一个属性，二维表的表框架由 n 个命名的属性组成，n 称为属性元数。每个属性有一个取值范围称为值域。表框架对应了关系的模式，即类型的概念。在表框架中按行可以存放数据，每行数据称为元组。实际上，一个元组是由 n 个元组分量所组成，每个元组分量是表框架中每个属性的投影值。

例如：在学生信息应用系统中，为了管理所有学生，用表 13-1 来描述“学生”关系。

表 13-1　学生关系表

学　号	姓　名	性　别	出 生 年 月	班　级	籍　贯
010940201	韩 雪	女	05-26-83	09 管理 2 班	北京
020940302	张 哲	女	11-25-84	09 动画 3 班	天津
020940403	王 丽	女	09-21-82	09 播音 4 班	吉林长春

在表关系中涉及到以下几个概念。

(1) 主码：又称为关键字或主键，简称码或键，可以唯一确定一个元组和其他元组不同的属性组，称为关系的主码或关键字，如学生的学号。主码属性不能取空值。

(2) 外部关键字：又称为外键，在一个关系中含有与另一个关系的关键字相对应的属性组称为该关系的外部关键字。外部关键字取空值或为外部表中对应的关键字的值。例如，在学生表中含有的所属班级名字，是班级表中的关键字属性，它是学生表中的外部关键字。

关系模型概念清晰、结构简单，实体、实体联系和查询结果都采用关系表示，用户比较容易理解。另外，关系模型的存取路径对用户是透明的，程序员不用关心具体的存取过程，减轻了程序员的工作负担，具有较好的数据独立性和安全保密性。

同一个关系模型的任意两个元组值不能完全相同。

4. 关系中的数据约束

关系中的数据约束主要包括以下 3 个方面。

(1) 实体完整性约束：要求关系的主键中属性值不能为空值，主键是唯一决定元组的值，故其值不能为空值。

(2) 参照完整性约束：指两个表的主关键字和外关键字的数据应一致，保证了表之间的数据的一致性，防止了数据丢失或无意义的数据在数据库中扩散。

(3) 用户定义的完整性约束：反映某一具体应用所涉及的数据必须满足的语义要求。例如某个属性的取值范围在 30~200 之间等。

13.2.4 从 E-R 图导出关系数据模型

数据库逻辑设计的主要工作是将 E-R 图转换成指定 RDBMS(关系数据库管理系统)中的关系模式。从 E-R 图到关系模式的转换比较直接，实体与联系都可以表示成关系，E-R 图中属性也可以转换成关系的属性，实体集也可以转换成关系。

13.3 关系代数

关系数据库系统的特点之一是它建立在数据理论的基础之上，有很多数据理论可以表示关系模型的数据操作，其中最为著名的是关系代数与关系演算。

关系代数是用关系的运算来表达查询要求的方式。而关系模型是由关系数据结构、关系操作集合和关系完整性约束 3 部分组成。

13.3.1 关系的数据结构

关系是由若干个不同的元组所组成，因此关系可视为元组的集合。n 元关系是一个 n 元有序组的集合。

关系模型的基本操作：插入、删除、修改和查询(包括选择、投影、连接、除、并、交、差、广义笛卡尔积运算)，是一次一集合的操作方式。

13.3.2　集合运算

1. 并(∪)

关系 R 和 S 具有相同的关系模式，R 和 S 的并是由属于 R 或属于 S 的元组构成的集合，运算符为∪，记为 T＝R∪S。

2. 差(－)

关系 R 和 S 具有相同的关系模式，R 和 S 的差是由属于 R 但不属于 S 的元组构成的集合，运算符为－，记为 T＝R－S。

3. 交(∩)

关系 R 和 S 具有相同的关系模式，R 和 S 的交是由属于 R 且属于 S 的元组构成的集合，运算符为∩，记为 T＝R∩S。R∩S＝R－(R－S)。

4. 广义笛卡尔积(×)

设关系 R 和 S 的属性个数分别为 n、m，它们分别有 p、q 个元组，则 R 和 S 的广义笛卡尔积是一个有(n+m)列的元组的集合，元组个数是 p×q。每个元组的前 n 列来自 R 的一个元组，后 m 列来自 S 的一个元组，记为 R×S。

例如，有两个关系 R 和 S，分别进行并、差、交和广义笛卡尔积运算，运算过程如图 13-4 所示。

R

A	B	C
a1	b1	c1
a1	b2	c2
a2	b2	c1

(a)

S

A	B	C
a1	b2	c2
a1	b3	c2
a2	b2	c1

(b)

R∪S

A	B	C
a1	b1	c1
a1	b2	c2
a2	b2	c1
a1	b3	c2

(c)

R－S

A	B	C
a1	b1	c1

(d)

R∩S

A	B	C
a1	b2	c2
a2	b2	c1

(e)

R×S

R.A	R.B	R.C	S.A	S.B	S.C
a1	b1	c1	a1	b2	c2
a1	b1	c1	a1	b3	c2
a1	b1	c1	a2	b2	c1
a1	b2	c2	a1	b2	c2
a1	b2	c2	a1	b3	c2
a1	b2	c2	a2	b2	c1
a2	b2	c1	a1	b2	c2
a2	b2	c1	a1	b3	c2
a2	b2	c1	a2	b2	c1

(f)

图 13-4　并、差、交和广义笛卡尔积运算过程

13.3.3　关系型数据库管理系统

关系型数据库管理系统(RDBMS)是引入基于关系型模型的一个数据库管理系统(DBMS)。该系统必须满足最小标准。

1. 关系型数据库管理系统最小标准

(1) 对用户以关系显示数据(以表格形式显示)。

(2) 提供关系运算以表格形式维护这些数据。

目前关系型的数据库管理系统很多，如 FoxBASE、Visual FoxPro(VFP)、Oracle、Sybase、Informix、SQL Server 等。

2. 关系型数据库管理系统基本的关系运算

(1) 选择

从二维关系表的全部记录中，找出满足给定条件的那些元组生成的新的关系。其中的条件是以逻辑表达式给出的，值为真的元组将被选取。这种运算是从水平方向抽取元组。

(2) 投影

从所有属性(列)中选取一部分属性(列)及其值进行操作，这是从列的角度进行的运算，相当于对关系进行垂直分解。

(3) 联接

将两个关系模式通过公共的属性名，或者具有相同语义、可比的属性拼接成一个更宽的关系模式，生成的新关系中包含满足联接条件的元组。

3. SQL(结构化查询语言——Structured Query Language)

SQL 是一种介于关系代数与关系演算之间的结构化查询语言，是一个通用的、功能极强的关系数据库语言。SQL 是现代数据库体系结构的基本构成部分之一。

SQL 语言结构简洁、功能强大、简单易学，SQL 是高级的非过程化编程语言，允许用户在高层数据结构上工作。

SQL 语言包含 4 个部分：

(1) 数据定义(DDL)语言(如 CREATE—创建，DROP—删除等语句)；

(2) 数据操纵(DML)语言(INSERT—插入，UPDATE—修改，DELETE—删除语句)；

(3) 数据查询语言(SELECT 语句)；

(4) 数据控制语言(如 GRANT、REVOKE、COMMIT、ROLLBACK 等语句)。

13.4　数据库设计方法和步骤

13.4.1　数据库设计方法

数据库设计是数据应用的核心。

目前常用的各种数据库设计方法都属于规范设计法，即都是运用软件工程的思想与方法，根据数据库设计的特点，提出各种设计准则与设计规程。在实践当中，也结合使用原型法。常用的数据库设计方法如下。

1. 新奥尔良方法

将数据库设计分为 4 个阶段，需求分析(分析用户要求)、概念设计(信息分析和定义)、逻辑设计(设计实现)和物理设计(物理数据库设计)。

2. S.B.Yao 方法

将数据库设计分为 6 个步骤，需求分析、模式构成、模式汇总、模式重构、模式分析和物理数据库设计。

3. I.R.Palmer 方法

主张把数据库设计当成一步接一步的过程，并采用一些辅助手段实现每一过程。

4. 此外，还有一些为数据库设计不同阶段提供的具体实现技术与实现方法

例如基于 E-R 模型的数据库设计方法，基于 3NF(第三范式)的设计方法，基于抽象语法规范的设计方法等。

5. 数据库设计的两种基本思想

(1) 面向数据：以信息需求为主，兼顾处理需求。

(2) 面向过程：以处理需求为主，兼顾信息需求。

13.4.2　数据库设计步骤

按照软件工程的规范化设计方法，数据库设计分为以下 6 个阶段。

1. 需求分析

需求收集和分析，结果得到数据字典描述的数据需求(和数据流图描述的处理需求)。

需求分析常用结构化方法和面向对象的方法。结构化分析(简称 SA)方法用自顶向下、逐层分解的方式分析系统。用数据流图表达数据和处理过程的关系。对数据库设计来讲，数据字典是进行详细的数据收集和数据分析所获得的主要结果。

数据字典是各类数据描述的集合，包括 5 个部分：数据项、数据结构、数据流(可以是数据项，也可以是数据结构)、数据存储和处理过程。

2. 概念结构设计

通过对用户需求进行综合、归纳与抽象，形成一个独立于具体 DBMS 的概念模型，可以用 E-R 图表示。数据库概念设计的目的是分析数据内在语义关系。设计的两种方法为集中式模式设计法(适用于小型或并不复杂的单位或部门)和视图集成设计法。

数据库概念设计的过程包括选择局部应用、视图设计和视图集成。

视图设计一般有 3 种设计次序：自顶向下、由底向上和由内向外。视图集成的冲突包括命名冲突、概念冲突、域冲突和约束冲突。

关系视图的设计又称外模式设计，关系视图的主要作用如下：

(1) 提供数据逻辑独立性；

(2) 能适应用户对数据的不同需求；

(3) 有一定数据保密功能。

3. 逻辑结构设计

将概念结构转换为某个DBMS所支持的数据模型(例如关系模型)，并对其进行优化。设计逻辑结构应该选择最适于描述与表达相应概念结构的数据模型，然后选择最合适的DBMS。

4. 物理结构设计

为逻辑数据模型选取一个最适合应用环境的物理结构(包括存储结构和存取方法)。根据DBMS特点和处理的需要，进行物理存储安排，设计索引，形成数据库内模式。数据库的物理设计主要目标是对数据内部物理结构作调整并选择合理的存取路径，以提高数据库访问速度，有效利用存储空间。一般RDBMS中留给用户参与物理设计的内容大致有索引设计、集成簇设计和分区设计。

5. 数据库实施

运用DBMS提供的数据语言(如SQL)及其宿主语言(如C)，根据逻辑设计和物理设计的结果建立数据库，编制与调试应用程序，组织数据入库，并进行试运行。

6. 数据库运行和维护

对数据库系统不断地进行评价、调整与修改。主要包括：数据库的转储和恢复、数据库的安全性、完整性控制、数据库性能的监督、分析和改进、数据库的重组织和重构造。

13.5　习题

1. 选择题

(1) 下列有关数据库的描述，正确的是(　　)。

A. 数据处理是将信息转化为数据的过程

B. 数据的物理独立性是指当数据的逻辑结构改变时，数据的存储结构不变

C. 关系中的每一列称为元组，一个元组就是一个字段

D. 如果一个关系中的属性组并非该关系的关键字，但它是另一个关系的关键字，则称其为本关系的外关键字

(2) 在数据管理技术发展过程中，数据独立性最高的阶段是(　　)。

A. 人工管理阶段　　B. 文件系统阶段

C. 数据库系统阶段　　D. 软件开发阶段

(3) 数据处理的最小单位是(　　)。

A. 数据　　B. 数据元素

C. 数据项　　D. 数据结构

(4) 下列模式中，能够给出数据库物理存储结构与物理存取方法的是(　　)。

A. 内模式　　B. 外模式

C. 概念模式　　D. 逻辑模式

(5) 在数据库管理系统中，用二维表结构来表示实体以及实体之间联系的模型称为(　　)。

A. 网状模型　　B. 树型模型

C. 关系模型　　D. 层次模型

(6) 在 E-R 图中，用来表示联系的图形是(　　)。

A. 矩形　　B. 椭圆形

C. 菱形　　D. 三角形

(7) 在数据库设计中，将 E-R 图转换成关系数据模型的过程属于(　　)。

A. 需求分析阶段　　B. 逻辑设计阶段

C. 概念设计阶段　　D. 物理设计阶段

(8) 关系模型允许定义 3 类数据约束，下列不属于数据约束的是(　　)。

A. 实体完整性约束　　B. 参照完整性约束

C. 域完整性约束　　D. 用户自定义的完整性约束

(9) 关系数据库管理系统能实现的专门关系运算包括(　　)。

A. 排序、索引、统计　　B. 选择、投影、连接

C. 关联、更新、排序　　D. 显示、打印、制表

(10) 在下列关系运算中，不改变关系表中的属性个数但能减少元组个数的是(　　)。

A. 并　　B. 交

C. 投影　　D. 笛卡尔乘积

(11) 数据库设计包括两个方面的设计内容，它们是(　　)。

A. 概念设计和逻辑设计　　B. 模式设计和内模式设计

C. 内模式设计和物理设计　　D. 结构特性设计和行为特性设计

(12) 数据库概念设计的过程中，视图设计一般有 3 种设计次序，以下各项中不正确的是(　　)。

A. 自顶向下　　B. 由底向上

C. 由内向外　　D. 由整体到局部

2. 填空题

(1) 数据库管理系统常见的数据模型有层次模型、__________和关系模型 3 种。

(2) 数据库系统中，数据独立性一般分为__________与__________两级。

(3) 在关系模型中，把数据看成一个二维表，每一个二维表称为一个__________。

(4) 关系操作的特点是__________。

(5) 数据库设计分为以下 6 个设计阶段：需求分析阶段、__________、逻辑设计阶段、__________、实施阶段、运行和维护阶段。

第14章 软件工程基础

14.1 软件工程基本概念

14.1.1 软件工程的概念

软件工程(Software Engineering，简称为SE)是一门研究用工程化方法构建和维护有效的、实用的和高质量的软件的学科。它涉及到程序设计语言、数据库、软件开发工具、系统平台、标准以及设计模式等方面。软件工程是研究和应用如何以系统性的、规范化的、可定量的过程化方法开发和维护软件，以及如何把经过时间考验而证明正确的管理技术和当前能够得到的最好的技术方法结合起来。

简单地说，软件工程是应用于计算机软件的定义、开发和维护的一整套方法、工具、文档、实践标准和工序。

软件工程包括3个要素，即方法、工具和过程。方法是完成软件工程项目的技术手段；工具支持软件的开发、管理和文档生成；过程支持软件开发的各个环节的控制、管理。

14.1.2 软件工程方法学

1. 基本概念

软件工程包含技术和管理两方面的内容，是管理与技术的紧密结合。

管理是通过计划、组织和控制等一系列活动，合理地配置和使用各种资源，以达到既定目标的过程。

软件工程的目的是要建造一个优良的软件系统，软件工程的理论和技术性研究的内容主要包括以下两个方面。

(1) 软件开发技术，主要包括软件开发方法学、开发过程、开发工具以及软件工程环境等内容。

(2) 软件工程管理，主要包括软件管理学、软件工程经济学以及软件心理学等内容。

软件管理学包括人员组织、进度安排、质量保证、配置管理和项目计划等。

通常把在软件生命周期全过程中使用的一整套技术的集合称为方法学(methodology)，也称为范型(paradigm)。在软件工程范畴中，这两个词的含义基本相同。

2. 软件工程方法学

软件工程方法学包括3个要素：方法、工具和过程。其中方法是完成软件开发的各项任务的技术方法；工具支持软件的开发、管理和文档生成；过程是支持软件开发的各个环节的控制和管理，也可以解释为把输入转化为输出的一组彼此相关的资源和活动，包含 4 种基本活动。

(1) P——软件规格说明：规定软件的功能及其运行环境；

(2) D——软件开发：产生满足规格说明的软件；

(3) C——软件确认：确认软件能够完成客户提出的要求；

(4) A——软件改进：为满足客户的变更要求，软件必须可在使用的过程中改进。

软件工程过程的特性包括可理解性、可见性(过程的进展和结果可见)、可靠性、可支持性(易于使用各种工具支持)、可维护性、可接受性(为软件工程师接受)、开发效率和健壮性(抵御外部意外错误的能力)。

目前使用最广泛的软件工程方法学，分别为传统结构化方法学和面向对象方法学。

结构化方法(Structured Method)是强调开发方法的结构合理性以及所开发软件的结构合理性的软件开发方法。结构是指系统内各个组成要素之间的相互联系、相互作用的框架。结构化开发方法提出了一组提高软件结构合理性的准则，如分解与抽象、模块独立性、信息隐蔽等。针对软件生存周期各个不同的阶段，它有结构化分析(SA)、结构化设计(SD)和结构化程序设计(SP)等方法。

面向对象方法把数据和行为看成同等重要，它是一种以数据为主线、把数据和对数据的操作紧密地结合在一起的方法。

3. 面向对象方法 4 个要点

(1) 对象。把对象(object)作为融合了数据及在数据上的操作行为的统一的软件构件。面向对象程序是由对象组成的，程序中任何元素都是对象，复杂对象由比较简单的对象组合而成。

(2) 类。将属性、操作相似的对象归为类，即类是具有共同属性、共同方法的对象的集合。所以类是对象的抽象，它描述了属于该对象类型的所有对象的性质，而一个对象则是其对应类的一个实例。

(3) 继承性。按照父类(或称为基类)与子类(或称为派生类)的关系，把若干个相关类组成一个层次结构的系统(也称为类等级)。在类等级中，下层派生类自动拥有上层基类中定义的数据和操作，该现象称为继承。

(4) 消息。对象彼此之间仅能通过发送消息互相联系。

面向对象方法学的出发点和基本原则，是尽可能模拟人类习惯的思维方式，使开发软件的方法与过程尽可能接近人类认识世界解决问题的方法与过程，从而使描述问题的问题空间(也称为问题域)与实现解法的解空间(也称为求解域)在结构上尽可能一致。

14.2 软件开发过程

14.2.1 软件生命周期

软件生命周期是软件产品从提出、实现、使用维护到停止使用退役的过程。目前划分软件生存周期阶段的方法有许多种，如软件规模、种类、开发方式、开发环境以及开发时使用的方法论都影响软件生存周期阶段的划分。在划分软件生存周期的阶段时应该遵循的一条基本原则：使各阶段的任务彼此间尽可能相对独立，同一阶段各项任务的性质尽可能相同，从而降低每个阶段任务的复杂程度，简化不同阶段之间的联系，有利于软件开发工程的组织管理。

软件生命周期分为软件定义、软件开发及软件运行维护 3 个阶段。

1. 软件定义阶段

软件定义阶段的任务是确定软件开发工程必须完成的总目标；确定工程的可行性，导出实现工程目标应该采用的策略及系统必须完成的功能；估算完成该项工程需要的资源和成本，并制定工程进度表。此时期的工作通常又称为系统分析，由系统分析员负责完成。软件定义时期通常进一步划分成 3 个阶段，即问题定义、可行性研究和需求分析。

(1) 问题定义：该阶段必须回答的关键问题是“要解决的问题是什么？”。

(2) 可行性研究：该阶段要回答的关键问题是“对于上一个阶段所确定的问题有行得通的解决办法吗？”。

(3) 需求分析：对待开发软件提出的需求进行分析并给出详细的定义，准确地确定“为了解决这个问题，目标系统必须做什么？目标系统必须具备哪些功能？”

2. 软件开发阶段

(1) 软件设计：分为概要设计和详细设计两个部分。

(2) 软件实现：把软件设计转换成计算机可以接受的程序代码。

(3) 软件测试：在设计测试用例的基础上检验软件的各个组成部分。

3. 软件运行维护阶段

关键任务是通过各种必要的维护活动使系统持久地满足用户的需要。软件生命周期中花费最多的阶段是软件运行维护阶段。

14.2.2 软件开发工具与软件开发环境

1. 软件开发工具

软件工具是一种软件，它是辅助和支持其他软件研制和维护的工具，为了提高软件生产效率和改进软件的质量而设计。

软件工具的范围从传统角度划分，包括操作系统、编译程序、解释程序和汇编程序等；

从流行角度划分，主要包括支持需求分析、设计、编码、测试和维护等软件生命周期各个阶段的开发工具和管理工具。

软件开发工具的完善和发展将促使软件开发方法的进步和完善，促进软件开发的高速度和高质量。软件开发工具的发展是从单项工具的开发逐步向集成工具发展，软件开发工具为软件工程方法提供了自动的或半自动的软件支撑环境。同时，软件开发方法的有效应用也必须得到相应工具的支持，否则方法将难以有效的实施。

2. 软件开发环境

软件开发环境是全面支持软件开发全过程的软件工具集合。这些软件工具按照一定的方法或模式组合起来，支持软件生命周期内的各个阶段和各项任务的完成。

常用开发环境包括 Windows 98 开发环境、Windows NT 开发环境、Linux 开发环境和 Unix 开发环境。软件开发环境的发展方向为智能化、网络化、一体化、标准化。

CASE 即 Computer Aided Software Engineering，中文意思是计算机辅助软件工程。CASE 是一套方法和工具，可使系统开发商规定的应用规则，并由计算机自动生成合适的计算机程序。CASE 工具分为“高级”CASE 和“低级”CASE。高级 CASE 工具用来绘制企业模型以及规定应用要求，低级 CASE 工具用来生成实际的程序代码。CASE 工具和技术可提高系统分析和程序员工作效率。其重要的技术包括应用生成程序、前端开发过程面向图形的自动化、配置和管理及寿命周期分析工具。

14.3　结构化分析方法

14.3.1　需求分析

软件需求是指用户对目标软件系统在功能、行为、性能以及设计约束等方面的期望。需求分析的任务是发现需求、建模和定义需求的过程。软件需求分析是软件生命期中重要的一步，也是决定性的一步。对软件需求的深入理解是软件开发工作获得成功的前提和关键。

需求分析阶段的工作，可以分为以下 4 步。

(1) 需求获取(问题识别)。

(2) 需求分析。分析与综合，导出软件的逻辑模型。

(3) 编写需求规格说明书。该步骤可以细分为编写需求说明书，把双方共同的理解与分析结果用规范的方式描述出来；编写初步用户使用手册；编写确认测试计划；修改与完善项目开发计划。

(4) 需求评审。

14.3.2　结构化分析

1. 结构化分析方法

结构化分析方法是一种基于功能分解、面向数据流进行分析的方法。实质上是一种分析建模活动。通常建立数据模型、功能模型和行为模型。

结构化分析方法的实质是着眼于数据流，自顶向下，逐层分解，建立系统的处理流程，以数据流图和数据字典为主要工具，建立系统的逻辑模型。

结构化分析方法给出一组帮助系统分析人员产生功能规约的原理与技术。它一般利用图形表达用户需求，使用的手段主要有数据流图(DFD)、数据字典(DD)、判定树/判定表和结构化语言。

结构化分析的步骤如下。

(1) 分析当前的情况，做出反映当前物理模型的 DFD。

(2) 推导出等价的逻辑模型的 DFD。

(3) 设计新的逻辑系统，生成数据字典和基元描述。

(4) 建立人机接口，提出可供选择的目标系统物理模型的 DFD。

(5) 确定各种方案的成本和风险等级，据此对各种方案进行分析。

(6) 选择一种方案。

(7) 建立完整的需求规约。

2. 数据流图

数据流图以图形的方式描绘信息流和数据从输入移动到输出的过程中所经受的变换的过程，它反映了系统必须完成的逻辑功能，是结构化分析方法中用于表示系统逻辑模型的一种工具。数据流图基本图形元素如图 14-1 所示。

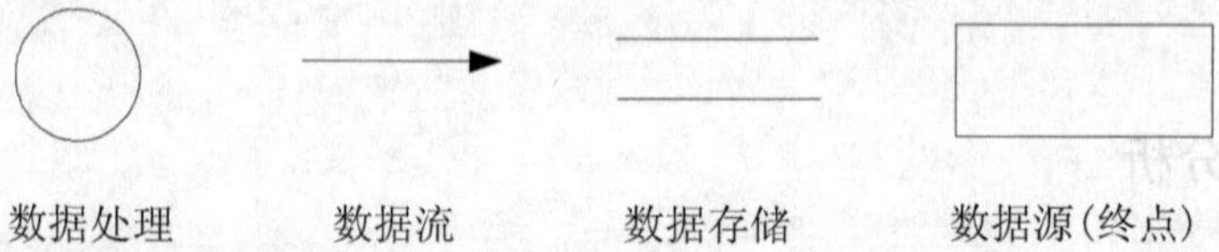

图 14-1　数据流图基本图形元素图

对图 14-1 中有关数据流图的基本图形元素解释如下。

(1) 数据处理(加工)：用圆或椭圆表示加工，加工是对数据进行处理的单元，它接收一定的数据输入，对其进行处理，并产生输出。

(2) 数据流：沿箭头方向传送数据的通道，一般在旁边标注数据流名。由于数据流是流动中的数据，所以必须有流向，除了与数据存储之间的数据流不用命名外，数据流应该用名词或名词短语命名。

(3) 数据存储：用双杆描述，在数据流图中起保存数据的作用，又称数据存储或文件，可以是数据库文件或任何形式的数据组织。流向数据存储的数据流可以理解为写入文件或查询文件，从数据存储流出的数据流可以理解为从文件读数据或得到查询结果。

(4) 数据源(终点)：用方框表示，代表系统之外的实体，可以是人、物或其他软件系统。

一般通过对实际系统的了解和分析后，使用数据流图为系统建立逻辑模型。步骤如下：

① 由外向里：先画系统的输入输出，然后画系统的内部；

② 自顶向下：顺序完成顶层、中间层、底层数据流图；

③ 逐层分解。

图 14-2 是一个数据流图的示例。

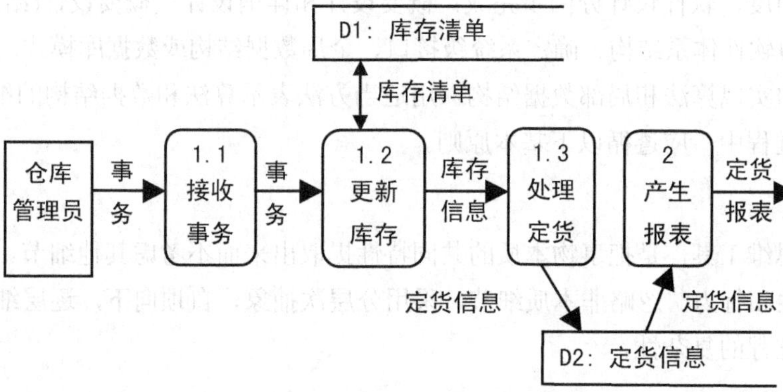

图 14-2　数据流图示例

3. 数据字典

数据字典是对所有与系统相关的数据元素的一个有组织的列表，以及精确的、严格的定义，使得用户和系统分析员对于输入、输出、存储成分和中间计算结果有共同的理解。在开发大型软件系统的过程中，数据字典的规模和复杂程度都迅速增加，通常需要使用 CASE 工具来创建和维护数据字典。

数据字典的作用是对数据流图中出现的被命名的图形元素的确切解释，是结构化分析方法的核心。

14.3.3　软件需求规格说明书

软件需求规格说明书是需求分析阶段的最后成果，通过建立完整的信息描述、详细的功能和行为描述、性能需求和设计约束的说明、合适的验收标准，给出对目标软件的各种需求。

需求说明的特征主要包括完整性、正确性、可行性、必要性、划分优先级、无二义性、可验证性。需求规格说明的特点包含完整性、一致性、可修改性以及可跟踪性。

14.4　结构化设计方法(SD)

14.4.1　软件设计的基础

软件开发阶段包含软件设计、软件编码和软件测试。其中，软件设计是把软件需求变换成为软件的具体设计方案，即模块结构的过程，是开发阶段最重要的步骤。

从技术观点来说，软件设计包括软件结构设计、数据设计、接口设计以及过程设计。

其中，结构设计是定义软件系统各主要部件之间的关系；数据设计是将分析时创建的模型转化为数据结构的定义，接口设计是描述软件内部、软件和协作系统之间以及软件与人之间的通信方式；过程设计则是把系统结构部件转换成软件的过程。

从工程管理角度，软件设计分两步完成：概要设计和详细设计。概要设计(结构设计)将软件需求转化为软件体系结构、确定系统级接口、全局数据结构或数据库模式；详细设计确立每个模块的实现算法和局部数据结构，用适当方法表示算法和数据结构的细节。

在软件设计过程中，应遵循以下基本原则。

1. 抽象

抽象是一种思维工具，是把事物本质的共同特性提取出来而不考虑其他细节。抽象是事物最基本的特性和行为，忽略非本质细节，采用分层次抽象，自顶向下，逐层细化的办法控制软件开发过程的复杂性。

2. 模块化

解决一个复杂问题时自顶向下逐步把软件系统划分成多个较小的、相对独立但又不相互关联的模块的过程。模块是程序中相对独立的成分，一个独立的编程单位，应有良好的接口定义。模块的大小要适中，可根据 Meyer 的 5 条标准：模块可分解性、模块可组装性、模块可理解性、模块连续性和模块保护性来设计系统有效的模块。

3. 信息隐蔽

每个模块的实施细节对于其他模块来说是隐蔽的。采用封装技术，将程序模块的实现细节隐蔽起来，使模块接口尽量简单。

4. 模块独立性

软件系统中每个模块只涉及软件要求的具体的子功能，而和软件系统中其他的模块的接口是简单的。

为评价模块的独立程度，引入以下两个定性的度量标准。

(1) 耦合性：指模块间互相连接的紧密程度。它取决于各个模块之间接口的复杂度、调用方式等。一个模块与其他模块的耦合性越强，其模块独立性越弱。

(2) 内聚性：指一个模块内部各个元素间彼此结合的紧密程度。一个模块的内聚性越强，其模块独立性越强。

耦合与内聚是相互关联的。在程序结构中，各模块的内聚性越强，则耦合性越弱。一般优秀的软件设计应尽量做到高内聚、低耦合。要减弱模块之间的耦合性，提高每个模块内的内聚性，以提高模块的独立程度。

14.4.2 总体设计(概要设计)

1. 软件概要设计的基本任务

(1) 设计软件系统结构(简称软件结构)。

采用某种设计方法，将一个复杂的系统按功能划分成模块(划分)；确定模块的功能；

确定模块之间的调用关系；确定模块之间的接口，即模块之间传递的信息；评价模块结构的质量。

(2) 数据结构及数据库设计。

(3) 编写概要设计文档(文档主要有：概要设计说明书、数据库设计说明书、用户手册、修订测试计划)。

(4) 概要设计评审。

2. 程序结构图

常用的软件结构设计工具是结构图，也称程序结构图。程序结构图的基本图符见图 14-3 所示，其中模块用一个矩形表示，箭头表示模块间的调用关系。在结构图中还可以用带注释的箭头表示模块调用过程中来回传递的信息。还可用带实心圆的箭头表示传递的是控制信息，空心圆箭头表示传递的是数据信息。

结构图的基本形式包括基本形式、顺序形式、重复形式和选择形式。

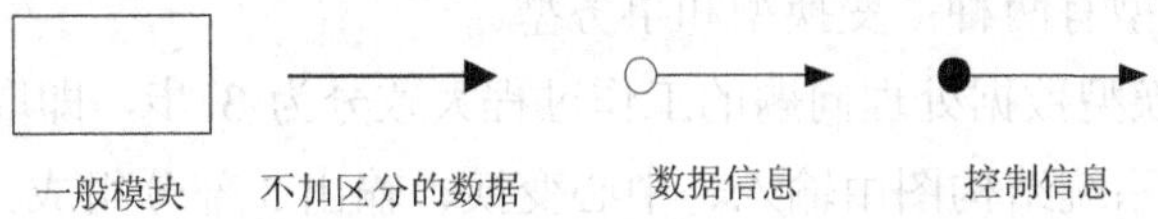

图 14-3　程序结构图的基本图符

经常使用的结构图有 4 种模块类型：传入模块、传出模块、变换模块和协调模块。其表示形式如图 14-4 所示。

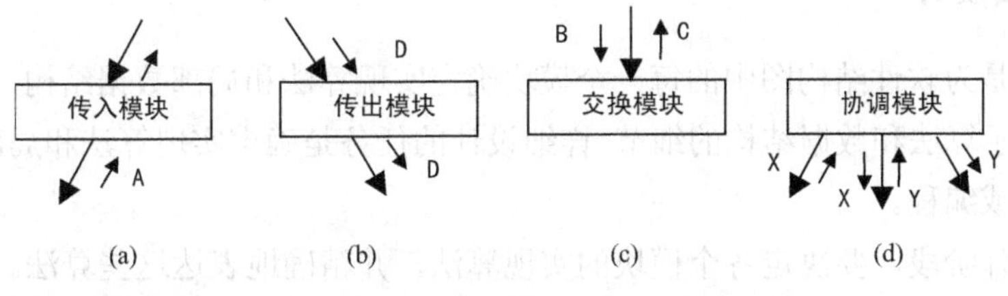

图 14-4　结构图的 4 种模块类型图

程序结构图的示例如图 14-5 所示，有关术语列举如下。

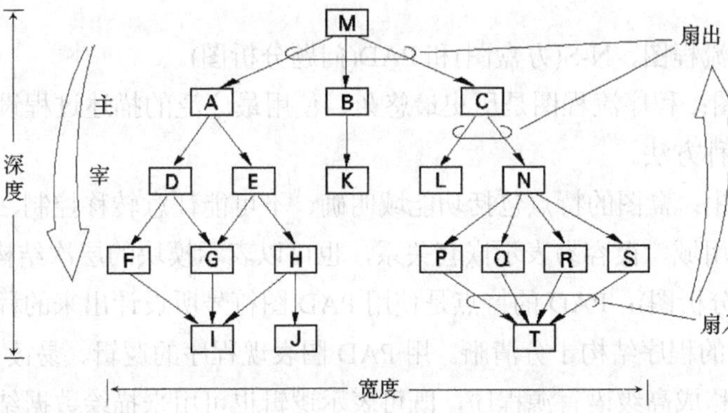

图 14-5　程序结构图的例图

(1) 深度：表示软件结构中控制的层数。

(2) 上级模块、从属模块：上、下两层模块 a 和 b，且有 a 调用 b，则 a 是上级模块，b 是从属模块。

(3) 宽度：软件结构内同一个层上的模块总数。

(4) 扇入：有多少个上级模块直接调用一个给定模块。

(5) 扇出：一个模块直接控制(调用)其他模块数目。

(6) 原子模块：树中位于叶子结点的模块。

软件结构就是软件系统的模块层次结构，反映了整个系统的功能实现，即将来程序的控制体系。

3. 数据流图到结构图的变换

结构化设计方法的任务是把需求分析得到的数据流图变换为结构图。要把数据流图变换成结构图，首先需要了解数据流图的类型，然后针对不同类型分别进行处理。

典型的数据流类型有两种：变换型和事务型。

(1) 变换型：变换型数据处理问题的工作过程大致分为 3 步，即取得数据、变换数据和输出数据。变换型系统结构图由输入、中心变换、输出 3 部分组成。

(2) 事务型：事务型数据处理问题的工作机理是接受一项事务，根据事务处理的特点和性质，选择分派一个适当的处理单元，然后给出结果。单元是程序中最小的部分，由可以隐含的 3 部分组成：数据输入、加工和数据输出。

14.4.3　详细设计

详细设计是为软件结构图中的每一个模块确定实现算法和局部数据结构，用某种选定的表达工具表示算法和数据结构的细节。详细设计的任务是确定实现算法和局部数据结构，它不同于编码或编程。

在过程设计阶段，要决定各个模块的实现算法，并精确地表达这些算法。表达过程规格说明的工具称为详细设计工具，常用的过程设计(即详细设计)工具可分为图形、表格和语言 3 类。

1. 图形工具

主要包括程序流程图、N-S(方盒图)和 PAD(问题分析图)。

(1) 程序流程图：程序流程图是历史最悠久、使用最广泛的描述过程设计的方法，也是用得最混乱的一种方法。

(2) N-S(方盒图)：盒图的特点包括功能域明确、不可能任意转移控制、很容易确定局部和全局数据的作用域、很容易表示嵌套关系，也可以表示模块的层次结构。

(3) PAD(问题分析图)：PAD 的特点是使用 PAD 图符号所设计出来的程序必是结构化程序，PAD 所描绘的程序结构十分清晰。用 PAD 图表现程序的逻辑、易读、易懂、易记，容易将 PAD 图转移成高级语言源程序，既可表示逻辑也可用来描绘数据结构，支持自顶向下、逐步求精方法的使用。

2. 表格工具

主要包括判定表和判定树。

(1) 判定表：判定表能够清晰地表示复杂的条件组合与应做动作之间的对应关系。

(2) 判定树：判定树是判定表的变种，也能清晰地表示复杂的条件组合与应做的动作之间的对应关系。

3. 语言工具

主要包括 PDL。

PDL(伪码)为过程设计语言，它是用正文形式表示数据和处理过程的设计工具。

14.5 软件测试

14.5.1 软件测试的目的与原则

广义的软件测试实际是由确认、验证和测试 3 方面组成，其目的是要找出软件中潜在的各种错误和缺陷，为程序的可靠性分析提供依据。

软件测试的原则如下。

1. 所有测试都应追溯到需求

软件测试的目的是发现错误，而最严重的错误不外乎是导致程序无法满足用户需求。

2. 严格执行测试计划，排除测试的随意性

软件测试应当制定明确的测试计划并按照计划执行。测试计划应包括：所测软件的功能、输入和输出、测试内容、各项测试的目的和进度安排、测试资料、测试工具、测试用例的选择、资源要求、测试的控制方式和过程等。

3. 充分注意测试中的群集现象

经验表明，程序中存在错误的概率与该程序中已发现的错误数成正比。这一现象说明，为了提高测试效率，测试人员应该集中测试那些错误群集的程序。

4. 程序员应避免检查自己的程序

为了达到好的测试效果，应该由独立的第三方来构造测试。因为从心理学角度讲，程序人员或设计方在测试自己的程序时，不容易发现错误。

5. 穷举测试不现实

所谓穷举测试是指把程序所有可能的执行路径都进行检查的测试。但即使规模较小的程序，其路径排列数也是相当大的，在实际测试过程中不可能穷尽每一种组合。

6. 妥善保存测试计划、测试用例、出错统计和最终分析报告，为维护提供方便

14.5.2 软件测试的分类

1. 软件测试的分类

按照不同的划分标准可将软件测试分为不同的类别，具体如下。

(1) 按照程序是否执行划分，可分为静态测试和动态测试；

(2) 按照软件测试用例的设计方法划分，软件测试可以分为白盒测试法和黑盒测试法；

(3) 按照软件测试的策略和过程分类，软件测试可分为单元测试、集成测试、确认测试和系统测试；

(4) 按照测试实施组织可划分为开发方测试、用户测试(β 测试)和第三方测试；

(5) 按照是否使用工具软件划分，分为手工测试和自动测试。

2. 静态测试和动态测试

静态测试主要包括代码检查、静态结构分析和代码质量度量。不实际运行软件，主要通过人工进行。

动态测试是基于计算机的测试，主要包括白盒测试方法和黑盒测试方法。

3. 白盒测试

白盒测试方法也称为结构测试或逻辑驱动测试。它是根据软件产品的内部工作过程，检查内部成分，以确认每种内部操作符合设计规格要求。

白盒测试的基本原则如下：

(1) 保证所测模块中每一独立路径至少执行一次；

(2) 保证所测模块所有判断的每一分支至少执行一次；

(3) 保证所测模块每一循环都在边界条件和一般条件下至少各执行一次；

(4) 验证所有内部数据结构的有效性；

白盒测试法的测试用例是根据程序的内部逻辑来设计的，主要用于软件的单元测试，主要方法有逻辑覆盖、基本路径测试等。

4. 白盒测试主要方法

(1) 逻辑覆盖：泛指一系列以程序内部的逻辑结构为基础的测试。通常程序中的逻辑表示有判断、分支以及条件等几种表示方法，按照逻辑覆盖的强度从低到高依次可分为如下几类：

① 语句覆盖：选择足够的测试用例，使得程序中每一个语句至少都能被执行一次。

② 判定覆盖：使设计的测试用例保证程序中每个判断的每个取值分支(T 或 F)至少经历一次。

③ 路径覆盖：执行足够的测试用例，使程序中所有的可能的路径都至少经历一次。

④ 条件覆盖：设计的测试用例保证程序中每个判断的每个条件的可能取值至少执行一次。

⑤ 判断/条件覆盖：设计足够的测试用例，使判断中每个条件的所有可能取值至少执行一次，同时每个判断的所有可能取值分支至少执行一次。

⑥ 条件组合覆盖：选择足够的测试用例，使得程序中每一个分支判断中的每一个条件的每一种可能组合结果都至少被执行一次。

⑦ 路径覆盖：选择足够的测试用例，使得程序中所有的可能路径都至少被执行一次。

⑧ 基本路径测试：其思想和步骤是根据软件过程性描述中的控制流程确定程序的环路复杂性度量，用此度量定义基本路径集合，并由此导出一组测试用例，对每一条独立执行路径进行测试。

基本路径测试步骤主要分为 4 步。

步骤一：导出程序流程图的拓扑结构-流图(程序图)；

步骤二：计算流图 G 的环路复杂度 V(G)；

步骤三：确定只包含独立路径的基本路径集；

步骤四：设计可强制执行基本集合中每条路径的测试用例。

5. 黑盒测试

黑盒测试方法也称为功能测试或数据驱动测试。把测试对象看作一个黑盒，测试时完全不考虑程序的内部的逻辑结构与内部特性，只需根据需求规格说明书，测试程序的功能或程序的外部特性是否满足需求进行测试和验证。

黑盒测试力图发现的错误类型是功能不正确或遗漏、界面错误、数据结构错误或外部数据库访问错误、性能错误和初始化和终止错误。

黑盒测试主要方法有等价类划分法、边界值分析法和错误推测法等，主要用于软件的确认测试。

(1) 等价类划分法：一种典型的黑盒测试方法，它是将程序的所有可能的输入数据划分成若干部分(及若干等价类)，然后从每个等价类中选取数据作为测试用例。划分等价类的原则有按区间划分、按数值划分、按数值集合划分和按限制条件或规则划分。

(2) 边界值分析法。它是对各种输入、输出范围的边界情况设计测试用例的方法。通常边界值分析法是作为对等价类划分法的补充，这种情况下，其测试用例来自等价类的边界。

(3) 错误推测法。人们可以靠经验和直觉推测程序中可能存在的各种错误，从而有针对性地编写检查这些错误的用例。

(4) 因果图法。因果图法是一种利用图解法分析输入的各种组合情况，从而设计测试用例的方法，它适合于检查程序输入条件的各种组合情况。

14.5.3　软件测试策略

测试方案包括具体的测试目的，应该输入的测试数据和预期的输出结果。软件测试过程一般按 4 个步骤进行：单元测试、集成测试、确认测试和系统测试。

1. 单元测试

单元测试是对软件设计的最小单位——模块(程序单元)进行正确性检测的测试，目的是发现各模块内部可能存在的各种错误。

单元测试根据程序的内部结构来设计测试用例，其依据是详细设计说明书和源程序。

单元测试的技术可以采用静态分析和动态测试。对动态测试通常以白盒测试为主，辅之以黑盒测试。

单元测试是针对某个模块的。单个模块通常并不是一个独立的程序，因此不能单独运行，而要靠其他模块调用或驱动；同时，模块自身也会作为驱动模块去调用其他模块，所以单元测试必须在一定的环境下进行。这些环境可以是真实的也可以是模拟的。模拟环境是在单元测试中，为被测模块设计和搭建驱动模块和主模块。

其中，驱动(Driver)模块相当于被测模块的主程序。它接收测试数据，并传给被测模块，输出实际测试结果。桩(Stub)模块通常用于代替被测模块调用的其他模块，其作用仅做少量的数据操作，是一个模拟子程序，不必将子模块的所有功能带入。

2. 集成测试

集成测试是测试和组装软件的过程，它是把模块在按照设计要求组装起来的同时进行测试，主要目的是发现与接口有关的错误。集成测试的依据是概要设计说明书。

集成测试所涉及的内容包括软件单元的接口测试、全局数据结构测试、边界条件和非法输入的测试等。测试方法以黑盒法为主。

集成测试通常采用两种方式为非渐增量方式组装与渐增量方式组装。

(1) 非渐增式是将所有的模块一次连接起来、简单、易行、节省时间，但测试过程中难于查错，发现错误也很难定位，测试效率低。

(2) 渐增式是将模块一个一个地连入系统，每连入一个模块，都要对新系统进行测试。这种组装测试方案比非渐增式方案容易查出错误及进行错误定位，有利于查出模块接口部分的错误，因此测试效率高，但渐增式较费时间。增量方式组装又包括自顶向下、自底向上、自顶向下与自底向上相结合 3 种方式。

对每一个新组装的子系统进行测试主要采用黑盒法，对发现问题较多的子系统或模块应该用白盒法作回归测试。

集成过程的原则是尽早测试关键模块和尽早测试 I/O 的模块。

3. 确认测试

确认测试(validation testing)，又称为验收测试、有效性测试或功能测试。确认测试的任务是验证软件的有效性，即验证软件的功能和性能及其他特性是否满足需求。

确认测试步骤如下。

(1) 有效性测试。在模拟的环境(或开发环境)下运用黑盒法，验证软件特性是否与需求符合。主要步骤为制定测试计划、确定测试步骤和设计测试用例。

(2) 软件配置复查。软件配置指软件工程中所产生的所有信息项，如文档、报告、程序、表格、数据等。软件配置复查，应复查信息项是否齐全，检查文档资料的完整性和正确性。

确认测试的主要依据是软件需求说明书。确认测试主要运用黑盒测试法。

4. 系统测试

系统测试的目的是把软件、硬件和环境连接在一起，在实际运行环境下进行全面测试，检查系统是否与需求分析一致，主要针对分析和设计阶段的错误，测试方法主要是黑盒法。系统测试的测试用例应根据需求分析规格说明来设计，并在实际使用环境下运行。

系统测试的内容一般包括功能测试、性能测试、使用性测试、安全性测试、可靠性测试、容量测试、恢复测试、文档测试、配置测试以及外部接口测试等。

5. 综合测试策略

综合测试策略如下。

(1) 先进行静态测试，再考虑动态测试。

(2) 单元测试。通常应该先进行“人工走查”，再以白盒法为主，辅以黑盒法进行动态测试。使用白盒法时，只需要选择一种覆盖标准，而使用黑盒法时，应该采用多种方法。

(3) 集成测试。关键是要按照一定的原则，选择组装模块的方案(次序)，然后再使用黑盒法进行测试。在测试过程中，如果发现问题较多的模块，需要进行回归测试时，再采用白盒法。

(4) 确认测试/系统测试。应该以黑盒法为主。确认测试中进行软件配置复查，主要是静态测试。

14.6　程序的调试

14.6.1　程序调试的组成和步骤

程序调试的任务是诊断和改正程序中的错误，也可称为排错。排错的关键是错误定位。主要在开发阶段进行，调试程序应该由编制源程序的程序员完成。注意与软件测试区分。

调试活动由两部分组成。

(1) 确定程序中可疑错误的确切性质和位置。

(2) 对程序(设计、编码)进行修改，排除这个错误。

程序调试的基本步骤如下。

(1) 从错误的外部表现形式入手，确定程序出错位置。

(2) 研究有关部分的程序，找出错误的内在原因。

(3) 修改设计和代码，以排除该错误。

(4) 重复进行暴露了这个错误的原始测试或某些有关测试，以确认该错误是否被排除；是否引进了新的错误。

(5) 如果所做的修正无效，则撤消此次改动，重复上述过程，直到找到一个有效的解决办法为止。

软件的调试后要进行回归测试，防止引进新的错误。这是因为修改程序可能带来新的错误，重复进行暴露这个错误的原始测试或某些有关测试，以确认该错误是否被排除、是否引进了新的错误。

14.6.2 程序调试方法

软件调试可分为静态调试和动态调试。静态调试主要是指通过人的思维来分析源程序代码和排错，是主要的调试手段，而动态调试是辅助静态调试。

调试方法主要包括以下几类。

1. 强行排错

这是目前使用较多、效率较低的调试方法。采用的方法有主存信息转储法；关键部分设置打印语句；使用自动调试工具。

2. 回溯法排错

适用于小程序，发现错误时，确定首先发现错误“症状”的位置，人工沿控制流追踪源代码程序，直到找出错误根源或确定错误范围。

3. 对分查找法

在程序的关键点给变量赋正确值，然后运行程序并检查程序的输出。如果输出结果正确，则错误原因在程序的前半部分；反之，错误原因在程序的后半部分。

4. 归纳法排错

归纳法是一种从特殊推断一般的系统化思考方法。归纳法排错的基本思想是：从一些线索(错误征兆)着手，通过分析它们之间的关系来找出错误。大致分 4 步，分别为收集有关的数据、组织数据、提出假设和证明假设。

5. 演绎法排错

演绎法是一种从一般原理或前提出发，经过排除和精化的过程来推导出结论的思考方法。演绎法的步骤主要分为列举所有可能出错原因、利用已有的测试数据，排除不正确的假设、改进余下的假设和证明余下的假设 4 个步骤。

14.7 习题

1. 选择题

(1) 软件工程的出现是由于(　　)。

A. 程序设计方法学的影响　　B. 软件产业化的需要

C. 软件危机的出现　　D. 计算机的发展

(2) 下面不属于软件工程的 3 个要素的是(　　)。

A. 工具　　B. 过程

C. 方法　　D. 环境

(3) 需求分析阶段的任务是确定(　　)。

A. 软件开发方法　　B. 软件开发工具

C. 软件开发费用　　D. 软件系统功能

(4) 在结构化方法中，用数据流程图(DFD)作为描述工具的软件开发阶段是(　　)。

A. 可行性分析　　B. 需求分析

C. 详细设计　　D. 程序编码

(5) 软件需求分析的主要任务是准确地定义出要开发的软件系统是(　　)。

A. 由谁做　　B. 怎么做

C. 做什么　　D. 对谁做

(6) 为了避免流程图在描述程序逻辑时的灵活性，提出了用方框图来代替传统的程序流程图，通常也把这种图称为(　　)。

A. PAD 图　　B. N-S 图

C. 结构图　　D. 数据流图

(7) 下面不属于软件设计原则的是(　　)。

A. 抽象　　B. 模块化

C. 自底向上　　D. 信息隐蔽

(8) 内聚是从功能角度来度量模块内的联系。其中内聚性最强的是(　　)。

A. 偶然内聚　　B. 逻辑内聚

C. 过程内聚　　D. 功能内聚

(9) 完全不考虑程序的内部结构和内部特征，而只是根据程序功能导出测试用例的测试方法是(　　)。

A. 黑盒测试法　　B. 白盒测试法

C. 错误推测法　　D. 安装测试法

(10) 软件调试的目的是(　　)。

A. 发现错误　　B. 改正错误

C. 改善软件的性能　　D. 挖掘软件的潜能

2. 填空题

(1) 软件危机出现于__________，为了解决软件危机，人们提出了软件工程学的原理来设计软件，这就是软件工程学诞生的基础。

(2) 软件生命周期可分为多个阶段，一般分为定义阶段、开发阶段和维护阶段。编码和测试属于_________阶段。

(3) 在结构化分析使用的数据流图(DFD)中，利用_________对其中的图形元素进行确切解释。

(4) 软件结构是以________为基础而组成的一种控制层次结构。

(5) 程序测试分为静态测试和动态测试，其中_________不实际运行软件，主要通过人工进行。

第15章　物联网基础

15.1　物联网概述

15.1.1　什么是物联网

物联网(The Internet of Things)的标准定义：通过射频识别 RFID(Radio Frequency Identification，俗称电子标签)、红外感应器、全球定位系统以及激光扫描器等信息传感设备，按约定的协议，把任何物体与互联网连接起来，进行信息交换和通讯，以实现智能化识别、定位、跟踪、监控和管理的一种网络。

由物联网名称可见，物联网就是“物物相连的互联网”。这里有两层意思：第一，物联网的核心和基础仍然是互联网，是在互联网的基础上延伸和扩展的网络；第二，其用户端延伸和扩展到了任何物品与物品之间，进行信息交换和通信。

“物”要满足以下条件才能够被纳入“物联网”的范围：(1)要有相应信息的接收器；(2)要有数据传输通路；(3)要有一定的存储功能；(4)要有 CPU；(5)要有操作系统；(6)要有专门的应用程序；(7)要有数据发送器；(8)遵循物联网的通信协议；(9)在世界网络中有可被识别的唯一编号。

2009 年 9 月，在北京举办的物联网与企业环境中欧研讨会上，欧盟委员会信息和社会媒体司 RFID 部门负责人 Lorent Ferderix 博士给出了欧盟对物联网的定义：物联网是一个动态的全球网络基础设施，它具有基于标准和互操作通信协议的自组织能力，其中物理的和虚拟的“物”具有身份标识、物理属性、虚拟的特性和智能的接口，并与信息网络无缝整合。物联网将与媒体互联网、服务互联网和企业互联网一道，构成未来互联网。

在中国，物联网的概念是在 1999 年提出的，被称之为传感网。中科院早在 1999 年就启动了传感网的研究，并已取得了一些科研成果，建立了一些适用的传感网。1999 年，在美国召开的移动计算和网络国际会议提出了，传感网是下一个世纪人类面临的又一个发展机遇。

2003 年，美国《技术评论》提出传感网络技术将是未来改变人们生活的十大技术之首。2005 年 11 月 17 日，在突尼斯举行的信息社会世界峰会 WSIS(World Summit on the Information Society)上，国际电信联盟 ITU(International Telecommunication Union)发布了《ITU 互联网报告 2005：物联网》，正式提出了“物联网”的概念。

报告指出，无所不在的“物联网”通信时代即将来临，世界上所有的物体从轮胎到牙刷、从房屋到纸巾都可以通过因特网主动进行交换。射频识别技术(RFID)、传感器技术、纳米技术以及智能嵌入技术将得到更加广泛的应用。根据 ITU 的描述，在物联网时代，通过在各种各样的日常用品上嵌入一种短距离的移动收发器，人类在信息与通信世界里将获得一个新的沟通维度，从任何时间任何地点的人与人之间的沟通连接扩展到人与物和物与物之间的沟通连接。

物联网概念的兴起，很大程度上得益于国际电信联盟(ITU) 2005 年以物联网为标题的年度互联网报告。

2009 年 1 月 28 日，奥巴马就任美国总统后，与美国工商业领袖举行了一次“圆桌会议”，作为仅有的两名代表之一，IBM 首席执行官彭明盛首次提出“智慧地球”这一概念，建议新政府投资新一代的智慧型基础设施建设。

15.1.2　物联网的产业链

物联网的产业链大致可以分 3 个层面：首先是传感网络，以二维码、RFID(射频识别技术)、传感器、芯片及智能卡为主，实现“物”的识别，这将为传感器、二维码、红外设备、射频生产商带来机会。其次是传输网络，通过现有的互联网、广电网络、通信网络等实现数据的传输与计算，这将促使各种电信网络与互联网进一步融合，通过综合信息平台接收、处理、反馈并应用信息，大量软件企业将从中受益。三是应用网络，即输入输出控制终端，可基于现有的手机、PC 等终端进行，将给相关设备制造商带来机遇。

由于各种电信网络、互联网与广电网络的融合尚需国家做进一步的调控，近年来物联网产业链的第一个层面投融资活动积极，研发和制造二维码、RFID(射频识别技术)、传感器、芯片及智能卡等产品的企业备受投资机构的偏爱。

15.1.3　物联网的研究现况

2009 年 2 月 24 日，IBM 大中华区首席执行官钱大群在 2009 IBM 论坛上公布了名为“智慧的地球”的最新策略。此概念一经提出，即得到美国各界的高度关注，甚至有分析认为 IBM 公司的这一构想极有可能上升至美国的国家战略，并在世界范围内引起轰动。IBM 认为，IT 产业下一阶段的任务是把新一代 IT 技术充分运用在各行各业之中，具体地说，就是把感应器嵌入和装备到电网、铁路、桥梁、隧道、公路、建筑、供水系统、大坝、油气管道等各种物体中，并且被普遍连接，形成物联网。

针对中国经济的状况，钱大群表示，中国的基础设施建设空间广阔，而且中国政府正在以巨大的控制能力、实施决心和配套资金对必要的基础设施进行大规模建设，“智慧的地球”这一战略将会产生更大的价值。

在策略发布会上，IBM 还提出，如果在基础建设的执行中，植入“智慧”的理念，不仅仅能够在短期内有力地刺激经济、促进就业，而且能够在短时间内为中国打造一个成熟的智慧基础设施平台。钱大群表示，当今世界许多重大的问题，如金融危机、能源危机和环境恶化等，实际上都能够以更加“智慧”的方式解决。在全球经济形势低迷的同时，也孕育着未来的发展机遇，中国不仅能够借此机遇开创新产业和新的市场，加速发展，而且可以摆脱经济危机的影响。

IBM 希望“智慧的地球”策略能掀起“互联网”浪潮之后的又一次科技革命。IBM 前首席执行官郭士纳曾提出一个重要的观点，认为计算模式每隔 15 年会发生一次变革。这一判断像摩尔定律一样准确，人们把它称为“十五年周期定律”。1965 年前后发生的变革以大型机为标志，1980 年前后以个人计算机的普及为标志，而 1995 年前后则发生了互联网革命。每一次这样的技术变革都引起了企业间、产业间甚至国家间竞争格局的重大动荡和变化。而互联网革命一定程度上是由美国“信息高速公路”战略所催熟。20 世纪 90 年代，美国克林顿政府计划用 20 年时间，耗资 2000 亿~4000 亿美元，建设美国国家信息基础结构，创造了巨大的经济和社会效益。

而今天，“智慧的地球”战略被不少美国人认为与当年的“信息高速公路”有许多相似之处，同样被认为是振兴经济、确立竞争优势的关键战略。

有研究机构预计，10 年内物联网就可能大规模普及，这一技术将会发展成为一个上万亿元规模的高科技市场，其产业要比互联网大 30 倍。

15.1.4　物联网的研究内容

物联网产业链可以细分为标识、感知、处理和信息传送 4 个环节，每个环节的关键技术分别为 RFID、传感器、智能芯片和电信运营商的无线传输网络。EPOSS 在《Internet of Things in 2020》报告中分析预测，未来物联网的发展将经历 4 个阶段，2010 年之前 RFID 被广泛应用于物流、零售和制药领域，2010~2015 年物体互联，2015~2020 年物体进入半智能化，2020 年之后物体进入全智能化。

作为物联网发展的排头兵，RFID 成为了市场最为关注的技术。数据显示，2008 年全球 RFID 市场规模已从 2007 年的 49.3 亿美元上升到 52.9 亿美元，这个数字覆盖了 RFID 市场的方方面面，包括标签、阅读器、其他基础设施、软件和服务等。RFID 卡和与卡相关的基础设施将占市场的 57.3%，达 30.3 亿美元。来自金融、安防行业的应用将推动 RFID 卡类市场的增长。据预测，2009 年中国 RFID 市场规模将达到 50 亿元，年复合增长率为 33%，其中电子标签超过 38 亿元、读写器接近 7 亿元、软件和服务达到 5 亿元的市场格局。

MEMS(Micro-Electro-Mechanical Systems)是微机电系统的缩写。在美国称之为 MEMS，在日本被称为微机械，在欧洲被称为微系统，MEMS 技术建立在微米/纳米基础之上，市场前景广阔。MEMS 传感器的主要优势在于体积小、大规模生产后成本下降快，目前主要应用在汽车和消费电子两大领域。预计在 2007 年至 2012 年间，全球基于 MEMS 的半导体传感器和制动器的销售额将达到 19%的年均复合增长率 CAGR(Compound Annual Growth Rate)，与 2007 年的 41 亿美元相比，5 年后将实现 97 亿美元的年销售额。

据介绍，运用物联网技术，上海移动已为多个行业客户度身打造了集数据采集、传输、处理和业务管理于一体的整套无线综合应用解决方案。数据显示，上海移动目前已将超过 10 万个芯片装载在出租车、公交车上，确保城市交通的有序运作。在上海世博会期间，“车务通”全面运用于上海公共交通系统，以最先进的技术保障世博园周边大流量交通的顺畅；面向物流企业运输管理的“ e 物流”将为用户提供实时准确的货况信息、车辆跟踪定位、运输路径选择、物流网络设计与优化等服务，大大提升物流企业综合竞争能力。

此外，在“物联网”普及以后，用于动物、植物和机器、物品的传感器与电子标签及配套的接口装置的数量将大大超过手机的数量。物联网的推广将会成为推进经济发展的又一个驱动器，为产业开拓了又一个潜力无穷的发展机会。

15.2 物联网的应用与发展

15.2.1 物联网的应用条件

要真正建立一个有效的物联网，有两个重要因素：一是规模性，只有具备了规模，才能使物品的智能发挥作用。例如，一个城市有 100 万辆汽车，如果只在 1 万辆汽车上装上智能系统，就不可能形成一个智能交通系统；二是流动性，物品通常都不是静止的，而是处于运动的状态，必须保持物品在运动状态、甚至高速运动状态下都能随时实现对话。

美国权威咨询机构弗雷斯特(Forrester)研究公司预测，到 2020 年，世界上物物互联的业务，跟人与人通信的业务相比，将达到 30:1，因此“物联网”被称为是下一个万亿级的通信业务。

15.2.2 物联网在我国的发展

物联网为什么在中国会迅速壮大呢？物联网在中国迅速崛起得益于我国在物联网方面的几大优势。

(1) 我国早在 1999 年就启动了物联网核心传感网技术研究，研发水平处于世界前列。

(2) 在世界传感网领域，我国是标准主导国之一，专利拥有量高。

(3) 我国是目前能够实现物联网完整产业链的国家之一。

(4) 我国无线通信网络和宽带覆盖率高，为物联网的发展提供了坚实的基础设施支持。

(5) 我国已经成为世界第三大经济体，有较为雄厚的经济实力支持物联网的发展。

15.2.3 物联网的应用

物联网用途广泛，遍及智能交通、环境保护、政府工作、公共安全、平安家居、智能消防、工业监测、老人护理、个人健康、花卉栽培、水系监测、食品溯源、敌情侦查和情报搜集等多个领域。

国际电信联盟于 2005 年的一份报告曾描绘“物联网”时代的图景：当司机出现操作失误时汽车会自动报警；公文包会提醒主人忘带了什么东西；衣服会“告诉”洗衣机对颜色和水温的要求等。

例如一家物流公司应用了物联网系统的货车，当装载超重时，汽车会自动提示超载，并告知超载重量和轻重货合理的搭配方式。

物联网把新一代 IT 技术充分运用在各行各业之中，具体地说，就是把感应器嵌入和装备到电网、铁路、桥梁、隧道、公路、建筑、供水系统、大坝、油气管道等各种物体中，然后将物联网与现有的互联网整合起来，实现人类社会与物理系统的整合，在该整合的网络当中，存在能力超级强大的中心计算机群，能够对整合网络内的人员、机器、设备和基础设施实施实时的管理和控制。在此基础上，人类可以以更加精细和动态的方式管理生产和生活，达到“智慧”状态，提高资源利用率和生产力水平，改善人与自然间的关系。

15.3　习题

1. 什么是物联网？它与互联网的区别和关系是什么？
2. “物”要满足什么条件才能够被纳入“物联网”的范围？
3. 在中国，物联网的概念是在哪一年提出的？物联网又被称为什么网？
4. 物联网产业链可以细分为几个环节？
5. IT 产业下一阶段的任务是什么？
6. 要真正建立一个有效的物联网，有几个重要因素？分别是什么？
7. 物联网为什么在中国会迅速壮大？
8. 举例说明物联网的用途。

参 考 文 献

[1] 徐士良. 大学计算机基础. 北京：清华大学出版社，2008,7
[2] 李秀等. 计算文化基础. 北京：清华大学出版社，2005,6
[3] 耿国华. 大学计算机应用基础. 北京：清华大学出版社，2002,2
[4] 冯博琴等. 大学计算机基础. 北京：清华大学出版社，2009,7
[5] 唐霁虹等. 大学计算机基础. 北京：清华大学出版社，2007,9
[6] 刘腾红. 大学计算机基础. 北京：清华大学出版社，2007,9
[7] 陈桂林等. 大学计算机基础. 北京：清华大学出版社，2009,6
[8] 蒋伏加. 大学计算机基础. 北京：人民邮电出版社，2009,8
[9] 徐惠民. 大学计算机基础. 北京：人民邮电出版社，2009,8
[10] 孙俊喜. LCD 驱动电路、驱动程序设计及典型应用. 北京：人民邮电出版社，2009,4
[11] 王士元. C 高级实用程序设计. 北京：清华大学出版社，2000,8
[12] 侯殿有. MCS-51 单片机 C 语言程序设计. 北京：人民邮电出版社，2010